研究生创新教育系列丛书

医学分子遗传学

——理论、技术与应用

（第五版）

薛京伦　潘雨堃　陈金中　汪　旭　主编

科学出版社

北京

内 容 简 介

本书以医学分子遗传学的理论、技术和应用为主线，分别介绍了分子遗传学的基本规律、基因变异和疾病的关系、医学遗传学的研究手段、分子诊断和基因治疗等分支领域的实际应用，着重强调产业化应用。本书前五章介绍了遗传物质的分子生物学本质和传递规律、人类基因组的特征，以及基因表达调控的规律等基础理论；第六章和第七章内容涉及经典医学分子遗传学内容，并试图从基因组全局角度阐述基因变异与疾病的关系；第八章和第九章介绍了医学遗传学相关的分子生物学技术及其在遗传学研究和临床应用中的价值，该部分内容在第四版的基础上与时俱进地增加了高通量测序的内容；第十章至第十三章介绍了医学分子遗传学一些细分应用领域的发展，如法医分子遗传学、环境相关疾病遗传因素的探索、药物基因组学；第十四章重点介绍了与本团队 20 多年来的工作密切相关的基因治疗的基本理论、基本技术和基本策略，基因治疗领域的喜人进展，以及对基因编辑等全新技术的展望。

本书可作为医学与生物学相关专业的教材和教学参考用书。

图书在版编目(CIP)数据

医学分子遗传学：理论、技术与应用/ 薛京伦等主编. —5 版. —北京：科学出版社，2018.3

(研究生创新教育系列丛书)

ISBN 978-7-03-056467-2

Ⅰ. ①医… Ⅱ. ①薛… Ⅲ. ①医学遗传学–分子遗传学–研究生–教材 Ⅳ. ①Q75

中国版本图书馆 CIP 数据核字(2018)第 019273 号

责任编辑：李 悦 刘 晶/责任校对：郑金红
责任印制：张 伟 / 封面设计：刘新新

科 学 出 版 社 出版
北京东黄城根北街 16 号
邮政编码：100717
http://www.sciencep.com

北京凌奇印刷有限责任公司 印刷
科学出版社发行 各地新华书店经销

*

1990 年 3 月第 一 版　2018 年 3 月第 五 版
1999 年 6 月第 二 版　2018 年 8 月第二次印刷
2005 年 3 月第 三 版　开本：787×1092 1/16
2013 年 1 月第 四 版　印张：21
字数：49 2000

定价：138.00 元

(如有印装质量问题，我社负责调换)

《医学分子遗传学——理论、技术与应用》作者名单

薛京伦	台州市耶大基因与细胞治疗研究院
陈金中	复旦大学遗传学研究所
汪　旭	云南师范大学生命科学学院
潘雨堃	台州市耶大基因与细胞治疗研究院
何冬旭	江南大学食品学院
包　赟	美国 Integrated DNA Technologies（IDT）公司
李成涛	司法鉴定科学研究院
张素华	司法鉴定科学研究院
周彩红	再鼎医药（上海）有限公司
谷　峰	温州医科大学附属眼视光医院
凌　晨	复旦大学生命科学学院
倪　娟	云南师范大学生命科学学院
王　晗	云南师范大学生命科学学院
郭锡汉	云南师范大学生命科学学院
郭凌晨	上海交通大学药学院
Michael Fenech	CSIRO Biosecurity and Health, Genome Health and Personalised Nutrition Laboratory, Australia

第五版前言

医学分子遗传学是以遗传学理论为基础、医学临床为实际应用目标，借助现代分子生物学技术，从分子水平揭示疾病与遗传因素的关系，探索新型的疾病诊断技术、预防和治疗途径的学科。医学分子遗传学一直以来是生命科学领域最活跃、与人类医疗健康最紧密相关的学科之一。

遗传学作为生命科学的重要分支，经历了经典遗传学、分子遗传学到转化医学遗传学的变化发展。随着该领域技术的不断发展，遗传学研究也开始由揭示生命本质的研究转向基因诊断和基因治疗等临床实际应用。目前，该领域的产业化正在蓬勃发展，社会经济效益正在逐步体现，本书力求结合国内外实际，反映本领域发展的特点与趋势。

这本《医学分子遗传学》已是第五版，它凝聚了本课题组自20世纪80年代起多年的教学、科研和产业化经验。新版在原有第一版至第四版的基础上，进一步融入了相关领域的最新研究成果，与时俱进地引入了高通量测序、无创产前诊断、高效基因编辑和肿瘤免疫治疗等相关领域的全新内容，力求在保证知识体系完整和知识深度到位的前提下，以最为简洁易懂的语言，介绍医学分子遗传学领域的基础理论、主要技术和实际应用。

本书以医学分子遗传学的理论、技术和应用为主线，分别介绍了分子遗传学的基本规律、基因变异和疾病的关系、医学遗传学的研究手段、分子诊断和基因治疗等分支领域的实际应用，着重强调产业化应用。本书前五章介绍了遗传物质的分子生物学本质和传递规律、人类基因组的特征，以及基因表达调控的规律等基础理论；第六章和第七章内容涉及经典医学分子遗传学内容，并试图从基因组全局角度阐述基因变异与疾病的关系，提炼了学科发展过程中的里程碑；第八章和第九章介绍了医学遗传学相关的分子生物学技术及其在遗传学研究和临床应用中的价值，该部分内容在第四版的基础上与时俱进地增加了高通量测序的内容；第十章至第十三章介绍了医学分子遗传学一些细分应用领域的发展，如法医分子遗传学、环境相关疾病遗传因素的探索、药物基因组学；第十四章重点介绍了与本团队20多年来的工作密切相关的基因治疗的基本理论、基本技术和基本策略，基因治疗领域的喜人进展，以及对基因编辑等全新技术的展望。

由于作者们水平有限，疏漏在所难免，欢迎读者批评指正。

谨将此书献给本课题组老师共同发起并新成立的台州市耶大基因与细胞治疗研究院！

薛京伦　潘雨堃

2017年12月9日

于台州市耶大基因与细胞治疗研究院

第四版前言

无论最古老原始的微生物，还是万物之灵的人类，都拥有遗传繁衍这样的生命基本特征。核酸——DNA 和 RNA，是能够自我复制的遗传信息分子，是生命自我复制的真谛所在。研究这些遗传信息分子的结构、传递、功能及其调控规律，探索不同个体遗传差异与疾病易感性的关联，并将相关成果应用到医学研究与临床之中，是医学分子遗传学的重要内容，也是逾越遗传学基础研究和临床应用之间的屏障，将医学生物学基础研究成果有效地转化为临床药物、生物材料与方法的重要环节。

医学分子遗传学是遗传学-分子生物学-医学等多学科相互交融的交叉领域。本书在原有第一至第三版的基础上，进一步融入了我们和同仁的最新研究成果，引入了国内外研究的最新热点问题。本书首先介绍了人类基因组计划、基因表达调控、发育与疾病发生中的表观遗传学、肿瘤遗传学等基础内容和分子生物学的基础技术，并应近年兴起的转化医学所反映的生物医学科研与临床应用相结合的社会需求，力求体现医学遗传学科研服务于生物医学、医学诊断与治疗、营养与健康、司法鉴定和药物发现等主流方法。

根据潜在的读者范围与知识结构，本书前四章简要介绍了医学分子遗传学的基本理论与技术框架；基于人类基因组计划的发展沿革和后基因组时代人们对基因组功能及其调控本质探索的渴望，第五和第六章简要阐明人类基因组结构、人类基因表达与调控的一些基本原理；鉴于遗传物质的表观修饰在发育与疾病发生中的作用有可能推动医学的革命性发展，Beate Brand-Saberi 等 4 位德国教授在第七章严谨生动地介绍了表观遗传学在发育和疾病中的作用与原理。郭凌晨博士在第八章中大幅度地更新了遗传与肿瘤发生中的信号途径变化；基因诊断和基因治疗为本书前三版的重点内容，新版对原文作了少量更新并继续保留。陈金中副教授在本书的构架、组织中发挥了核心作用，完成多个章节的撰写与更新；李成涛研究员贡献了法医分子遗传学一章，对完善之前版本的知识体系大有裨益。汪旭教授和澳大利亚 Commonwealth Scientific and Industrial Research Organization (CSIRO) 的 Michael Fenech 教授全面更新了营养基因组学的内容，分别完成了基因组稳定性与环境、公共健康及个性化基因组学内容的撰写，他们从营养和基因科学到公共政策的角度阐明了基因组时代的健康概念与策略。感谢王明伟教授和周彩红博士为本书贡献了基因组学与药物创新一章，向读者展示了医学遗传学基础研究转化为医学的动力和端倪。

本书所涉及的领域发展迅速、内容宽泛，对文献的引用难免挂一漏万；由于水平有限，撰写错误在所难免，欢迎读者批评指正。

我们对联合基因科技(集团)有限公司(United Gene Holdings Co., Ltd.)为本书出版提供部分经费支持表示由衷的感谢！

薛京伦

于复旦大学

2012 年 4 月 8 日

第三版前言

医学分子遗传学是以遗传学理论为基础，医学遗传学为背景，借助分子生物学技术，从分子水平揭示疾病与遗传因素的关系，从而探索新的疾病诊疗技术和防治途径的学科。随着人类基因组结构与功能研究的深入和医学的飞速发展，人们不断发现，单基因遗传病、多基因遗传病、线粒体疾病、肿瘤、衰老、病毒性疾病、环境易感性疾病等都和遗传因素有千丝万缕的联系。因此，医学分子遗传学是一门涉及遗传学、医学、环境科学、生态学、分子生物学、生物信息学、人类学、伦理学和社会学等多学科的领域，医学分子遗传学的发展必将有力地推动人类健康和医学事业的进步。

这本《医学分子遗传学》是本课题组出版的同名专著的第三本，它凝聚了我们自 20 世纪 80 年代以来的研究和教学经历。从体细胞基因定位、人类遗传病基因治疗的基础和临床试验到目前向基因治疗载体安全性与有效性的挑战，不仅使我们整个课题组处于基因诊断和基因治疗研究的前沿，同时使本书独具特色，汇集了撰写者丰富的科研、教学实践与成就。

本书以遗传性疾病和疾病的遗传性因素为主线，从单基因疾病、多基因疾病、肿瘤、病毒性疾病及体细胞遗传病等多个角度，应用基因组结构和功能的知识，深入揭示基因突变和疾病发生的内在联系，同时阐述环境对遗传物质的作用，前 7 章着重介绍了人类基因组的结构特征、单基因和多基因疾病及肿瘤的分子遗传学，充分介绍了本学科的基础知识及新进展；第八到第十一章，介绍了医学分子遗传学中若干新的领域和内容，其中包括表观遗传学、线粒体医学、环境基因组研究与环境相关疾病遗传因素的探索、转基因动物作为遗传疾病的模型及在医学研究中的地位等；第十二和第十三章重点介绍了与本课题组 20 多年来的工作密切相关的基因诊断与基因治疗的基本理论、基本技术和基本策略，旨在为进一步实现疾病的预防和分子水平的基因诊断，最终实现疾病基因治疗的目的。

本书可用作生物和医学类本科生及研究生的教材，以及高校及科研院所青年科技工作者和管理者的参考书。

由于水平有限，错误在所难免，欢迎读者批评指正。

谨将此书献给复旦大学建校 100 周年！

薛京伦

于复旦大学 jlxue@fudan.ac.cn

2005 年 3 月 27 日

第二版序

1953 年，J.D. Watson 和 F. H. C. Crick 提出了 DNA 双螺旋结构模型，这是生命科学研究历程中的一个具有划时代意义的里程碑。这一模型对遗传学发展具有深远影响，它不仅使遗传学研究从此深入到分子水平，而且奠定了现代遗传学的基础，进一步推动和影响着生命科学各个学科的飞速发展。目前，遗传学科已经成为生命科学领域中最活跃和最引人注目的一个带头学科。

30 余年来，现代遗传学无论在理论研究还是在生产应用方面，都取得了一系列重大突破，尤其是 70 年代初重组 DNA 技术的建立和发展，为遗传学发展走上产业化道路奠定了基础。遗传工程的兴起，使人类有可能按照自己的意愿和需要，来直接操纵遗传物质，有目的地改造各种生物的遗传组成及至建立新的遗传特性。遗传工程已经并将继续对人们的日常生活产生巨大的影响，对人类社会发挥重要作用。今天，以遗传工程为主体的生物工程技术已同微电子技术、能源技术一起，成为关系到人类生存和社会进步的世界高技术领域的重要支柱。

众所周知，遗传学研究在我国曾几度波折，历经沧桑，有过一段坎坷曲折的历程。随着我国"四化"建设的步伐，遗传学研究逐渐走上健康发展的道路，改革开放政策的实施，更推动着我国的遗传学研究走向世界。目前，遗传学研究在我国已得到广泛开展，某些领域还达到了国际先进水平。然而，面对世界新技术革命的潮流，我们必须清醒地认识到我国科学技术发展中还有薄弱环节；而要改变这一切，跻身于世界科技强国之列，首要的战略措施就是必须抓紧人才的培养，这在任何国家都是一样的。造就和培养一大批具有高水平的科学家是我国科学技术实现现代化的体现和保证。因此，作为生命科学带头学科的遗传学，就更要求造就一大批一流的遗传学家，为现代遗传学的发展、为遗传工程和生物技术在我国的各个领域开展服务，这是一项有战略意义的重要措施。

就是在这种形势下，复旦大学出版社为了加速我国遗传学人才的培养，适应国内的遗传学教学的需要，特约请了复旦大学遗传学研究所和国内的遗传学专家撰写《遗传学丛书》各分册。在这些论著中，作者不仅详细介绍了遗传学各个分支领域的基本理论和基础知识，还充分反映了最新的研究成果和进展，力求内容新颖、资料丰富、文笔流畅。这套丛书对遗传学专业的大学生、研究生和正在从事遗传学及其相关领域的教学、科研工作者无疑是一套水平较高的专业参考书。我相信，这套丛书的出版必将对我国蓬勃发展的遗传学事业起到积极的推动和促进作用，为我国科学技术现代化的早日实现做出应有的贡献。

谈家桢

1998 年 1 月于上海复旦大学遗传学研究所

第二版前言

医学分子遗传学是近年来在医学遗传学基础上发展起来的一门现代新兴学科，它运用分子生物学技术，从 DNA 水平、RNA 水平及蛋白质水平对遗传性疾病或疾病的遗传因素进行研究，揭示基因突变与疾病发生的关系，建立在分子水平上对遗传性疾病等的诊断方法，进一步实现对遗传性疾病等的基因治疗，达到从根本上治愈遗传病的目的。

数十年来，医学的发展和进步令人眼花缭乱、目不暇接，生物科学对医学的影响最为直接和深刻。而遗传学是生物科学的基石，20 世纪分子遗传学领域里的重要发现对医学的发展起了决定性的作用，医学分子遗传学已经成为遗传学和医学领域里最为活跃的学科之一。

我们从 1984 年起为遗传学专业的本科生开设了医学分子遗传学课程，并于 1988 年编写了《医学分子遗传学》教材，它在历年的教学过程中，受到了老师和同学的好评。鉴于学科发展的迅速和知识更新的加快，原有教材难以反映最新的医学分子遗传学研究进展，我们为了及时将这个研究领域的成果系统地介绍给大家，在原有教材的基础上，并结合科研实践，编写了这本书，供大家参考和使用。

全书共分 18 章，包括绪论、医学分子遗传学基础、基因的表达调控、单基因病、多基因病、肿瘤、病毒性疾病、免疫系统疾病、线粒体疾病、细胞遗传学与分子遗传学、转基因动物、环境诱变剂、医学分子遗传学研究热点、基因定位、基因克隆、基因诊断和基因治疗。为了便于理解和复习，每章后均有小结和思考题，全书的末尾列出了主要的参考文献，可供进一步查阅。教材的讲授时间为 60 学时，一学期讲完，因材施教，讲授内容可以有所取舍。

本书各章分别由卢大儒(第一、第四、第十一、第十三、第十五、第十六、第十七和第十八章)、施前(第二、第三章)、邱晓赟(第四章)、高啸波(第五、第六章)、王琪(第七章)、包赟(第八章)、张克忠(第九章)、郑冰(第十章)、戴旭民(第十一章)、胡以平(第十二章)、刑永娜(第十三、第十四章)、谈珉(第十四章)、周其南(第十四章)撰写。由于书籍出版的周期较长，而这一领域的进展又如此迅速，本书难免会遗漏一些重要内容，同时由于我们的知识水平有限，尽管尽了最大的努力，肯定还会存在不少问题和错误，欢迎批评指正。

作　者

1997 年 8 月于复旦大学遗传学研究所

第一版前言

　　医学分子遗传学是近年来出现的一门新兴的边缘学科，它是遗传学的一个重要分支，是医学遗传学与现代生物学技术结合的产物。这门学科从诞生至今不到10年，但在这一阶段中所取得的进展，使人类和医学遗传的研究完全进入了一个崭新的阶段，对整个生命科学的研究产生了巨大的影响。这方面的资料大多零散地刊登在各种杂志上，国内外还没有一本系统的教科书。为了将这一领域的最新研究成果及时系统地介绍给大家，我们在已经开设了4年的体细胞遗传学和医学分子遗传学课程的基础上，编写了这本书，供大家参考和使用。

　　由于对遗传病发病机制的研究已进入基因的结构、表达和调控阶段，所以在前面几章中简要地介绍了有关人体基因的结构和功能方面的基础内容。在各章末尾都列出了主要的参考文献，可供进一步查阅。全书共分15章，包括绪论、医学遗传学基础、人体基因组的结构解剖、人体基因的表达与调控、流式细胞分类学、单基因病分子遗传学、染色体异常的细胞和分子遗传学、多基因病分子遗传学、肿瘤分子遗传学、免疫系统疾病分子遗传学、限制性片段长度多态性、基因定位、基因诊断、基因药物学和基因治疗。

　　在历年来的教学过程中，不少老师和学生提出了许多宝贵的意见，才使这本书以今天这样的面目出版，在此一并致以深切的谢意，并恳切希望能继续得到各位读者和同行的批评指正。

　　由本书籍出版的周期较长，而这一领域的进展又是如此快，所以我们正在把所有最新的资料都输入软盘，希望以后能以微机(IBM-PC)软盘的形式为大家提供及时而又价廉的第二版。

　　谨以此书献给我们敬爱的导师刘祖洞教授。

薛京伦

1988年8月5日于复旦大学遗传学研究所

目　录

第一章

生物大分子与中心法则

第一节　生物大分子的基本构件

生命的基本特征是由生物大分子来实现的，组成生命体的生物大分子包括多糖、蛋白质和核酸。多糖是由至少 10 个单糖组成的聚合碳水化合物。相同的单糖组成的多糖有淀粉、纤维素和糖原；不同单糖聚合形成杂多糖，如阿拉伯胶是由戊糖和半乳糖等组成。少于 10 个残基的短糖链称为寡糖。结合了蛋白质和脂类的寡糖称为复合多糖，如糖蛋白、糖脂和蛋白聚糖。多糖可以作为生物体的骨架，也可以作为动植物储藏的养分，还可以具备特殊的生物活性，如糖原和淀粉储藏能量、肝素抗凝血。

蛋白质是生命的物质基础，可以说没有蛋白质就没有生命。蛋白质旧称朊，故疯牛病的蛋白质病毒被命名为朊病毒。氨基酸是组成蛋白质的基本单位，氨基酸通过脱水缩合形成肽链。蛋白质是由一条或多条多肽链组成的生物大分子。组成蛋白质的基本分子构件是 20 种氨基酸(表 1-1)。在蛋白质中，某些氨基酸残基还可以在翻译后被进一步修饰，从而影响蛋白质的激活或调控。多肽的氨基酸序列界定了蛋白质的基本潜能。多肽需要折叠成一定的空间结构发挥其特定功能。多个蛋白质可以结合在一起形成蛋白质复合物，共同实现特定生物学过程。

表 1-1　氨基酸的基本分子结构和性质

缩写	全名	中文名	支链	相对分子质量	等电点	解离常数(羧基)	解离常数(氨基)	R 基
G，Gly	glycine	甘氨酸	亲水性	75.07	6.06	2.35	9.78	—H
A，Ala	alanine	丙氨酸	疏水性	89.09	6.11	2.35	9.87	—CH_3
V，Val	valine	缬氨酸	疏水性	117.15	6.00	2.39	9.74	—CH—$(CH_3)_2$
L，Leu	leucine	亮氨酸	疏水性	131.17	6.01	2.33	9.74	—CH_2—CH$(CH_3)_2$
I，Ile	isoleucine	异亮氨酸	疏水性	131.17	6.05	2.32	9.76	—CH(CH_3)—CH_2—CH_3
F，Phe	phenylalanine	苯丙氨酸	疏水性	165.19	5.49	2.20	9.31	—CH_2—C_6H_5
W，Trp	tryptophan	色氨酸	疏水性	204.23	5.89	2.46	9.41	—CH_2—C_8NH_6
Y，Tyr	tyrosine	酪氨酸	疏水性	181.19	5.64	2.20	9.21	—CH_2—C_6H_4—OH
D，Asp	aspartic acid	天冬氨酸	酸性	133.10	2.85	1.99	9.90	—CH_2—COOH

续表

缩写	全名	中文名	支链	相对分子质量	等电点	解离常数（羧基）	解离常数（氨基）	R 基
N，Asn	asparagine	天冬酰胺	亲水性	132.12	5.41	2.14	8.72	—CH$_2$—CONH$_2$
E，Glu	glutamic acid	谷氨酸	酸性	147.13	3.15	2.10	9.47	—(CH$_2$)$_2$—COOH
K，Lys	lysine	赖氨酸	碱性	146.19	9.60	2.16	9.06	—(CH$_2$)$_4$—NH$_2$
Q，Gln	glutamine	谷氨酰胺	亲水性	146.15	5.65	2.17	9.13	—(CH$_2$)$_2$—CONH$_2$
M，Met	methionine	甲硫氨酸	疏水性	149.21	5.74	2.13	9.28	—(CH$_2$)—S—CH$_3$
S，Ser	serine	丝氨酸	亲水性	105.09	5.68	2.19	9.21	—CH$_2$—OH
T，Thr	threonine	苏氨酸	亲水性	119.12	5.60	2.09	9.10	—CH(CH$_3$)—OH
C，Cys	cysteine	半胱氨酸	亲水性	121.16	5.05	1.92	10.70	—CH$_2$-SH
P，Pro	proline	脯氨酸	疏水性	115.13	6.30	1.95	10.64	—C$_3$H$_6$
H，His	histidine	组氨酸	碱性	155.16	7.60	1.80	9.33	—CH$_2$—C$_3$N$_2$H$_3$
R，Arg	arginine	精氨酸	碱性	174.20	10.76	1.82	8.99	—(CH$_2$)$_3$—NH—CCNH—NH$_2$

核酸是由多个核苷酸聚合成的生物大分子。不同的核酸，其化学组成、核苷酸排列顺序等均不相同。核酸可分为 DNA 和 RNA。DNA 是储存、复制和传递遗传信息的物质基础；RNA 在蛋白质合成过程中起着重要作用，也可以作为遗传信息的储存载体和发挥类似蛋白质的酶活性作用而广泛参与生命过程。DNA 由 6 种小分子组成：脱氧核糖、磷酸和 4 种碱基(A、G、T、C)。由这些小分子组成了 4 种核苷酸，这 4 种核苷酸组成了 DNA。RNA 同样也有 6 种小分子，即核糖、磷酸和 4 种碱基(A、G、U、C)。从简单的分子组成比例上就可以看出分子的骨架应该由糖和磷酸组成，而信息密码隐藏在碱基的排列组合变化中。

第二节　DNA 结构与复制

一、DNA 结构

Maurice Wilkins 和 Rosalind Franklin 依据对 X 射线衍射照片的分析，提出 DNA 是由两条长链组成的双螺旋。Erwin Chargaff 测定 DNA 的分子组成，发现 DNA 中的 4 种碱基的含量并不是等量的，但是 A 和 T 的含量总是相等，G 和 C 的含量也相等。James Dewey Watson 和 Francis Harry Compton Crick 首先意识到该比值的重要性，并请剑桥大学的 John Griffith 计算出 A 吸引 T、G 吸引 C、A+T 的宽度与 G+C 的宽度相等。随后，他们结合 X 射线衍射照片构建出了 DNA 分子双螺旋结构模型。

揭示 DNA 双螺旋结构为现代分子生物学的标志性成就，它不仅说明了 DNA 为什么是遗传信息的携带者，而且说明了基因的复制和突变等机制。1954 年 James Dewey Watson 和 Francis Harry Compton Crick 有关 DNA 双螺旋结构的论文，虽然只有一千余字，但其奠定了现代分子生物学的基础。论文包括如下两个方面的主要内容。

(1)DNA 由脱氧核糖和磷酸基通过酯键交替连接而成。其主链有两条，它们围绕共同轴心以右手螺旋方向盘旋，相互平行而走向相反，形成双螺旋构型。主链处于螺旋的外侧，由糖和磷酸构成的主链具备亲水性。

(2)碱基位于螺旋的内侧，它们以垂直于螺旋轴的取向通过糖苷键与主链糖基相连。同一平面的碱基在两条主链间形成碱基对。配对碱基总是 A 与 T、G 与 C。碱基对以氢键维系，A 与 T 间形成两个氢键，G 与 C 间形成三个氢键。两种碱基对的几何大小又十分相近，具备了形成氢键的适宜键长和键角条件。每对碱基处于各自自身的平面上，但螺旋周期内的各碱基对平面的取向均不同。双螺旋结构在满足两条链碱基互补的前提下，DNA 的一级结构不受限制。

二、DNA 复制

DNA 复制是指DNA双链在细胞分裂以前进行的复制过程，复制的结果是一条双链变成两条一样的双链，每条双链都含有原来双链的一条单链。这个过程通过半保留复制(semiconservative replication)机制得以完成。DNA 复制具有以下几个特点。

(1)半保留复制：1958 年 Matthew Meselson 和 Franklin Stahl 的实验证明 DNA 在复制时，以亲代 DNA 链作模板，合成完全相同的两个双链子代 DNA，每个子代 DNA 中都含有一股亲代 DNA 链，这种现象称为 DNA 的半保留复制。

(2)有复制起始点：DNA 复制需在特定位点开始，这些具有特定核苷酸序列的片段称为复制起始点。在原核生物中，因为较小的基因组规模，复制起始点通常为一个；而在真核生物庞大的基因组中，一般有多个复制起始点，从而保证复制在一定时间内完成。

(3)需要 RNA 引物：DNA 聚合酶必须以一段具有 3′ 端自由羟基(3′-OH)的 RNA 作为引物，才能开始合成子代 DNA 链。RNA 引物的大小，在原核生物中通常为 50~100 个核苷酸，而在真核生物中约为 10 个核苷酸。

(4)双向复制：DNA 复制时，以复制起始点为中心，向两个方向进行复制；但在低等生物中，也可进行单向复制。

(5)半不连续复制(semidiscontinuous replication)：DNA 聚合酶只能以 5′→3′ 方向聚合子代 DNA 链，两条亲代 DNA 链作为模板聚合子代 DNA 链时的方式是不同的。以 3′→5′ 方向的亲代 DNA 链作为模板的子链在聚合时基本上是连续进行的，这一条链被称为前导链。而以 5′→3′ 方向的亲代 DNA 链为模板的子链在聚合时则是不连续的，这条链被称为后随链。DNA 在复制时，由后随链所形成的多个子代 DNA 短链称为冈崎片段。

一般认为 DNA 复制一旦开始，就会将该DNA 分子全部复制完毕。其实，在 DNA 上也存在着复制终止位点，DNA 复制将在复制终止位点处终止。在 DNA 复制终止阶段，令人困惑的一个问题是线性 DNA 分子两端是如何完成其复制的?已知 DNA 复制都要有 RNA 引物参与。当 RNA 引物被切除后，中间所遗留的间隙由 DNA 聚合酶 I 所催化填充。在线性分子的两端以 5′→3′ 为模板的后随链的合成，其末端的 RNA 引物被切除后是无法被 DNA 聚合酶所填充的。1941 年 Barbara McClintock 提出了端粒(telomere)的假说，认为染色体末端必然存在一种特殊结构——端粒。其作用包括：①保持染色体末端稳定；②与核纤层相连，使染色体得以定位。

1978 年，四膜虫的端粒结构首先被测定。1990 年 Calvin Harley 把端粒与衰老挂上了钩，提出"细胞越老，其端粒长度越短"的观点，细胞分裂一次，其端粒的 DNA 丢失 30～200bp。端粒的复制不能由 DNA 聚合酶催化，而是由一种特殊的反转录酶——端粒酶完成。真核生物染色体末端 DNA 复制是由端粒酶将一个新的末端 DNA 序列加在刚刚完成复制的 DNA 末端。例如，在四膜虫细胞中的线性 DNA 分子末端有 30～70 拷贝的 5′-TTGGGG-3′ 序列，端粒酶可以将 TTGGGG 序列加在事先已存在的单链 DNA 末端的 TTGGGG 序列上。这样有较长的末端单链 DNA，可以被引发酶重新引发或其他的酶蛋白引发而合成 RNA 引物，并由 DNA 聚合酶将其变成双链 DNA。这样就可以避免其DNA 随着复制的不断进行而逐渐变短。正常人体细胞中检测不到端粒酶，在一些良性病变细胞、体外培养的成纤维细胞中也测不到端粒酶活性。但在生殖细胞及胎儿细胞中此酶为阳性，恶性肿瘤细胞具有高活性的端粒酶。人类肿瘤中广泛地存在着较高水平的端粒酶，用其作为肿瘤治疗的靶点是较受关注的热点。

第三节　RNA 分类、转录与转录后过程

一、RNA 分类与结构

在 DNA 指导的 RNA 聚合酶催化下，生物体以 DNA 的一条链为模板，按照碱基配对原则，合成一条与 DNA 链的一定区段互补的 RNA 链，这个过程称为转录。经转录生成的多种 RNA，主要包括 rRNA、tRNA、mRNA、snRNA 和 hnRNA 等(图 1-1)。

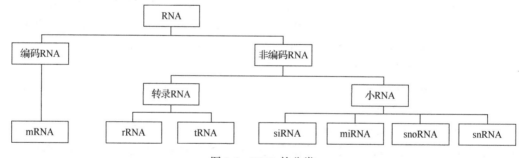

图 1-1　RNA 的分类

绝大部分 RNA 分子都是线状单链，但是 RNA 分子的某些区域可自身回折进行碱基互补配对，形成局部双螺旋。在 RNA 局部双螺旋中 A 与 U 配对、G 与 C 配对，除此以外，还存在非标准配对，如 G 与 U 配对。RNA 分子中的双螺旋与 A 型 DNA 双螺旋相似，而非互补区则膨胀形成凸出或者环，这种短的双螺旋区域和环称为发夹结构。发夹结构是 RNA 中最常见的二级结构形式，二级结构进一步折叠形成三级结构，RNA 只有在具有三级结构时才能成为有活性的分子。RNA 也能与蛋白质形成核蛋白复合物——RNA 的四级结构。

（一）tRNA

tRNA 约占总 RNA 的 15%，其主要的生理功能是在蛋白质生物合成中转运氨基酸和识别密码子。细胞内每种氨基酸都有其相应的一种或几种 tRNA，因此 tRNA 的种类很多。

在细菌中有 30～40 种 tRNA，在动物和植物中有 50～100 种 tRNA。从数量上直观分析就可以推断，部分真核生物蛋白在细菌中可能无法顺利表达。

1. tRNA 一级结构

tRNA 是单链分子，含 73～93 个核苷酸，有 10%的稀有碱基，如 DHU、rT、ψ 及不少被甲基化的碱基，其 3′端为 CCA-OH，5′端多为 pG，分子中大约 30%的碱基是保守的。

2. tRNA 二级结构

tRNA 二级结构为三叶草形。配对碱基形成局部双螺旋而构成臂，不配对的单链部分则形成环。三叶草形结构由 4 臂 4 环组成。氨基酸臂由 7 对碱基组成，双螺旋区的 3′端为一个 4 碱基的单链区-NCCA-OH 3′，腺苷酸残基的羟基可与氨基酸 α 羧基结合而携带氨基酸。DHU 环以含有 2 个稀有 DHU 而得名，由 8～14 个碱基组成，DHU 臂由 3～4 对碱基组成。反密码子环由 7 个碱基组成，其中 3 个核苷酸组成反密码子(anticodon)，在蛋白质生物合成时，可与 mRNA 上相应的密码子配对。反密码子臂由 5 对碱基组成。不同生物细胞内不同反密码子 tRNA 的丰度不同，这种差异会造成转基因过程中出现所谓稀有密码子影响转基因表达的问题，因此需要依据受体细胞对转基因进行修改。额外环在不同 tRNA 分子中变化较大，可在 4～21 个碱基之间变动，又称为可变环，是 tRNA 分类的重要指标。TψC 环含有 7 个碱基，所有的 tRNA 在此环中都含 TψC 序列，TψC 臂由 5 对碱基组成。

3. tRNA 的三级结构

20 世纪 70 年代初科学家用 X 射线衍射分析发现 tRNA 的三级结构为倒"L"形。tRNA 三级结构的特点是氨基酸臂与 TψC 臂构成"L"的横，-CCAOH-3′端就在这一横的端点上，是结合氨基酸的部位；而 DHU 臂与反密码子臂及反密码子环共同构成"L"的竖，反密码子环在一竖的端点上，能与 mRNA 上对应的密码子识别；DHU 环与 TψC 环在"L"的拐角上。三级结构氢键的形成与 tRNA 中不变的核苷酸密切相关，各种 tRNA 三级结构都呈倒"L"形。

(二)mRNA

原核生物中 mRNA 转录后直接进行蛋白质翻译。转录和翻译不仅发生在同一空间，而且两个过程几乎是同时进行的。原核生物的 mRNA 结构简单，往往含有几个功能上相关的蛋白质编码序列，可翻译出几种蛋白质，因此被称为多顺反子。在原核生物 mRNA 中编码序列之间有间隔序列，可能与核糖体的识别和结合有关。在 5′端和 3′端有与翻译起始及终止有关的非编码序列，原核生物 mRNA 中没有修饰碱基，5′端无帽子结构，3′端无多腺苷酸(polyA)的尾巴。原核生物转录后约 1min mRNA 就开始降解，所以原核生物一般不使用基于 mRNA 的文库。

真核细胞成熟 mRNA 是由其前体——核内不均一 RNA(heterogeneous nuclear RNA，hnRNA)剪接并经修饰后才能进入细胞质中参与蛋白质合成的。真核生物 mRNA 为单顺反子结构。在真核生物成熟的 mRNA 中 5′端有 m^7GpppN 的帽子结构，帽子结构可保护 mRNA 不被外切核酸酶水解，其能与帽结合蛋白结合识别核糖体并与之结合，参与翻译起始。3′端的 polyA 尾巴，为 20～250 个 A，功能与 mRNA 的稳定性有关。少数成熟 mRNA 没有 polyA 尾巴（如组蛋白 mRNA），它们的半衰期较短。基于这些特点，利用真核生物的 mRNA 反转录建立 cDNA 文库为一种常规的研究方法。

（三）rRNA 的结构

rRNA 占细胞总 RNA 的 80% 左右。rRNA 分子为单链，局部有双螺旋区域，具有复杂的空间结构。原核生物主要的 rRNA 有 3 种，即 5S、16S 和 23S rRNA，大肠杆菌的这三种 rRNA 分别由 120、1542 和 2904 个核苷酸组成。真核生物主要的 rRNA 有 4 种，即 5S、5.8S、18S 和 28S rRNA，小鼠的分别为 121、158、1874 和 4718 个核苷酸。rRNA 分子作为骨架与多种核糖体蛋白装配成核糖体。由于 rRNA 较高的丰度和确定的分子质量，在评估 RNA 质量和数量的实验中，18S 和 28S RNA 是比 RNA 分子质量标准更加方便的参考指标。

（四）其他 RNA 分子

20 世纪 80 年代以后，人们发现了许多新的 RNA 基因和功能。细胞核内小分子 RNA（small nuclear RNA，snRNA）是细胞核内核蛋白颗粒（small nuclear ribonucleoprotein particle，snRNP）的组成成分，参与 mRNA 前体的剪接，以及成熟的 mRNA 由核内向胞质中转运的过程。核仁小分子 RNA（small nucleolar RNA，snoRNA）是一类新的核酸调控分子，参与 rRNA 前体的加工及核糖体亚基的装配。胞质小分子 RNA（small cytosol RNA，scRNA）的种类很多，其中 7SL RNA 与蛋白质一起组成信号识别颗粒（signal recognition particle，SRP），SRP 参与分泌性蛋白质的合成。反义 RNA（antisense RNA）可以与特异的 mRNA 序列互补配对，阻断 mRNA 翻译，能调节基因表达。核酶是具有催化活性的 RNA 分子或 RNA 片段，针对病毒的致病基因 mRNA 的核酶，可以抑制其蛋白质的生物合成，为基因操作开辟新的途径。

微 RNA（microRNA，miRNA）是一种具有发夹结构的非编码 RNA，长度一般为 20～24 个核苷酸，在 mRNA 翻译过程中起到开关作用。它可以与靶 mRNA 结合，产生转录后基因沉默作用（post-transcriptional gene silencing，PTGS）。miRNA 的表达具有阶段特异性和组织特异性，它们在基因表达调控和控制个体发育中起重要作用。miRNA 也参与 mRNA 稳定性、异构体形成等多种过程，可能代表一类全局式调节方式。

piRNA（Piwi-interacting RNA）是一类长度约为 30nt 的小 RNA，富集于动物生殖细胞和干细胞。piRNA 的生物发生途径不同于 miRNA 和 siRNA，piRNA 簇的转录子转运到胞质后经过初级加工途径形成初级 piRNA，结合到 Piwi/Aub 上；随后进入次级加工途径，经 PIWI 家族蛋白的协同加工，使细胞中的 piRNA 大量扩增，此过程称为"乒乓"循环（"Ping-Pong" cycle），但是目前对乒乓循环的细节和具体机制还所知甚少。piRNA 通过与 Piwi 亚家族蛋白结合形成复合物来调控靶基因的表达，以及转录和转录后水平的修饰。

二、转录

与 DNA 复制强调保守性不同，转录的特点表现为不对称性和有选择性。不对称转录是指 DNA 为双链分子，在某一具体基因转录进行时，DNA 双链中只有一条链起模板作用，指导 RNA 合成的 DNA 链称为模板链(template strand)，与之相对的另一条链为编码链(coding strand)。新合成的 RNA 链与编码链都能与模板链互补，两者都对应该基因表达的蛋白质中氨基酸序列，其区别仅在于 RNA 链上的碱基以 U 代替了 T。转录的不对称性有两重含义：一是指双链 DNA 只有一股单链用作模板，二是指同一单链上可以交错出现模板链和编码链。在庞大的 DNA 分子中，并非任何区段都可以转录。往往把能转录出 RNA 的 DNA 区段称为结构基因(structural gene)。

催化转录作用的酶是 RNA 聚合酶(RNA polymerase)。RNA 聚合酶缺乏 3′→5′ 外切酶的活性，没有校对功能，故 RNA 合成的错误率较 DNA 合成的错误率高得多。这是 RNA 病毒(如流感病毒、HIV-1 病毒)高变异率的原因。对于真核生物 RNA 突变，因为不涉及遗传物质，故对细胞的存活不致造成太大危害。RNA 的转录合成类似于 DNA 的复制。RNA 的转录过程可分为起始、延长、终止三个阶段。RNA 病毒遗传变异可能与 RNA 聚合酶的特性有关。

(一)转录起始

原核生物的转录单位是操纵子(operon)，操纵子包括若干个结构基因及其上游的调控序列。调控序列中的启动子(promoter)是 RNA 聚合酶结合模板 DNA 的部位，也是控制转录的关键部位。启动子是能被 RNA 聚合酶识别、结合并开始转录的一段 DNA 序列。原核生物启动子序列按功能的不同可分为三个位点，即起始位点、结合位点、识别位点。

起始位点是指 DNA 分子上开始转录的作用位点，该位点有与转录生成 RNA 链的第一个核苷酸互补的碱基，该碱基的序号为+1。结合位点是 DNA 分子上与 RNA 聚合酶的核心酶结合的部位，其长度为 7bp，中心部位在 −10bp 处，碱基序列具有高度保守性，富含 TATAAT 序列，故称之为 TATA 框(TATA box, Pribnow box)。因为该序列中富含 AT，维持双链结合的氢键相对较弱，导致该处双链 DNA 易发生解链，有利于 RNA 聚合酶的结合。识别位点是 RNA 聚合酶识别并结合的 DNA 区段，其中心位于−35bp 处。多种启动子共有序列为 TTGACA。

原核生物转录起始反应由转录起始复合物执行，其包括 RNA 聚合酶的全酶、DNA 模板和四磷酸二核苷酸(pppGpN-OH 3′)。转录开始时，RNA 聚合酶全酶借 σ 因子作用，识别并结合于转录单位启动子，覆盖 75～80bp DNA 区段，包含−35bp 的识别位点，RNA 聚合酶与 DNA 结合较松弛，聚合酶沿 DNA 滑动，与−10 区结合更为牢固，在接近转录起始位点时，聚合酶与 DNA 模板形成稳定复合物。同时全酶结合的 DNA 发生小范围构象改变，双链打开，暴露模板序列，根据碱基互补的原则，相应的原料 NTP 按照 DNA 模板序列依次进入。在 RNA 聚合酶的催化下，起始位点上相邻排列的头两个 NTP 以 3′，5′ 磷酸二酯键相连。新生 RNA 链延伸到 8～10 个碱基后 σ 因子从起始复合物上脱落，剩下的核心酶继续沿 DNA 链向下游移行。脱落的 σ 因子再次与核心酶结合并循环使用。

真核基因转录起始上游也有保守性的共有序列，需要 RNA 聚合酶对这些起始序列进行辨认和结合，启动转录生成转录起始复合物。与 RNA 聚合酶Ⅱ转录相关的共有序列包括在–25 区附近的 TATA 框，其主要决定转录起点。在上游–100bp 左右还有 CAAT 序列及 GC 框等短序列，这些与转录调节相关的 DNA 特异序列统称为顺式作用元件。不同物种、不同细胞或不同的基因，可以有不同的上游 DNA 序列。真核生物转录起始十分复杂，需要多种蛋白质因子参与，这些因子称为转录因子（transcription factor，TF）。它们与 RNA 聚合酶一起共同参与转录起始的过程。相应于 RNA 聚合酶Ⅰ、Ⅱ、Ⅲ的 TF，分别称为 TFⅠ、TFⅡ、TFⅢ。TFⅡD 是目前已知唯一能结合 TATA 框的蛋白质，在转录起始中作为第一步，指导 RNA 聚合酶Ⅱ进入作用位点。真核生物 RNA 聚合酶不能直接与 DNA 结合，在转录之前，必须依赖 TF 来促进其激活。TFⅡD 首先识别启动子序列并与之结合，然后 RNA 聚合酶Ⅱ再加入，形成起始前复合物（pre-initiation complex，PIC），再开始进行转录。

(二)转录延长

原核生物和真核生物转录延长反应区别不大。转录起始复合物形成后，复合体中核心酶的构象发生改变，与 DNA 模板的结合变得松散，有利于 RNA 聚合酶沿 DNA 链的 $3'→5'$ 方向迅速向前移行，每移行一步都与一分子三磷酸核苷生成一个新的磷酸二酯键，使合成的 RNA 链按 $5'→3'$ 方向不断延伸。在转录延伸过程中，要求 DNA 双螺旋小片段解链，暴露长度约为 17bp 的单链模板，由 RNA 聚合酶核心酶、DNA 模板和转录产物 RNA 三者结合成转录泡，也称为转录复合物。随 RNA 聚合酶前移，后面的 DNA 又回复双螺旋结构。由于转录过的 DNA 链生成双螺旋的趋势更强也更稳定，在转录过程中，转录泡中的新生 RNA 链 $3'$ 端部分与 DNA 模板链只形成长约 12bp 的 RNA-DNA 杂交链。大部分 $5'$ 端一侧离开模板伸展在转录泡外。

(三)转录终止

原核生物的转录终止有两种形式，一种是依赖 ρ 因子的终止，一种是不依赖 ρ 因子的终止。原核生物 DNA 没有共有的终止序列，而是转录产物序列指导终止过程。转录终止信号存在于 RNA 产物 $3'$ 端而不是在 DNA 模板上。ρ 因子是 ρ 基因的产物，广泛存在于原核和真核细胞中，由 6 个亚基组成，分子质量为 300kDa。ρ 因子结合在新生的 RNA 链上，借助水解 ATP 获得能量，推动其沿着 RNA 链移动，但移动速度比 RNA 聚合酶慢，当 RNA 聚合酶遇到终止子时便发生暂停，ρ 因子得以赶上。ρ 因子与 RNA 聚合酶相互作用，导致 RNA 释放，并使 RNA 聚合酶与该因子一起从 DNA 上释放下来。不依赖 ρ 因子的转录终止是由于在 DNA 模板上靠近终止处有些特殊的碱基序列，即较密集的 A-T 配对区或 G-C 配对区，这一位点转录出的 RNA 产物 $3'$ 端终止区一级结构有 7～20 碱基的反向重复序列，能形成具有茎和环的发夹结构，发夹结构 $3'$ 侧 7～9 碱基后有 4～6 个连续的 U。RNA 转录的终止即发生在此二级结构之内或之后。当新生成的 RNA 链 $3'$ 端出现发夹样局部二级结构时，RNA 聚合酶就会停止作用，可能是该二级结构改变了 RNA 聚合酶的构象，使酶不再向下游移动，RNA 合成终止。在发夹结构后的连续 U 使

RNA-DNA 杂交链含多个 U-A 碱基配对而不稳定，容易解离。局部解开的 DNA 恢复双螺旋，核心酶从模板上释放出来。

真核生物的转录终止和这类转录后修饰密切相关。真核 mRNA 3′端在转录后发生修饰，加上 polyA 的尾巴结构。大多数真核生物基因末端有一段 AATAAA 共有序列，再下游还有一段富含 GT 的序列，这些序列称为转录终止的修饰点。真核 RNA 转录终止点在越过修饰点延伸很长一段序列之后，在特异的内切核酸酶作用下从修饰点处切除 mRNA，随即加入 3′ polyA 尾巴及 5′帽子结构。真核生物转录生成的 RNA 是初级转录产物，是不具备生物活性及独立功能的前体 RNA，必须经过适当的加工处理，才能变为成熟的、有活性的 RNA。加工过程主要在细胞核中进行，加工后成熟 RNA 通过核孔运输到细胞质中。各种 RNA 前体的加工过程有共性，也有各自特点。真核生物 DNA 转录生成的原始转录产物 mRNA 前体是核不均一 RNA（heterogeneous nuclear RNA, hnRNA），即 mRNA 初级产物中含有不编码任何氨基酸的插入序列，该序列由内含子编码，这种内含子将编码序列外显子隔开，所以前体 mRNA 分子一般比成熟 mRNA 大 4～10 倍，必须经过加工修饰才能作为蛋白质翻译的模板。其加工修饰主要包括 5′端加"帽"和甲基化修饰、3′端加 polyA "尾"和剪去内含子并拼接外显子等。

（四）真核生物 mRNA 修饰

mRNA 的帽子结构（GpppmG-）是在 5′端形成的。转录产物第一个核苷酸往往是 5′-三磷酸鸟苷 pppG。mRNA 成熟过程中，先由磷酸酶把 5′-pppG-水解，生成 5′-ppG 或 5′-pG-。然后，5′端与另一三磷酸鸟苷（pppG）反应，生成三磷酸双鸟苷。在甲基化酶的作用下，第一或第二个鸟嘌呤碱基发生甲基化，形成帽子结构。帽子结构是前体 mRNA 在细胞核内的稳定因素，也是 mRNA 在细胞质内的稳定因素，没有帽子结构的转录产物很快被核酸酶水解。帽子结构可以促进蛋白质生物合成起始复合物的生成，因此提高了翻译强度。帽子结构也是真核生物识别自身 RNA 的方法，RNA 病毒会模拟这一修饰，而在使用体外转录 mRNA 进行转基因表达时，添加帽子也是必需的修饰，否则容易使转录产物降解和诱发细胞干扰素反应。

真核生物的成熟 mRNA 3′端通常都有 100～200 个腺苷酸残基，构成 polyA 尾巴。加尾过程是在核内进行的。加工过程先由外切核酸酶切去 3′端一些过剩的核苷酸，然后由多腺苷酸酶催化，以 ATP 为底物，在 mRNA 3′端逐个加入腺苷酸，形成 polyA 尾。3′端切除信号是 3′端一段保守序列 AAUAAA。polyA 尾巴是 mRNA 由细胞核进入细胞质所必需的形式，其大大提高了 mRNA 在细胞质中的稳定性。polyA 尾巴是基于 dT_n 反转录的结构前提。

转录初级产物为比在细胞质内出现的成熟 mRNA 大几倍、甚至数十倍的 hnRNA。真核生物的结构基因多是断裂基因，即若干个编码序列被若干个非编码序列分隔。mRNA 剪接是在剪接体上进行。转录时，外显子和内含子均转录到同一 hnRNA 中，转录后把 hnRNA 中的内含子除去，把外显子连接起来，这就是 RNA 的剪接作用。snRNA 和核内的蛋白质组成核糖核酸蛋白体，称为剪接体，剪接体结合在 hnRNA 的内含子区段，并把内含子弯曲使两端相互靠近，利于剪接过程的进行。剪接体和 hnRNA 的结合，是剪接体上的 U1-snRNA 和 U2-snRNA 分别靠碱基互补关系去辨认及结合内含子的 5′端和 3′端。比较 mRNA 和基因组序列，可以确定内含子和外显子的边界，大部分符合 AG-GT 原则。

(五)真核 tRNA 修饰

tRNA 前体由 RNA polⅢ催化生成，其加工包括切除 5′端及 3′端处多余的核苷酸、去除内含子进行剪接作用、3′端加 CCA 及碱基的修饰。tRNA 的剪接是酶促反应的切除过程。在 RNA 酶 P 的作用下，于 tRNA 前体的 5′端切除多余的核苷酸。对于 tRNA 前体，可通过内切核酸酶催化切除内含子，再通过连接酶将外显子部分连接起来。

tRNA 中含有多种稀有碱基，是在 tRNA 前体加工过程中通过化学修饰作用形成的。tRNA 前体中约 10%核苷酸经酶促修饰，其修饰的方式有以下 4 种。①甲基化反应：在 tRNA 甲基转移酶催化下，使某些嘌呤生成甲基嘌呤，如 A→mA、G→mG；②还原反应：某些尿嘧啶还原为双氢尿嘧啶(DHU)；③脱氢反应：某些腺苷酸脱氢成为次黄嘌呤核苷酸；④碱基转位反应：尿嘧啶核苷酸转化为假尿嘧啶核苷酸。

在核苷酸转移酶的作用下，由 RNA 酶 D 切除 tRNA 前体 3′端多余的 U，加上 CCA-OH 末端，完成 tRNA 柄部结构。

(六)rRNA 的转录后加工

染色体 DNA 中 rRNA 基因是多拷贝的，如细菌的基因中 rRNA 基因有 5～10 个拷贝。真核生物中 rRNA 基因的拷贝数极多，这些 rRNA 基因位于核仁中，在 DNA 分子中以前后纵向串联方式重复排列，属于高度重复序列。在这些重复单位之间，由非转录的间隔区将它们彼此隔开。每个重复单位首先转录出的产物为原始 rRNA 前体。大多数真核生物核内为一种 45S 的原始转录产物，它是 18S rRNA、5.8S rRNA 及 28S rRNA 三种 rRNA 的共同前体。45S rRNA 经剪接后，先分出属于核蛋白体小亚基的 18S rRNA，余下的部分再剪切产生 5.8S rRNA 及 28S rRNA。rRNA 在成熟过程中还需进行甲基化修饰，主要是在 28S 及 18S 中。真核生物 5S rRNA 的基因也是高丰度基因。5S rRNA 的转录产物，无需加工就转移到核仁，与 28S rRNA、5.8S rRNA 及多种蛋白质装配成大亚基，18S rRNA 与蛋白质装配成小亚基，共同组成核蛋白体，由核内转运到细胞质中。

第四节　蛋白质的生物合成

蛋白质的生物合成过程，就是将 DNA 传递给 mRNA 的遗传信息，再翻译为蛋白质中氨基酸排列顺序。DNA 基因中的遗传信息，通过转录成为携带遗传信息的 mRNA，其作为合成各种多肽链的模板，指导合成特定氨基酸排列顺序的蛋白质。

一、翻译模板 mRNA 及遗传密码

(一)遗传密码

mRNA 作为蛋白质生物合成的模板，以核苷酸序列的形式指导多肽链氨基酸序列的

合成。从 mRNA 5' 端起始密码子到终止密码子前的一段 DNA 序列，代表一个假定或已知的基因，称为可读框(open reading frame，ORF)。可读框内每 3 个碱基组成的三联体称遗传密码子(genetic codon)，其决定一种氨基酸。主要依据人工设计合成的各种 mRNA 进行体外翻译所得实验结果展示于遗传密码表中(表 1-2)。

表 1-2　遗传密码表

第一个核苷酸 (5')	第二个核苷酸				第三个核苷酸 (3')
	U	C	A	G	
U	苯丙氨酸	丝氨酸	酪氨酸	半胱氨酸	U
	苯丙氨酸	丝氨酸	酪氨酸	半胱氨酸	C
	亮氨酸	丝氨酸	终止密码	终止密码	A
	亮氨酸	丝氨酸	终止密码	色氨酸	G
C	亮氨酸	脯氨酸	组氨酸	精氨酸	U
	亮氨酸	脯氨酸	组氨酸	精氨酸	C
	亮氨酸	脯氨酸	谷氨酰胺	精氨酸	A
	亮氨酸	脯氨酸	谷氨酰胺	精氨酸	G
A	异亮氨酸	苏氨酸	天冬酰胺	丝氨酸	U
	异亮氨酸	苏氨酸	天冬酰胺	丝氨酸	C
	异亮氨酸	苏氨酸	赖氨酸	精氨酸	A
	甲硫氨酸	苏氨酸	赖氨酸	精氨酸	G
G	缬氨酸	丙氨酸	天冬氨酸	甘氨酸	U
	缬氨酸	丙氨酸	天冬氨酸	甘氨酸	C
	缬氨酸	丙氨酸	谷氨酸	甘氨酸	A
	缬氨酸	丙氨酸	谷氨酸	甘氨酸	G

(二)遗传密码的特点

1. 连续性

从起始密码子开始，各三联体密码子连续阅读而无间断，如果可读框中有碱基插入或缺失，就会造成移码突变(frameshift mutation)。

2. 方向性

密码子的解读方向为 5'→3'，其决定翻译的方向性。

3. 简并性

除色氨酸和甲硫氨酸只有一个密码子外，其余氨基酸有多个密码子。这种由多种密码子编码一种氨基酸的现象称为简并性(degeneracy)，代表一种氨基酸的密码子称为同义密码子(synonym)。从遗传密码表可看到，决定同一种氨基酸密码子的头两个核苷酸往往是相同的，只是第三个核苷酸不同，表明密码子的特异性由第一、第二个核苷酸决定，第三位碱基发生点突变时仍可翻译出正常的氨基酸。

4. 摆动性

mRNA 密码子与 tRNA 分子上的反密码子间通过碱基配对正确识别，这是遗传信息准确传递的保证。虽然每个 tRNA 只有一个特定的反密码子，但有时可能读一个以上的密码子，这是因为密码子的前两位碱基和反密码子严格配对，而密码子第三位碱基与反密码子第一位碱基不严格遵守 A-T、G-C 的配对规则，只形成松散的氢键，称为遗传密码子配对的摆动性（wobble）。

5. 普遍性

实验证明，所有生物体在蛋白质生物合成中使用的遗传密码相同，这被称为遗传密码使用的普遍性。这表明密码子可能在生命进化的早期就已建立。但研究者发现少数线粒体密码子与标准密码子不同。例如，线粒体中 AUA 与 AUG 含义相同，代表 Met 和起始密码子；UGA 为 Trp 密码子而不是终止密码子；AGA 和 AGG 是终止密码子等。

6. 种属特异性

尽管所有生物体在蛋白质生物合成中使用的遗传密码相同，但不同物种使用一定密码子的频率是不同的。造成这一现象的原因是不同物种 tRNA 的组成有所不同，有一些 tRNA 较为稀缺。在跨物种的基因转移中，依据受体物种优化密码子是获得转基因成功的关键之一。另外，在基因工程系统中，给受体细胞添加稀有密码子 tRNA 也是一个重要的内容。

7. 起始密码子和终止密码子

位于 mRNA 起始部位的 AUG 称为起始密码子，同时编码甲硫氨酸；终止密码子为 UAA、UAG、UGA，不代表任何氨基酸，仅作为肽链合成的终止信号。

二、tRNA 和氨酰-tRNA

在氨酰-tRNA 合成酶催化下，特定的 tRNA 可与相应的氨基酸结合，生成氨酰-tRNA，从而携带氨基酸参与蛋白质的生物合成。tRNA 3′ 端共有的 CCA 序列是氨基酸结合部位；tRNA 中的反密码子环上的反密码子能识别 mRNA 中的密码子并且与它配对结合。因此，在蛋白质的生物合成过程中，tRNA 起着运输氨基酸、介导密码子与氨基酸之间转换的作用。

tRNA 与相应氨基酸的正确结合依赖于氨酰-tRNA 合成酶（aminoacyl-tRNA synthetase）。该酶具有绝对专一性，能特异性地识别氨基酸和 tRNA，并利用 ATP 释放的能量完成氨酰-tRNA 的合成。合成分两步完成：首先是氨基酸被 ATP-酶复合体（ATP-E）活化成氨酰-AMP-E；然后活化的氨基酸与 tRNA 结合。酶分别对氨基酸和 tRNA 两种底物进行特异性识别，从而准确无误地完成氨酰-tRNA 的合成。同时，氨酰-tRNA 合成酶还有校正活性，对上述两步反应中的任何错误都会加以更正。

原核生物的起始密码子只能辨认甲酰化的甲硫氨酸，即 N-甲酰甲硫氨酸（fMet）。但在真核生物中，AUG 既为甲硫氨酸的编码，同时又是起始密码子，参与翻译起始的甲硫氨酰-tRNA 为起始 tRNA（initiator tRNA，tRNAimet），它与 mRNA 中间的 AUG 密码子的甲硫氨酰-tRNA(tRNAemet)结构不同, tRNAimet 和 tRNAemet 分别被起始因子和延长中起催化作用的酶所辨认。

三、rRNA 和核蛋白体

核糖体又称为核蛋白体, 是由 rRNA 和几十种蛋白质组成的亚细胞颗粒。核糖体为两类: 一类附着于粗面内质网, 主要参与分泌性蛋白质的合成; 另一类游离于胞质, 参与细胞固有蛋白质的合成。原核生物中的核蛋白体大小为 70S, 含 30S 小亚基和 50S 大亚基。小亚基由 16S rRNA 和 21 种蛋白质构成, 大亚基由 5S rRNA、23S RNA 和 35 种蛋白质构成。真核生物中的核蛋白体大小为 80S, 含 40S 小亚基和 60S 大亚基。小亚基由 18S rRNA 和 30 多种蛋白质构成, 大亚基则由 5S rRNA、28S rRNA 和 50 多种蛋白质构成, 在哺乳动物中还含有 5.8S rRNA。大肠杆菌核蛋白体的空间结构为一椭圆球体, 其 30S 亚基呈哑铃状, 50S 亚基中间凹陷形成空穴, 将 30S 小亚基抱住, 两亚基的结合面为蛋白质生物合成的场所。

核蛋白体的小亚基可与 mRNA、GTP 和起始 tRNA 结合。大亚基具有两个不同的 tRNA 结合位点, A 位(氨基酸部位或受位)可与新进入的氨酰-tRNA 结合; P 位(肽基部位或供位)可与延伸中的肽酰-tRNA 结合。大亚基具有转肽酶活性, 将供位上的肽酰基转移给受位上的氨酰-tRNA, 形成肽键。大亚基具有 GTPase, 为起始因子、延长因子及释放因子的结合部位。

在蛋白质生物合成过程中, 多个核蛋白体结合在同一 mRNA 分子上同时进行翻译, 形成念珠状的多核蛋白体(polyribosome)。细胞通过多核蛋白体的方式合成蛋白质, 大大提高了 mRNA 的效率。

四、蛋白质合成过程

蛋白质合成包括起始、延长和终止三个阶段, 由 mRNA 序列中的密码子指导, 在核蛋白体上合成特定氨基酸序列的肽链。参与蛋白质起始和延长的蛋白质是细胞内含量最为丰富的蛋白质组群之一。

(一)原核生物翻译起始

翻译的起始是把带有甲硫氨酸的起始 tRNA、mRNA 结合到核糖体上, 生成翻译起始复合物(translational initiation complex)。此过程需要核糖体大小亚基、mRNA、fMet-tRNA 和多种起始因子共同参与。

原核生物翻译的起始可分为 4 步。①核糖体大小亚基分离: 起始因子(initiation factor)IF-3 和 IF-1 与核糖体结合, 使核糖体大、小亚基分开, 以利于 mRNA 和 fMet-tRNA 结合到核糖体小亚基上。②mRNA 与小亚基结合: 原核生物中每一个 mRNA 的 5′端都具有核糖体结合位点, 它是位于翻译起始 AUG 上游 8~13 个核苷酸处、由 4~6 个核苷酸组成的富含嘌呤的序列, 又称为 SD 序列(Shine-Dalgarno sequence)。这段序列正好与 30S 小亚基中的 16S rRNA 3′端一部分序列互补, 因此 SD 序列又称为核糖体结合位点(ribosomal binding site, RBS)。③密码子与反密码子配对: 紧接 SD 序列的小段核苷酸又

— 13 —

可以被核糖体小亚基蛋白辨认，然后 fMet-tRNA 与 mRNA 分子中的 AUG 结合。④核糖体大小亚基结合：fMet-tRNA 结合后，IF-3 脱离小亚基，核糖体 50S 大亚基与 30S 小亚基结合形成 70S 的起始复合物。同时 GTP 水解，IF-1 和 IF-2 脱离起始复合物，甲酰甲硫氨酰-tRNA 占据 P 位，A 位空出，与 mRNA 上第二个密码子对应的氨酰-tRNA 即可进入 A 位。

(二)真核生物翻译起始

真核生物翻译的起始比原核生物要复杂。总体上看，真核生物需要更多起始因子的参与；真核生物的核糖体是由 40S 的小亚基和 60S 的大亚基组成的 80S 核糖体；真核生物的起始 tRNA 所携带的甲硫氨酸不需要甲酰化；真核生物的 mRNA 未发现有 RBS 序列，但有 5′端的帽子结构和 3′端的多腺苷酸尾，帽子结构作为一种信号，在翻译起始过程中被帽子结合蛋白(cap-site binding protein，CBP)识别并结合。

(三)肽链的延长

多肽链合成延长阶段，为不断连续、循环进行的过程，也称核蛋白体循环。原核及真核生物翻译延长过程基本相同，可分为进位、成肽和转位三个步骤，每循环一次延长一个氨基酸，直到出现肽链合成终止信号。延长过程需要的蛋白质因子称延长因子(elongation factor，EF)。

根据 A 位上对应的 mRNA 遗传密码介导，相应的氨酰-tRNA 进入核蛋白体 A 位，称为进位(entrance)。随之进入的氨基酸是 A 位密码子决定的氨基酸，延长因子-EF-T 促进这一过程。EF-T 由 EF-Tu 和 EF-Ts 两个亚基组成，当 EF-Tu 与 GTP 结合后可释出 EF-Ts，EF-Tu-GTP 与氨酰-tRNA 形成三元复合物——氨酰-tRNA-Tu-GTP，并进入核蛋白体 A 位，消耗 GTP 水解能量完成进位，并释出 EF-Tu-GDP，EF-Ts 促进 EF-Tu 释出 GDP 并重新形成 EF-Tu-EF-Ts 二聚体(EF-T)，再次被利用，催化另一分子氨酰-tRNA 进位。成肽(peptide bond formation)是在转肽酶的催化下，将 P 位上的 tRNA 所携带的甲酰甲硫氨酰基或肽酰基转移到 A 位上的氨酰-tRNA 上，与其 α-氨基缩合形成肽键。P 位也称给位或供位上已失去甲硫氨酰基或肽酰基的 tRNA 从核蛋白上脱落。

原核细胞延长因子 G(EFG)有转位酶活性，水解 GTP 供能并催化成肽后，A 位二肽酰-tRNA 进入 P 位，同时核蛋白体沿 mRNA 向下移动一个密码子，结果二肽酰-tRNA 占据 P 位，A 位再次空缺，且对应 mRNA 第三个密码，完成转位(translocation)。继而第三号氨基酸按密码指引进入 A 位，重复上述循环，使肽链延长。

(四)多肽合成的终止

原核多肽合成终止的基本过程研究得比较清楚。首先，当 mRNA 终止密码对应核蛋白体 A 位时，任何氨酰-tRNA 不与其对应，只有释放因子(release factor，RF)与其识别结合。其中 RF-1 辨认终止密码 UAA、UAG，RF-2 可辨认 UAA、UGA。RF 与 GTP 结合，水解 GTP 供能完成此过程。然后 RF-3 可使组成核蛋白体转肽酶的蛋白质构象改变，激活其酯酶活性,使 P 位新合成的多肽水解、离开 tRNA。最后在释放因子 RF-3 作用下,使 tRNA、mRNA、RF1、RF2 与核蛋白体分离,大、小亚基分开,重新参与蛋白质合成过程。

真核细胞多肽合成终止时,只有一种释放因子有 GTP 酶活性,能像原核细胞三种释放因子一样促进肽链合成终止。

五、翻译后加工

核蛋白体新合成的多肽链,是蛋白质的前体分子,需要在细胞内经各种加工修饰,才转变成有生物活性的蛋白质,此过程称翻译后加工。

(一)一级结构的加工修饰

1. 肽段的切除

由专一性的蛋白酶催化,将部分肽段切除,如某些酶原的激活。肽段切除的酶系有时具有细胞特异性,部分仅仅表达于特异的细胞,如切除胰岛素 C 肽的酶只在胰岛 β 细胞表达。

2. N 端甲酰甲硫氨酸或甲硫氨酸的切除

每个多肽链合成时,第一个氨基酸多是 N 端甲酰甲硫氨酸,但在成熟的蛋白质结构中却很少见,是在加工时被切除,而且必须在多肽链折叠成一定的空间结构之前被切除。

3. 氨基酸的修饰

由专一性的酶催化进行修饰,包括糖基化、羟基化、磷酸化、甲酰化等。

(二)折叠

1. 二硫键的形成

由专一性的氧化酶催化,将—SH 氧化为—S—S—。该反应一般是一个双向的过程。还原剂可以将—S—S—还原为—SH,烫发和蛋白电泳时一般要用药物打断—S—S—。

2. 构象的形成

在分子内伴侣、辅酶及分子伴侣的协助下,形成特定的空间构象。分子伴侣(molecular chaperon)是细胞内结构上互不相同的蛋白质家族,其 ATP 酶活性能利用 ATP 的能量使结合肽段释放,促进新生肽逐段折叠为功能构象。

(三)高级结构修饰

具有四级结构的蛋白质各亚基分别合成,再聚合成四级结构。亚基聚合过程有一定顺序,各亚基聚合方式及次序由亚基的氨基酸序列决定。细胞内多种结合蛋白如脂蛋白、色蛋白、核蛋白、糖蛋白等,合成后需要和相应辅基结合,如血红蛋白结合血红素、核蛋白结合核酸。糖蛋白的多肽合成后,可在内质网、高尔基体等部位添加糖链。

(四)蛋白质合成后靶向分拣

细胞内合成的蛋白质按合成后的功能和去向分成两类：一类为胞液蛋白，由游离核蛋白体合成，包括胞液蛋白、过氧化物酶体(peroxisome)蛋白、线粒体蛋白及核内蛋白；另一类为分泌蛋白和膜蛋白，由结合于粗面内质网的核蛋白体合成。许多蛋白质合成后经靶向运送到其相应功能部位，称为蛋白质的靶向运输(targeted transport)或蛋白质分拣(protein sorting)。蛋白质靶向输送的信号存在于蛋白质的氨基酸序列中。例如，线粒体的蛋白质一般在 N 端有 12～30 个疏水氨基酸；细胞核定位的蛋白质一般有 7～9 个内在的连续碱性氨基酸；最后定位于过氧化物酶体的蛋白质一般含有 C 端 SKL 保守序列。

各种分泌蛋白合成后经内质网、高尔基体以分泌颗粒的形式分泌到细胞外。指引分泌蛋白分送过程的信号序列称信号肽(signal peptide)。信号肽位于新合成的分泌蛋白前体 N 端，为 15～30 个氨基酸残基，包括氨基端带正电荷的亲水区(1～7 个残基)、中部疏水核心区(15～19 残基)、近羧基端含小分子氨基酸的信号肽酶切识别区三部分。实验证明信号肽对分泌蛋白的靶向运输起决定作用。在转基因表达中，依据目的的不同，需要对信号肽进行取舍。

粗面内质网上的核蛋白体还合成各种膜蛋白及溶酶体蛋白。除信号肽外，膜蛋白前体序列中含有其他定位序列，它们富含疏水氨基酸序列，能形成跨膜结构。膜蛋白合成后，按上述过程穿进内质网膜，并以各定位序列固定于内质网膜，成为膜蛋白；然后以膜性转移小泡形式把膜蛋白靶向运到膜结构部位与膜融合，这样膜蛋白根据其功能定向镶嵌于相应膜中。

第五节　分子生物学中心法则

分子生物学中心法则(central dogma)是用以表示生命遗传信息的流动方向或传递规律的理论。1957 年，Crick 提出，在 DNA 与蛋白质之间，RNA 可能是中间体。1958 年，他又提出，在作为模板的 RNA 与把氨基酸携带到蛋白质肽链的合成之间可能存在着一个中间受体。根据这些推论，他提出了著名的连接物假说，讨论了核酸中碱基顺序同蛋白质中氨基酸顺序之间的线性对应关系，并详细地阐述了中心法则。Crick 所设想的受体很快被证明为 tRNA。1961 年，Jacob 和 Monod 证明在 DNA 与蛋白质之间的中间体是 mRNA。随着遗传密码的破译，到 20 世纪 60 年代，蛋白质的合成过程被基本上揭示，这样就得到了中心法则最初的基本形式。Crick 在提出中心法则时，根据当时有限的资料，把中心法则的公式表述为"DNA→RNA→蛋白质"，并且认为中心法则的一个基本特征是：遗传信息流是从核酸到蛋白质的单向信息传递，而且这种单向信息流是不可逆的。经历 1960～1970 年这 10 年的研究，Temin 和 Baltimore 等发现并证实了反转录酶的存在，使反转录现象得到了公认。这样，中心法则就得到了修正：遗传物质可以是 DNA，也可以是 RNA；遗传信息并不一定是从 DNA 单向地流向 RNA，RNA 携带的遗传信息同样也可以流向 DNA。但是 DNA 和 RNA 中包含的遗传信息只是单向地流向蛋白质，这种遗传信息的流向，就是中心法则的遗传学意义。

病原体朊病毒(prion)的行为曾对中心法则提出了挑战。朊病毒是一种蛋白质传染颗粒(proteinaceous infectious particle),是羊的瘙痒病、人类 Kuru 病和 Creutzfeldt-Jacob 病、牛脑的海绵状病变的病原体。朊病毒不含核酸,能在受感染的宿主细胞内产生与自身相同的分子,且实现相同的生物学功能,即引起相同的疾病,这意味着这种蛋白质分子也是负载和传递遗传信息的物质。但它不是传递遗传信息的载体,也不能自我复制,而仍是由基因编码产生的一种正常蛋白质的异构体。朊病毒在神经细胞里大量沉积,引起神经细胞的病变。其进入宿主细胞并不进行自我复制,而是将细胞内基因编码产生的 PrPc 变成 PrPsc。由此可见,中心法则至少在目前还是无需修正的。

尽管目前对中心法则的信息流向没有更改的必要性与紧迫性,但是生物科学的发展所言及的生物学中心法则已经发生了内涵上的巨大改变。在 DNA 水平的遗传信息,除了经典的信息外,表观遗传学的信息对性状和遗传本身都有巨大影响。除了以前知道的印记和 X 失活等经典事件外,现在几乎可以肯定大部分基因都有表观遗传学的调节机制,而这种机制是蛋白质或 RNA 通过对 DNA 或 DNA 结合蛋白的相互作用来实现的。miRNA 的调节基因功能不仅仅提供了一种新的广泛调节机制,也提供了涵盖从基因组活性、转录、转录后调控到翻译调控的多水平基因调节机制。结合以前发现的多种 RNA 可以不依赖蛋白质独立决定性状的先例,分子生物学中心法则派生一个从 RNA 到性状的线路是必要的,进化研究提示生命最早期的形式可能就是 RNA 也支持这样的修改。

(陈金中　潘雨堃　薛京伦)

参 考 文 献

陈金中, 江旭, 薛京伦. 2012. 医学分子遗传学(4版). 北京: 科学出版社.

谷志远. 2002. 现代分子生物学. 北京: 人民军医出版社.

李璞. 2003. 医学遗传学. 北京: 北京大学医学出版社.

刘雯, 左伋. 2003. 医学遗传学. 上海: 复旦大学出版社.

陆振虞. 2001. 医学遗传学. 上海: 上海科学技术文献出版社.

Avery OT, MacLeod CM, McCarty M. 1944. Studies on the chemical nature of the substance inducing transformation of pneumococcal types. J Exp Med, 98: 451-460.

Cai Y, Yu X, Hu S, et al. 2009. A brief review on the mechanisms of miRNA regulation. Genomics Proteomics Bioinformatics, 7(4): 147-154.

Crick FHC, Barnett L, Brenner S, et al. 1961. General nature of the genetic code for proteins. Nature, 192: 1227-1232.

Dai Q, Smibert P, Lai EC. 2012. Exploiting *Drosophila* genetics to understand microRNA function and regulation. Curr Top Dev Biol, 99: 201-235.

Diener TO. 1999. Viroids and the nature of viroid diseases. Arch Virol Suppl, 15: 203-220.

Grogan DW, Carver GT, Drake JW. 2001. Genetic fidelity under harsh conditions: analysis of spontaneous mutation in the thermoacidophilic archaeon Sulfolobus acidocaldarius. Proc Natl Acad Sci USA, 98: 7928-7933.

Hershey AD, Chase M. 1952. Independent functions of viral protein and nucleic acid in growth of bacteriophage. J Gen Physiol, 36: 39-56.

Huang Y, Shen XJ, Zou Q, et al. 2010. Biological functions of microRNAs. Bioorg Khim, 36(6): 747-752.

Lin H. 2007. PiRNAs in the germline. Science, 316(5823): 397.

Meselson M, Stahl FW. 1958. The replication of DNA in *E. coli*. Proc Natl Acad Sci USA, 44: 671-682.

Pellicer A, Wigler M, Axel R, et al. 1978. The transfer and stable integration of the HSV thymidine kinase gene into mouse cells. Cell, 14: 133-141.

Peláez N, Carthew RW.2012.Biological robustness and the role of microRNAs: A network perspective. Curr Top Dev Biol, 99: 237-255.

Van Wynsberghe PM, Chan SP, Slack FJ, et al. 2011. Analysis of microRNA expression and function. Methods Cell Biol, 106: 219-252.

Wilkins MFH, Stokes AR, Wilson HR. 1953. Molecular structure of DNA. Nature, 171: 738-740.

Yanofsky C, Carlton BC, Guest JR, et al. 1964. On the colinearity of gene structure and protein structure. Proc Natl Acad Sci USA, 51: 266-272.

第二章

染色体——细胞分裂中的遗传物质

第一节 染色体的结构与组装

染色质(chromatin)最早是1879年由Flemming提出的用以描述核中染色后强烈着色的物质,其易被碱性染料染上颜色,所以称为染色质。间期细胞核中的染色质分为两种:异染色质(heterochromatin)和常染色质(euchromatin)。异染色质是染色质中染色较深的区段,常染色质是染色较浅的区段。异染色质和常染色质在化学组成上并没有什么区别,只是染色质的螺旋化程度不同。在细胞分裂间期,异染色质区的染色质仍然是高度螺旋化而紧密折叠的,DNA的浓度高,染色深;而常染色质区的染色质因为螺旋化程度低而呈松散状态,在单位体积内DNA的浓度低,染色较浅。异染色质又可分为组成型异染色质(constitutive heterochromatin)和兼性异染色质(facultative heterochromatin)。组成型异染色质主要是高度重复的DNA序列,大多分布在染色体的特殊区域,如着丝点(centromere)、端粒(telomere)等部位,这些区域与染色体结构有关,一般不含有结构基因。兼性异染色质可以存在于任何部位,它可以在某类细胞内表达,而在另一类细胞内完全不表达。哺乳动物的X染色体就是兼性异染色质。对某个雌性动物来说,其中一条X染色体表现为异染色质而完全不表达其功能,而另一条则表现为功能活跃的常染色质。

正在分裂的细胞用碱性染料染色,细胞核中有许多染成深色的物质,表现为棒状或颗粒状结构,这些物质叫做染色体(chromosome)。染色体只是染色质的另外一种形态,它和染色质的组成成分是一样的,只是构型更加紧密。

染色体的超微结构显示它是由直径仅100Å的DNA-组蛋白高度螺旋化的纤维所组成。每条染色单体可看成是一条双螺旋DNA分子。有丝分裂间期时,DNA解螺旋而形成伸展的细丝,光镜下呈无定形物质——染色质。有丝分裂时,DNA高度螺旋化而呈现特定的形态,此时易为碱性染料着色,表现为染色体。染色体是遗传物质——基因的载体,控制人类形态、生理和生化等特征的结构基因呈直线排列在染色体上。2000年6月26日人类基因组计划(Human Genome Project, HGP)已宣布完成人类基因组序列框架图。2001年2月12日HGP和Celera Genomics公布了人类基因组图谱及初步分析结果。人类基因组共有3万~3.5万个基因,而不是以往认为的10万个。基因在染色体上,染色体的改变必然导致基因的异常。

1970年后陆续问世的各种显带技术对染色体的识别做出了很大贡献。中期染色体经过胰酶消化或荧光染色等处理，可出现沿纵轴排列的、明暗相间的带纹。按照染色体上特征性的标志可将每一个臂从内到外分为若干区，每个区又可分为若干条带，每条带又再分为若干个亚带。由于每条染色体带纹的数目和宽度是相对恒定的，根据带型的不同可识别每条染色体及其片段。比较同一细胞内的同源染色体是发现染色体异常最直接可靠的方法。由于同一细胞内染色体包装的程度是一致的，彼此可以作为可靠的内对照，因为纯合的染色体异常就太罕见了。20 世纪 80 年代以来，根据 DNA 杂交原理，应用已知序列 DNA 探针进行染色体荧光原位杂交(fluorescence *in situ* hybridization，FISH)可以识别整条染色体、染色体的一个臂、一条带甚至一个基因，这大大提高了染色体识别的准确性和敏感性。

一、原核生物染色体

细菌当然没有严格意义上的染色体，通常所指为其基因组 DNA，区别于质粒 DNA，所以其染色体定义为细菌细胞中的单个基因组环状双链 DNA，在一些细菌中也可能是线性的。细菌染色体与质膜相附着。细菌染色体依其种类不同可编码 1000～5000 个蛋白质。除了细菌染色体以外，还可有一个或多个较小的 DNA 分子，称为质粒(plasmid)。质粒通常是环状双链 DNA 分子，在染色体为线性的细菌中质粒 DNA 也可以为线性。质粒编码的大多数或全部蛋白质在正常环境条件下并不是细胞生存所必需的。许多质粒编码的蛋白质使其把一些遗传信息向其他细胞转移成为可能，并促进稀有化合物的代谢；或使细胞可抵抗某些化学物质。

原核生物的染色体通常只有一个核酸分子，其遗传信息的含量也比真核生物少得多。病毒染色体通常只含一条 DNA 或者 RNA 分子，可以是单链也可以是双链；大多呈环状，少数呈线性分子。细菌染色体均为环状双链 DNA 分子。虽然病毒和细菌的染色体比真核生物小得多，但其伸展长度仍然比自身的最大长度要大得多。例如，λ 噬菌体 DNA 伸展长度为 17μm，而其染色体存在的噬菌体头部直径只有 0.1μm。大肠杆菌的 DNA 分子伸展长度有 1200μm，而细菌直径只有 1～2μm。那么这样长的 DNA 是如何装配到病毒或者细菌里去的呢？

长期以来，人们一直认为原核生物的染色体就是"裸露"的 DNA 或 RNA 分子。近年来的研究发现，原核生物的染色体并不是"裸露"的 DNA 分子，其 DNA 分子同样与蛋白质和 RNA 等其他分子结合在一起。例如，大肠杆菌 DNA 与几种 DNA 结合蛋白相结合。这些 DNA 结合蛋白很小，但在细胞内数量很多，它们含有较高比例的带正电荷氨基酸，可以与 DNA 带负电荷的磷酸基团相结合，其特性与真核生物染色体中的组蛋白相类似。大肠杆菌的染色体 DNA 除与蛋白质结合外，还结合有 RNA。它的染色体是由 50～100 个独立的负超螺旋组成的环状结构，RNA 和蛋白质结合在上面，以保持其结构的稳定性。

由 DNA、蛋白质和 RNA 构成的细菌染色体是高度浓缩的。它不仅通过拓扑异构酶形成超螺旋，且环绕在由 RNA 和蛋白质形成的"拟核"周围。许多 DNA 的负电荷被多胺(如精胺、亚精胺)和 DNA 缠绕着的碱性蛋白质所中和。通过柔和地裂解细菌细胞得到的 DNA 外观呈串珠状。虽然细菌染色体也是高度浓缩的，但是，在光学显微镜下它们不能被看到。电子显微镜下观察发现，细菌染色体的外观与非分裂的真核细胞核内的染色质非常像。

二、真核生物染色体

真核生物的基因分布于许多染色体中，一般来讲这些染色体在大小上有很大不同。与细菌染色体（由环状 DNA 分子构成）相比，真核染色体含有线性双链 DNA，结构成分中并没有 RNA。染色体的基本化学成分是 DNA 和 5 种组蛋白，其构成染色体的基本结构单位是核小体（nucleosome）。核小体的核心是由 4 种组蛋白（H2A、H2B、H3 和 H4）各 2 个分子构成的扁球状八聚体。DNA 双螺旋依次在每个组蛋白八聚体分子的表面盘绕约 1.75 圈，其长度相当于 140bp。组蛋白八聚体与其表面上盘绕的 DNA 分子共同构成核小体。在相邻的两个核小体之间，有长 50～60bp 的 DNA 连接线。在相邻的连接线之间结合着一个组蛋白 H1 分子。组蛋白 H1 结合于连接丝和核小体的接合部位。如果 H1 被除去，其核小体的基本结构并不会因此而改变。密集成串的核小体形成了核质中 100Å 左右的纤维，这就是染色体的"一级结构"。核小体使 DNA 分子装配变得更加规律，DNA 分子长度大约被压缩到原来的 1/7。细胞凋亡导致的 DNA 规律性片段化的基础就是核小体间的区域容易被降解，凋亡 DNA Ladder 的基本长度为核小体包含 DNA 的整数倍。

染色体的一级结构经螺旋化形成中空螺线管（solenoid）或核丝（nucleofilament），这是染色体的"二级结构"，其外径约 300Å，内径 100Å，相邻螺旋间距为 110Å。螺丝管的每一周螺旋包括 6 个核小体，因此 DNA 的长度在这个等级上又被再压缩到原来的 1/6。300Å 左右的螺线管（二级结构）再进一步螺旋化，形成直径为 0.4μm 的筒状体，称为超螺旋体。这就是染色体的"三级结构"，DNA 又再被压缩到原来的 1/40。超螺旋体进一步折叠盘绕后，形成染色单体-染色体的"四级结构"。两条染色单体组成一条染色体。到这里，DNA 的长度又再被压缩到原来的 1/5。从染色体的一级结构到四级结构，DNA 分子一共被压缩近到原来的 1/10 000。DNA 结合蛋白促进螺线管在支架蛋白中心核前后形成环状。在一些真核生物中，螺线管的 18 个环组成了一个盘状结构。染色体凝聚为数百个叠在一起的盘状结构。在有丝分裂和减数分裂的过程中，可观察到环状的螺线管形式。由于许多长的染色体必须在细胞内移动，并且在移动过程中可能被牵扯，所以染色体的浓缩是必要的。

三、着丝粒和端体

着丝粒（centromere）是染色体的缢缩部位，是细胞分裂过程中纺锤丝结合的区域，染色体在有丝分裂过程中由于纺锤丝的牵引分向两极。因此，着丝粒在细胞分裂过程中对于母细胞中的遗传物质能否均衡地分配到子细胞去是至关重要的。缺少着丝粒的染色体片段，就不能和纺锤丝相连，在细胞分裂过程中容易丢失。近来对酿酒酵母染色体着丝粒区域的研究发现，该区域在不同染色体间可以相互替换，也就是说将一条染色体的着丝粒区域与另外一条互换，对染色体的结构和功能没有明显的影响。进一步分析发现，该区域由 110～120bp 的 DNA 链组成，可分为三个部分，两端为保守的边界序列，中间为 90bp 左右富含 A+T（A+T＞90%）的中间序列。边界序列中 DNA 的碱基序列非常保守，可能是与纺锤丝结合的识别位点。而中间序列的碱基序列变化较大，因此认为其长度及其富含 A+T 的特性，可能比其具体的碱基序列更为重要。着丝粒区域通过特殊的蛋白质保护其免受限制性内切核酸酶的攻击，但该区域没有核小体而且被去凝聚，这似乎说明了在有丝分裂和减数分裂过程中着丝粒区域被高度缩窄的原因。着丝粒的 220bp 序列两侧是限制性内切核酸酶敏感位点，该位点的功能也许是促进 DNA 的断裂，有助于染色单体在后期的相互分离。限制性内切核酸酶是一种在核酸内特殊位点进行切割的酶类。

着丝粒 DNA 序列的特点：①一方面在所有的真核生物中它们的功能是高度保守的，另一方面即使在亲缘关系非常相近的物种之间它们的序列也是多样的；②绝大多数生物的着丝粒都是由高度重复的串联序列构成的，然而，在着丝粒的核心区域，重复序列的删除、扩增及突变发生得非常频繁，目前的种种研究表明，重复序列并不是着丝粒活性所必需的；③有些科学家提出了 DNA 的二级结构甚至是高级结构可能是决定着丝粒位置和功能的因素，即功能的序列无关性。

端粒也就是染色体末端的特殊结构。端粒的主要功能包括：防止染色体末端被 DNA 酶酶切；防止染色体末端与其他 DNA 分子结合；使染色体末端在 DNA 复制过程中保持完整。

对不同物种染色体末端的结构分析发现，所有染色体的末端都存在着串联的重复序列。尽管不同物种的重复序列有所不同，但均可用下列通式表示：5′-T1-4-A0-1-G1-8-3′。例如，人类为 TTAGGG，原生动物嗜热四膜虫（*Tetrahymena thermophila*）为 TTGGG，而植物拟南芥（*Arabidopsis thaliana*）为 TTTAGGG。但这种保守序列重复的次数在不同生物、同一生物的不同染色体，甚至同一染色体的不同细胞生长时期也可能不同。端粒的结构与功能是当前分子生物学研究的热点之一。

四、染色体组型

染色体组型（karyotype）是描述一个生物体内所有染色体的大小、形状和数量信息的图像，以染色体的数目和形态来表示染色体组的特性。染色体组型一般是以处于体细胞有丝分裂中期的染色体的数目和形态来表示，也可以用其他时期（特别是前期或分裂间期）的染色体形态来表示。关于整个染色体的情况可作下列记载而加以表示：各自的长度、粗细；着丝粒的位置；随体及次缢痕的有无、数目、位置；凝缩部不同的部分；异染色质部分、常染色质部分；染色粒和端粒的形态、大小及分布情况；小缢痕的数目、位置；由于温度和药品处理所产生的染色体分带的形态、数目、位置等。对于染色体组的表示，现已提出几种方法。例如，以 n、2n 分别表示配子和合子的染色体数目特性；为了表示各个染色体的形态特征，还可采用"V"形、"J"形等名称，或者采用由 Levan 等所提出的根据着丝粒的位置进行分类的方法等。1956 年，庄有兴等明确了人类每个细胞有 46 条染色体，46 条染色体按其大小、形态配成 23 对，第 1~22 对称为常染色体，为男女共有，第 23 对是性染色体。人类的染色体组型表示法在 1960 年丹佛会议、1963 年伦敦会议、1966 年芝加哥会议和 1971 年巴黎会议等人类染色体会议上制定，具体规定了表示染色体形态特征的染色体臂比、着丝点指数等指标。

一个特定真核物种的成员都有相同数目的细胞核内染色体。但是位于细胞核外的其他染色体，如线粒体内的小染色体或是类似质粒的小染色体，数目就不固定，可能会数以千计。无性生殖物种的所有细胞中只有一套染色体，这一套染色体在所有体细胞中都是相同的。有性生殖物种具有体细胞和生殖细胞。体细胞有两套染色体，一套来自父方，一套来自母方。生殖细胞只有一套染色体，这一套染色体来自于具两套染色体精原细胞或卵母细胞的减数分裂。减数分裂进行时，同源染色体(成对的染色体)会进行染色体片段互换，由此产生的新染色体与父母都不完全一样。受精则导致诞生具有两套染色体的新生命。

五、性染色体与性别决定

性别决定是指有性繁殖生物中产生性别分化，并形成种群内雌雄个体差异的机制。在细胞分化与发育上，由于性染色体上性别决定基因的活动，胚胎发生了雄性和雌性的性别差异。

德国细胞学家 Henking 用半翅目的昆虫蝽做实验，发现其减数分裂中雄体细胞中含11 对染色体和 1 条不配对的单条染色体，在第一次减数分裂时，此单条染色体移向一极，Henking 无以为名，就称其为"X"染色体。后来在其他物种的雄体中也发现了"X"染色体。1900 年 McClung 等就发现了决定性别的染色体，称为副染色体。它决定昆虫的性别。1905 年 Stevens 发现拟步行虫属中的一种甲虫雌雄个体的染色体数目是相同的，但在雄性中有一对是异源的，大小不同，其中有一条雌性中也有，但是是成对的；另一条雌性中没有，对应于先前的 X 染色体称之为 Y 染色体。在黑腹果蝇中也发现了相同的情况。多数生物体细胞中，有一对同源染色体的形状相互间往往不同，这对染色体与性别决定直接有关，称为性染色体；性染色体以外的染色体统称常染色体。

不同的生物，性别决定的方式也不同。性别的决定方式有：环境决定型；年龄决定型；染色体数目决定型；染色体形态决定型等。在人类的性别决定中，X 染色体和 Y 染色体所起作用是不等的。Y 染色体的短臂上有一个"睾丸决定"基因，有决定"男性"的强烈作用；而 X 染色体几乎不起作用。合子中只要有 Y 染色体就发育成雄性；仅有 X 染色体则发育成雌性。

2005 年，在英国 Wellcome Trust Sanger 研究中心领导下世界多个研究机构超过 250 位基因组研究人员共同完成的 X 染色体的详细测序，是人类基因组计划的一部分。NIH 的美国国家人类基因组研究院的负责人 Francis S. Collins 表示"对 X 染色体的详细研究成果代表了生物学和医药学领域进展的一个新的里程碑"。新的研究确认了 X 染色体上有 1098 个蛋白质编码基因。有趣的是，这 1098 个基因中只有 54 个在对应的 Y 染色体上有相应功能。X 染色体对应的另一半就是 Y 染色体。人类 Y 染色体的测序工作也已经完成。Y 染色体上有一个"睾丸"决定基因，对性别决定至关重要。目前已经知道的与 Y 染色体有关的疾病有十几种。Y 染色体的另外一个用途是鉴定家族的演变和人群的基因流方向，其与线粒体基因组代表的意义相互补充验证。Y 染色体也是亲缘和身源鉴定的重要目标染色体。例如，尽管我们无法确定坟墓的主人，但是可以指出主人与候选后人之间的遗传学关系。

第二节　细胞分裂与染色体运动

细胞分裂(cell division)是活细胞繁殖其种类的过程，是一个细胞分裂为两个细胞的过程。分裂前的细胞称母细胞，分裂后形成的新细胞称子细胞。细胞分裂通常包括细胞核分裂和细胞质分裂两步。在核分裂过程中母细胞把遗传物质传给子细胞。在单细胞生物中细胞分裂就是个体的繁殖，在多细胞生物中细胞分裂是个体生长、发育和繁殖的基础。1855 年德国学者 Virchow 提出"一切细胞来自细胞"的著名论断，认为个体的所有细胞都是由原有细胞分裂产生的。现在除细胞分裂外，还没有证据说明细胞繁殖有其他途经。

对细菌分裂发现的研究表明，拟核的 DNA 分子连在质膜上，随着 DNA 的复制其间体也复制成两个。两个间体由于其间质膜的生长而逐渐离开，于是与它们相连接的两个 DNA 分子环被拉开，每一个 DNA 环与一个间体相连。在被拉开的两个 DNA 环之间细胞膜向中央长入，形成隔膜，终于使一个细胞分为两个细胞。

真核细胞的分裂按细胞核分裂的状况可分为三种，即有丝分裂、减数分裂和无丝分裂。有丝分裂是真核细胞分裂的基本形式。减数分裂是在进行有性生殖的生物中导致生殖母细胞中染色体数目减半的分裂过程，它是有丝分裂的一种变形，由相继的两次分裂组成。无丝分裂又称直接分裂，其典型过程是核仁首先伸长，在中间缢缩分开，随后核也伸长并在中部从一面或两面向内凹进横缢，使核变成肾形或哑铃形，然后断开，一分为二。差不多同时细胞也在中部缢缩分成两个子细胞，在分裂过程中不形成由纺锤丝构成的纺锤体，不发生由染色质浓缩成染色体的变化。

细胞进行无丝分裂(amitosis)时，由于不经过染色体有规律的平均分配，故存在遗传物质不能保证平均分配的问题，因此有人认为这是一种不正常的分裂方式。Remak 首先在鸡胚血细胞中观察到无丝分裂。在无丝分裂中，核仁、核膜都不消失，没有染色体的出现，在细胞质中也不形成纺锤体，当然也就看不到染色体复制和平均分配到子细胞中的过程。但进行无丝分裂的细胞，染色体也要进行复制，并且细胞要增大。当细胞核体积增大一倍时，细胞就发生分裂。至于核中的遗传物质 DNA 是如何分配到子细胞中的还有待阐明。无丝分裂是最简单的分裂方式。过去认为无丝分裂主要见于低等生物和高等生物体内的衰老或病态细胞中，但后来发现其在动物和植物的正常组织中也比较普遍。无丝分裂在高等生物中主要是高度分化的细胞。

有丝分裂(mitosis)又称为间接分裂，是一种最常见的分裂方式。有丝分裂为连续分裂，一般分为核分裂和胞质分裂。核分裂是一个连续的过程，可划分为前期、中期、后期和末期 4 个时期。前期核内的染色质凝缩成染色体，核仁解体，核膜破裂，纺锤体开始形成。中期染色体排列到赤道板上，是纺锤体完全形成时期。后期是各个染色体的两条染色单体分开，分别由赤道移向细胞两极的时期。末期为形成二子核和胞质分裂的时期。染色体分解，核仁、核膜出现，赤道板上堆积的纺锤丝称为成膜体。染色体接近两极时，细胞质分裂开始。把两个新形成的细胞核和它们周围的细胞质分隔成为两个子细胞。通过细胞分裂使每一个母细胞分裂成两个基本相同的子细胞，子细胞染色体数目、形状、大小一样，每一染色单体所含的遗传信息与母细胞基本相同，使子细胞从母细胞获得大致相同的遗传信息，使物种保持比较稳定的染色体组型和遗传的稳定性。

减数分裂(meiosis)是有性生殖形成生殖细胞的分裂形式。有性生殖要通过两性生殖细胞的结合形成合子，再由合子发育成新个体。生殖细胞中的染色体数目是体细胞中的一半。因为在形成生殖细胞——精子或卵细胞时，染色体数目要减少一半，故名减数分裂。

精子的形成部位：在精巢中，通过有丝分裂产生了大量的原始生殖细胞——精原细胞，其染色体数目与体细胞染色体数目是相同的。性成熟后，部分精原细胞就开始进行减数分裂，经过减数分裂以后，精原细胞就形成了成熟的生殖细胞——精子。精原细胞在减数分裂过程中连续进行了两次分裂，第一次分裂染色体减半；第二次分裂两条姐妹染色单体(sister chromatid)分离。

第一次分裂的前期，细胞中的同源染色体(homologous chromosome)联会，染色体进一步螺旋化变粗，逐渐在光学显微镜下可见每个染色体都含有两个姐妹染色单体，由一个着丝点相连，每对同源染色体则含有4条姐妹染色单体，叫四分体(tetrad)。把四分体时期和联会时比较，发现它们所含的染色单体、DNA数目都是相同的。不同的主要是染色体的螺旋化程度，联会时染色体螺旋化程度低，染色体细，在光学显微镜下还看不清染色单体；四分体时染色体螺旋化程度高，染色体变粗了，在光学显微镜下可以看到每一个染色体有两个单体。随细胞分裂的进展，同源染色体彼此分离，一个初级精母细胞便分裂成两个次级精母细胞，而此时细胞内的染色体数目也减少了一半。

减数第二次分裂是从次级精母细胞开始的，细胞未经 DNA 的复制，直接进入第二次分裂。在细胞第二次分裂过程中，染色体的行为和前面所学的有丝分裂过程中染色体的行为相似，两条姐妹染色单体分离，分别移向细胞两极。细胞分裂生成了精细胞。精细胞经过变形后成为精子，两个次级精母细胞最后生成了 4 个精细胞，减数分裂结束。精子细胞再经过变形，形成精子，在这个过程中，丢掉了精子细胞的大部分细胞质，带上重要的物质——细胞核内的染色体。在受精的过程中，精子只有细胞核可以进入子代细胞，所以细胞质遗传与男性配子没有关系。

联会的同源染色体分开是减数分裂的核心过程，两个同源染色体在细胞中央的排列位置是随机的，片段可以互相交换，这就决定了同源的两个染色体甚至染色体片段各自移向哪一极也是随机的，这样，不同对的染色体之间就可以自由组合。遗传学的三个核心定律，即分离律、自由组合律和连锁互换律都在这里可以找到细胞学依据。

卵子的发生过程与精子形成过程基本相同，区别在于卵子发生时每次分裂都形成一大一小两个细胞，小的叫极体，极体最后会退化，两次分裂只可以形成一个卵细胞；卵细胞形成后，不需要经过变形；卵细胞体形较大，不能主动游动；卵细胞所含营养物质丰富，受精后提供新个体所有细胞质，为母性遗传的基础。对于人类而言，在出生时女性生殖细胞已经部分完成了第一次减数分裂，细胞停留于第一次减数分裂前期。性成熟后每个月有一批细胞进入继续分裂，一般每个月只有一个卵子形成，其他的都退化死亡。该过程伴有剧烈的激素和生理周期性变化，是女性月经周期的基础。由于女性配子发生经历漫长的时期，并且最后又缺乏选择的余地，所以染色体异常一般认为与女性配子有较大的关系，并且与女性年龄有关。有关详细内容建议阅读胚胎学或产科学相关书籍。

受精作用是指精子与卵细胞结合成为合子的过程。精子的头部进入卵细胞，精子与卵细胞的细胞核结合在一起，因此，合子中染色体数目又恢复到原来的体细胞的数目，其中一半来自精子，一半来自卵细胞。减数分裂使染色体数目减半，受精作用使染色体数目又恢复到原来的数目，从而使生物前后代染色体数目保持恒定。

第三节　染色体异常与疾病

自 1956 年蒋有兴确认人类染色体为 46 条、1970 年 Caspersson 发表人类染色体显带照片、1971 年巴黎国际染色体命名会议以来，已发现人类染色体数目异常和结构畸变 3000 余种，目前已确认染色体病综合征 100 余种，智力低下和生长发育迟滞是染色体病的共同特征。主要原因是染色体异常往往涉及大量的基因异常，严重打破了机体的遗传物质平衡，所以表现为影响发育、智力、生育等基本生物学特性，并表现出复杂的疾病特征。

染色体异常具体的机制可能是复杂多样的，一般认为，由于细胞分裂后期染色体发生不分离或染色体在体内外各种因素影响下发生断裂和重新连接为一般的机制。

染色体异常包括数目和结构异常两大类。数目异常又可以分为整倍体异常和非整倍体异常。前者一般由异常受精和早期受精卵分裂异常所致，为早期流产的主要原因，因此有人认为早期自然流产可以放任。非整倍体数目异常的基本原因是减数分裂不分离，一般认为，随女性年龄增加风险加大。此类异常为孕期染色体检测的主要关注点。染色体结构畸变主要原因是减数分裂中不等交换，通常由平衡的携带者传递。

唐氏综合征(Down's syndrome)也称 21 三体综合征(trisome 21 syndrome)和先天愚型等，这是人类最常见的染色体疾病，新生儿发病率为 1/700～1/600，是精神发育迟滞最常见的原因，占严重智力发育障碍病例的 10%。1866 年 Down 对该病作了全面的描述，后来将该病称为 Down 综合征，1959 年 Lejeune 等证明该病由 21 号染色体三倍体引起，21 三体综合征的名称在 1970 年丹佛会议上得到承认。

除 Down 综合征之外，其他染色体发育不全包括 Patau 综合征、18 三体综合征、猫叫(Criduchat)综合征、脆性 X 染色体综合征、环状染色体综合征、Klinefelter 综合征、Turner 综合征、Colpocephaly 综合征、Williams 综合征、Prader-Willi 和 Angelman 综合征、Rett 综合征等。

不同类型染色体病预后不尽相同，多数预后不良。智力低下和生长发育迟滞是染色体病的共同特征。染色体病治疗困难、疗效不佳，所以预防显得更为重要。预防措施包括推行遗传咨询、染色体检测、产前诊断和选择性人工流产等，预防患儿出生是最为主动的策略。目前，基于胎儿游离 DNA 和高通量测序技术的无创产前 13,18,21 三体综合征基因检测正在我国各地进行大力推广。孕妇应该定期做产前检查，如果胎儿有问题，至少能及早发现。羊水检测是能检验胎儿是否患有先天染色体缺陷的其中一个方法。其他需要做染色体检查的情况包括：生殖功能障碍者、第二性征异常和外生殖器两性畸形者、先天性多发性畸形和智力低下的患儿及其父母、发育和性情异常者、接触过有害物质者。如果可能把染色体检查列入婚前检查也是一个不错的选择。在部分肿瘤，尤其是血液系统肿瘤，染色体检查对疾病分类诊断和治疗方法选择有一定指导意义。

（陈金中　潘雨堃　薛京伦）

参 考 文 献

Black LW. 1989. DNA packaging in dsDNA bacteriophages. Annu Rev Immunol, 43: 267-292.

Blackburn EH, Szostak J W. 1984. The molecular structure of centromeres and telomeres. Annu Rev Biochem, 53: 163-194.

Hatfield GW, Benham CJ. 2002. DNA topology-mediated control of global gene expression in Escherichia coli. Annu Rev Genet, 36: 175-203.

Hyman AA, Sorger PK. 1995. Structure and function of kinetochores in budding yeast. Annu Rev Cell Dev Biol, 11: 471-495.

International Human Genome Sequencing Consortium. 2001. Initial sequencing and analysis of the human genome. Nature, 409: 860-921.

Venter JC, Adams MD, Nlyers EW, et al. 2001. The sequence of the human genome. Science, 291: 1304-1350.

Wellinger RJ, Ethier K, Labrecque P, et al. 1996. Evidence for a new step in telomere maintenance. Cell, 85: 423-433.

Wiens GR, Sorger PK. 1998. Centromeric chromatin and epigenetic effects in kinetochore assembly. Cell, 93: 313-316.

Zakian VA. 1995. Telomeres: beginning to understand the end. Science, 270: 1601-1607.

第三章

世代传递中的遗传物质

第一节　遗传基因世代传递的物质基础

生命的基本特性包括自我更新[self-renew；或称新陈代谢(metabolism)]、自我复制[self-replicating；或称繁殖(reproduction)]、自稳态[homeostasis；或称自我调节(self-regulation)]三个最基本的特性。尽管一般认为遗传物质是一切生命活动的物质基础，但是要认识遗传的经典规律，还是要把遗传物质归结到自我复制的过程中。对于多细胞生物来讲，维持体内细胞遗传物质一致性是保证细胞共存和协同作用的基本要求，而在世代传递的过程中，保持遗传物质的基本稳定是物种稳定和个体健康的基本要求。

进化论认为现代的物种(包括人类)是有限群体的后代，物种发生可能并不是多源性的。也就是说，在早期物种的遗传物质具有高度的同一性。"完美的开始说"试图解释早期近交没有造成物种灭绝的原因。无论如何，现存物种必须有一定的规模才可以实现长期稳定的传递。因为物种中累计了太多的遗传负担(genetic burden)，遗传负担位点纯合化导致物种灭绝被认为是近代物种丢失的主要遗传学原因之一。而过度宣传近亲结婚的危害就是这种恐惧的一种具体反映。本章将依据所阐明的细胞分裂中遗传物质的基本事实来认识遗传物质在世代传递中的基本规律。

尽管有关 DNA 的知识比基因的概念和染色体遗传的阐述都要晚，但是 DNA 分子半保留复制是我们观察到的染色体在细胞分裂中行为的物质基础。对于生长过程中细胞 DNA 的扩增和分配，有丝分裂确保 DNA 复制-分裂的过程中遗传物质保持一致。对于世代传递过程中的扩增与分配，首先是要具备产生多种备选基因型的物质基础，并且防止其突变后形成与原来完全不同的子代。但是在基因操作中和体外细胞系的维持过程中观察到，在并不多的世代内出现明显的不同也是一个通常的现象。所以用于制备人类药物的细胞系需要控制在一定的世代范围内。因为这些细胞包括染色体在内的遗传特性在持续改变，仅仅在一定世代内安全性是可以保证的。事实上在生物界也有类似的策略来保证世代传递过程中遗传性状的稳定性特点。一方面，选出一些细胞作为种子细胞；另一方面，通过基因洗牌和生殖细胞选择来淘汰突变的细胞及个体。在减数分裂中可以发现孟德尔经典遗传学的所有细胞学基础。减数分裂-受精的循环不仅仅保证了基因组型的稳定性和提供了选择的余地，也保证了基因的年轻性。尤其是线粒体基因全部来源于世代相对年轻的卵子，说明世代数可能非常重要。

基因决定性状是遗传学公认的基本支点。尽管对于基因的定义可能有不同的具体含义，但是作为遗传的基本单位，无论使用何种理解也不会影响其研究与交流。一定的基因组成（基因型，genotype）对应一定的表现特性（表型，phenotype）。遗传学的基本内容之一就是揭示基因型和表型之间的关系。基因在染色体上线性排列是基因论的基本理论要点之一。这里包含两个方面的意义：首先，基因在染色体上具有一定的线性位置-位点（locus）；其次，遗传物质的分配与运动的基本单位不是基因而是染色体，同一染色体上的基因连锁。对于非单倍体生物，同源染色体相同位点的互换普遍存在。染色体的遗传也表现出了一些相对性，同一染色体上的基因因为距离不同而表现出不同的分离频率（交换），但是通常该互换不改变染色体上的位点排列和数量。

基因型和表型的描述往往是依据表型来定义一个基因的特点。从整体上看，个体所含的所有基因组成了个体的基因组型，可能在不久的将来，个体的基因组型将成为其最重要的档案数据，多种高通量的测序都展现了基因组型一定的现实可行性。作为一个过渡性的技术成果，依据单倍体型图而确定的人类 SNP 型（single-nucleotide polymorphism）有可能率先提供相关信息使之能够将遗传多态位点和特定疾病风险联系起来，从而为预防、诊断和治疗疾病提供新的方法。现在的基因健康检测主要就是基于 SNP 的检测。

对于一个具体的等位基因（allele），依据其特点具有不同的描述：依据对表型影响强度可以分为显性基因[dominant gene，在杂合子（heterozygote）中决定表型]和隐性基因（recessive gene，在杂合子中不决定表型）；依据来源可以分为野生型和突变型。当然，依据具体的特点来描述基因在研究文献中更为多见。通常基因型用斜体，显性基因用大写。当然依据染色体特性（如 X 隐性）、功能特性[如显性负效应（dominant negative effect）]和基因与疾病的关系（隐性致病基因）可以进一步在上述基础名词上加以修饰。

在不同的认识和描述水平，表型可以有不同的特性。例如，在基因表达水平认识的蛋白质分子、在生化水平认识的酶活性和蛋白质的活性特点、在整体水平描述的结构功能的改变或是否有疾病现象。

结构和功能往往涉及多个功能分子或功能途径，所以我们通常可以发现，基因除了显性或隐性特点外，基因型和具体表型存在关系，但不是简单的一一对应。一方面，基因因为参与多个生物学功能而表现出多效性（pleiotropism）；另一方面，同一个途径上的基因也可能影响同一个性状特点而表现出相同性状的遗传基础异质性（heteroplasmy）。在相关途径上的基因则表现出上下位的关系，如 H 物质的基因就是 ABO 血型位点的上位基因。

第二节　遗　传　方　式

疾病性状是遗传学研究的最主要内容。能够导致遗传病的基因，或者说凡是与遗传病发生有关的基因都可以称为致病基因。致病基因的遗传方式包括两大类：单基因遗传和多基因遗传。而单基因遗传又分为两大类：孟德尔式遗传和非孟德尔式遗传。

一、孟德尔式遗传

单基因遗传是指一种遗传性状或者一种遗传病的遗传只与一对基因有关，它们是按简单的孟德尔式遗传的。依据基因定位的染色体和其对性状的影响力度，单基因遗传可分为：常染色体显性遗传，常染色体隐性遗传，X连锁隐性遗传，X连锁显性遗传。

（一）常染色体显性遗传

常染色体显性遗传是指位于常染色体上的显性基因决定性状的遗传方式。人类体细胞有22对常染色体。同源染色体的相同位点上有等位基因，它们有显性和隐性之分。决定显性性状的基因，只要带有该基因的个体都有对应的表型。如果假设显性基因 A 频率为 p，隐性基因 a 频率为 q，则群体中的基因型分布为 $(p+q)^2=p^2+2pq+q^2$。对应的表型有两种，包括 AA、Aa 两种基因型决定的显性表型和由基因型 aa 决定的隐性表型。

如果该显性基因为一个突变的致病基因，则可以推断的是显性基因 A 频率 p 为一个较小的数值，疾病表现对应的基因型中 AA 频率（p^2）几乎可以忽略不计。所以大多数患者为 Aa，对应的频率为 $2pq$，由于 q 接近1，所以 $2pq$ 与 $2p$ 相近。表型频率约为疾病基因频率的2倍。

常染色体显性遗传具有以下几个特征。患者的双亲往往有一方是患者，多为杂合子状态下表现出疾病性状。患者的同胞中，约有1/2的个体发病，且男女发病的机会均等。连续各代都有发病患者，呈垂直系谱方式。双亲无病时，子女中一般无发病患者，除非是经过突变新产生了显性致病基因。但是如果疾病为致死性的，则发病率全部靠新发突变维持。这些疾病频率与自然突变率相似，为 $10^{-7}\sim10^{-6}$。

大多数的显性遗传属于完全显性，即杂合子（Aa）表现出与显性纯合子（AA）相同的表型，少数情况下，显性遗传也有一些特殊的表现：不规则显性，共显性，不完全显性，延迟显性。

如果具有显性致病基因的个体表现出正常表型，但它可将该突变基因传递给后代，后代中再表现出致病症状，这种情况称为不规则显性（irregular dominance）或外显不全。不规则显性常用外显率（penetrance）和表现度（expressivity）来描述。外显率是指一定基因型的群体在特定的环境中表现出相应表型的百分率；而表现度是指在不同个体间，同一种遗传病表现出的轻重程度。不规则显性产生的原因很复杂，不同个体所具有的不同遗传背景和生物体的内外环境对基因表达所产生的影响，是引起不规则显性的重要原因。

如果杂合子（Aa）的表型较突变纯合子（AA）的症状轻，这种遗传方式称为不完全显性（incomplete dominance）。典型的例子是所谓的单倍体功能不足，即一个正常基因无法产生完全正常的功能。共显性（codominance）是指在一对常染色等位基因之间没有显性和隐性关系，在杂合状态时，两种基因的作用同样显现，如 ABO 血型。而延迟显性（delayed dominance）是指某些带有显性致病基因的杂合体，在生命的早期不表现出相应的症状，当发育到一定的年龄时，致病基因的作用才表现出来。这反映了疾病的病理基础累积和发展的时间过程，舞蹈病就是典型的例子。

(二) 常染色体隐性遗传

典型的隐性基因对应的遗传学特点与基因缺失类似。如果正常单倍体可以补充其功能丢失则不表现出表型。以突变导致功能丢失为特点的隐性疾病基因是遗传负荷的基本组成部分。另一种情况是，显性负突变可导致正常基因对应性状隐性。对于疾病基因，如果隐性的致病基因位于常染色体，在杂合状态(Aa)时不表现相应症状，只有隐性基因为纯合子(aa)时才出现症状。这种致病基因所引起的疾病称为常染色体隐性遗传病，患者通常是两个携带者婚配的子女。带有隐性致病基因且处在杂合状态时，个体不发病，却能将致病基因传给子代，故这种杂合子又称为携带者(carrier)。隐性致病基因携带者为致病基因携带者最主要的组成部分。一般认为，每个人带有一些隐性疾病基因。检测人群携带者是预防遗传疾病最重要的方法。

常染色体隐性遗传病具有以下特征。患者的双亲一般都无病，但都是致病基因的携带者。患者同胞中约有 1/4 个体发病(注意统计时不包括先证者本人，如果有明确分子标记，统计时一般计算正常纯合子与携带者比例为 1∶2)，且男女发病的机会均等。在家系中不连续遗传，多为散发。一般人群中后代发病的危险性较低；但在近亲婚配时，后代发病的风险大为增加。在一个家系中的表现度没有显著变异。

至于近亲婚配为何使后代中的常染色体隐性遗传病发病风险增高，通常的解释是隐性致病基因的频率较低，估计为 0.001～0.01。设隐性致病基因的频率 $q=0.01$。群体中纯合隐性基因型的患者频率应为 $q^2=0.0001$；杂合子携带者(Aa)的频率 $2pq=0.0198$，即 1/50。如果隐性致病基因的频率为 1/100，该群体中杂合子携带者的频率为 1/50，群体中随机婚配出生纯合隐性遗传病患儿的概率为 $1/50×1/50×1/4=1/10\ 000$。如果是近亲婚配(如表兄妹/表姐弟、3 级亲属、有 1/8 的可能性相同)，两个携带者相遇的概率为 $1/50×1/8=1/400$，所以表兄妹结婚出生隐性遗传病患儿的概率为 $1/50×1/8×1/4=1/1600$，与随机婚配者相比约高出 6 倍。如果设隐性致病基因的频率 $q=0.001$。随机婚配时，生出隐性遗传病患儿的概率为 $1/500×1/500×1/4=1/1\ 000\ 000$；表亲婚配时，生出隐性遗传病患儿的风险为 $1/500×1/8×1/4=1/16\ 000$，比随机婚配约高 60 倍。显而易见的是，一种常染色体隐性基因的频率越低，近亲婚配生出患儿的相对风险就越大。

(三) X 连锁隐性遗传

隐性致病基因位于 X 染色体上，随 X 染色体一起传递，这种遗传方式称为 X 连锁隐性遗传(X-linked recessive inheritance)。常见的 X 连锁隐性遗传病有红绿色盲、G6PD 缺乏。

X 连锁隐性遗传方式的特征如下。男性患者远多于女性，女性一般为携带者。因为男性细胞中只有一条 X 染色体，半合子使得隐性致病基因表现显性化；女性有两条 X 染色体，只有当致病基因是纯合子时才会发病。男性中出现 X 连锁隐性遗传的概率为该致病基因在 X 染色体上出现的频率 q，而女性中出现的概率约为 q^2。例如，红绿色盲在男性中发病率为 7.0%，女性中的发病率为 0.5%。男性患者的双亲表型一般都正常，其疾病只能随 X 染色体由母亲传来，将来只能将致病基因随 X 染色体传给女儿(不能传给儿子），女儿再将疾病传给孙子，这种"母传子，父传女"的遗传方式称为交叉遗传(criss-cross inheritance)。

疾病在男性中的表现比较一致，但在女性中表现范围较宽，一般比较轻微。按照常染色体显性和隐性基因相互关系的规律，X 连锁隐性基因杂合子个体(携带者)的表型应完全正常，但事实上，却有相当一部分杂合子个体表现出不同程度的异常，而且从正常到严重，变异范围很宽。为解释该现象，1961 年 Lyon 提出了阐明哺乳动物剂量补偿(dosage compensation)效应的 X 染色体失活假说，其主要内容是：①正常雌性哺乳动物体细胞中，两条 X 染色体中只有一条在遗传上是有活性的，其结果是 X 连锁基因得到了剂量补偿，保证雌雄个体具有相同的有效基因产物；②失活是随机的，发生在胚胎发育早期，某一细胞的一条染色体一旦失活，这个细胞的所有后代细胞中的该条 X 染色体均处于失活状态，失活的 X 染色体在间期核内表现为巴氏小体(Barr body)，通常位于间期核膜边缘，巴氏小体数量等于个体 X 染色体数−1，较早时用检测巴氏小体的方法来做初步性别鉴定，失活的 X 染色体在细胞分裂期表现为延迟复制染色体；③对于人类来讲，X 染色体失活发生在约 16 天胚胎，然后持续。杂合体雌性在伴性基因的作用上是嵌合体，即某些细胞中来自父方的伴性基因表达，某些细胞中来自母方的伴性基因表达，这两类细胞镶嵌存在。1974 年 Lyon 又提出了新莱昂假说，认为 X 染色体的失活是部分片段的失活。

根据 Lyon 假说，对于一个女性携带者来说，X 连锁的隐性致病基因或许位于失活的 X 染色体上，如果有这一性质的细胞在身体中所占比例又相当高，这一携带者就表现正常或症状极轻微；如果一个隐性致病基因位于活化状态的 X 染色体上，而这类细胞在身体中所占比例较高，这一携带者就会出现临床症状。因此，对于一个 X 连锁隐性遗传病携带者是否会出现异常表型，主要取决于具有不同性质的两类细胞在身体内的相对比例，如在 DMD、G6PD 等疾病都具有这类特征。

(四)X 连锁显性遗传

显性致病基因位于 X 染色体上，随 X 染色体一起传递，这种遗传方式称为 X 连锁显性遗传。

由于这种基因位于 X 染色体上，而且是显性的，女性的细胞中两条 X 染色体中任何一条上有这种基因，都会出现相应的遗传病；男性的细胞中则只有一条 X 染色体，所以在一个群体中，女性表现出这一遗传病的频率高于男性。不过，女性多为杂合子发病，因此病情一般较男性轻。

X 连锁显性遗传具有如下特征。女性发病频率高于男性，两者约为 2∶1。女性患者与正常男性婚配的后代中，子女各有 1/2 的发病可能性。男性患者与正常女性婚配，女儿都将是患者，儿子都将正常。可以看到家系中每代都有患者；而患者的正常子女不会有致病基因传给下一代。女性患者大多数是杂合子，其中正常 X 染色体的基因还发挥一定的作用，病情一般较男性轻。例如，抗维生素 D 佝偻病为 X 连锁显性遗传病，患者身体矮小，有时伴有佝偻病等各种表现。患者用常规剂量的维生素 D 治疗不能奏效，故有抗维生素 D 佝偻病之称。从临床观察，女性患者的病情较男性患者轻，多数只有低血磷，佝偻症状不太明显。

二、非孟德尔式的单基因遗传

(一)基因组印记

印记是哺乳动物在长期进化中形成的自我监护机制，印记功能的紊乱将导致多种发育异常、死胎及儿童肿瘤。一些在未印记基因上不会产生太大影响的染色体行为，如杂合性丢失，在印记基因上可能造成严重后果。

所谓基因组印记，是指依靠单亲传递某种性状的遗传规律，它是指同一基因会随着它来自父源或母源的不同而呈差异性表达，与自身性别无关，即源自双亲的两个等位基因中一个不表达或很少表达的现象。例如，Prader-Willi 综合征(PWS)和 Angelman 综合征(AS)是两种不同的遗传病，但都有共同的 15q11-13 缺失。父源染色体缺失时临床上为 PWS，而母源染色体缺失时表现为 AS。这提示来源不同的等位基因有不同的表达。某些常染色体显性遗传病的发病年龄和病情轻重似乎与传递基因亲本有关。慢性进行性舞蹈病患者发病年龄一般在 30～50 岁，但有 5%～10%患者在 20 岁以前发病，且病情严重，这些患者致病基因均由父亲遗传。母亲遗传者，子女发病年龄多在 40～50 岁。囊性纤维化(cystic fibrosis，CF)是一种常染色体隐性遗传病，已发现某些 CF 患者的两条 7 号染色体均来自母亲，即单亲二体性(uniparental disomy，UPD)。人类的胚胎发育也有类似现象，拥有父源两套染色体的受精卵发育成葡萄胎，而拥有母源两套染色体的受精卵的发育成卵巢畸胎瘤。此外，无论是双雄三倍体还是双雌三倍体都发育成畸胎儿。因此，正常的胚胎发育必须拥有亲代双方染色体或基因组。一些胚胎性肿瘤中也存在亲缘性非随机的染色体或基因丢失现象，而且主要是母源染色体的丢失。例如，散发的肾母细胞瘤(Wilms tumor)有 11p13-15 的基因丢失，且皆来自母方，而遗传型基因丢失多来自父方；遗传型视网膜母细胞瘤(Rb)中有 13q14 杂合性丢失(LOH)，且丢失的多为母系源 Rb 基因。据推测，DNA 的甲基化可能是遗传印记的分子机制之一。

(二)母系遗传

母系遗传是指线粒体 DNA 所控制的遗传机制，每一代都由母亲传递给下一代。例如，Leber 遗传性视神经病(Leber's hereditary optic neuropathy，LHON)，也称 Leber 病，主要表现为视神经退行性病变。此病发病机制主要是由 mtDNA 点突变导致其第 11 778 位精氨酸突变为组氨酸，或细胞色素 b 第 15 257 位天冬氨酸突变为天冬酰胺。前者使编码呼吸链 NADH 脱氢酶 mtDNA 第 340 位精氨酸被组氨酸取代，导致 NADH 脱氢酶活性降低，线粒体产能下降，因而对需能量多的视神经组织损害最大，久之导致视神经细胞退行性变，直至萎缩。

由于 mtDNA 为母系遗传，因此由 mtDNA 基因突变所致的 Leber 病也遵循母系遗传的传递规律，即患者都与母亲有关。男性患者的后代中尚未见有直接传代者。母系遗传的特点：①母亲将她的 mtDNA 传递给儿子和女儿，但只有女儿能将其 mtDNA 传递给下一代；②人的细胞里通常有上千个 mtDNA 拷贝，在突变体和正常 mtDNA 共存的细胞中，线粒体病发病有一阈值，只有当异常的 mtDNA 的比例超过阈值时才发病。

（三）限雄遗传

限雄遗传是指某些生理或病理性状的控制基因位于 Y 染色体上，只要 Y 染色体有此基因即可表现相应症状，所以只有从男性到男性的遗传方式。这类遗传的传递方式较简单，病种较少，有箭猪病、耳廓多毛症等。

三、多基因遗传

单基因性状是不连续的，多数是有无的区别；而多基因性状既可以是连续的，也可以是不连续的。多基因性状是指由位于不同基因座上的许多基因和环境因子相互作用决定的性状。这些基因的作用都很微弱，但基因间有叠加效应。例如，身高、智商等，在两个极端之间有一个连续的变化范围。绝大多数正常人的性状都表现为连续的多基因性状。

在具有不连续多基因性状的遗传病中，如脊柱裂，患病家系内的危险性高于一般人群中的危险性，但比单基因性状家系的发病危险性低，而且家系中血缘关系较远的亲属发病危险性与一般人群几乎一样。因此在这样的家系中，具有不连续多基因性状的先证者往往就是唯一的患病个体。

在对一个不连续性状进行分析时，首先必须证明，患病家系中各成员的发病率显著高于群体发病率。如果发病率不显著增高，说明该病可能是非遗传性的；如发病率显著增高，就必须进行系谱分析，判断是否为单基因遗传。如果怀疑其为多基因遗传，必须进行单卵双生子发病一致率和家系相关性研究，以便分析连续性状。这些研究已经表明，许多先天性畸形和成年人常见病都是以多基因性状遗传的。

（一）双生子发病一致率

平均每 89 个妊娠妇女中有 1 对双生子。双生子有两种类型：单卵双生，占 33%；双卵双生，占 67%。单卵双生是由一个受精卵在怀孕开始的 14 天内分裂成 2 个胚胎所引起的。因此，单卵双生的基因型完全相同。双卵双生是由 2 个精子分别使 2 个卵子受精所引起的。因此，双卵双生的基因有一半是共同的，就如同胞兄弟中的遗传一样。

所谓发病一致率是指双生子共患某一种病的频率。对于单基因性状或染色体异常而言，单卵双生的发病一致率等于 100%，而双卵双生的发病一致率则等于同胞的发病率。但对于多基因性状来说，由于既有遗传因素参与，又有环境因素参与，所以，虽然单卵双生的发病一致率低于 100%，但大于双卵双生发病一致率。实际上，单卵双生的发病一致率范围为 6%～95%。这反映了不同遗传病的遗传率不同。单卵双生的发病一致率越高，遗传因素就显得越重要，遗传率也越高。

（二）家系相关性

在一个家系中，按血缘关系的远近，不同亲属间所具有的共同基因的比例是不同的。如果一个性状是由多基因遗传决定的，亲属之间则按他们的遗传相似程度表现这一性状，这实际上是双生子研究技术的扩展。不同亲属在遗传方面的相似性就称为家族相关性。

家族相关性的测定范围为 0～1；其中，1 代表完全相同，0 代表完全不相同。

假定父母为非血缘关系的随机成员，则他们的遗传性状相关性应等于一般群体的平均数。实际上，由于婚配时的选择性，如身高、智力等，夫妇的相关性要略高于这一数值。对于某一遗传性状来说，血缘关系越密切，相关性也越高。

双生子发病一致率和家族相关性研究可为一个连续或不连续的多基因性状提供证据。

(三)连续多基因性状

正常人体特性大多数都是连续多基因性状，这些性状都有一个连续的梯度分布，如智力。产生这样一个渐变范围是许多基因座相互作用的结果，在每个基因座上都有一对等位基因。

一对智力超常的夫妇所生的孩子，他们的智力也会比正常人高一些。子女的平均智商接近父母的平均智商与一般人群平均智商的中间值，此谓均数逼近。当父母的性状是处于极端状态时，后代中均数逼近效应更为突出。

(四)不连续多基因性状

有关人类，已经报道的不连续多基因性状已达 20 多个。这些性状中的大部分都具有临床意义。一般来说，这些性状分为两大类：先天畸形和成人常见病。

兔唇和裂腭就是以多基因性状遗传的先天畸形。这种疾病患者的父母一般正常，家族中也无同类病史。事实上，这一患儿的父母中，必然已经形成了一些活性较低的兔唇和裂腭的基因。然而，这些基因与正常基因在患儿父母体内处于平衡状态，因而他们不表现出畸形。对于不连续多基因性状来说，关键是低活性基因数目与正常基因数目之间是否形成平衡。只有当平衡超过某一阈值时，才会发生畸形。

普通人群中约有 0.1%的人超过阈值，这一数值就等于该病在一般人群中的发生率。患儿父母及其他一级亲属的易感性曲线则右移，可以预期，这一畸形的发生率在一级亲属中将显著增加。随亲缘关系越来越远(一、二、三级亲属)，曲线越来越接近普通人群的曲线，从而发病危险率也渐渐接近普通人群。

(五)多基因遗传的特点

多基因遗传具有如下特点。两个极端变异的个体杂交后，子一代都是中间体，但是也有一定范围的变异，这是环境因素的影响。两个中间类型的子一代个体杂交后，子二代大部分仍是中间类型，但是变异范围比子一代更为广泛，有时会出现一些接近极端变异的个体。这里除了环境的因素外，基因的分离和自由组合对变异的产生有一定效应。在一个随机杂交的群体中，变异范围很广泛，但是大多数个体接近中间类型，极端变异的个体很少。在这些变异的产生中，多基因的遗传基础和环境因素都有作用。系谱分析对多基因的诊断没有意义。单卵双生发病一致性小于 100%(单基因遗传为 100%)，但大于同胞兄弟。亲属发病危险性随血缘关系的变远而降低。多基因遗传病较常见，人群发病率往往大于 10%。

第三节 基因的进化

人类基因组的来源是与生命来源一样古老的问题。本节要讨论的仅仅是其遗传机制，重点讨论基于基因组计划及比较基因组学所得出的基本结果所展现出的基因进化的足迹。比较一些高等生物的基因组也可能更好地理解人的遗传基础。

一、基因结构的进化与基因复制

真核生物的基因和蛋白质比简单生物大，并且更加复杂。真核生物的大基因最主要的原因是真核基因使用内含子，事实上，内含子规模比外显子规模要大得多。同时也必须知道即便不考虑内含子，真核生物基因也比简单生物要大很多。基因内的复制和重组被认为是真核生物基因大的主要原因。其提供了多样性并且可以产生全新的特性。可能内含子本身就是提供这些变化的物质基础。

在 1977 年发现断裂基因后，内含子引起人们广泛的兴趣。基因组中的内含子一般比外显子要大，并且缺乏保守性。一些较短的内含子中含有一些有调节功能并且保守性很好的序列。高表达的基因通常内含子较小，提示表达也考虑转录成本。无论你如何考虑内含子的功能，无法逾越的是，有一些基因没有内含子。

有关内含子的进化依然有争议，一方面现在广泛接受其不可能比真核生物发生得早；另一方面，其发生也应该是在真核生物发生的很早期。

剪接体内含子可能起源于具有自剪接功能的 II 型内含子。但是剪接体内含子没有自剪接功能，其需要多种 snRNA 和蛋白质参与，II 型内含子则通常是自剪接内含子。有些 II 型内含子的片段和功能部位与剪接体十分相似，一定程度上提示两者进化上的同源性。有些 II 型内含子还编码自己的反转录酶作为转座元件。因此，剪接体可能起源于一群早期细胞器的 II 型内含子，经历漫长的时间才形成现在的情况。

早期内含子散在整合于基因中，当然也可能切离基因组。它们中的一些有明确的来源，如球蛋白家族中就有两个非常保守大内含子。甚至在一些亲缘关系较远的基因中有时也可以发现保守的内含子结构。例如，人类亨廷顿舞蹈病的基因和河豚的同源基因具有相同的外显子界限，尽管它们的基因大小差异巨大(170kb vs. 23kb)。当然也有一些基因内含子较年轻，不同种属间基因断裂差异巨大。

与其他复杂基因一样，人类基因也因为基因内复制而变得复杂多样。例如，在一些基因产物中可以看到有大量的重复出现结构单元。不仅在基因组内如此，在基因内也一样。泛素蛋白 UBB 和 UBC 就是一个典型的完整重复例子。而在基因组中一个结构域的重复就更加多见，如胶原蛋白几乎都是简单重复。可变剪切则提供了一种操作的可能。

目前有几千个定义的结构域，它们可以作为源于基因内复制的重复单位；它们也可以成为一个重组的单位，通过外显子融合而形成新的单元。一些不常见的结构域往往来源于 LINE1 介导的外显子游走。

对于低等生物来讲，突变均匀且容易建立；但是对于高等生物，突变的危害是显而易见的。所以它们的基因突变往往只有通过小的改变实现，而基因复制就是一个可选项，因为改变的仅仅是剂量。如果这种小的改变使得物种获得优势，则可以被固定。另一种情况是复制突变放松了选择压力，使得假基因得以出现。假基因可能还有一些有利作用，如珠蛋白假基因可能为珠蛋白基因正常表达所必需，因此保持其与球蛋白基因长期共存。在球蛋白超家族的 5 个基本成员中，包含复制、内含子插入、反转座等学说所需要的证据及进化产生复杂性的例证，也留存了进化的痕迹。

二、染色体与基因组进化

人类事实上有两套基因组，即核基因组和线粒体基因组。比较流行的看法是线粒体基因组可能来源于进化早期的捕获事件。由于在细胞内的环境优越，线粒体慢慢丢失了其他的基因，而特化为一种仅仅含有有限基因和功能的细胞器，一些其他必需的基因可能转移到了细胞核基因组。类似这种基因转移可能在进化早期是一种常见的现象。

人类线粒体基因密码与其他哺乳动物无异，但是与果蝇和酵母比较也有不同。这种差异被解释为内在环境差异和选择共同作用的结果。另一方面，线粒体基因组流向和细胞核基因组是进化中的又一个主要事件，对核酸来讲，位于细胞核比位于线粒体是一个更加稳妥的选项。

如果说不同基因组的融合成就了细胞在广泛的厌氧和需氧情况下生存能力得到提高，进化的另外一个成功之处就是通过多倍化来避免由于突变而导致的生存问题。对于今天的多倍体生物最初通过何种机制获得多倍特性尽管还不明确，但是有关多倍化改变性状的操作现在还可以用于育种等行业。当然，人类无论是单倍化还是多倍化都不可以发育为正常个体，但是细胞系可以生存。在一些代表性生物中，基因数量也存在近似的倍数关系，如人类的基因约为果蝇的 2 倍。也就是说，除了互补可能缺陷外，多出的基因由于较小的压力而可以提供突变的素材。

染色体的重排为进化的又一种方式，麂就是一个典型的例子。中国麂有 46 条染色体而印度麂仅有 6～7 条染色体，它们形似，可交配生育杂种。在骡子的情况是子代不可以生育。这说明在基因变化不大的情况下，基因载体可以发生较大的变化。现在的染色体可能是以前染色体融合的产物，但是并不严格对应生物的级别。

与整个基因组的变化不同，染色体内核染色体间的基因重排也是常见的，比较任何小鼠的基因组就可以发现，进化保守的单位长度大约是 10Mb。也就是说，基因重排可能有一定的功能单位。

与其他染色体不同，人类的性别决定染色体则表现出了特化与抑制的特性。Y 染色体获得了一个性别决定基因，但是丢失了其他大量与 X 同源的基因；而在女性中，则通过发展出 X 失活来达成两性基因的平衡。这从一个方面说明，基因丢失可能与基因复制一样构成进化的动力。

三、系统发生学与分子进化树

基因组学计划的主要结果是可以使我们在已有参考系统的情况下，通过比较基因组学研究来构建生物体系的发生与位置关系。尽管可以在不同的水平进行，但是基于基因组 DNA 的研究有不可比拟的优势。事实上，目前可以通过全基因组对比分析来绘制进化的分子关系。

当然，最有挑战的课题是：从分子角度看，为何我们是人？

简单的，从低级到高级我们可以说基因组规模变大了，基因数量增加了，调节可能更加复杂和完善。如果把人类和其较近的模式生物(小鼠)比较，两者基因组规模的差异可能主要是重复和转座子的差异，在基因组成方面我们发现人类和小鼠有80%的基因严格保守，但是在免疫相关蛋白、锌指蛋白、丝/苏氨酸激酶和酪氨酸激酶、受体蛋白等涉及识别、基因转录调控、信号转导方面的基因有大量的增加，同时也涉及嗅觉等相关基因的丢失。

大猩猩和黑猩猩是人类最相近的动物，基因组比较和150年前的看法基本一致。至于人类和哪种猩猩更近一些，尽管意见不同，但认为是大猩猩的多一些。总体来说都只有一些小的基因组合染色体变化。最近的一个变化是人类的2号、5号等染色体直接来源于黑猩猩的染色体融合易位。在分子水平，95%的大猩猩序列可以比对到人类序列，其中仅有1.2%的变异发生，而没有办法比对到的5%区域则主要表现为缺失和插入。最有识别力的序列居然是人类特异性的Alu和LTR序列。

如果把人类与大猩猩对应的基因进行比较，我们很容易把大猩猩当成人类的一员，因为它的变异完全落在人群的变异范围以内。在灵长类发现人类特异性的氨基酸是非常罕见的，不多的例子包括 *FOXP2* 基因中有三个人类特异性的氨基酸被认为可能与人类语言能力有关。最明确的一个变化是人类的 *N*-乙酰神经氨酸(CMP-*N*-acetylneuraminic acid)基因发生的一个移码突变使得人类没有该类修饰。试图发现这些人类特异性特点的方法包括表达谱与蛋白谱的研究、比较基因组研究在人类发生的突变与固定情况，但是现在的数据显然还不能够得出明确的结论。

四、人群的变异

如果说现在的基因组学还不能很好地解释人之所以为人而不是猩猩的话，其在解释人群和个体的变异中则表现出了较强的实力。人群的遗传进化特点不仅可以用来解释人类的起源，也可以用来解释人群和个体中疾病风险的差异。化石分析提示100万年前发生人类的决定性事件，随后基于Y染色体和线粒体的分析也都佐证人类是有限个体的后代，可能为单点发生。而以前发现的被认为可能是人类直接祖先的化石都可能源于灭绝的种属。目前被广泛接受的模型为近代非洲起源模型，人类应该是单点发生于非洲而后走向其他区域。当然，对于与化石学的不对应之处，现在给出了一个解释就是其他化石代表灭绝的种属。

人群看起来有如此巨大的差异，而在遗传学上，分子的差异如此之小以至于不得不说人群的差异可能远远不及个体的差异，提示人群在近代经历了群体瓶颈。对胰岛素周边序列的研究发现，在非洲有较多的变异似乎没有走出非洲，只有少部分的个体为非洲以外群体的祖先。不同民族、地域和文化的分类比较研究也支持上述的观点。

(陈金中　潘雨堃　薛京伦)

参 考 文 献

陈金中, 汪旭, 薛京伦. 2012. 医学分子遗传学(4版). 北京: 科学出版社.

李璞. 2003. 医学遗传学. 北京: 北京大学医学出版社.

刘雯, 左伋. 2003. 医学遗传学. 上海: 复旦大学出版社.

Bailey JA, Gu Z, Clark RA, et al. 2002. Recent segmental duplications in the human genome. Science, 297(5583): 1003-1007.

Brown JR. 2003. Ancient horizontal gene transfer. Nat Rev Genet, 4(2): 121-132.

Carroll SB, Grenier J, Weatherbee SD. 2005. From DNA to Diversity: Molecular Genetics and the Evolution of Animal Design. Second Edition. Oxford: Blackwell Publishing.

Fedorova O, Zingler N. 2007. Group II introns: structure, folding and splicing mechanism. Biol Chem, 388(7): 665-678.

Gagneux P, Varki A. 2001. Genetic differences between humans and great apes. Mol Phylogenet Evol, 18(1): 2-13.

Hastings PJ, Lupski JR, Rosenberg SM, et al. 2009. Mechanisms of change in gene copy number. Nature Reviews. Genetics, 10(8): 551-564.

Hurst GD, Werren JH. 2001. The role of selfish genetic elements in eukaryotic evolution. Nat Rev Genet, 2(8): 597-606.

Kehrer-Sawatzki H, Cooper DN. 2007. Understanding the recent evolution of the human genome: insights from human-chimpanzee genome comparisons. Hum Mutat, 28(2): 99-130.

Muller HJ. 1950. Our load of mutations. Am J Hum Genet, 2(2): 111-176.

Olson MV, Varki A. 2003. Sequencing the chimpanzee genome: insights into human evolution and disease. Nat Rev Genet, 4(1): 20-28.

Templeton A. 2002. Out of Africa again and again. Nature, 416(6876): 45-51.

Vallender EJ. 2011. Comparative genetic approaches to the evolution of human brain and behavior. Am J Hum Biol, 23(1): 53-64.

Zhang J, Wang X, Podlaha O. 2004. Testing the chromosomal speciation hypothesis for humans and chimpanzees. Genome Res, 14(5): 845-851.

第四章

人类基因组

人类基因组计划是人类有史以来最大的有关自身的研究计划，有学者认为人类基因组计划的意义可以比肩显微镜的应用对生命科学的影响。这个历时十多年的研究计划所产生的结果已经改变了生命科学研究的格局和方式，生命组学成为一种基本组织方式，使得部分地区的科学研究也日益成为政府行为。自1981年线粒体基因组被解析以来，数以千计的基因组已经被解析。人类基因组计划给我们很多知识和技术的启示，而不仅仅是规模的显示，也不是无边际的概念。人类基因组计划只是一个开始，认识人类基因组的意义还是要从遗传学的基本知识开始，这样才可能从人类基因组中获得科学的指导，加深对人类基因的认识。

第一节　基因组计划

人类基因组计划研究的形成有历史的偶然性，其是科学技术积累的必然性使然。复习人类基因组计划的关键词也许可以帮助我们加深对基因组的理解。

基因组（genome）是单倍体细胞中的全套染色体，或是单倍体细胞中的全部基因。基因组包含单倍体细胞中包括编码序列和非编码序列在内的全部 DNA 分子。更确切地说，核基因组是单倍体细胞核内的全部 DNA 分子；线粒体基因组则是一个线粒体所包含的全部 DNA 分子。

基因组的长度单位"厘摩"（centiMorgan，cM）是一个表示遗传图距离的单位。遗传图（genetic map）又称为连锁图（linkage map），是指基因或 DNA 标志在染色体上的相对位置与遗传距离，后者通常以基因或 DNA 片段在染色体交换过程中的分离频率来表示，数值越大，两者之间距离越远。1cM 定义为重组频率 100 次中发生 1 次。基因间的距离能跨越 1～50cM，这一数值越小，基因在染色体上的位置就越近。1cM 的距离表示基因间的距离紧密连锁，它们在一条染色体上的位置相对紧密地连接在一起；相反，50cM 的距离意味着两个基因是不连锁的，很有可能是位于不同的染色体上。在人类的基因组中，1cM 相当于物理图大约为 1Mb。所谓物理图，是指确定序列构成图，单位是 bp（base pair）、kb、Mb 等。遗传图对于减数分裂的依赖使得在高等生物建立完整的遗传图有困难。基于人-鼠杂交细胞使用 STS 标记确定进行放射处理出现重组的频率可以得出一个与遗传图具有类似作用的图——放射杂交图。分辨的单位同样用 1%分离率作为一个图距单位，即 1cR（厘瑞，centiRay）。在描述基因染色体上的关系时，我们引用一系列的遗传标记，最常用为多态性标记，包括 SNP、RFLP；还有标签序列，包括 STS 和 EST。分别从克隆和性状标记连锁分析出发，就可以构建基因组序列的物理图和连锁图(图4-1)。

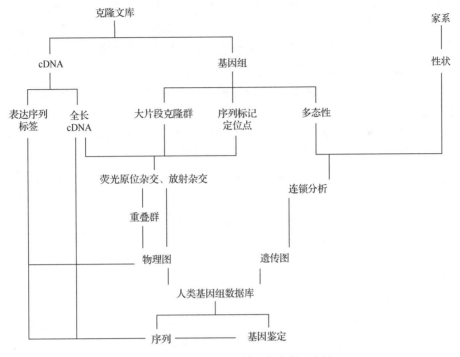

图 4-1　人类基因组计划工作流程示意图

　　基因组计划工作的主要部分是建立基因组文库，使得基因组具备技术可分析性。人类基因组计划开始时，测序和计算能力都有限，从而使用构建阶梯文库的方法形成不同级别的文库，最后将测序结果在上面组装。因为有这样一个骨架系统，以及测序设备的进步，文库插入序列变短，规模变大，通过大量重复测序和拼接来获得基因组序列。目前，商业化的人全基因组测序将变得可行，逐步成为常规，使用目前的高通量测序技术，全基因组测序成本已降至 1000 美元以下。宏基因组学甚至可以考虑将一定环境所有生物基因组混合物做高通量测序来评估其一定特性。所以现在一个基因组测序分析工作如果要和人类基因组的初步结果比较，则在科学进步的意义方面缺乏可比性。

　　在人类基因组计划初步确定基因组序列时，具备实验数据支持的基因大约 11 000 个，加上依据信息学方法预测的基因，预期人类的基因可能为 3 万个左右。在不同的地方可能看到不同的预期基因数量，这主要是因为对基因的不同定义造成的，目前大约确定的为 2.5 万个。总体看来，基因组计划确定和预测的基因数量远较先前预测的 6 万～10 万个少。识别基因的方法有两个：首先是确定与表达序列的对应；其次是看 CpG 岛的对应性，因为 CpG 岛往往作为启动子的一部分附加在基因上游。当然，作为后发性的其他基因组研究，对照已有的结果的同源比较是最常用的方法。尽管目前人类基因组依然需要进一步描述和鉴定性工作，但是毫无疑问的是人类基因组研究已经进入了功能鉴定的阶段。

人类基因组研究的下一个重大突破目前还没有办法明确指出来。一些后续的组学研究计划和大规模的测序计划更像是大量研究力量和测序能力的释放。分子流行病学则似乎是一个几乎不需要新投入的可靠研究方向。基因组计划产生了更多的遗传标记和方便的检测手段，把它们用到流行病学研究几乎成为一种必然的选择。但是科学严肃地看，目前基于人类基因组成果的分子人类学研究更加有可能为人类起源和演化提出科学地解释。将其审慎地用于验证历史事件也有潜在的可能。

人类基因组计划的一个直接成果还包括提高司法鉴定的水平，并且使得全球的数据库具有空前的通用性，可以预期，在不久的将来把基因组身份作为个体最后或唯一身份是可行的。现在 STR 组型或 SNP 组型都可以提供满足司法要求的鉴定结果；而结合一些表观遗传学检测，区分同卵双生也可以满足司法实践的要求。

基因组计划最大的看点不是人类学或司法鉴定，其最大的成果是对生物医药产业的突破性推动，对个体则提高治疗水平——个性化治疗。要达成该目的，首先需要阐明人类基因，而不仅仅是人类基因序列。分子流行病学可能在人类基因完全阐明前可以在基因和性状之间建立一种联系，提供一个好处或风险的判断。所以不难理解为何分子流行病学是最热门领域。另外，可能需要一系列验证流行病学结论的实践。基因健康检测可以看成分子流行病学应用的范例，其结论可能并不比吸烟与健康的关系的可靠性差。

基因组的阐明和相关应用技术的发展也产生了一个潜在的问题：是否会有基因歧视的问题？其实这个问题与疾病歧视同样涉及基本人权，强大的基因检测可能需要完善的法律保护，虽然立法一般应该针对既有的问题，但未雨绸缪未尝不可。

第二节　模式生物基因组

自从 20 世纪 80 年代几个源于细胞器、病毒和噬菌体的基因组测序完成后，随测序技术和分析技术的改进，大量的基因组被确定，到 2011 年 4 月底，约有 7250 个基因组完成或部分完成。在这些基因中，人类基因组为最主要的成果。一些与人类有关的疾病病原基因组、疾病模式生物基因组、经济生物基因组和在进化树上有重要意义的生物基因组也是优先研究的内容。这些基因组的研究结果，正在检验或完善对于生命的统一性和多样性的认识。

在报道的基因组中，病毒、细胞器、质粒和噬菌体等简单基因组有接近 7000 个，细菌 100 多个。这些基因组较小，容易操作，或因为疾病暴发有紧急的诊断鉴定需求，所以是一个快速增加的基因组。例如，2003 年 5 月古细菌基因组有 16 个，而这个数值在 2011 年 4 月底是 107 个。SARS 和新布尼亚病毒基因在短时间内的鉴定至少在诊断和流行病学评估方面再一次展现了基因组研究的价值。1997 年完成大肠杆菌的基因组测序被认为是一个重大的进展，因为它是被研究得最为充分的细菌，事实上在其基因组内鉴定的 4288 个基因约有近一半没有任何的功能研究背景。酵母是最广泛应用的微生物，但首先鉴定的裂殖酵母的 6340 个基因约 60% 没有任何功能研究报道。这应验了基因组是一个新的开始而不是结论。研究这些生物的基因组有两个基本目的：一是作为一个简单的模型来阐明一些保守的生命机制；二是通过明确基因与人类疾病的关系来制定防治策略。

当然，有一些性状在简单的生物中是无法找到类似分子机制和结构要素的，所以阐明人类关心的问题还需要更高等的模型生物。线虫、果蝇、斑马鱼、非洲爪蟾、鸡、小鼠、大鼠、狗和猴这些传统生物学研究的模式生物的基因组测序也已完成了。总体看来，原核生物可能是一个比我们认识更加多样的世界，如两种酵母基因数量差异就有约1/3（近 2000 个）。而高等生物的差异则要小得多，如人与小鼠的基因差异在百分之几以内。比较基因组学可能可以提供生物变迁的路线，并且指导寻找可靠的生物模型。

第三节　人类核基因组概论

通常说的人类基因组是指人类的核基因组。事实上，人类还有一个线粒体基因组，含有 37 个基因。线粒体有自己特别的核糖体，甚至有特别的遗传密码。不过线粒体的绝大部分蛋白质也是人类核基因组编码的，其不可以独立存在。

人类体细胞包含 46 条染色体，其中只有 X、Y 不成对，所以人类有 24 种 DNA 分子，这是人类基因组长度来源的计算起点。人类核基因组的 24 种双链 DNA 分子长度为 3200Mb，编码约 25 000 个基因。比较基因组研究发现，任何小鼠中有大约不到 5% 的基因组高度保守，其组成为约 1.5% 的编码序列和相关序列。编码序列中 90% 编码 mRNA，还有 10% 编码其他 RNA。编码序列通常可以归到一定序列家族，这些家族可能是进化中基因复制造成的。复制也是一些非功能序列（如假基因和基因片段）产生的机制。编码序列以外的基因组序列主要由重复序列组成，其中反转座序列多见。

人类基因组测序并不是对所有 DNA 测序，而是对 3000Mb 的常染色质测序，加上约 200Mb 的结构性异染色质，基因组长度是 3200Mb。整个基因组的 GC 含量约 41%，以 200kb 为基本单位，不同染色体或不同区间的变化从 33% 到 59%。GC 含量与染色体常用的染色物 Giemsa 着色相关，98% 的克隆在 GC 含量低（37%）的最深的 G 带；较浅区带中，80% 的克隆 GC 含量较高（45%）。有一些核苷酸组合比较少见，如人类基因组中 CpG 就不是一种常见的组合，其含量比按照碱基含量预测的组合低 80%。CpG 组合往往富集于调控转录的区域，成为识别和研究基因的重要标记序列。通常所说的数万个基因数量的主要依据就是 CpG 岛，在数百 bp 长的序列中富含 GC 碱基（>50%）以及 CpG 组合，一般见于基因 5′ 区域。

人类基因组大约有 3000 个 RNA 基因，其中 1200 个基因编码 rRNA 和 tRNA，并且其通常呈簇排列。rRNA 有 700～800 个，具体的数值因为串联出现难以确定。除了线粒体 26S rRNA 和 23S rRNA 外，还有组成细胞质核糖体的 4 个 rRNA（5S rRNA、5.8S rRNA、18S rRNA 和 28S rRNA）。5S rDNA 为位于 1q41-42 的串联重复基因，估计有 200～300 拷贝。其他 3 种 rDNA 为 3 基因串联重复的单一转录物，位于 D、G 组染色体的短臂，每处有 30～40 个串联重复。rDNA 的串联重复反映出细胞对该基因产物的需求量较大。tRNA 基因也是丰度较高的基因，在人类基因组中鉴定的 tDNA 约有 500 个。大部分 tDNA 散在基因组中，也有成簇分布的 tDNA。

除了 rDNA 和 tDNA 外，基因组中约有近 100 个核小 RNA（snRNA）和 100 多个核仁小 RNA（snoRNA）基因。snRNA 参与 RNA 转录后过程，基因在 1 号和 17 号染色体上有成簇排列的现象。snoRNA 的主要作用是参与 rRNA 转录后过程，其通常散在分布。

miRNA 是基因组编码的一种最终产物，为 22～25bp 的双链小 RNA，最初的产物可能为数百碱基，可以形成局部双链，由 Dicer 加工成熟。其调节基因转录后工程，代表一种新的广泛调节方式。目前，在描述一个基因的背景时，指出其可能的 miRNA 调节已经成为常规。保守估计人类 miRNA 约 1000 个。

中、大分子质量 RNA 为调节 RNA 的另外一个组成部分。研究比较多的包括 7SK RNA 调节 RNA 聚合酶 II 的延长，SRA1 调节固醇受体活性，XIST 和 TSIX 调节 X 染色体活性。该类基因的具体基因规模现在还没有定论，有研究提示在 22 号染色体上可能有 16 个该类基因。

编码蛋白质的基因表现出巨大的多样性。从基因组成上看，有单外显子基因(如组蛋白基因、干扰素基因、热激蛋白基因等)和多外显子基因；基因的大小从 100bp 以上到近 2.5Mb；编码的蛋白质从几十个氨基酸的蛋白激素到 4563 个氨基酸的 apoB。总体来看约 100kb 有一个基因，编码蛋白平均长度 500 个氨基酸，平均有 9 个外显子，外显子长度约 122bp，内含子长度介于数十 bp 到 800kb，5′UTR 平均 0.25kb，3′UTR 平均 0.77kb。在分布上，尽管有功能相近的基因呈簇分布(如组蛋白、泛素蛋白、珠蛋白等)，但大多数散在分布。

编码同一蛋白质的多个基因位于同一染色体区域是一种常见的情况，如珠蛋白的两个基因簇就包含多拷贝和多个类似编码序列及假基因的情况。泛素蛋白和组蛋白则采用集中和分散两种策略并用的方法。功能相似的编码基因分布也时常采用类似的策略。考虑到基因的协同作用和对细微区别的识别需要，这两种分布方式都有其优越性。

多顺反子和基因重叠一直被认为是低等基因组的特性，但是在人类基因组中也可以发现类似的例证。在涉及 DNA 修复、HLA 基因座和 ncRNA 的基因中发现有一些基因有上述特性。

基因家族与基因簇不同，它们并不仅仅是基因产物有高度的相似性，也可以具备一定的结构功能基础。更进一步，可以把功能相关的基因归于一个超家族，如免疫球蛋白超家族、球蛋白超家族等。

在编码基因中，出现假基因是一种常见情况。基本表现形式可以为内部复制插入和反转录插入。以前认为假基因可能没有生物学作用，现在认为至少在部分基因中，假基因对于基因正确表达有重要意义。

基因组的非编码序列占大部分，其主要由重复序列组成，包括卫星 DNA 和间隔序列。卫星 DNA 包括小卫星 DNA 和微卫星 DNA。卫星 DNA 主要由着丝粒附近的异染色质组成，含 α、β 异染色质。小卫星 DNA 主要是在端粒附近的异染色质。微卫星 DNA 则相对散在分布于基因组中。

间隔序列为基因组最大的组分，表现形式为转座子和反转座子，约占基因组的 40%。绝大部分情况下，这些序列为转座子化石，但是有一些依然具有一定的活性，如 LINE1 就具备一定基因转录调节活性。Alu 序列为一种相对均匀散在分布的转座子序列，使用 Alu 锚定 PCR 可以判断基因插入位置。尽管经典结构基因的功能研究并未完全阐明清晰，研究阐明垃圾序列已经是生物科学研究的一个新的生长点。也许基因组中没有垃圾。

第四节 线粒体基因组

对于线粒体的起源有内生和外来两种不同的学说，大多数学者认同外来学说。在约 20 亿年前，一个原始的真核细胞摄取了环境中的一个原始细菌，由于彼此有利而存在下来，最后细菌丢失了大部分基因而特化为现在的细胞器，但是保留了与能量代谢相关的几个重要基因和几个特别的蛋白合成工具基因。

人类线粒体基因组的唯一来源是卵子，因为在精子中大量的线粒体没有进入受精卵的机会，所以线粒体基因表现为母系遗传特点。细胞单个线粒体一般含有 2~10 个环状裸 DNA，线粒体基因组的复制不受细胞周期控制，即所谓半自主性。mtDNA（mitochondrial DNA）由于是裸 DNA 并且暴露在高自由基环境中，线粒体基因组突变几乎是一种必然的结果，但是线粒体基因组由于其精简性和所担负的重要功能，或许还有一个未被揭示的保守机制，线粒体基因组依然是遗传分析中的一个可靠分子模型。

尽管线粒体基因组规模有限，参与的功能也相对单纯，但是除能量代谢外，线粒体参与细胞凋亡、细胞周期调控等多种细胞过程已经被阐明。关于糖尿病、癫痫、阿尔茨海默症、肿瘤发生等多种疾病与线粒体突变关系的报道也日益丰富。线粒体基因组不仅仅是一个测序完成的基因组，是一个生物进化研究的重要分子，也是一个重要的疾病生物标志和疾病治疗的关键基因操作靶标。

人类细胞含有成百上千的线粒体，其 mtDNA 全长 16.5kb。mtDNA 为双链闭环 DNA，依据离心沉降率可以区分为重链和轻链，编码 37 个基因。线粒体中的 13 个 mRNA 指导合成氧化磷酸化复合体的组成蛋白，所以线粒体基因组对细胞能量供应是重要的。线粒体编码的 13 个与氧化磷酸化（OXPHOS）有关的蛋白质，其中 3 个为构成细胞色素 c 氧化酶（COX）复合体（复合体Ⅳ）催化活性中心的亚单位（COXⅠ、COXⅡ和 COXⅢ），这 3 个亚基与细菌细胞色素 c 氧化酶是相似的，其序列在进化过程中是高度保守的；还有 2 个为 ATP 合酶复合体（复合体Ⅴ）F0 部分的 2 个亚基（A6 和 A8）；7 个为 NADH-CoQ 还原酶复合体（复合体Ⅰ）的亚基（ND1、ND2、ND3、ND4L、ND4、ND5 和 ND6）；还有 1 个编码的结构蛋白质为 CoQH2-细胞色素 c 还原酶复合体（复合体Ⅲ）中细胞色素 b 的亚基。mtDNA 编码的 12S rRNA 和 16S rRNA 和 22 个 tRNA 是完成其蛋白合成的基本保证。

需要注意的是，分析线粒体基因组时，需要使用线粒体特异性的密码子才可以得出正确结论。mtDNA 的遗传密码与通用遗传密码有以下区别：①UGA 不是终止信号，而是色氨酸的密码；②多肽内部的甲硫氨酸由 AUG 和 AUA 两个密码子编码，起始甲硫氨酸由 AUG、AUA、AUU 和 AUC 共 4 个密码子编码；③AGA、AGG 不是精氨酸的密码子，而是终止密码子，线粒体密码系统中有 4 个终止密码子（UAA、UAG、AGA、AGG）。可能由于进化来源不同和分子规模有限，mtDNA 的基因排列非常紧密，在轻链和重链上都有基因分布，由一个轻链启动子和两个重链启动子控制。在长的多顺反子的转录方式中，基因间缺乏间隔。一些多肽基因相互重叠，很多基因没有完整的终止密码，仅以 T 或 TA 结尾，终止信号是在转录后加工时加上去的。

一、线粒体基因组动力学与修复

mtDNA 有两段非编码区：一是控制区（control-region，CR），又称 D 环区（displacement loop region，D-loop）；另一个是 L 链复制起始区。D 环区位于双链 3′ 端，多为串联重复序列。D 环区由 1122bp 组成，与 mtDNA 的复制及转录有关，包含重（H）链复制的起始点（OH）、H 链和 L 链转录的启动子（PH1、PH2、PL），以及 4 个保守序列（分别在 213～235bp、299～315bp、346～363bp 和终止区 16 147～16 172bp）。

mtDNA 突变率极高，多态现象比较普遍，两个无关个体的 mtDNA 中碱基变化率可达 3%，尤其 D 环区是线粒体基因组中进化速率最快的 DNA 序列，极少有同源性，而且参与的碱基数目不等，其 16 024～16 365nt（nt 指核苷酸）及 73～340nt 两个区域为多态性高发区，分别称为高变区Ⅰ（hypervariable regionⅠ，HVⅠ）和高变区Ⅱ（hypervariable regionⅡ，HVⅡ）。这两个区域的高度多态性导致了个体间的高度差异，其适用于群体遗传学研究，如生物进化、种族迁移、亲缘关系鉴定等。

mtDNA 可进行半保留复制，其 H 链复制的起始点（OH）与 L 链复制起始点（OL）相隔 2/3 个 mtDNA。复制起始于控制区 L 链的转录启动子，首先以 L 链为模板合成一段 RNA 作为 H 链复制的引物，在 DNA 聚合酶作用下，合成一条互补的 H 链，取代亲代 H 链与 L 链互补。被置换的亲代 H 链保持单链状态，这段发生置换的区域称为置换环或 D 环，故此种 DNA 复制方式称 D 环复制。随着新 H 链的合成，D 环延伸，轻链复制起始点 OL 暴露，L 链开始以被置换的亲代 H 链为模板沿逆时针方向复制。当 H 链合成结束时，L 链只合成了 1/3，此时 mtDNA 有两个环：一个是已完成复制的环状双链 DNA，另一个是正在复制、有部分单链的 DNA 环。两条链的复制全部完成后，起始点的 RNA 引物被切除，缺口封闭，两条子代 DNA 分子分离。新合成的线粒体 DNA 是松弛型的，约需 40min 成为超螺旋状态。多细胞生物中，mtDNA 复制并不均一，有些 mtDNA 分子合成活跃，有些 mtDNA 分子不合成。复制所需的各种酶由核 DNA 编码。mtDNA 的复制形式除 D 环复制外，还有 θ 复制、滚环复制等，相同的细胞在不同环境中可以其中任何一种方式复制，也可以几种复制方式并存，其调节机制不明。

自从 1988 年发现第一个 mtDNA 突变以来，已发现 100 多个与疾病相关的点突变、200 多种缺失和重排，大约 60% 的点突变影响 tRNA，35% 影响多肽链的亚单位，5% 影响 rRNA。mtDNA 基因突变可影响 OXPHOS 功能，使 ATP 合成减少，一旦线粒体不能提供足够的能量，则可引起细胞发生退变甚至坏死，导致一些组织和器官功能的减退，出现相应的临床症状。

mtDNA 突变率比 nDNA 高 10～20 倍，其原因有以下几点：①mtDNA 中基因排列非常紧凑，任何 mtDNA 的突变都可能会影响到其基因组内的某一重要功能区域；②mtDNA 是裸露的分子，不与组蛋白结合，缺乏组蛋白的保护；③mtDNA 位于线粒体内膜附近，直接暴露于呼吸链代谢产生的超氧离子和电子传递产生的羟自由基中，极易受氧化损伤，如 mtDNA 链上的脱氧鸟苷（dG）可转化成羟基脱氧鸟苷（8-OH-dG），导致 mtDNA 点突变或缺失；④mtDNA 复制频率较高，复制时不对称，亲代 H 链被替换下来后，长时间处于单链状态，直至子代 L 链合成，而单链 DNA 可自发脱氨基，导致点突变；⑤缺乏有效的 DNA 损伤修复能力。

mtDNA 的修复机制主要有两种。一种为切除修复，内切核酸酶先切除损伤 DNA 片段，然后 DNA 聚合酶以未损伤链为模板，复制正确的核苷酸序列以填补形成的空缺。线粒体内存在上述过程所需的几种酶。另一种是转移修复，通过转移酶识别突变核苷酸（如甲基化核苷酸），并将该突变核苷酸清除。线粒体中虽然存在该修复类型所需的某些酶，但种类较少，清除突变碱基的能力远低于 nDNA，而且在分裂旺盛的组织中有酶活性，在分裂终末组织（如脑组织）中则酶活性不足。

二、线粒体基因组检测与疾病

确定一个 mtDNA 是否为致病性突变，有以下几个标准：①突变发生于高度保守的序列或发生突变的位点有明显的功能重要性；②该突变可引起呼吸链缺损；③正常人群中未发现该 mtDNA 突变类型，在来自不同家系但有类似表型的患者中发现相同的突变；④有异质性存在，而且异质性程度与疾病严重程度呈正相关。

每个细胞中线粒体 DNA 拷贝数目可多达数千个，因此，mtDNA 突变所引起的细胞病变就不可能像核 DNA 突变引起的细胞病变那么简单。缺失多发生于体细胞中，引起的疾病常为散发，无家族史，突变 mtDNA 随年龄增长在组织细胞中逐渐积累，故诱发的疾病在一定的年龄阶段表现并进行性加重，缺失的大小、位置与疾病的生化表现和严重程度是否相关尚无定论；发生在生殖细胞中的 mtDNA 突变引起母系家族性疾病。

在精卵结合时，卵母细胞拥有上百万拷贝的 mtDNA，而精子中只有很少的线粒体，受精时不进入受精卵，因此，受精卵中的线粒体 DNA 全都来自于卵子，这种双亲信息的不等量表现决定了线粒体遗传病的传递方式不符合孟德尔遗传，而是表现为母系遗传（maternal inheritance），即母亲将 mtDNA 传递给她的儿子和女儿，但只有女儿能将其 mtDNA 传递给下一代。

异质性在亲子代之间的传递非常复杂，人类的每个卵细胞中大约有 10 万个 mtDNA，但只有随机的一小部分可以进入成熟的卵细胞传给子代，这种卵细胞形成期 mtDNA 数量剧减的过程类似进化中的"遗传瓶颈效应"。通过"瓶颈"的 mtDNA 复制、扩增，构成子代的 mtDNA 种群类型。对于具有 mtDNA 异质性的女性，瓶颈效应限制了其下传 mtDNA 的数量及种类，产生异质 mtDNA 的数量及种类各不相同的卵细胞，造成子代个体间明显的异质性差异，甚至同卵双生子也可表现为不同的异质性水平。由于阈值效应，子女中得到较多突变 mtDNA 者将发病，得到较少突变 mtDNA 者不发病或病情较轻。

如果同一组织或细胞中的 mtDNA 分子都是一致的，则称为同质性（homoplasmy）。在克隆和测序的研究中发现一些个体同时存在两种或两种以上类型的 mtDNA，称为异质性（heteroplasmy）。异质性的发生机制可能是由于 mtDNA 发生突变导致一个细胞内同时存在野生型 mtDNA 和突变型 mtDNA，或受精卵中存在的异质 mtDNA 在卵裂过程中被随机分配于子细胞中，由此分化而成的不同组织中也会存在 mtDNA 异质性差异。线粒体的大量中性突变可使绝大多数细胞中有多种 mtDNA 拷贝，称多质性。

线粒体异质性可分为序列异质性（sequence-based heteroplasmy）和长度异质性（length-based heteroplasmy）。序列异质性通常仅为单个碱基的不同，2 个或 2 个以上碱基不同较少见，一般表现为：①同一个体不同组织、同一组织不同细胞、同一细胞甚至同一线粒体内有不同的 mtDNA 拷贝；②同一个体在不同的发育时期产生不同的 mtDNA。mtDNA 的异质性可以表现在编码区，也可以表现在非编码区，编码区的异质性通常与线粒体疾病相关。由于编码区和非编码区突变率及选择压力的不同，正常人 mtDNA 的异质性高发于 D 环区。

不同组织中异质性水平的比率和发生率各不相同，中枢神经系统、肌肉异质性的发生率较高，血液中异质性的发生率较低；异质性在成人中的发生率远远高于儿童中的发生率，而且随着年龄的增长，异质性的发生率增高。

在异质性细胞中，野生型 mtDNA 对突变型 mtDNA 有保护和补偿作用，因此，mtDNA 突变时并不立即产生严重后果。

mtDNA 突变可以影响线粒体 OXPHOS 的功能，引起 ATP 合成障碍，导致疾病发生，但实际上基因型和表型的关系并非如此简单。突变型 mtDNA 的表达受细胞中线粒体的异质性水平及组织器官维持正常功能所需的最低能量影响，可产生不同的外显率和表现度。

异质性细胞的表型依赖于细胞内突变型和野生型 mtDNA 的相对比例。能引起特定组织器官功能障碍的突变 mtDNA 的最少数量称阈值。在特定组织中，突变型 mtDNA 积累到一定程度，超过阈值时，能量的产生就会急剧地降到正常的细胞、组织和器官的功能最低需求量以下，引起某些器官或组织功能异常。其能量缺损程度与突变型 mtDNA 所占的比例大致相当。

阈值是一个相对概念，易受突变类型、组织、老化程度变化的影响，个体差异很大。例如，缺失 5kb 的变异的 mtDNA 比率达 60%，急剧地丧失了产生能量的能力。线粒体脑肌病合并乳酸血症及卒中样发作（MELAS）患者 tRNA 点突变的 mtDNA 达到 90% 以上，能量代谢急剧下降。

不同的组织器官对能量的依赖程度不同，对能量依赖程度较高的组织比其他组织更易受到 OXPHOS 损伤的影响，较低的突变型 mtDNA 水平就会引起临床症状。中枢神经系统对 ATP 依赖程度最高，对 OXPHOS 缺陷敏感，易受阈值效应的影响而受累；其他依次为骨骼肌、心脏、胰腺、肾脏、肝脏。例如，肝脏中突变 mtDNA 达 80% 时，尚不表现出病理症状，而肌组织或脑组织中突变 mtDNA 达同样比例时就表现为疾病。

同一组织在不同功能状态对 OXPHOS 损伤的敏感性也不同。例如，线粒体脑疾病患者在癫痫突然发作时，对 ATP 的需求骤然增高，脑细胞中高水平的突变型 mtDNA 无法满足这一需要，导致细胞死亡，表现为梗塞。

线粒体疾病的临床多样性也与发育阶段有关。例如，肌组织中 mtDNA 的部分耗损或耗竭在新生儿中不引起症状，但受损的 OXPHOS 系统不能满足机体生长对能量代谢日益增长的需求，就会表现为肌病。散发性 KSS 和进行性眼外肌瘫痪（PEO）患者均携带大量同源的缺失型 mtDNA，但却有不同的临床表现：KSS 为多系统紊乱，PEO 主要局限于骨骼肌，可能是由于 mtDNA 缺失发生在囊胚期之前或之中，在胚层分化时，如果缺失 mtDNA 相对均一地进入所有胚层，将导致 KSS；仅分布在肌肉内将导致 PEO。

突变 mtDNA 随年龄增加在细胞中逐渐积累，因而线粒体疾病常表现为与年龄相关的渐进性加重。在一个伴有破碎红纤维的肌阵挛癫痫(MERRF)家系中，有 85% 突变 mtDNA 的个体在 20 岁时症状很轻微，但在 60 岁时临床症状却相当严重。

细胞分裂时，突变型和野生型 mtDNA 发生分离，随机地分配到子细胞中，使子细胞拥有不同比例的突变型 mtDNA 分子，这种随机分配导致 mtDNA 异质性变化的过程称为复制分离。在连续的分裂过程中，异质性细胞中突变型 mtDNA 和野生型 mtDNA 的比例会发生漂变，向同质性的方向发展。分裂旺盛的细胞(如血细胞)往往有排斥突变 mtDNA 的趋势，经无数次分裂后，细胞逐渐成为只有野生型 mtDNA 的同质性细胞。突变 mtDNA 具有复制优势，在分裂不旺盛的细胞(如肌细胞)中逐渐积累，形成只有突变型 mtDNA 的同质性细胞。漂变的结果使得表型也随之发生改变。

(陈金中　潘雨堃)

参 考 文 献

Adams MD, Celniker SE, Holt RA, et al. 2000. The genome sequence of *D. melanogaster*. Science, 287: 2185-2195.

Altshuler D, Pollara VJ, Cowles CR, et al. 2000. An SNP map of the human genome generated by reduced representation shotgun sequencing. Nature, 407: 513-516.

Anderson S, Bankier AT, Barrell BG, et al. 1981. Sequence and organization of the human mitochondrial genome. Nature, 290: 457-465.

Blattner FR, Plunkett G, Bloth CA, et al. 1997. The complete genome sequence of *Escherichia coli* K-12. Science, 277: 1453-1474.

Boore JL. 1999. Animal mitochondrial genomes. Nucleic Acids Res, 27: 1767-1780.

Britten RJ, Davidson EH. 1971. Repetitive and nonrepetitive DNA sequences and a speculation on the origins of evolutionary novelty. Q Rev Biol, 46: 111-133.

Cann RL, Stoneking M, Wilson AC. 1987. Mitochondrial DNA and human evolution. Nature, 325: 31-36.

Clark AG, Glanowski S, Nielsen R, et al. 2003. Inferring nonneutral evolution from human-chimp-mouse orthologous gene trios. Science, 302: 1960-1963.

Deckert G, Warren PV, Gaasterland T, et al. 1998. The complete genome of the hyperthermophilic bacterium *Aquifex aeolicus*. Nature, 392: 353-358.

Dib C, Fauré S, Fizames C, et al. 1996. A comprehensive genetic map of the human genome based on 5264 microsatellites. Nature, 380: 152-154.

Goebl MG, Petes TD. 1986. Most of the yeast genomic sequences are not essential for cell growth and division. Cell ,46: 983-992.

Gregory TR. 2001. Coincidence, coevolution, or causation? DNA content, cell size, and the C-value enigma. Biol Rev Camb Philos Soc, 76: 65-101.

International Human Genome Sequencing Consortium. 2001. Initial sequencing and analysis of the human genome. Nature, 409: 860-921.

Kellis M, Patterson N, Endrizzi M, et al. 2003. Sequencing and comparison of yeast species to identify genes and regulatory elements. Nature, 423: 241-254.

Kutschera U, Niklas KJ. 2005. Endosymbiosis, cell evolution, and speciation. Theory Biosci, 34: 358-365.

Lang BF, Gray M W, Burger G. 1999. Mitochondrial genome evolution and the origin of eukaryotes. Annu Rev Genet, 33: 351-397.

Mikos GLG, Rubin GM. 1996. The role of the genome project in determining gene function: insights from model organisms. Cell, 86: 521-529.

Phizicky E, Bastiaens PI, Zhu H,et al. 2003. Protein analysis on a proteomic scale. Nature, 422: 208-215.

Sachidanandam R, Weissman D, Schmidt SC, et al. 2001. A map of human genome sequence variation containing 1.42 million single nucleotide polymorphisms. The International SNP Map Working Group. Nature, 409: 928-933.

Skaletsky H, Kuroda-kawaguchi T, Minx PJ, et al. 2003. The male-specific region of the human Y chromosome is a mosaic of discrete sequence classes. Nature, 423: 825-837.

Tuppen HA, Blakely EL, Turnbull DM, et al. 2010. Mitochondrial DNA mutations and human disease. Biochim Biophys Acta, 1797: 113-128.

Venter JC, Adams MD, Myers EW, et al. 2001. The sequence of the human genome. Science, 291: 1304-1350.

Waterston RH, Lindblad-Toh K, Birney E, et al. 2002. Initial sequencing and comparative analysis of the mouse genome. Nature, 420: 520-562.

White R, et al. 1985. Construction of linkage maps with DNA markers for human chromosomes. Nature, 313: 101-105.

医学分子遗传学——理论、技术与应用（第五版）

第五章

人类基因的表达调控

人类基因组是最成功的基因组，因为它成就了最成功的生物。尽管可以从基因规模等方面提出一些解释，人类基因的表达调控也被认为是成就人类特性的基本保证条件之一。大部分从简单生物得到的调控机制在人类依然合适，研究人类基因调控的特点也日益成为一个重要的课题。

与其他生物类似，人类基因从调控角度来讲包含持家基因（housekeeping gene）和奢侈基因（luxury gene）。前者的调控与其他生物基本一致；而奢侈基因的表达特性可能是人类之所以是人类的基本原因，也可能是疾病发生与疾病干预的靶点。无论何种基因，在正确的部位、正确的表达都是实现基因功能的基本保证，这靠基因表达的时空调控来完成。从空间来讲，基因表达的调控包含组织细胞类型、细胞群体与个体、细胞内等多个水平；从时间来讲，基因表达的调控则包括增殖、分化、发育和诱导等节点。

从调控的基本形式上来区别，人类基因调控可以分为 DNA 水平调控、转录调控、转录后调控、表观遗传学调控和翻译调节 5 个基本层面。

人类基因组有 $3×10^9$bp，编码蛋白质的基因约为 2.5 万个。另外，真核生物的 DNA 与组蛋白等结合形成染色质，染色质结构的变化可以调控基因表达。真核生物基因表达分散在整个基因组的各个染色体上，而不像细菌那样全部基因串联在一起。所以真核生物不仅存在同一染色体上不同基因间的调控问题，而且还存在不同染色体之间的基因调控问题。在真核生物中，不同组织的细胞在功能上是高度分化的。

大多数真核生物都是多细胞的复杂有机体，在个体发育过程中，由一个受精卵经过一系列的细胞分裂和分化形成不同类型的细胞及组织。分化就是不同基因表达的结果。在不同的发育阶段和不同类型的细胞中，基因表达在时空上受到严密的调控。例如，在动物胰脏细胞中不会产生视网膜色素，而在视网膜细胞中也不会产生胰岛素。真核细胞具有选择性激活和抑制基因表达的机制。如果基因在错误的时间或细胞中表达、表达不足或表达过量，都会破坏细胞的正常代谢，甚至导致细胞死亡。

真核生物细胞的转录和翻译在时间和空间上是分隔的。真核生物具有由核膜包被的细胞核，基因的转录和翻译分别在细胞核和细胞质中进行。因此，转录的 RNA 还必须经过加工，以及从细胞核中运输到细胞质中才能行使功能。而且，相对于原核生物来说，mRNA 的寿命比较长，这就为翻译水平的调控提供了方便。综上所述，真核生物基因表达的调控远比原核生物复杂，可以发生在 DNA 水平、转录水平、转录后修饰、翻译水平和翻译后修饰等多种不同层次。但是，最经济、最主要的调控环节仍然是在转录水平上。

第一节　DNA 水平的调控

DNA 水平上的调控是通过改变基因组中有关基因的数量、结构顺序和活性而控制基因的表达，包括基因的扩增、丢失、重排和修饰。

生理情况下，细胞中有些基因产物的需要量比另一些大得多，细胞保持这种特定比例的方式之一是基因组中不同基因的剂量不同。但是，当仅仅靠保存多个拷贝显得不经济时，细胞也选择把基因扩增作为基因表达调控的一个基本策略。组蛋白基因是基因剂量效应的一个典型实例。为了合成大量组蛋白用于形成染色质，多数物种的基因组含有数百个组蛋白基因拷贝。而 rDNA 的基因剂量则经基因扩增临时增加。核糖体含有 rRNA 分子，当基因组中的 rDNA 基因数目远远不能满足细胞合成核糖体的需要时，rRNA 基因数目可以临时增加 4000 倍。例如，卵母细胞含有约 500 个 rDNA，因为其功能状态活跃，通过基因扩增可以使 rRNA 基因拷贝数高达 2×10^6。该数目可使得卵母细胞形成 10^{12} 个核糖体，以满足胚胎发育早期蛋白质大量合成的需要。在基因扩增之前，这 500 个 rDNA 基因以串联方式排列。在发生扩增的时间里，rDNA 不再是一个单一连续 DNA 片段，而是形成大量小环即复制环，以增加基因拷贝数目。在某些情况下，基因扩增发生在异常的细胞中。例如，人类癌细胞中的许多致癌基因，经大量扩增后高效表达，导致细胞繁殖和生长失控。有些致癌基因扩增的速度与病症的发展及癌细胞扩散程度高度相关。肿瘤染色体异常中的均质染色区反映的就是一种基因扩增的现象。

尽管人类红细胞的发育过程可以看成是一种基因丢失的典型例子，但是通常所指的基因丢失是在一些低等真核生物的细胞分化过程中，有些体细胞可以通过丢失某些基因，从而达到调控基因表达的目的，这是一种极端形式的不可逆的基因调控方式。例如，某些原生动物、线虫、昆虫和甲壳类动物在个体发育到一定阶段后，许多体细胞常常丢失整条染色体或部分染色体，只在将来分化生殖细胞的那些细胞中保留着整套的染色体。而这种基因丢失现象在高等真核生物中还未发现。

现代免疫学认为免疫系统为所有可能出现的抗原都预先准备好了抗体生产的细胞，抗原只是唤醒这些细胞而已。哺乳动物可产生 10^8 以上不同的抗体分子，每一种抗体具有与特定抗原结合的能力。如果抗体的表达按一个基因编码一条多肽链，那么就需要 10^8 以上的基因来编码抗体，这个数目至少是整个基因组中基因数目的 1000 倍。事实上，哺乳动物是采用了基因重排的方法来实现用有限的资源编码大量的抗体。基因重排（gene rearrangement）是指 DNA 分子中核苷酸序列的重新排列。这些序列的重排可以形成新的基因，也可以调节基因的表达。

抗体分子的结构包括两条分别约 440 个氨基酸的重链（heavy chain，H）和两条分别约 214 个氨基酸的轻链（light chain，L）。不同抗体分子的差别主要在重链和轻链的氨基端（N 端），故将 N 端称为变异区（variable region，V），N 端的长度约为 110 个氨基酸。不同抗体羧基端（C 端）的序列非常相似，称为恒定区（constant region，C）。重链和轻链都不是由固定的完整基因编码的，而是由基因内片段经重排后形成的基因编码的。完整的重链基因由 V_H、D、J 和 C 4 个基因片段组合而成，完整的轻链基因由 V_L、J 和 C 3 个片段组合而成（表 5-1）。人的 14 号染色体上具有 86 个重链变异区片段（V_H）、30 个多样区片段（diverse，D）、9 个连接区片段（joining，J）及 11 个恒定区片段（C）。轻链基因分为 3 个片段，即变异区（V_L）、连接区（J）和恒定区（C）。人类的轻链分为两种类型：κ 型（kappa 轻链，κ）和 λ 型（lambda 轻链，λ）。κ 轻链基因位于 2 号染色体上，λ 轻链基因位于 22 号染色体上。

表 5-1　人类基因组中抗体基因片段

抗体组成	基因座	所在染色体	基因片段数目			
			V	D	J	C
重链	IGH	14	86	30	9	11
kappa 轻链（κ）	IGK	2	76	0	5	1
lambda 轻链（λ）	IGL	22	52	0	7	7

随着 B 淋巴细胞的发育，基因组中的抗体基因在 DNA 水平发生重组，形成编码抗体的完整基因。在每一个重链分子重排时，首先 V 区段与 D 区段连接，然后与 J 区段连接，最后与 C 区段连接，形成一个完整的抗体重链基因。每一个淋巴细胞中只有一种重排的抗体基因。轻链的重排方式与重链基本相似，所不同的是轻链由 3 个不同的片段组成。重链和轻链基因重排后转录，再翻译成蛋白质，由二硫键连接，形成抗体分子。此外，基因片段之间的连接点也可以在几个 bp 的范围内移动。因此，可以从约 300 个抗体基因片段中产生 10^9 数量级的免疫球蛋白分子。

在真核生物 DNA 分子中，少数胞嘧啶碱基第 5 碳上的氢可以在甲基化酶的催化下被一个甲基取代，使胞嘧啶甲基化。甲基化多发生在 5′—CG—3′二核苷酸对上。有时 CG 二核苷酸对上的两个 C 都甲基化，称为完全甲基化；只有一个 C 甲基化称为半甲基化。甲基化酶可识别这种半甲基化 DNA 分子，使另一条链上的胞嘧啶也甲基化。DNA 的甲基化可以引起基因的失活，活跃表达的基因都是甲基化不足的基因，表达活性与甲基化程度呈负相关。甲基化的程度可以在转录的充分激活和完全阻遏之间起调节作用。把甲基化和未甲基化的病毒 DNA 或细胞核基因分别导入活细胞，已甲基化的基因不表达，而未甲基化的能够表达。

第二节　顺 反 调 节

顺反子是基因中指导一条多肽链合成的 DNA 序列，平均大小为 500～1500bp。双突变杂合二倍体有两种排列方式：顺反测验就是根据顺式表型和反式表型是否相同来推测两个突变是属于同一个顺反子还是分属于两个相邻的顺反子。如果两个隐性突变发生在同一个基因内的两个不同的位点上，在反式状态下，两条染色体上都只能产生突变的 mRNA，编码突变的蛋白质，当然只能产生突变的表型；在顺式状态下，由于隐性的突变基因不表达，因而表现为野生型。若两个突变不是发生在同一个基因内的不同位点上，而是分别发生在两个相邻的基因内，在反式条件下，两个隐性的突变基因都不表达，但它们的显性野生型等位基因都能正常表达，因而表现为野生型；顺式状态下，当然也表现为野生型。

基因表达的调控都是特定的蛋白质分子和特定的 DNA 序列两个因素相互作用的结果。起调控作用的 DNA 序列称为顺式调控元件。所谓顺反调节是指转录调节过程中顺式元件的共线性调节与反式转录因子扩散型调节。其主要涉及两个基本因素——调控元件与转录因子。当然，顺式元件也可能通过招募转录因子而造成一定程度的扩散，这是染色质区室形成的基本原因之一。首先转录因子和顺式元件的结合决定了基因表达的状态，其次转录因子和 RNA 的结合状态也影响转录的最后结果。

转录因子与顺式元件的结合是转录的必要条件，但是不代表转录在上述两个条件具备时就可以开始转录，事实上人类基因的转录需要基因对应的染色质区段对转录因子来讲是可以结合到的。该状态由染色质区域的状态决定，主要由 bromodomains 蛋白家族和 chromodomains 蛋白家族决定，在局部来看，主要是影响甲基化和乙酰化的水平。

最基本的转录因子是 RNA 聚合酶。人类有三种 RNA 聚合酶，即 RNA 聚合酶Ⅰ、Ⅱ、Ⅲ。其中，RNA 聚合酶Ⅰ负责 rRNA 合成，其过程相对简单。依据细胞需要，UBF（upstream bind factor）识别 rDNA 上游控制元件（upstream control element），然后结合选择因子 SL1，同时结合核心启动子元件，最后招募 RNA 聚合酶Ⅰ而形成起始复合体。作为一个保守的功能，其转录的基因为多顺反子产物。

类似的，RNA 聚合酶Ⅲ主要负责转录 tRNA，其调控过程也是相对简单保守的。通常启动子在转录区内，转录因子依次结合为 TFⅢc、TFⅢb、RNA 聚合酶Ⅲ。当然被问到是否有 TFⅢa，答案是有，一般见于转录 5S RNA，作用同 TFⅢb。

如果说上面两种 RNA 聚合酶接近组成性表达持家基因的话，RNA 聚合酶Ⅱ控制表达的基因无论在顺式元件还是反式因子方面都要复杂得多。

RNA 聚合酶Ⅱ的顺式元件一般包括核心启动子（core promoter）、启动子周边区域（proximal promoter region）、增强子（enhancer）、沉默子（silencer）、边界元件（boundary element）和反应元件（response element）。

核心启动子界定于转录起始点两侧（−40～+45）。其最基本的成分是−35～−10 附近的 TATA 框（TATA box，Goldberg-Hogness box），序列为 TATAA/TAA/T，是 TFⅡD 中 TATA 框结合蛋白直接的结合部位。有一些基因缺乏 TATA 框，使用−2～+4 位的 Inr（initiator element），功能与 TATA 框基本相同，但较弱，多与 SP1 位点共同作用，其保守特性序列为 5′-YYANWYY-3′。BRE（B recognition element）位于 TATA 框的上游，基本序列为 G/C G/C G/A C G C C，为 TFⅡB 识别结合。在核心启动子下游+35 处一般有一个下游启动子元件 DPE（downstream promoter element），与转录和 TFⅡD 识别有关。

启动子周边区域一般指−200～−50 区间内的 CAAT 框（CAAT box，保守序列：5′-GGCCAATCT-3′）和 Sp1 框（Sp1 box，GC box，保守序列：5′-GGGCG-3′，3′-GCGGG-5′）。两个序列分别为 Sp1 转录因子和 CTF 转录因子（CAAT box binding transcription factor）的结合位点。两者均加强核心启动子的效率，本质为增强子。但是增强子有更多所指，它们与核心启动子的位置关系变异巨大，缺乏方向性特点，多招募组织特异性的转录因子。与之对应的是沉默子，其对转录起负调控作用，但是有关数据一般来源于截断体分析，没有确切的保守序列。边界元件即隔离子(insulator)的作用在于防止调节向周围扩散，部分转基因试验为提高安全性使用边界元件。反应元件则是受细胞内外信号影响的转录响应元件。最常见包括糖皮制激素反应元件 CRE。

转录因子是最大的蛋白质家族之一，其分子规模和结构有巨大的不同，通过形成同源和异源多聚体的形式参与调节转录活性的功能。可以归纳的基本特性有：转录因子通常包括 DNA 结合和转录激活两个基本功能域。为了实现其基本作用，转录因子中通常可以发现以下特征性结构花式：亮氨酸拉链；螺旋-转角-螺旋；螺旋-环-螺旋；锌指结构。多种转录因子的联合作用可以准确接收细胞内外环境的信号并且作出适当的反应。

第三节 异 构 体

异构体产生的基本途径有两条，一是由起始点和不同转录终止点而产生不同的异构体，这往往需要通过体外转录起始点和 3′ 端终止点确认来实现；更加常见的异构体由选择性剪接(alternative splicing)产生。一般认为多外显子基因组序列中包含了内含子与外显子，两者交互穿插。其中内含子在基因转录成 mRNA 前体后会被 RNA 剪接体移除，剩下的外显子才是能够存在于成熟 mRNA。选择性剪接便是利用这样的特性，提供多种外显子被剪接形成的不同组合，进而可编码不同的蛋白质。开始认为异构体可能为一种特别的情况，现在的基本观点是含有使用不同外显子构成异构体的基因有 90% 或更多，该机制可增加生理状况下系统的复杂性或适应性。

依据异构体产生的方法不同可以分为外显子遗落(exon skipping)、外显子互相排斥(exons mutually exclusion)、可变供体位点(alternative 5′ donor site)、可变受体位点(alternative 3′ acceptor site)、内含子滞留(intron retention)。通常使用最多外显子、编码最长蛋白质的异构体定义为全长或异构体 1。

剪切在剪切复合体内完成，由顺式元件决定边界、供受体等特性。但是涉及如何选择一个特定异构体的机制可能远未阐明，异构体具体的生物学意义也有待进一步明确。有时是异构体还是中间产物也是难以确定的问题。通常认为由异构体所带来的基因功能多样性可以提高生物学过程控制的准确性。BCL 家族的凋亡蛋白(如 Bim、Bax)有丰富的异构体可能与此有关。

实验研究发现一个最奇怪的现象是有内含子的构建明显比没有内含子的构建有较高的表达水平。这样一个违反热力学定律的事实提示，有更加深刻的科学问题还没有解决。

第四节 miRNA 调节基因表达

微 RNA(miRNA)是在真核生物中发现的一类内源性的、具有调控功能的非编码RNA，其大小为 20～25 个核苷酸。成熟的 miRNA 是由较长的初级转录物经过一系列核酸酶的剪切加工而产生的，随后组装进 RNA 诱导的沉默复合体，通过碱基互补配对的方式识别靶 mRNA，并根据互补程度的不同指导沉默复合体降解靶 mRNA 或者阻遏靶mRNA 的翻译。最近的研究表明 miRNA 参与各种各样的调节途径，包括发育、病毒防御、造血过程、器官形成、细胞增殖和凋亡、脂肪代谢等。

miRNA 是含有茎环结构的 miRNA 前体,经过 Dicer 加工之后的一类非编码的小 RNA 分子(21~23 个核苷酸)。miRNA 及 miRISC(RNA-蛋白质复合物)在动物和植物中广泛表达。因具有破坏目标特异性基因的转录产物或者诱导翻译抑制的功能,miRNA 被认为在调控发育过程中有重要作用。miRNA 广泛存在于真核生物中,是一组不编码蛋白质的短序列 RNA,它本身不具有可读框;在 3′ 端可以有 1~2 个碱基的长度变化;成熟的 miRNA 5′ 端有一磷酸基团,3′ 端为羟基,这一特点使它与大多数寡核苷酸和功能 RNA 的降解片段区别开来;多数 miRNA 还具有高度保守性、时序性和组织特异性。

miRNA 基因通常是在核内由 RNA 聚合酶Ⅱ转录的,最初产物为大的具有帽子结构 (m^7GpppG) 和多腺苷酸尾巴(AAAAA)的 pri-miRNA。pri-miRNA 在核酸酶 Drosha 和其辅助因子 Pasha 的作用下被处理成 70 个核苷酸组成的 pre-miRNA。RAN-GTP 和 exportin 5 将 pre-miRNA 输送到细胞质中。随后,另一个核酸酶 Dicer 将其剪切产生约为 22 个核苷酸长度的 miRNA∶miRNA 双链。这种双链很快被引导进入沉默复合体(RNA-induced silencing complex,RISC)中,其中一条成熟的单链 miRNA 保留在这一复合体中。成熟的 miRNA 结合到与其互补的 mRNA 的位点通过碱基配对调控基因表达。

与靶 mRNA 不完全互补的 miRNA 在蛋白质翻译水平上抑制其表达(哺乳动物中比较普遍)。然而,最近也有证据表明,这些 miRNA 也有可能影响 mRNA 的稳定性。使用这种机制的 miRNA 结合位点通常在 mRNA 的 3′ 端非编码区。如果 miRNA 与靶位点完全互补(或者几乎完全互补),那么这些 miRNA 的结合往往引起靶 mRNA 的降解(在植物中比较常见)。通过这种机制作用的 miRNA 的结合位点通常都在 mRNA 的编码区或可读框中。每个 miRNA 可以有多个靶基因,而几个 miRNA 也可以调节同一个基因。这种复杂的调节网络既可以通过一个 miRNA 来调控多个基因的表达,也可以通过几个 miRNA 的组合来精细调控某个基因的表达。对 miRNA 调控基因表达研究的逐步深入,将帮助我们理解高等真核生物的基因组的复杂性和复杂的基因表达调控网络。

目前只有部分 miRNA 生物学功能得到阐明。这些 miRNA 调节了细胞生长、组织分化,因而与生命过程中发育、疾病有关。通过对基因组上 miRNA 的位点分析,显示其在发育和疾病中起了非常重要的作用。一系列的研究表明,miRNA 在细胞生长和凋亡、血细胞分化、同源异形框基因调节、神经元的极性、胰岛素分泌、大脑形态形成、心脏发生、胚胎后期发育等过程中发挥重要作用。例如,miR-273 和 lys-6 编码的 miRNA,参与线虫的神经系统发育过程;miR-430 参与斑马鱼的大脑发育;miR-181 控制哺乳动物血细胞分化为 B 细胞;miR-375 调节哺乳动物胰岛细胞发育和胰岛素分泌;miR-143 在脂肪细胞分化中起作用;miR-196 参与了哺乳动物四肢形成,miR-1 与心脏发育有关。另有研究人员发现许多神经系统的 miRNA 在大脑皮层培养中受到时序调节,表明其可能控制着区域化的 mRNA 翻译。对于新的 miRNA 基因的分析,可能发现新的参与器官形成、胚胎发育和生长调节因子,从而促进对癌症等人类疾病发病机制的理解。

miRNA 具有高度的保守性、时序性和组织特异性。miRNA 的表达方式各不相同。线虫和果蝇中的部分 miRNA 在各个发育阶段都有表达且不分组织和细胞特性,而其他的 miRNA 则表现出更加严谨的时空表达模式——只有在特定的时间、组织才会表达。

细胞特异性或组织特异性是 miRNA 表达的主要特点。例如，拟南芥中的 miR-171 仅在其花序中高水平表达，在某些组织低水平表达，在茎、叶等组织中却无任何表达的迹象；20～24h 的果蝇胚胎提取物中可发现 miR-12，却找不到 miR3-miR6，在成年果蝇中表达的 miR-1 和 let-7 也无法在果蝇胚胎中表达，这同时体现了 miRNA 的又一特点——基因表达的时序性。miRNA 表达的时序性和组织特异性提示人们，miRNA 的分布可能决定组织和细胞的功能特异性，也可能参与了复杂的基因调控，对组织的发育起重要作用。

（陈金中　潘雨堃）

参 考 文 献

Bartel DP. 2004. MicroRNAs: genomics, biogenesis, mechanism, and function. Cell, 116: 281-297.

Berk AJ. 2000. TBP-like factors come into focus. Cell, 103: 5-8.

Bird A. 2002. DNA methylation patterns and epigenetic memory. Genes Dev, 16: 6-21.

Blackwood EM, Kadonaga JT. 1998. Going the distance: a current view of enhancer action. Science, 281: 60-63.

Eulalio A, Huntzinger E, Izaurralde E. 2008. Getting to the root of miRNA-mediated gene silencing. Cell, 132: 9-14.

Filipowicz W, Bhattacharyya SN, Sonenberg N. 2008. Mechanisms of post-transcriptional regulation by microRNAs: are the answers in sight? Nat Rev Genet, 9: 102-114.

Gerasimova TI, Corces VG. 2001. Chromatin insulators and boundaries: effects on transcription and nuclear organization. Annu Rev Genet, 35: 193-208.

Graveley BR. 2001. Alternative splicing: increasing diversity in the proteomic world. Trends Genet, 17: 100-107.

Hozumi N, Tonegawa S. 1976. Evidence for somatic rearrangement of immunoglobulin genes coding for variable and constant regions. Proc Natl Acad Sci USA, 73: 3628-3632.

Kim VN, Nam JW. 2006. Genomics of microRNA. Trends Genet, 22: 165-173.

Lopez AJ. 1998. Alternative splicing of pre-mRNA: developmental consquences and mechanism of regulation. Annu Rev Genet, 32: 279-305.

Max EE, Seidman JG, Leder P. 1979. Sequences of five potential recombination sites encoded close to an immunoglobulin constant region gene. Proc Natl Acad Sci USA, 76: 3450-3454.

Muller MM, Gerster T, Schaffner W. 1988. Enhancer sequences and the regulation of gene transcription. Eur J Biochem, 176: 485-495.

Orphanides G, Lagrange T, Reinberg D. 1996. The general transcription factors of RNA polymerase II. Genes Dev, 10: 2657-2683.

Paule MR, White RJ. 2000. Survey and summary: transcription by RNA polymerases I and III. Nucleic Acids Res, 28: 1283-1298.

Roberts GC, Smith CWJ. 2002. Alternative splicing: combinatorial output from the genome. Curr Opin Chem Biol, 6: 375-383.

Schatz DG, Oettinger MA, Schlissel MS. 1992. VDJ recombination: molecular biology and regulation. Annu Rev Immunol, 10: 359-383.

Schramm L, Hernandez N. 2002. Recruitment of RNA polymerase III to its target promoters. Genes Dev, 16: 2593-2620.

Sharp PA. 1987. Splicing of mRNA precursors. Science, 235: 766-771.

Smale ST, Jain A, Kaufmann J, et al. 1998. The initiator element: a paradigm for core promoter heterogeneity within metazoan protein-coding genes. Cold Spring Harb Symp Quant Biol, 63: 21-31.

Tonegawa S. 1983. Somatic generation of antibody diversity. Nature, 302: 575-581.

Woychik NA, Hampsey M. 2002. The RNA polymerase II machinery: structure illuminates function. Cell, 108: 453-463.

第六章

基因与疾病

第一节　单基因病

　　单基因遗传病是在遗传性疾病中发现最早、研究最深入，由基因组上单个基因突变所导致的疾病。其符合经典的孟德尔遗传方式，因而最容易定位与疾病表型相关的基因突变位点。研究单基因病的思路如下：先克隆疾病的致病基因，然后测定基因的突变位点，进一步分析基因突变与疾病发生的关系，最后探索对该病的基因诊断和基因治疗方法。随着人类基因组计划（Human Genome Project，HGP）中基因组测序工作的完成，人类的研究已经进入后基因组时代，越来越多的单基因病的致病基因被克隆，大大推动了相关疾病的致病机制及诊断治疗研究。

　　本章节阐述的血红蛋白病、血友病及 α 抗胰蛋白酶缺乏症是单基因病的典型代表。我们以这些病种为模型，深入揭示这些疾病的基因突变，不仅可以使我们认识遗传性疾病的分子病理学机制，而且还能使我们以此作为基础，建立基因诊断的方案，为最终实现对遗传性疾病的基因治疗奠定基础。

一、血红蛋白遗传病

（一）正常血红蛋白的遗传控制

1. 血红蛋白的组成

　　血红蛋白（hemoglolin，Hb）是一种结合蛋白，相对分子质量 64 000，它负责血液中 O_2 和 CO_2 分子的运输。每个血红蛋白分子由 4 个亚单位构成，每个亚单位由 1 条珠蛋白（globin）链和 1 个血红素（heme）辅基构成。血红素由原卟啉与亚铁原子组成。构成血红蛋白的珠蛋白肽链有 7 种：α、β、δ、Aγ、Gγ、ε、ζ，正常血红蛋白的四聚体均由 1 对 α 链（α 或 ζ）和 1 对 β 链（β 或 δ、Aγ、Gγ、ε）组成。正常人出生后有三种血红蛋白：①血红蛋白 A（HbA），由一对 α 链和一对 β 链组成（$\alpha_2\beta_2$），占成人血红蛋白总量的 95% 以上，在 2 个月的胚胎中即有少量出现，初生时占 10%～40%，出生 6 个月后即达成人水平；②血红蛋白 A2（HbA2），由一对 α 链和一对 δ 链组成（$\alpha_2\delta_2$），自出生 6～12 个月起，占血红蛋白的 2%～3%；③胎儿血红蛋白（HbF）由一对 α 链和一对 γ 链组成（$\alpha_2\gamma_2$），初生时占体内血红蛋白的 70%～90%，以后渐减。出生 6 个月后，含量降到血红蛋白总量的

1%。γ 链有两种亚型：在第 136 位上的氨基酸为甘氨酸的称为 Gγ，为丙氨酸的称为 Aγ，因此构成的 HbF 也有两种。

在人体的不同发育阶段，血红蛋白的组成各不相同。在胚胎发育早期，有三种胚胎血红蛋白：Hb Gowerl($\zeta_2\varepsilon_2$)、Hb Gower2($\alpha_2\varepsilon_2$)、Hb Portland($\zeta_2\gamma_2$)。在胎儿期，主要是 HbF 血红蛋白。而在成人血中，HbA 占绝对优势，HbF 含量则很少。在正常发育过程中，各种血红蛋白的合成彼此十分协调，2 个 α 珠蛋白和 2 个 β 珠蛋白亚单位按一定的空间关系结合成异质型四聚体，如 HbA、HbA2 等，但在疾病的状态下，有时会出现由同种珠蛋白组成的同质型四聚体，如 HbH(β_4) 及 HbBart(γ_4)。

2. 珠蛋白基因簇的结构

人体中珠蛋白基因簇有两类：α 珠蛋白基因簇和 β 珠蛋白基因簇。α 珠蛋白基因簇定位于 16 号染色体短臂短臂靠近端粒的位置(16p13.3)，长度约为 26kb，整个 α 珠蛋白基因簇在进化上是非常保守的，共由有 7 个基因组成，包括 4 个可编码基因和 3 个假基因、2 个重复的 α 基因(α_2 和 α_1)和 1 个胚胎期 α 类基因(ζ_2)，以及 1 个功能未明的基因(θ_1)。3 个假基因为 $\psi\zeta_1$、$\psi\alpha_1$、$\psi\alpha_2$，它们在染色体上的排列顺序是：5′—ζ_2—$\psi\zeta_1$—$\psi\alpha_1$—$\psi\alpha_2$—α_2—α_1—θ_1—3′。最近在 α_1 和 θ_1 之间发现一个细胞质小分子 RNA 的 ρ 家族的假基因，以及在 22 号染色体上发现了 θ 基因的假基因($\psi\theta_2$)。假基因 75% 以上的核苷酸序列与正常基因相同，但由于积累了一些突变导致其不能翻译为结构蛋白，故为非功能性的基因，它可能是进化过程中遗留下来的"退化"基因。与 β 珠蛋白基因簇相比，α 珠蛋白基因簇的基因密度较高，G＋C 含量较高(54%)，Alu 序列的密度也很高(占整个序列的 26%)，另外还含有一些数目可变的串联重复序列(VNTR)和 CpG 岛。

在 α 珠蛋白基因簇和端粒间存在 4 个持家基因和 1 个 IL-9 受体的假基因，在染色体上的位置依次是：端粒-ψIL-9—未命名—Dist1—MPG—Prox1—ζ_2。MPG 编码一种 DNA 修复酶，转录方向与 α 珠蛋白基因簇的转录方向一致，而 Dist1 和 Prox1 的转录方向与 α 珠蛋白基因簇的方向相反，分别位于 α 珠蛋白基因上游-89/-91kb 和-14kb 的位置，因此又分别被称为-89/-91 基因和-14 基因。三种基因的表达都不是红细胞特异的，人的 MPG 基因的 3′端和 Prox1 基因序列有重叠，而 α 珠蛋白基因特异的增强子序列 HS-40 就位于 Prox1 基因的第 5 内含子中。

β 珠蛋白基因簇定位于 11 号染色体短臂 1 区 2 带(11p1.2)，排列顺序是：5′—ε—Gγ—Aγ—$\psi\beta_1$—δ—β—3′。

值得注意的是，α 和 β 珠蛋白基因簇中 5′→3′基因排列顺序与它们在个体发育中的表达顺序相同。在人体发育过程中，基因 ζ 和 ε 首先活化，接着 α 活化。在胎儿期，基因 ζ 和 ε 关闭，γ 开放。到出生前，基因 δ 和 β 被活化。在成人阶段，完全开放的基因主要就是基因 α 和 β。

核苷酸序列分析表明，珠蛋白基因是不连续的，整个基因为 2 个内含子(IVS1、IVS2)隔断，有 3 个外显子。人类 α 珠蛋白基因和 β 珠蛋白基因的结构相似。在 α 珠蛋白基因中，IVS1 位于密码子 31—32，IVS2 于密码子 99—100；在 β 珠蛋白基因，IVS1 位于密码子 30—31，IVS2 位于密码子 104—105。

人 α 珠蛋白基因簇上游 40kb 的一个 DNase I 高敏位点（hypersensitive site，HS-40）是最重要的 α 珠蛋白上游表达调控序列，HS-40 是 α 珠蛋白基因的增强子，所以称为 5′ 位点控制区（locus control region，LCR），最新发现其也具有负调控的功能，因此将其更名为 α-位点调控元件（locus regulatory element）。HS-40 序列长约 300bp，在该区域内集中了多种组织特异和广泛存在的反式作用因子的结合位点。在 10bp、100bp、270bp 和 290bp 处存在 4 个红系特异的 GATA 框，在 120bp 和 150bp 处有两个重要的红系反式作用因子 NF-E2/AP1 的结合位点（GCTGAG/CT-CA），以及 3 个 CACCC 框和 1 个 AG 框。在第二个 GATA 框和第一个 NF-E2/AP1 结合位点中间有一个 YY1 结合位点，另外还有与第一个 CACCC 框重叠的一段 GGGCGG 序列。HS-40 增强子的缺失对 MPG 基因的表达没有影响，只引起 α 珠蛋白表达的降低，造成严重的 α-地中海贫血。

α 珠蛋白基因的表达具有红系组织特异性和不同发育阶段的特异性，有一个表达转换开关，即由胚胎期 ξ 基因向胎儿/成人期 α 基因的转换。在卵黄囊期基因簇的 5′ 端的 ξ 基因首先开启表达，同时 3′ 端的 α 基因表达也开启，但水平较低。ξ 基因的表达水平随胚胎的发育逐步降低，至第 5、6 周造血功能从卵黄囊转移到胎肝后，ξ 基因的表达基本关闭，而 α 基因的表达逐步增加。在成人期仍可以检测到 ξ 基因低水平的渗漏表达。α 基因有两个拷贝，编码的氨基酸序列完全相同，但是在编码区有两个碱基的替代，第二内含子上有 7bp 的缺失，3′-非翻译区也存在一定的差异。在成人外周血红细胞中，α_2 和 α_1 mRNA 的比例是 2.6:1，说明它们的转录效率是有差异的，但是翻译水平的差异无法确证，因为两个基因所编码的多肽链是完全相同的。事实上两个 α 基因在发育过程中也存在一个转换，在胚胎早期，α_2 和 α_1 mRNA 的比例接近 1:1，α_2 基因的表达逐渐占优势，到第 8~10 周达到 2.6:1 的比例。

β 珠蛋白基因的正确表达主要依赖于两种类型的调控元件：位于基因簇 5′ 端的位点控制区（locus control region，LCR），以及各 β 珠蛋白基因的启动子附近的调控序列。LCR 由 5 个 DNase I 高敏位点（hypersensitive site，HS）构成，LCR 的 HS 及单个基因的启动子上都含有红系特异和公共表达的反式作用因子的结合位点。LCR 全长超过 20kb，其具有两种互相独立的作用：增强子作用和位点非依赖作用。在动物试验中，LCR 可大大增加外源珠蛋白的表达，并不受整合位点的影响，表达水平只与整合基因的拷贝数有关。除 HS1 外，其余 HS 位点均具有增强子的作用，5 个 HS 位点能协同增强基因表达的功能。HS2 和 HS3 被认为是最有活性的片段，但各 HS 位点间的连接序列对于它们之间的协同作用是不可缺少的。在转基因鼠中，LCR 调控元件中不同的 HS 位点赋予了基因不同的表达模式，HS3 似乎与胚胎型 ε 珠蛋白基因表达相关，HS4 与 β 珠蛋白基因表达相关。而其位点非依赖作用的实现则需要至少 3 个以上的 HS 位点及 β 珠蛋白基因簇附近的侧翼序列。β 珠蛋白 LCR 的作用机制仍在研究之中。启动子附近的调控序列包括位于-30 的 TATA 框、位于-70 的 CCAAT 框，以及位于-90 及-105 位的称为近端和远端的 CACACCC 序列。在 3′ 端非翻译区中，有一段高度保守的序列 AATAAA，它是附加 polyA 的信号序列，这些保守序列对于转录起始位点的正确定位和有效转录有重要作用。大量研究表明，在珠蛋白的基因及其侧翼区域中发生的许多突变可以引起不同类型的血红蛋白病。

(二)血红蛋白病的分类

血红蛋白病(hemoglobinopathy)是指由于珠蛋白分子结构异常或合成量异常所引起的疾病。它是最常见的遗传病,据估计,全世界有一亿多人携带血红蛋白病的基因,我国南方发病率较高。它是人类孟德尔或遗传病中研究得最深入的分子病,也是研究人类遗传机制的理想模型。人类生化遗传病研究首先是从血红蛋白病取得突破的。1949 年 Pauling 等在镰状细胞贫血症患者血液中发现了变异血红蛋白 HbS,并第一次提出了分子病的概念。1959 年 Ingram 等又进一步测定出 HbS 的结构异常。

血红蛋白病大致可分为两类:血红蛋白结构变异型和地中海贫血病。结构变异型血红蛋白病是指由于珠蛋白的氨基酸序列发生改变而导致的疾病,该类疾病突变一般发生在血红蛋白结构基因上。目前已发现的结构变异型包括单纯的 α 链异常、β 链异常、δ 链异常,以及同时涉及两种珠蛋白链变异等。常见的血红蛋白病如镰状细胞贫血症(sickie cell anemia),简称 HbS。地中海贫血是指某种珠蛋白链合成速率降低,导致珠蛋白 α 链和 β 链中一种成分合成过多,一种成分合成过少甚至缺失,引起珠蛋白含量下降的现象,称为珠蛋白链不平衡。地中海贫血中突变往往发生在珠蛋白基因的调控区,它是人类最常见的单基因病。

(三)血红蛋白结构变异型

血红蛋白结构变异型又称异常血红蛋白(abnormal hemoglobin),这是由于珠蛋白基因上碱基发生变化,导致相应的珠蛋白上的氨基酸序列发生变异。这些变异如果使血红蛋白分子的功能、溶解度和稳定性发生异常,就会导致血红蛋白病的发生。国际血红蛋白信息中心(IHIC)至 1989 年的统计表明,全世界总共发现 504 种异常血红蛋白,最常见而且最具临床意义的血红蛋白变异型是 HbS、HBC 和 HBE。尽管异常血红蛋白种类很多,但仅约 40% 的异常血红蛋白对人体有不同程度的功能障碍。

1. 异常血红蛋白病的常见类型

(1)镰状细胞贫血症。此病常见于黑人,是因 β 链珠蛋白第 6 位谷氨酸被缬氨酸取代,导致珠蛋白链的电荷改变,在低氧分压情况下 HbS 聚合形成长棒状聚合物,使红细胞变成镰状细胞,引起血管梗阻、溶血等症状,严重的会危及生命。

(2)不稳定血红蛋白病(unstable hemoglobinopathy)。已报道的不稳定血红蛋白在 80 种以上。由于血红蛋白不稳定容易自发(或在氧化剂作用下)变性,形成变性珠蛋白小体,黏附于红细胞膜上,导致了离子通透性增加。此外,由于变形性降低,当红细胞通过微循环时,红细胞被阻留破坏,导致血管内、外溶血。不稳定血红蛋白病一般呈常染色体显性遗传(不完全显性),杂合子可有临床症状,纯合子可致死。

(3)血红蛋白 M 病(HbM):HbM 是因肽链中与血红素铁原子连接的组氨酸或邻近的氨基酸发生了替代,导致部分铁原子呈稳定的高铁状态,从而影响了正常的带氧功能,使组织供氧不足,导致临床上出现紫绀和继发性红细胞增多。本病呈常染色体显性遗传,杂合子 Hbm 含量一般在 30% 以内,可引起紫绀症状。

(4)氧亲和力改变的血红蛋白病：这类血红蛋白病是指由于肽链上氨基酸替代而使血红蛋白分子与氧的亲和力增高或降低，导致运输氧功能改变。如引起血红蛋白与氧亲和力增高，输送给组织的氧量减少，导致红细胞增多症；如引起血红蛋白与氧亲和力降低，则使动脉血的氧饱和度下降，严重者可引起紫绀症状。

2. 血红蛋白结构变异的机制

1) 点突变

由于 DNA 序列上单个碱基发生替换所引起的突变称为点突变，绝大多数血红蛋白异常都是由于点突变引起的。

(1)错义突变(missense mutation)。由于单个碱基替换导致肽链中的氨基酸发生改变。如前面提到的镰状细胞贫血症(HbS)是组成 β 链的第 6 位谷氨酸被缬氨酸替代，记作 β6 Glu→Val。

(2)无义突变(nonsense mutation)。这种突变是由于某一碱基被替换后，原来编码某一氨基酸的密码子突变成为终止密码子，从而造成珠蛋白链尚未全部合成就终止了翻译，形成了无功能的珠蛋白链。例如，Hb Mckees Rorks 变异型，就是由于 β 链第 145 位编码酪氨酸的密码子 UAU 突变为终止密码子 UAA。这一突变，导致 β 链在合成了 144 个氨基酸后便终止，使 C 端丢失了 2 个氨基酸。

(3)终止密码子突变。终止密码子上的某一个碱基发生改变，形成一个编码氨基酸的密码子，使肽链合成过长，直到下一个终止密码子才停止翻译。例如，Hb seal Rock 变异型，α 链的终止密码子 UAA 突变成了谷氨酸密码子 GAA(U→G)，从而使 α 链 3′端多了 31 个氨基酸。

2) 移码突变

由于珠蛋白基因密码子中一个或两个碱基的缺失或插入，致使其后面的碱基排列顺序依次位移而重新编码，产生新的异常血红蛋白，如 Hb Wayne 是由于 α 链第 138 位丝氨酸的密码子 UCC 的第 3 个碱基 C 缺失，致使后面重新编码，肽链翻译至第 147 位才终止。此外，Hb Tak 是由于 β 链第 147 位终止密码子 UAA 前嵌入 2 个碱基 AC，而 Hb anston 是 β 链第 145 位酪氨酸密码子 UAU 的第 1 个 U 缺失的结果。

3) 密码子的缺失和嵌入

这种突变是指在珠蛋白基因上发生 3 的整数倍个碱基的缺失或增加，导致所合成的异常血红蛋白的肽链比正常的缺少或增多了数个氨基酸，从而引起结构和功能异常。例如，Hb Grady 是由于 α 链第 116～118 位插入了谷-苯丙-苏 3 个氨基酸残基。

4) 融合突变

融合突变是指编码两条不同肽链的基因在减数分裂时发生了错误联会(mistaked synapsis)和非同源性交换(nonhomologous crossing)，结果形成了两种不同的基因，两个基因各自融合了对方基因中的部分序列，而缺失了自身的一部分序列。例如，Hb Lepone 变异型，它的非 α 链是由 δ 和 β 链融合而成，其 N 端是 δ 链氨基酸序列，C 端为 β 链氨基酸序列。

3. 血红蛋白结构变异的遗传效应

血红蛋白结构变异的主要遗传效应有两个。一是改变了血红蛋白的稳定性(如镰状细胞贫血症),主要表现在:①使肽链构象发生改变;②使血红蛋白分子表面血红素所在位置的构象遭到不同程度的破坏和影响。另一个遗传效应是使血红蛋白带氧能力降低,从而造成了红细胞增多症或高铁血红蛋白血症。

镰状细胞贫血症中,当红细胞通过氧分压低的毛细血管时,溶解度低的 HbS 易聚合成棒状结构,使红细胞发生镰变,导致其变形能力降低,当它们通过狭窄的毛细血管时,易挤压破裂,寿命缩短,引起溶血性贫血,此外,镰变细胞使血液黏度增加,阻塞微循环,致使组织局部缺血缺氧,从而引起缺血坏死。因此,严重的镰状细胞贫血症不但可以引起溶血,而且还可以损害人体的器官组织,如骨、中枢神经系统和肾脏。镰状细胞含量过高,还可以由于骨髓梗阻引起全身性骨痛,严重的溶血性贫血,暂时性的骨髓增生障碍,甚至脾脏阻塞等严重的临床症状,称为镰状细胞危象(sickling crisis)。

具有镰状细胞基因纯合子的个体,往往临床表现为镰状细胞贫血症,可有不同程度的溶血和组织的缺血坏死,而具有这一基因杂合子的个体,仅仅在低氧或缺氧的情况下,红细胞表现为镰状,在一般情况下没有异常的临床表现。镰状细胞基因(β^s)常与另一种血红蛋白突变基因 β^c 呈双重杂合子(compound heterozygous)状态存在,称为 HbSc 病,这一疾病的临床症状比镰状细胞贫血症要轻微得多,不过它可以增加血管栓塞的危险性,有时会引起脑血管意外或者由于视网膜动脉栓塞引起失明等后果。

4. 血红蛋白结构变异的 DNA 分析

对血红蛋白结构变异机制的研究,早期都是通过对基因产物的研究间接推测出来的。重组 DNA 技术的应用,使我们有可能直接在 DNA 水平上对血红蛋白结构变异进行分析,测定血红蛋白基因的序列或者借助一些基因诊断的常规方法进行试验,分析其变异类型,如 PCR-SSCP、PAGE 电泳、基因芯片技术等。总之,随着实验技术手段的不断进步,我们对血红蛋白结构变异机制的研究也越来越深入了。

(四)地中海贫血

地中海贫血症(thalassemia)是由于一种或多种珠蛋白链合成速率降低,导致一些肽链缺乏,另一些肽链则相对过剩,出现肽链数量不平衡,从而导致的溶血性贫血。它是最常见的单基因病。据估计,全世界约有 7% 的人口携带血红蛋白病的遗传基因,其中结构异常的血红蛋白病约占 0.3%,其余绝大部分是地中海贫血基因的携带者。

地中海贫血症广泛分布于世界各地,以地中海地区、中东和东南亚等地区多见,我国南方是地中海贫血的高发区。在临床上,大部分异常血红蛋白没有任何临床症状,而地中海贫血的纯合子则产生严重的临床症状。

地中海贫血的特征是,蛋白链合成障碍。根据受抑制肽链的种类,地中海贫血可分为 α 地中海贫血、β 地中海贫血、γ 地中海贫血、δ 地中海贫血、δβ 地中海贫血、γβ 地中海贫血等。其中,有重要临床意义的主要为 α 地中海贫血和 β 地中海贫血。γ 地中海贫血和 δ 地中海贫血因其本身在成人体内含量就很低,即使发生合成障碍,一般也不产生贫血症状。

1. α 地中海贫血

1)临床类型

α 地中海贫血有两种重要的临床类型。一种称为 Hb Bart 水肿综合征，另一种称为 HbH 病。Hb Bart 水肿综合征主要表现为胎儿在子宫内严重缺氧，形成死胎或者在出生后就死亡，这部分婴儿有严重的贫血。在他们的红细胞中只含有 Hb Bart(γ_4) 和 Hb Portland($\zeta_2\gamma_2$)，其中 Hb Bart 含量为 60%，其余为 Hb Portland，不含有正常胎儿中应有的 HbF 和 HbA。在这类患者中，完全不合成 α 链，而 γ 链则产生过多，结果形成了同型四聚体 γ_4（图 6-1）。过多的 Hb Bart 对氧亲和力非常高，因而血红蛋白释放给组织的氧减少，造成组织严重缺氧，导致胎儿水肿致死。HbH 病主要表现为出生后患者可以合成少量 α 链，β 链相对过多，形成 HbH(β_4)，HbH 对氧的亲和力较高，失去了正常的运输氧的功能，而且它易被氧化，导致 β_4 解体成游离的单链，游离 β 链沉淀聚积包含体，附着

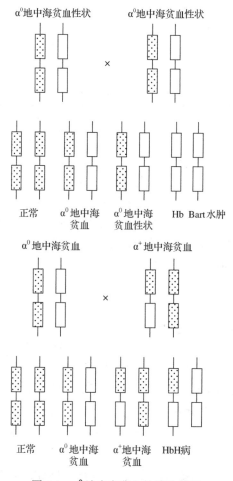

图 6-1　α^0 地中海贫血的遗传模型

在 α^0 地中海贫血中，两个 α 珠蛋白基因都失活；而在 α^+ 地中海贫血中，一对连锁基因中的一个失活。就 α^0 地中海贫血来说，两个 α 基因是缺失的；在 α^+ 地中海贫血中，一个 α 基因或是缺失，或是由于存在突变而阻止它的正常功能。正常基因以含黑点的方框表示，缺失或失活的基因以白色的方框表示

于红细胞膜上，使红细胞膜受损，失去柔韧性，易被脾破坏，导致中等度或较严重的溶血性贫血，称为血红蛋白 H 病（HbH disease），其发生机制与 Hb Bart 相似。HbH 病没有 Hb Bart 水肿综合征严重，临床表现较轻，患者一直可以活到成年。

2）遗传方式

在 16 号染色体上连锁着两个 α 珠蛋白基因 α_2 和 α_1。因正常的二倍体细胞中含有一对同源染色体，故含有 4 个 α 珠蛋白基因。如果一条染色体下连锁着的两个 α 基因都发生了突变，我们称之为 α^0；如果连锁着的两个 α 基因中，一个发生了突变，另一个正常，称为 α^+。α^+ 和 α^0 的不同组合产生 α 地中海贫血的 4 种表型：静止型 α 地中海贫血，含 1 个 α^+ 地中海贫血基因（另一条同源染色体上的 α 珠蛋白基因为野生型），没有明显的临床症状；标准型 α 地中海贫血，含 1 个 α^0 地中海贫血基因，导致轻型 α 地中海贫血，表现为轻度溶血性贫血；HbH 病为 α^+ 和 α^0 的杂合子，表现为中度溶血性贫血；Hb Bart 水肿综合征为 α^0 纯合子。其遗传方式如图 6-1 所示，α^0 表示 α 链合成完全缺失，而 α^+ 则表示能合成一部分 α 链，但合成速率降低。

3）分子遗传学分析

分子遗传学研究证明，α^0 地中海贫血是由于 α 珠蛋白基因簇中发生了一系列不同长度的缺失所引起的。缺失的范围较广，包括珠蛋白基因 α_1、基因 α_1 上游和下游区、基因 α_2，有时还涉及珠蛋白基因 $\psi\zeta$，故而形成不同的缺失类型。由于这些缺失造成了 16 号染色体上的 2 个基因 α 部分或全部去除，因此在体内完全不能指导 α 珠蛋白的合成。在这些缺失突变中，绝大多数都不涉及基因 ζ，从而保留了基因 ζ 功能的完整性。这就是 Hb Bart 水肿综合征患者虽然为基因 α 缺失的纯合子，但仍能产生 Hb Portland（$\zeta_2\gamma_2$）的原因。

α^+ 地中海贫血可以分为两类：一类为缺失型，另一类为非缺失型。所谓非缺失型，是指用限制酶酶切图谱分析，没有发现大的缺失存在。事实上，经基因序列分析表明，在非缺失型中仍然存在一些很小的缺失。

（1）缺失型（deletion form）。可分左侧缺失（$-\alpha^{4.2}$）和右侧缺失（$-\alpha^{3.7}$）。左侧缺失是指缺失一个包括 α_2 基因在内的 DNA 片段；右侧缺失的缺失范围包括 α_2 基因 3′ 端和 α_1 基因的 5′ 端，结果形成了由 α_1 的 3′ 端和 α_2 的 5′ 端构成的融合基因。其发生机制是类 α 基因发生不等交换的结果。这是因为 2 个基因 α 处于 2 个高度同源的重复的单元中，这些单元又可分为 3 个同源的片段（X、Y、Z），其间为 3 个同源组分所分隔。当减数分裂时，同源染色体在 Z 片段发生错配和不等交换，产生只有 1 个基因的染色体。互换是在右侧基因 α_1 上进行的，故称右侧缺失，又由于 2 个 Z 片段相距 3.7kb，记作（$-\alpha^{3.7}$）。不等交换的同时产生含有 3 个基因 α 的染色体（$\alpha\alpha\alpha^{\text{反}3.7}$）。类似地，当交互重组发生在同源的 X 片段间，结果产生缺失左侧基因 α_2 的 4.2kb 的染色体（$-\alpha^{4.2}$）和含有 3 个基因的染色体（$\alpha\alpha\alpha^{\text{反}4.2}$）。右侧缺失主要发生在地中海人和黑人，也见于亚洲人，特别在美国黑人中有很高频率；左侧缺失则多见于亚洲人。

应该指出的是，珠蛋白基因 α_1 和 α_2 表达的产物 α 珠蛋白，其肽链组成是完全一样的。但对基因 α_1 和 α_2 的序列分析表明，两者在 IVS2 和 3′ 端非编码区存在序列差异，可利用这些差异区分 2 个基因 α 及它们的转录物。由于 2 个基因 α 在染色体上所处位置不同而呈现表达水平的差异，基因 α_2 的转录水平是基因 α_1 的 2.6 倍。当突变涉及基因 α_2 时，其严重情况要比基因 α_1 大，如 Hb CS-H 病要比缺失型的 HbH 病症状严重，在胎儿期甚至会出现 Hb Bart 水肿综合征。

（2）非缺失型（non-deletion form）。非缺失型包括如下几种不同的分子类型。

①剪接接头缺失型。这一突变型发生在基因 α_2 第 1 内含子供体剪接位点上。在这一位点上的固定顺序 GT 后的顺序是 GAGG。突变表现为 GTGAGG 中 G 以后的 5 个碱基 TGAGG 缺失，结果使得剪接加工过程不能正常进行。这一突变型由于只缺失几个碱基，所以仍把它列为非缺失型突变范畴。

②高度不稳定 α 链变异型，这一类型又称为 Hb Quong Sze 变异型，主要表现在基因 α_2 中的单个碱基突变，导致一种高度不稳定 α 链变异型。这一类型中，基因 α_2 中的亮氨酸密码子 CTG 突变成脯氨酸密码子 CCG，导致 α_2 珠蛋白肽链中脯氨酸替换了亮氨酸，使肽链的螺旋易于受到破坏，因此这一结构变异的蛋白质变得特别不稳定，个体出现 α 地中海贫血症的表型。

③移码突变：在基因 α_1 的第 14 个密码子中，有 1 个碱基缺失，从而使以后的序列全部移位，形成错误密码子，使 α_1 肽链不能正常合成，引起 HbH 病。

④无义突变。在基因 α_1 中，由于单个碱基置换，使阅读框中原来编码某一氨基酸的密码子突变成终止密码子 TGA，从而形成一条无功能 α 短链。这一突变类型也可导致 HbH 病。

⑤mRNA 加尾信号突变型。这一突变表现为基因 α_2 的 3′ 端一段高度保守序列（加尾信号）AATAA 突变为 AATAAG，从而使转录过程中加上 polyA 尾巴不能进行，尽管 α_2 基因没有附加 poly A 的尾巴，但仍能被剪接加工。不过，由于没有尾巴，因此无法被运送到细胞质中，结果使 α_2 肽链无法合成。

⑥终止密码子突变。由于基因 α_2 的 3′ 端终止密码子 UAA 上发生了单个碱基置换，使原来的终止密码子变成了编码的氨基酸密码子，结果造成 α_2 肽链的 C 端上多合成了 31 个氨基酸残基，这一突变结果使得 α_2 链变得极不稳定，很容易被破坏，α 链合成量明显减少，由这一突变引起的血红蛋白的结构变异类型称为 Hb constant spring，这类变异型往往同时可出现 α^+ 地中海贫血的表型。事实上，在基因 α_2 上的终止密码子突变有好几种类型，Hb constant spring 变异型只是其中的一种，这几种密码子突变型的共同特点都是在 α_2 肽链的 C 端多出了 31 个氨基酸残基，唯一不同的只是在第 142 位上，由于终止密码子突变成不同的碱基，因而形成了不同的氨基酸。

虽然各类 α 地中海贫血的表型都很相似，但从对这一疾病发生机制的分子遗传学研究中就可以看到，各类 α 地中海贫血的发生机制是完全不同的。甚至就是 α 地中海贫血中的某一种类型，发生机制也不完全相同，这就是疾病的异质性问题。这说明，人类单基因病的遗传机制是相当复杂的。下面所要介绍的 β 地中海贫血病的分子病理机制将有助于我们加深对这一问题的理解。

2. β 地中海贫血

β 地中海贫血是由于 β 珠蛋白基因异常或缺失，使 β 珠蛋白链的合成受到抑制而导致的溶血性贫血。β地中海贫血表现为在红细胞内β珠蛋白链缺乏。与大部分因基因缺失而引起的α地中海贫血不同，已经发现的100多种β地中海贫血中仅有10多种为基因缺失突变，绝大部分都是点突变的结果。通常用β^0表示一条11号染色体上的β基因失活或缺失，不能合成β链；用β^+地中海贫血表示一条11号染色体上的β基因缺陷，但还能部分合成β链。不同程度的β基因缺陷，造成β链合成量的差异，导致不同的β地中海贫血。

(1)重型β地中海贫血，患者体内没有正常的β珠蛋白基因，不能合成β链或合成量极少。患者可能的基因型是β^0/β^0、β^+/β^+、β^0/β^+或$\delta\beta^0/\delta\beta^0$等。这些患者体内无HbA或量很低，γ链的合成相对增加，使HbF/HbA的比值升高。由于HbF较HbA的氧亲和力高，表现为患者的组织缺氧症状。组织缺氧促使红细胞生成素大量分泌，刺激红骨髓大量增生，骨质受侵蚀导致骨质疏松，可出现"地中海贫血面容"。由于β链合成受抑制，过剩的游离α链形成α链包含体，引起溶血性贫血，导致严重的溶血性贫血，靠输血维持生命。

(2)轻型β地中海贫血，患者通常带有一个正常的β基因β^A，所以能合成相当的β链，因此症状较轻，贫血不明显或轻度贫血。该病特点是HbA2升高(可达4%~8%)或(和)HbF升高。患者可能的基因型为β^+/β^A、β^0/β^A或$\delta\beta^0/\beta^A$等。

(3)中间型β地中海贫血，患者的症状介于重型与轻型之间，基因型通常有β^+(高F)/β^+(高F)、$\beta^+/\delta\beta^+$等，前者伴有HbF($\alpha_2\gamma_2$)的明显增高。

(4)遗传胎儿血红蛋白持续增多症：患者是由于β基因簇中某些DNA片段的缺失或者点突变，使δ和β链合成受抑制，而γ链的合成明显增加，使成人红细胞内HbF含量持续增多，故称为遗传性胎儿血红蛋白持续增多症(hereditary persistance of fetal hemoglobin, HPFH)。其特点是成年时HbF仍保持较高水平，无明显的临床症状。

β地中海贫血根据遗传缺陷的性质进行分类：①单纯型β地中海贫血(simple thalassemia)，是指突变只影响到一条β珠蛋白链的合成；②复合型地中海贫血(complex thalassemia)，是指突变导致多条非β珠蛋白链的合成障碍。

1)单纯型β地中海贫血

引起β地中海贫血的主要原因是β珠蛋白等位基因突变，所涉及的都是在β基因上游或β基因内部单个碱基的替换或者小片段的缺失和插入，从而导致对基因转录、RNA加工和RNA翻译等多个方面发生影响。

(1)转录启动子区的突变。由于突变影响转录的效率，对珠蛋白合成的损害一般较温和，表型为β^+地中海贫血，大部分中间型地中海贫血患者都观察到带有这类突变基因。这类突变集中在TATA框(实际序列是CATAAAA)，以及近端(CACACCC)和远端(CACACCC)序列上。TATA框的突变发生在-31、-30、-29、-28位上，但同一突变在不同种族的临床表型可有很大差异。例如，黑人的-29(A→G)突变的纯合子症状很轻，甚至为静止型β地中海贫血，而同一突变纯合子的中国人则是需要依赖输血的重型β地中海贫血患者。据信造成这一显著差异的原因是，黑人-29突变染色体同时存在Gγ珠蛋白基因上游-158位启动子区的一个取代突变(C→T)，这一突变开启了已关闭的了珠蛋白肽链的合成，HbF代偿了因β珠蛋白合成减少(HbA)导致的贫血症状，但中国人没有这种代偿性突变，故贫血症状严重。虽然已经发现12种启动子区的突变，但至今仍未发现-70位CAAT框的突变，是否CAAT框在体内转录调控上具有重要性仍不清楚。

（2）影响 RNA 加工过程的突变。

①加帽位点的突变。+1 位的核苷酸是转录开始的起始点，也是 RNA 前体 5′ 端修饰或加帽的位点。m⁷GPPP 的帽子对 mRNA 的有效翻译起关键作用。然而一些基因的+1 位并非是常见的 A，而是其他核苷酸也可以作为加帽的位点。在 β 地中海贫血中观察到的 A→C 突变是很温和的。这个突变的纯合子的血液学改变属温和的 β 地中海贫血携带者，而杂合子具有正常的 MCV 低值和正常 HbA2 的临界值。这个突变可能影响转录，在体外基因转移的实验中观察到 β 珠蛋白 mRNA 减少，也可能是加帽处的次级结构变化影响翻译。值得注意的是，这个几乎静止的 β 地中海贫血突变基因与其他严重的 β 地中海贫血等位基因相互作用可能产生重型地中海贫血症，需要依靠输血维持生命。

②polyA 尾序的信号序列突变。在信号序列 AATAAA 中，已发现 4 种不同的核苷酸替代（如 AATAAA→AACAAA）和 1 种核苷酸的缺失。体外基因转移表达实验证明，只有少量这类 RNA 转录物正常切割，而大部分转录物都在超越信号序列 3′ 端 1~3kb 处切割。这些延长的转录物极不稳定，在体内这类延长的转录物的浓度只能检测到预期的 10%水平，因此可以假定这类延长的转录物的不稳定性是引起 β 珠蛋白合成缺陷的主要原因。所有这类突变的表型都是 β⁺，因为它们产生一些正常转录物，也可能在体内延长的转录物可以合成正常的 β 珠蛋白。

③影响 RNA 剪接的突变。

a. 剪接头序列改变。RNA 剪接过程的关键序列位于外显子-内含子的接合区域，每个内含子 5′ 端的 GT 和 3′ 端的 AG 序列对剪接尤为重要。下面以第 1 内含子供体 IVS-1（G→A）突变为例说明突变影响 RNA 剪接过程的分子机制。这种突变导致在突变接头上的剪接功能完全丧失。结果在剪接 RNA 初级转录产物时，只得应用其他与供体序列类似的序列作为剪接接头。由于这些类似供体样的接头序列在一般情况下不被采用，因此就把它们称为潜在剪接位点。供体位置上的突变及潜在剪接位点的启用，可产生一条完全未被正常剪接的 mRNA 和两种不同的异常 mRNA，最终导致产生 β⁰ 地中海贫血症的表型（图 6-2）。图 6-2 中还显示了 IVS1-6（T→C）突变对剪接影响的分子机制，这一突变在临床上表现为 β⁺ 地中海贫血。

b. 内含子序列改变。内含子中的突变可产生新的剪接位点，这样就会造成突变后的 RNA 加工过程和正常 RNA 加工过程发生竞争，或者延迟正常 RNA 的加工过程。例如，IVS1—110（G→A）突变，使一段与受体剪接位点相似的序列形成了一个新的受体剪接位点（图 6-3）。这一新的位点被优先利用于 RNA 加工过程，其使用率达到 90%，结果使第 10 内含子中的 19 个核苷酸仍残留在加工后的 RNA 中。具有这种性质的 RNA 可使翻译过程提前终止。这时原先正常的 AG 受体的使用率只有 10%。因此，只能形成 10%的正常珠蛋白 mRNA。这一突变的临床表现比较重，属于重型 β⁺地中海贫血。此外，IVS2 的 3 个突变[IVS2—745（C→G）、IVS2—705（T→G）和 IVS2—645（C→T）]，都产生新的供体位点，同时激活隐匿的受体位点，结果 mRNA 加工时增加了额外的核苷酸，不能指导正常的 β 珠蛋白合成，故呈现 β⁰ 表型。

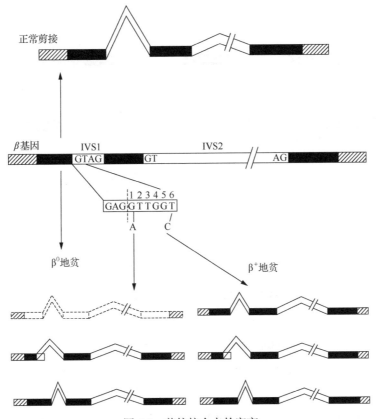

图 6-2　剪接接合点的突变

上面是正常剪接机制，外显子用阴影部分、内含子用非阴影部分表示；下面是两种不同碱基置换的结果，碱基置换或发生在剪接接合点，或者在靠近结合位点的一致序列中。第一个包含不变的供体GT序列，产生未经正常拼接的β珠蛋白mRNA（点线），发生在异常位点的剪接产生两种异常剪接mRNA分子。在第6位置上有一个T→C，产生另一剪接位点，结果产生正常mRNA和几种不正常mRNA，导致β⁺地中海贫血的表型

　　c. 潜在剪接位点活化。在第一外显子内密码子 24～27 的序列为 GTGGTGAGG，与供体序列相似。这种潜在的供体位点正常情况下并不被使用，处于失活状态。当基因中第 1 内含子供体发生如 IVS1—26（G→A）这样的突变，这一潜在供体位点就被激活，以较低水平被利用来对这一基因的异常转录物进行加工，产生一些缺乏部分外显子序列的异常 mRNA。该例突变产生的 mRNA 含有一个提前终止的终止密码子，同时，正常 β 珠蛋白的 mRNA 的剪接过程反而被延迟进行。这一突变引起的血红蛋白结构异常称为 HbE，可引起轻度的地中海贫血表型。

　　(3) 影响翻译过程的突变。这里包括无义突变、移码突变和起始密码突变，都能导致 β⁰ 地中海贫血。无义突变型上的点突变分别位于第 17、19 和 15 密码子上。第 17 密码子上的突变为 U→A，这一类型见于中国人群中。在第 39 密码子上的突变类型为 G→A，这一类型在地中海人群中发生率很高，大约占 30%。由于这一突变所产生的 mRNA 称为 β39 mRNA。β39 mRNA 的 3′ 端没有受到多聚核糖体的保护，所以这一类 mRNA 结构很不稳定，表现为红细胞内 β 珠蛋白 mRNA 含量显著降低。在 β 地中海贫血中由于缺失或

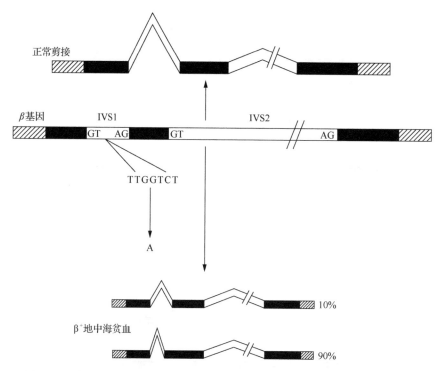

图 6-3　β 珠蛋白基因的第一内含子(IVS1)中，新的拼接位点的产生在 IVS1 中
第 110 位置上的 G→A 置换产生新的剪接受体(AG)

插入 1 个、2 个、4 个碱基对所引起的移码突变已发现有 22 种。此外，发现的两个起始密码子的突变都影响同一核苷酸：ATG→AGG 和 ATG→ACG，均不能起始正常的 β 珠蛋白的合成。

(4) 不稳定血红蛋白。Hb(indianapolis 112Cys→Arg)、Hb(Showa-Yakushiji 110 Leu→rPro)、Hb(houston 127 Gln—Pro)，以及密码子 127—128 位缺失 AGG 致使 GIu—Ala 被 Pro 取代。这 4 种不稳定血红蛋白常常产生中间型 β 地中海贫血表型，对 Hb indianapolis 和 Hb houston 的肽链合成研究提示，这些异常肽链聚合成 $\alpha_1\beta_1$ 二聚体的能力很弱，由此形成的四聚体易于降解。

2) 复合型 β 地中海贫血

复合型 β 地中海贫血与单纯型地中海贫血的不同点在于，前者除了 β 基因发生突变外，同时还涉及其他 β 样珠蛋白的基因突变，因此表型就比较复杂，临床上把它总称为复合型地中海贫血综合征(complex thalassemia syndrome)。人们根据分子水平上的基本缺陷，把它分为缺失型和非缺失型两类。

(1) 缺失型。许多复合型 β 地中海贫血都是由于广泛的 DNA 缺失所引起的，较为典型的就是遗传性持续性胎儿血红蛋白综合征。这一地中海贫血见于黑人人群中，在 β 样珠蛋白基因簇存在着不同大小的缺失。缺失主要涉及基因 β 和 δ，因此在这一部分患者中便表现出基因 γ 持续开放，合成大量的 γ 链，使胎儿血红蛋白持续在人体内存在。有时缺失甚至涉及基因 Aγ，使 HbF 只含有 Gγ 链。所以，习惯上根据不能被合成的珠蛋白链来命名各类由基因缺失所引起的复合型 β 地中海贫血。例如，缺失 β 链称为 $β^0$ 地中海贫血，缺失 β 链和 δ 链称为 $δ^0β^0$ 地中海贫血等。

有 3 种缺失较特殊，因为它们的 β 珠蛋白基因完整无缺，但它们的表达受到抑制。实验证明，这是由于缺失去除了基因簇 5′ 侧的 DNA 序列，而这些序列是"座位激活区"（locus activating region），在适当的发育阶段对激活基因簇内所有基因的转录是重要的。

(2) 非缺失型。在某些伴有胎儿血红蛋白增高的综合征中，并没有发现存在明显的 DNA 缺失。γ 珠蛋白表达增强可能与其他类型的突变如点突变有关。Collins 等在对黑人 $Gγβ^{+\prime}$ 地中海贫血的研究中，提出了一个新的突变机制。他们发现杂合子产生大约 20% 的 HbF，基本上都是 Gγ 型，β 链合成有所减少。他们还发现，在基因 Gγ 上游 201bp 处有一个单碱基替换 C→G。由于这一突变而形成了一个呈倒位形式的远端因子 PuCPuCCC 结构。他们认为，这是一种上位启动子突变。此外，Ottlenghi 等在一个非缺失型 HPFH 和 Aγ 合成增加的地中海贫血患者中发现，在 Aγ 基因上游 196bp 处有一个 C→T 突变。

二、血友病分子遗传学

血友病是又一经典的单基因病的代表，它是一组遗传性出血性疾病，是由于血液中某些凝血因子的缺乏而导致的严重凝血功能障碍。根据缺乏的凝血因子的种类可分为血友病 A（凝血因子Ⅷ缺乏）、血友病 B（凝血因子Ⅸ缺乏）及血友病 C（凝血因子Ⅺ缺乏）。前两者为性连锁隐性遗传，后者为常染色体不完全隐性遗传。血友病的主要症状是受外伤后出血不止或者自发性的内脏出血，尤其是后者往往威胁到患者的生命。血友病在先天性出血性疾病中最为常见。其中又以血友病 A 发病率最高，一般认为血友病 A、B 和 C 缺乏症的发病率之比是 16∶3∶1。而血友病 A 的患病率，在欧美国家为 5～10/10 万，在国内一些地区统计约为 3/10 万。

在血友病中，A 型血友病和 B 型血友病的发病率较高，病情较重，缺乏有效的治疗方法，一般依靠输血和输血制品进行替代治疗，但容易感染肝炎和艾滋病等血源性传染病，而且凝血因子的半衰期短，多次反复的治疗不仅费用昂贵，而且会造成输血反应。目前，长效凝血因子和基因治疗是血友病治疗的发展方向。

(一) 血友病 A

血友病 A 是由于凝血因子Ⅷ(FⅧ)基因缺乏，导致血浆中 FⅧ含量不足或功能缺陷，从而引起凝血障碍而出血。血友病 A 是典型的 X 染色体连锁的隐性遗传。其特点是男性发病，女性传递。此病早在 2000 年前被犹太人所注意，12 世纪时在阿拉伯文中有血友病记载，19 世纪时由于英国王室人员中出现了血友病 A，并波及了欧洲各王室，因此该病又被称为王室病。据美国最新调查显示，血友病 A 患病率在男性约 1/(5000～10 000)。该病出现程度与血浆 FⅧ活性相关，根据病情可以分为：重症型(血浆因子Ⅷ水平<1%)、中症型(1%～5%)、轻症型(5%～25%)。由于替代治疗技术的成熟加上重组人Ⅷ因子已经成为商品，得到良好治疗的患者的寿命已可以达到 60 岁，并在一定程度上提高了生活质量。

1. 凝血因子Ⅷ的结构特征

成熟的凝血因子Ⅷ（简称FⅧ），去除了N端19个疏水氨基酸组成的信号肽，成为一条含有2332个氨基酸的多肽链。加之随后的糖基化反应，天然FⅧ蛋白相对分子质量为330 000。计算机辅助分析显示，FⅧ蛋白由重复出现的结构域（domain）构成。这些结构域可分为3类，即A区、B区和C区。A区有3个，每个由330~380个氨基酸组成；构成3个A区的氨基酸之间约有30%的同源性。B区只有1个，含有925个氧基酸。C区有2个，每个C区有160个氨基酸，2个C区之间亦有37%的同源性。这些区域以A1—A2—B—A3—C1—C2顺序排列（图6-4）。此外，人们还发现A区的氨基酸顺序与血浆铜蓝蛋白较类似，两者约有30%的同源性，所不同的是，在铜蓝蛋白中，3个A区是紧密排列的，而在FⅧ因子中，A2和A3之间插入了一个B区（135kDa），因此，这两种蛋白质可能是由共同的祖先进化而来的。当FⅧ因子在血液中被激活时，A2与A3之间的B区被酶解切除，钙离子将两个A区连接起来而形成有活性的FⅧa，A2区域对FⅧ因子的功能最重要。FⅧ在体内由肝脏合成，其生理功能是在内源凝血系统中，在 Ca^{2+} 及磷脂的存在下，以辅酶的形式参与FIXa对FX的激活。在血液中，FⅧ与血管性血友病因子（Von Willebrand factor）形成复合物，含量为0.1μg/ml，半衰期为10h。

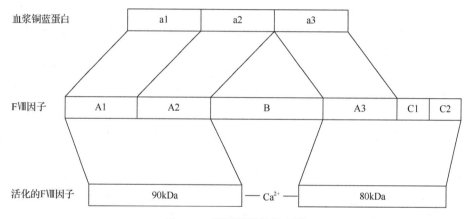

图6-4　FⅧ因子结构示意图

2. 凝血因子Ⅷ的基因结构

凝血因子Ⅷ基因定位于X染色体长臂28区（Xq28），与葡萄糖-6磷酸（G-6-PDH）基因非常接近。1984年，美国加州旧金山Genetech Inc. 的研究人员经过4年的努力，成功地克隆了人FⅧ因子的基因。FⅧ基因的总长度达186kb，由26个外显子及25个内含子组成。外显子的长度从69bp到3106bp不等，而最大的内含子长达32.4kb。同时，他们从一株T细胞的杂交瘤细胞（AL-7）中分离到了长约9kb的FⅧ片段，并由此得到FⅧ的cDNA克隆。经序列分析发现，FⅧ的cDNA长9kb，编码2351个氨基酸，其中包括N端19个疏水氨基酸组成的信号肽。

3. 凝血因子Ⅷ的基因突变

人们发现，许多突变并非从上辈遗传，而是由于出现新的突变形成。也就是说，这些突变是自发的、随机的。据估计，有 1/3～1/2 的血友病患者没有家族史。这种类型的突变称之为散发性突变。这些患者基因缺陷常系 2 代以内和新发生的突变所致，难以运用 RFLP 方法进行产前诊断及携带者检查。许多血友病家族均有其特有的突变类型，但也有些突变在基因的某些部位反复发生。对突变部位的直接测序或利用多态现象 RFLP 分析，可以进行携带者检测或产前诊断。通过对凝血因子的基因突变类型及其发病机制进行研究，目前已发现了为数不少的突变类型，对这些突变引起血友病的机制亦进行了探讨。血友病 A 患者基因突变众多，其中以基因缺失和点突变居多，已报道的有 174 种点突变、117 种缺失、10 种插入等。近年来又发现了 40%的血友病 A 患者基因缺陷是由于倒位引起的。

1）点突变

Gitschier 等调查了 92 例血友病 A 患者和 80 例正常人的 X 染色体，发现了 FVIII基因的外显子上两个无义点突变和内含子上一个点突变。两个无义点突变均发生在了 *Taq* I 酶切位点上，一个位于第 24 外显子，另一个位于第 26 外显子，由 TCGA 转换成了 TTGA，产生了框内终止密码子 TGA 而使得翻译提前终止，结果产生没有活性的 FVIII因子蛋白。在第 26 外显子发生无义突变时，产生的蛋白质仅比正常 FVIII少 26 个氨基酸，但却没有活性。根据氨基酸顺序分析，丢失部分含有一个活性亚单位，其中包括一个在两个 C 区均保守的半胱氨酸残基，他们推测这个半胱氨酸残基可能在 FVIII的稳定和维持激活构象上起着重要作用。内含子中的点突变亦能影响 FVIII因子的表达。在第二个内含子中由于 *Taq* I 位点丢失（亦为 TCGA→TTGA 转换），不能产生类似于共同剪切供体或受体位点的序列，导致 mRNA 的剪切异常。

以后 Gitschier 等还发现，在基因 FVIII的同一密码子上可发生不同方向的点突变而产生轻重不同的血友病。第 2307 位精氨酸的密码子由于 C→T 转换变成终止密码使翻译提前终止，结果导致严重的血友病，患者血液中检测不到有活性的 FVIII。而当 C→T 转换发生在另一条链的相应位置上时，即出现 G→A 转换，使精氨酸密码子变成谷氨酰胺密码子。该血友病患者病情较轻，血液中VIII因子的活性约为正常人的 9%，他们由此推测精氨酸由于带正电荷，可能为维持蛋白质的完整性所需，当被中性氨基酸谷氨酰胺取代后，蛋白质的稳定性下降而易被降解。经测定，患者血液中 FVIII因子抗原量只有正常值的 6%，支持了这一推测。

Youssonfian 等也报道了两个由于 CG→TG 转换而发生的无义突变，一个位于第 18 外显子第 1960 位氨基酸密码子，另一个位于第 22 外显子第 2135 位密码子。综合其他研究者的报道，他们提出 CG 位点是一个突变热点。这主要由于甲基化的胞嘧啶容易发生脱氨基作用变成胸腺嘧啶而导致 C→T 转换。如果 C→T 转换发生于 *Taq* I 酶切位点 TCGA 上，即可产生 TGA 终止密码子而使翻译提前终止，在 FVIII编码区共有 CG 二核苷酸 71 个，其中 12 个发生转换突变时能形成新的终止密码。这是血友病 A 点突变最常见的类型。

2）缺失突变

这是该病发病的重要原因之一，因为基因片段的缺失显著改变 DNA 酶切电泳图谱，这些缺陷易用限制性内切核酸酶酶切图谱分析识别。在 FVIII的整个基因上均可出现基因缺失，缺失的长度可以从 2bp 到 210kb。对一组 200 例血友病 A 患者的分析表明，其中有 150 例存在各种类型的基因缺失，1 例患者 FⅧ基因完全缺失，另有 30 例患者其外显子有长度不等的大片段缺失。基因缺失引起的血友病 A 多为重型。可以推测这是由于不能转录而没有表达因子Ⅷ或表达的因子Ⅷ多肽存在缺陷而被快速清除所致。对另一组 25 例患者的 FⅧ基因的缺失分析表明，其中 1 例患者缺失约 7kb，包括外显子 24 和 25，使正常翻译可读框发生改变，结果不仅外显子 24 和 25 丢失，而且外显子 26 也不能翻译或产生无意义的蛋白质，致使 FⅧ的 C 区大部分异常。另外 1 例患者仅缺失 2bp，缺失位于 360 号密码子，引起移码突变，导致重型血友病。

大片段的基因缺失与 FⅧ同种抗体的产生之间不存在必然联系。虽有报道 19 例有基因缺失的患者中 9 例 FⅧ同种抗体阳性，但是也有大片段缺失甚至整个基因缺失的患者无抗体产生。另外，基因缺失相同的不同患者有的产生抗体，有的不产生抗体。

3）倒位突变

近年来随着 SSCP、DGGE 和 CCM 等许多分子生物学新技术的出现，已找出绝大多数轻、中型血友病 A 的遗传缺陷，但仍有约 1/2 重型血友病 A 的分子机制不明。Lakich 等于 1992 年证实近半数重型 HA 是由于 FⅧ基因内含子 22 倒位这一共同分子缺陷引起的。内含子 22 倒位与 FⅧ相关基因 A（F8A）有关。F8A 基因在 Xq28 有 3 个同源拷贝：1 个位于 FⅧ基因的内含子 22 内，2 个位于 FⅧ基因上游约 500kb 处。由于上游的基因 F8A 转录方向与内含子 22 内的相反，因此上游的任何一个基因 F8A 与内含子 22 内的基因 F8A 之间的 1 次交换可在 Xq28 引起 1 个倒位。倒位破坏了 FⅧ基因结构，使之丧失功能，从而引起血友病 A。有调查表明，内含子 22 倒位也是中国人血友病 A 患者的重要分子缺陷。

4）插入突变

2 例患者其外显子 14 处插入了部分人 L1 重复序列，1 例插入片段长度为 2.3kb，另 1 例为 3.8kb。基因 FⅧ的 14 号外显子富含 polyA，与 L1 重复序列中的 poly T 的核苷酸互相配对，这可能是导致 2 例患者插入突变的原因。

5）基因重排

基因重排引起血友病 A 较少见，Kariya 报道 1 例 FⅧ的外显子重排成 1～4，9～7，13，14～16……，因此不能合成正常的因子Ⅷ，导致血友病 A。

4. 凝血因子 FⅧ的基因突变和遗传学效应

凝血过程是由黏附到创伤部位的血小板引起的，但是血小板很容易被去除，因为血浆内一种称为纤维蛋白的不溶性聚合体使血小板能停滞在原位。凝血的关键步骤是由纤维蛋白的可溶性前体——纤维蛋白原组成纤维蛋白网。纤维蛋白的形成是在血管受伤后启动一连串酶发生瀑布式连锁酶促反应的结果。在这一连串作用的每一步都有一个蛋白质前体被切开而形成一种活性酶（血浆中的一种蛋白酶）。这个酶随即切开另一个蛋白质，使它也变成蛋白酶。切开蛋白质的各个步骤几乎都涉及一些辅助因子。有时这些辅助因子本身就是同时以活化的和失活的形式存在的蛋白质。例如，FⅧ就是这样一种辅助因子，它的作用就是协助蛋白酶因子Ⅸ一连串反应的中间阶段活化 FⅨ。因此，当基因 FⅧ发生突变，导致 FⅧ合成障碍，就可以破坏整个凝血过程，一旦有伤口，就会引起严重的出血不止，甚至危及生命。FIX的基因突变也有同样的效应，其机制将在后面详细阐述。

(二)血友病 B

1. 凝血因子Ⅸ的结构特征

凝血因子Ⅸ(简称 FIX)是一种相对分子质量为 56 000 的糖蛋白，其含糖量约占整个分子的 17%。这种蛋白质主要由肝细胞产生，并在肝内经过一系列酶学修饰，成为成熟的 FIX 后，再被分泌到血液中，参与血液凝固过程中的生化反应。

在肝细胞内，FIX基因表达的最初产物可称之为 FIX前体，它由 461 个氨基酸残基组成，按其功能不同可分为信号肽(从-46～-18 共 29 个残基，但 Pang 等则认为是从-39～-18，应为 22 个残基)、前导肽(从-17～-1，共 17 个残基)和成熟蛋白(从+1～+415，共 415 个残基)3 个部分(图 6-5)。

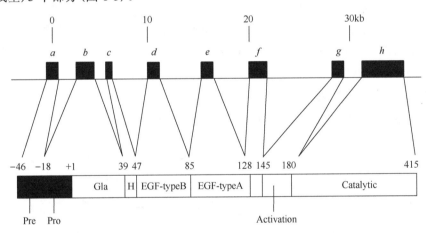

图 6-5　FIX基因结构及其与蛋白质之间的关系

上方：FIX基因的结构，实心框代表外显子，分别称为 *a*~*h*；细线代表内含子。下方：FIX蛋白的结构；实心框代表在成熟或活化过程中被切除的区域。Pre 为信号肽；Pro 为前导肽；Gla 为含 γ 羧化 Glu 残基的区域；H 为亲水区域；EGF-typeB 为含与离子亲和力钙结合位点的上皮生长因子同源的区域；EGF-typeA 为无钙结合位点的上皮生长因子样区域；Activation 为在活化过程中被切除的肽段；Catalytic 为丝氨酸蛋白酶区域

FIX前体的修饰发生在粗面内质网中，主要的步骤有：信号肽和前导肽的切除、糖基化、二硫链的形成、N 端 12 个谷氨酸残基的羧基化(此步骤需要维生素 K 的参与)，以及在类内皮生长因子结构域(epidermal growth factor-like domain，简称 EGF 区域)内的第 64 位上的天冬氨酸的 β-羟基化等。FIX前体经过这样一个复杂的修饰过程之后，便成为成熟蛋白，再从高尔基复合体分泌出来。但在近年的一些研究中则发现，除肝细胞外的其他组织(如肌肉)中，也存在着对 FIX前体进行修饰的酶系。

成熟的 FIX 蛋白被肝细胞分泌进入血液，并以酶原形式存在，由于它在一级结构上的特点，故在分子结构中呈现出多个不同的区域，这些区域对于整个分子的生物学活性起着不同的作用。

(1) Gla 区域。它含有 46 个氨基酸残基(1～46)。有人认为，当 Ca^{2+} 与区域内的含 γ 羧基 Glu 残基结合时，Gla 区要发生一种明显的构象改变，使其分子中能与磷脂结合的部位暴露于分子表面。

(2) EGF 区域。这个区域由 81 个氨基酸残基(47～127)组成，其中包括两个类似的结构，可分别称之为第一 EGF 区域(47～84)和第二 EGF 区域(85～127)，其功能目前尚不清楚。

(3) 活化区域。这是从第 128 位到 195 位残基之间的一段氨基酸顺序。FIX 在活化过程中，通过活化的因子Ⅸ(FIXa)的作用，将活化区域内的 Arg—Ala(145～156)之间和 Arg—Val(180～181)之间的肽链切开，从而游离出一个 35 个残基的肽段。位于这个肽段之前的肽链有 145 个氨基侧链(1～180)，可称之为轻链；位于之后的肽链有 235 个氨基酸残基(18l～415)，可称之为重链。轻链与重链之间借助第 132 位上和第 2809 位上半胱氨酸残基所形成的二硫键而相互连接。

(4) 活化 FIX(FIXa)的重链。这是指从第 181 位至第 415 位氨基酸残基这一段顺序。FIXa 的活性中心就是由这一段顺序所构成的，因而它实际上是 FIXa 中的一个催化亚基。FIXa 的催化作用主要由位于第 221 位上的组氨酸和第 269 位上的天冬氨酸残基决定。除第 359 位上的天冬氨酸残基外，第 384 位上的丝氨酸残基、第 386 位上及第 395 位上的甘氨酸残基也能提供与底物的结合位点。

2. 凝血因子Ⅸ mRNA 的特征

对 FIX mRNA 的认识是通过对其相应的 cDNA 的研究来实现的。1982 年，英国牛津大学的 Brownlee 实验室以 FIX cDNA 为探针进行序列分析。结果表明，完整的人 FIX mRNA 的总长度为 2802 个核苷酸残基，在 5′ 端有一段 29 个残基(1～29)长度的非编码序列。在 3′ 端有一段 1390 个残基(1413～2802)长度的非编码序列，在其末端为加 polyA 位点，编码序列的长度为 1383bp(30～1412)，最前面的是甲硫氨酸的密码子，最后面的是苏氨酸的密码子。

3. 凝血因子Ⅸ的基因结构

1991 年在伦敦举行的第十一次人类基因定位会议上公布基因 FIX 在 X 染色体上的座位确定为 Xq 26.3-q27.1。这个座位与 HPRT(次黄嘌呤-鸟嘌呤磷酸核糖转移酶)、Hunter 综合征、脆性 X、色盲、G6PD 及凝血因子的基因相邻。

基因 FIX 的长度约为 33.5kb，由 8 个外显子、7 个内含子及侧翼序列中的调控区所组成。序列测定的结果知道，在基因 FIX 中所有内含子与外显子的交界区都很符合 Chanbo 规则，即内含子的 5′ 端和 3′ 端序列分别为 5′-GT 和 AG-3′。

关于基因 FIX 中的调控结构目前仅有两组比较直接的研究。

一组是美国 Michigan 大学的 Salier 等对其 5′ 端的侧翼序列所进行的研究。结果发现：① 在 5′ 端侧翼序列中，−175～−274(100bp)的区域是基因表达所必需的，并认为在−238 位的 AGCCACT 和−187 位的 TCAAAT 都是功能性的 CAAT 框和 TATA 框；② 转录的起始点位于−150 处，至少对于 FIX CAT 嵌合基因的转录是这样。不过这个结果是通过缺失突变得到的，在人体内的起始点是否如此有待进一步的研究；③ 在 5′ 端上游−1.4kb ～

-1.7kb 区域内有一个弱化子存在,其中含有一段具有负调节作用的序列(ATCCTCTTCC);④在-750~80 之间有一个具有功能很强的反向启动子。计算机分析表明,它不具有反转录病毒 LTR 的结构特征,因而可以排除是反转录病毒 LTR 序列整合的结果。然而,在它5′ 端邻近的上游序列中没有发现有意义的可读框存在,所以这种结构的意义尚不清楚;⑤在编码链的-349 处有一段 TGGACC 序列,在互补链的-79 处有一段 CTTTGGACT 序列存在。他们认为这些序列可能与组织特异性表达有关。

另一组是美国 Rockefeller 大学的 Reijnen 等对 5′ 侧翼序列中肝细胞核因子 4 (hepatocyte nuclear factor-4,HNF-4)结合位点的研究。他们证明,-26~-20 这一区域能够与反式调节因子 HNF-4 结合,而对基因 FIX 在肝细胞内的特异性表达起着决定作用。

4. 凝血因子Ⅸ的基因点突变

在目前所研究过的血友病 B 患者病例中,几乎都能在基因 FIX 的结构中找到异常的证据。然而,却没有发现过由于 FIX 蛋白在生物合成过程中有关酶系的异常而引起的病例。这样的结果至少可以认为血友病 B 患者主要是由于编码 FIX 蛋白的基因结构发生异常而导致血液中 FIX 的含量、结构或生物学特性改变的结果。因此,通过研究基因 FIX 在结构上的变异,对于认识基因 FIX 表达的调控及血友病 B 患者的发病机制是很有意义的。

1)突变的类型

在基因 FIX 内,各种类型的突变均可发生,突变的位置也分布于整个基因内的任何区域,而且还可以发生双重突变,甚至三重突变,从而就构成了突变情况的复杂性。也许正因为如此,血友病 B 患者的表型在不同个体之间的差异很大。

(1)缺失。缺失的范围在不同的病例中差异甚大,小的仅为 1 个核苷酸的缺失,大的可以是整个基因的全部缺失。就其缺失范围的大小,缺失可以分为全部缺失、部分缺失和小缺失。全部缺失是指整个基因 FIX 全部缺失,这种缺失的范围很大,都在 30kb 以上。而且,在有的病例中,由于基因 FIX 的一端或两端的侧翼序列同时受累,其缺失片段的长度可达 250kb 之多。部分缺失是指在 50bp 以上的、基因 FIX 的部分缺失。小缺失则是指在 50bp 以下的个别核苷酸序列的缺失。这些突变不论是哪种缺失,在临床上的表现都是重型血友病 B。

(2)插入。在目前所发现的插入突变中,其插入片段的长度在不同病例中差异也很大,小的可为 1 个核苷酸,大的可到数 kb,如 Ludwing 等报道的 FIX wonrbory 突变中就是由于第 11、764 位后面插入了 1 个 C,造成移码突变所致。又如,在 Chen 等报道的 FIX E1 salvador 突变中,其 FIX 的第四内含子就有一段长达 6kb 的插入。

(3)置换。在基因 FIX 中,已发现的置换突变位点已有 200 处以上,其中包括了由 Wang 等所报道的 5 例中国血友病 B 患者。这 5 例患者的突变都是置换,但是位置各不相同。

2)突变的热点

在近几年所报道的 574 例血友病 B 患者中,有 278 例是特殊的突变型(指在基因 FIX 中突变位点和突变类型各不相同),其余的 296 例是重复的突变型(指在这些病例中有相同的突变情况）。而在这些重复出现的137个突变位点上，大多涉及CpG二核苷酸序列（约50%），其中的C→T或A，尤其是在第31 008位上的C发生这种突变的病例就多达30例。由此可见，CpG序列确实是一个突变的热点。Green等对发现这种情况的机制做了一些解释。他们认为，CpG序列中的脱氧胞嘧啶在甲基化酶的作用下，绝大部分被转变为5-甲基化胞嘧啶（80%～90%）。由于5-甲基化胞嘧啶很不稳定，在脱氨酶的作用下，容易转变为T，又由于细胞内不存在对这种突变进行修复的机制，从而使得这种突变被积累下来，故其频率比其他非CpG序列中突变频率要高得多。他们估计，CpG核苷酸序列中C→T的这种突变的频率为1.05×10^{-7}/（配子·代）。

5. 凝血因子Ⅸ的基因突变和遗传学效应

在血友病B患者中，由于基因FⅨ的突变型很多，故在不同患者之间的表型效应有着很大的差异。如果按FⅨ蛋白的变化情况来看，可能出现的表型效应有以下几类。

1）量的变化

量的变化是指血液中FⅨ蛋白的浓度改变，但其结构和功能是正常的。在临床上，大多数病例都表现为量的减少或完全缺乏。导致减少的原因主要是由于基因FⅨ的调控区发生突变所致，如FⅨ Leiden就是如此。但是，具有这种突变的病例，其血液中FⅨ的量可随年龄的增长而增加，到青春发育后，有的病例的FⅨ浓度可提高到正常人的60%。另外，也有报道指出雄激素可以促进基因FⅨ的表达，使血液中的FⅨ浓度有所提高。导致完全缺乏的原因则比较复杂，基因FⅨ的完全或部分缺失可以引起，范围很小的点突变也可引起。据估计，在临床上有1/3的血友病B患者的血中有FⅨ蛋白的存在，但不具有FⅨ蛋白的生物学活性，其中大多数就是由于点突变引起无义突变、错义突变或移码突变所致。

2）蛋白复合物形成异常

血液中的FⅨ是以酶原形式存在的。在活化过程中，需要与一些辅助因子相结合成为一种复合物后，才能被活化。如果FⅨ本身在其结构上有异常，有时就会使得它与某些辅助因子的结合发生异常，而导致其活性的改变。例如，在正常情况下，第27位上的Glu被羧基化，以保证FⅨ蛋白的钙依赖性的构象转变；而在Seattle 3突变型中，由于Glu→Lys，从而失去了正常的羧基化修饰步骤，以致血液中的FⅨ不具有生物活性，而表现为严重的血友病B。

3）活化异常

在FⅨ的活化过程中，一个关键步骤就是要从分子中切去一段活性肽，剩下的轻链再以二硫键而相互连接。FⅨ Chapel Hill突变型的异常是在第145位上的Arg→His，这一改变使得其与旁边的肽键不能被切开，FⅨ就不能被活化，这种突变型在临床上表现为中型或重型血友病B。而FⅨ Hilo突变中的异常是第180位上的Agr→Gln，同样旁侧的肽键不能被切开，因而不能被活化。

4）催化活性异常

FⅨ的催化活性与其活性中心，尤其是催化位点的构象直接有关。当与之有关的氨基酸残基发生改变时，其构象也随之发生变化，从而导致催化活性的异常。例如，FⅨ HB24

突变型、FIX HB1 突变型等，都可导致其催化活性不同程度的降低。

三、α₁抗胰蛋白酶缺乏症

α₁抗胰蛋白酶(α_1 antitrypsin，α_1-AT)缺乏症是常见的单基因遗传病。在儿童主要表现为肝病，在成人主要表现为肺气肿。其特征是血清中 α_1-AT 水平明显减低，在 30～40 岁前发生肺气肿的概率很高，α_1-AT 缺乏症是欧美地区最常见的致死性遗传病之一，它还与其他肺部疾病如 CF、急性肺损伤等有关。α₁抗胰蛋白酶是一种主要的血浆蛋白酶抑制剂。最初发现其功能是抑制胰蛋白酶，因而得名，但后来发现它能抑制各种不同的丝氨酸蛋白酶。它合成于肝脏，其主要生理作用是抑制肺泡中的中性白细胞弹性蛋白酶(neutrophil elastase，NE)，保护肺泡结构中的弹性纤维免受弹性蛋白酶的水解。在正常生理条件下，α_1-AT 与弹性蛋白酶(NE)的水平处于动态平衡状态。一旦由于某种原因使平衡失调，弹性蛋白酶水平过高，就会导致肺泡结构的永久性损伤，引起肺气肿。

(一)α₁抗胰蛋白酶的分子结构

α_1-AT 由肝细胞和单核细胞产生，成熟的 α_1-AT 是一种较小的、高度分级的糖蛋白分子，相对分子质量 52 000，含有 418 个氨基酸(其中含有 24 个氨基酸的信号肽)，是单链三级结构，在合成过程中折叠成球形，表面有 3 条碳水化合物侧链，以 Asn 分别连接在残基 46、83 和 247 位上。α_1-AT 的 N 端有 20 个残基序列，和一绊状结构相连。此绊状结构是一 17 个残基序列(Glu342—Met358)。α_1-AT 的反应中心(Met358—Ser359)即在此绊上。此绊有一定张力，呈亚稳态。张力使反应中心键拉紧。此反应中心特别与 NE 有很大的亲和力，具有张力的绊状结构也易断开，可因此失去活性。

α_1-AT 的分子结构是高度有序的。它有 9 个 α 螺旋，占结构的 30%；并有 A、B、C 等 3 个 β 折叠片，组成平行和反向平行链，占结构的 40%。这一结构可使反应中心固定在暴露的位置上，并且形成合适的底物构象，两个内盐键 Glu342—Lys290 和 Glu264—Lys387 使分子保持相对稳定。这两个离子键在 α_1-AT 缺乏症的发病机制中起一定作用，后面将讨论。

(二)α₁抗胰蛋白酶的基因结构和表达

α_1-AT 由一组常染色体共显性基因编码，α_1-AT 基因位于人类 14 号染色体(14q31—32)，全长约 12.3kb，含有 7 个外显子(A～G)、6 个内含子(Ⅰ～Ⅵ)，以及 5′端和 3′端非编码区。已知基因 α_1-AT 有两个启动子，即巨噬细胞启动子和肝细胞启动子，前者位于后者上游大约 2kb 处。这两个启动子具有组织特异性，即前者仅在巨噬细胞中才有活性，后者则仅在肝细胞中才有活性。通常将肝细胞转录起始位点的核苷酸编号为 1，其他位点的核苷酸都是依次编号。在此基因起始位点上游约 20bp 处，有一段多数真核基因共有的 TATA 框，但未发现有 CAAT 框。有关的实验表明，α_1-AT 基因 3′端的 RNA 裂解信号是 ATTAAA，与一般真核细胞的 AATAAA 稍有不同。

有关肝细胞内基因 α_1-AT 表达调节区域已经研究得很清楚。在肝细胞转录起始位点的上游，除 TATA 框外，至少还存在 3 个肝细胞基因 α_1-AT 的激活区域。前两个区域位于-488/-356 及-261/-110 区域内，有证据表明，这两个区域并非肝细胞基因 α_1-AT 的特异激活区域；第三个区域位于转录起始位点上游-137/-37 处，是肝细胞基因 α_1-AT 表达的特异启动序列，此序列的缺失或突变将引起肝细胞内基因 α_1-AT 表达功能的丧失。研究还发现，在此区域内，有两个部位，即 A 部位(-125/-100) 和 B 部位(-84/-70)，对于肝细胞内基因 α_1-AT 转录的控制至关重要。在鼠肝细胞核的提取物中，分离得到了两种蛋白质成分——LFAl 和 LFBl，能分别与上述的 A 和 B 部位特异地结合，对基因 α_1-AT 在肝细胞中的转录起着正调控作用。而在非肝细胞中，A 及 B 部位能与其他的蛋白质成分结合，关闭 α_1-AT 基因在这些细胞中的表达，对转录起负调控作用。

巨噬细胞启动子位于-2066 位核苷酸的上游区域，但准确的部位还没有确定。有关此启动子启动巨噬细胞基因 α_1-AT 转录的机制远没有肝细胞研究得那样清楚，但有证据表明，此启动子在巨噬细胞内可以启动两个不同的转录起始位点，分别位于-2066 和-2029 处，两者相距 37bp。由于起始位点的不同，转录 mRNA 的长度也不一致：前者转录的 mRNA 包括所有 7 个外显子序列，后者则不含有外显子 B。产生这种现象是由于由-2029 位点起始转录的 mRNA 前体在转录产物剪接时其中的外显子 B 序列被切掉的缘故。但是，什么原因导致同种细胞中同一基因转录产物剪接得到不同长度 mRNA 的现象还不清楚。

与巨噬细胞不同，大部分肝细胞的 α_1-AT mRNA 转录开始于外显子 C 的中部。尽管 mRNA 长度有所不同，但它们的翻译产物是一致的。整个编码区由 1254 个核苷酸组成，起始密码位于 5350~5352 ATG 处。转录后，mRNA 在粗面内质网上翻译，产生有 418 个氨基酸的前体蛋白质，分泌到粗面内质网池内以后，24 个氨基酸残基的信号肽被切除，留下 394 个氨基酸残基的成熟多肽。在粗面内质网池内，α_1-AT 被高甘露糖型碳水化合物糖苷化，并折叠成三维结构，糖苷化后的蛋白质再移位到高尔基体，在该处使碳水化合物调整为复合型，再分泌出去。

肝脏是 α_1-AT 表达的主要器官，每天从肝脏释放到循环中的 α_1-AT 大约为 2g。正常人血清中的 α_1-AT 水平是 20~53mol/L。其半衰期是 4~5 天。半衰期是受到碳水化合物侧链支配的，如缺少一条侧链可使其半衰期明显降低。α_1-AT 很容易由循环中弥散到一些组织器官内。与靶蛋白酶主要是 NE 以 1：1 结合形成复合物，有保护组织器官不受中性白细胞释放的 NE 的破坏作用。然后该复合物在血循环中，经肝脏和脾脏被分解去除。已经证明，α_1-AT 与弹性蛋白酶结合迅速，一旦结合后就很难再解离。

(三)α_1-AT 基因的突变和遗传学效应

α_1-AT 基因是多型性的基因，已证明有 75 种等位基因，可分为正常和具有危险性两大类。正常基因有 Ml(Ala213)、M1(Val213)、M2 和 M3 等 4 种。在高加索人后裔中，M1(Val213)是最常见的一种，基因频率为 0.44~0.49；M3 最少见，其频率是 0.10~0.11。有危险性的结构变异可分为单个碱基的改变和多个碱基的改变两种类型。

最常见的 α_1-AT 基因突变型是 S 型和 Z 型，都属于单碱基改变型。Z 型较 S 型更常见，还有一种零型(null-null)很少见，其他突变型更罕见。Z 突变型是 α_1-AT 外显子 V 中发生单个碱基取代(A→G)，导致 α_1-AT 分子中的 Glu342 被 Lys 代替，丢失了离子键

Glu342—Lys294，使得 α_1-AT 分子不能在内质网内糖基化而发生错误折叠，错误折叠的 α_1-AT 沉淀于内质网并被降解，从而不能转运到细胞表面，导致血清中 α_1-AT 分子的水平降低 85%～90%。S 突变型是基因 α_1-AT 的外显子Ⅲ中发生单个碱基取代，致使合成的 α_1-AT 分子中的 Glu264 被 Val 代替。这使得 α_1-AT 分子中的离子键 Glu264—Lys387 丢失，改变了 α_1-AT 分子内部的结构，分子稳定性受到影响。

ZZ 纯合子的 α_1-AT 合成细胞内，α_1-AT mRNA 的转录水平正常，但分泌出来的 α_1-AT 只有正常的 10%～15%。分泌减少是由于 α_1-AT 分子蓄积在门静脉周围的肝细胞内质网中，在 ZZ 型纯合子的肝细胞活检中可见到此种现象。为何有分泌缺陷，说法不一。有人提出 Z 型 α_1-AT 分子折叠成三维结构的速度慢，α_1-AT 分子发生凝聚，掩盖了分子内部的疏水基团，α_1-AT 分子移位到高尔基体受阻；也可能是 Z 型突变引起一级结构或三级结构内的移位信号丢失，α_1-AT 分子不能移向高尔基体。Z 型突变的个体中，有些合成的分子功能下降，需要高于正常 α_1-AT 量的 12 倍浓度才能达到正常量的抑制 NE 的作用，所以 Z 型突变的后果是 α_1-AT 量下降和功能异常的一种联合缺陷，Z 型血清 α_1-AT 水平低于 $11\mu mol/L$。

SS 型纯合子的 α_1-AT 合成细胞中。α_1-AT mRNA 以正常类型和正常量的 α_1-AT 转录，但有部分新合成的 α_1-AT 分子因失去稳定性而降解，所以患者血清 α_1-AT 水平有所下降，但一般还在 $12\mu mol/L$ 以上，发生肺气肿的危险性不大。

零型突变个体的 α_1-AT 合成细胞中，α_1-AT mRNA 转录物缺失，表型的血清中完全测不到 α_1-AT：Z 型和零型个体都易发生肺气肿-SZ 杂合子中有一小部分个体的血清 α_1-AT 水平低于 $11\mu mol/L$。有中度发生肺气肿的危险性。正常 4 种基因形成任何一种纯合子（M2M3 或 M1M2 等），或者正常基因和任何一种突变基因形成的杂合子都不会发生 α_1-AT 缺乏症。

由多个碱基的改变引起 α_1-AT 表达异常目前只发现了 Nichinan 和 Maltin 两种类型，它们在基因水平上各有一个二联体密码子的缺失，导致了 α_1-AT 分子中相应氨基酸的缺失。

（四）α_1-AT 缺乏症与疾病

α_1-AT 缺乏症是常染色体隐性遗传病，其特征是血清中 α_1-AT 水平下降。α_1-AT 是人体内最主要的中性白细胞弹性蛋白酶（NE）抑制剂，可以保护肺泡组织免受 NE 损害，NE 可损害细胞壁的弹性蛋白及其他组织的结构蛋白。血液中 90% 的 NE 与 α_1-AT 呈 1∶1 比例的结合，形成复合物使 NE 失去活性，进而被内皮系统清除。正常人体血浆和呼吸道上皮黏液中 α_1-AT 水平分别为 20～53$\mu mol/L$ 和 2～5$\mu mol/L$，而 α_1-AT 缺乏症患者则分别为 ＜11$\mu mol/L$ 和 0.5～0.8$\mu mol/L$，如此低的 α_1-AT 水平不能保护肺组织免受 NE 损害，导致蛋白酶对肺泡造成持续的损害，主要损害了肺泡结缔组织中的弹力纤维，使终末气道扩张而形成肺气肿。临床表现为胸闷、气短及渐进性呼吸功能下降，最终导致呼吸衰竭。突变型最初在北欧、高加索人中发现，以后传遍欧洲，又由于移民传到美国和其他国家。

α_1-AT 缺乏症患者儿童时期即有低度发生肺气肿的危险性，30～40 岁有高度发病的危险性。如果有 α_1-AT 缺乏症的个体有吸烟习惯，肺气肿发生率更会提高。α_1-AT 缺乏症的个体发生肺气肿的严重程度有较大差异，这可能与基因 NE 表达的遗传差异性有关。

α_1-AT 缺乏症的个体中，有 10%的人在新生儿时期发生肝炎和胆汁淤滞，并偶尔发展为肝硬化。α_1-AT 缺乏病的中年人中，亦有一部分发生肝炎和肝硬化，而且进一步发展为肝功能衰竭。发生肝脏疾患的人只见于 Z 突变型的个体，其机制可能与 α_1-AT 在肝脏内蓄积有关，因为将 Z 型基因转移到小鼠的实验中，可见到 α_1-AT 在小鼠肝脏内蓄积和肝炎发生，至于为何 α_1-AT 分子的蓄积引起肝细胞损伤和炎症则不详。

第二节 多基因病

多基因遗传是指生物体的一些表型性状由不同座位的两个以上基因协同决定，其性状呈现数量变化的特征，故又称为数量性状遗传，多基因遗传的数量性状为连续变异的性状，如人的身高、血压和智力等，性状的分布为正态分布曲线。多基因遗传中每对基因的性状效应是微小的，基因间的作用可累加，且基因间表现为共显性的特征。多基因遗传性状除受遗传因素作用外，还受环境因素的影响。而多基因病是指起源于多基因遗传和环境因素的疾病，是遗传因素和环境因素相互作用的结果，因此也称多因子病。这类疾病中遗传因素所起作用的百分率(%)称为遗传度。环境因素影响越大，遗传度越低。和单基因病不一样，多基因病是一种异质性疾病，确定某一疾病为多基因遗传病是比较困难的，首先要排除染色体病和单基因遗传病，还要进行较为周密的家系调查，尤其是要获得单卵双生发病一致性的证据。此外，要揭示多基因病的致病机制很困难，这是因为多基因病的遗传因子和环境因子的性质相当复杂，其中某些疾病仅仅是由单个基因座与个别环境因子相互作用所致，而有些疾病则是由多个基因座的微小效应叠加在一起相互作用引起的。尽管多基因病的遗传因子较为复杂，但在不少多基因病中往往有一个或少数几个遗传因子的作用比较明显，或者说比较容易检出，这就为多基因病的分子遗传学研究提供了重要途径，使人们有可能应用重组 DNA 技术，从部分基因座入手揭示多基因病的分子机制。近年来，有关多基因病的分子病理学研究都有了一定的进展。我们在本章中着重介绍高脂蛋白血症和糖尿病的有关分子遗传学研究内容。

一、高脂蛋白血症

高脂蛋白血症(hyperlipoprotememia)是指血液中的一种或几种脂蛋白的含量高于正常值。而高脂血症(hyperlipidaemia)是指血液中脂质水平高于正常。因为所有脂蛋白中都含有脂质，因此只要脂蛋白过量，就会引起血脂水平升高，而血脂在血液中是以脂蛋白的形式进行运转的，因此高脂蛋白血症事实上等同于高脂血症。血浆中的脂质包括胆固醇和甘油三酯，它们是通过血浆脂蛋白在组织间进行转运的。不同血浆脂蛋白的大小，以及所含的脂质成分和肽是不同的。每个脂蛋白颗粒是一个复合大分子，中间是一个由非极性脂质所构成的核心，周围包绕着肽和磷脂。

血浆脂蛋白用超速离心法可分为 5 类：乳糜微粒(chylomicron，CM)、极低密度脂蛋白(very low-density lipoprotein，VLDL)、中间密度脂蛋白(intermediated-density protein，IDL)、低密度脂蛋白(low-density lipoprotein，LDL)和高密度脂蛋白(high-density lipoprotein，HDL)。按颗粒大小和脂质含量排序，CM(主要含甘油三酯)＞VLDL(主要

含甘油三酯)＞IDL＞LDL(主要含胆固醇)＞HDL。按其密度和载脂蛋白含量排序，HDL＞LDL＞IDL＞VLDL＞CM。载脂蛋白是脂蛋白的结构成分，是脂代谢中重要酶的激活或抑制因子，是脂蛋白细胞受体的配体，对脂质代谢起着关键性的作用。

(一)脂蛋白的代谢

富含甘油三酯的脂蛋白是由小肠合成，以乳糜微粒和极低密度脂蛋白形式分泌到血浆中。当它们抵达周围组织(肌肉、脂肪组织和心脏)后，在脂蛋白脂酶的作用下形成颗粒较小的中间密度脂蛋白，然后再进一步代谢成低密度脂蛋白和残留乳糜微粒。当血浆中富含甘油三酯的脂蛋白被分解时，从脂蛋白颗粒上去除的 C-脱辅基蛋白(apoprotein)和某些表面磷脂，可与血浆中的高密度脂蛋白结合，重新参与新的 VLDL 的形成。LDL在肝脏和周围组织中降解，这些组织中含有 LDL 细胞表面受体，能特异性地和 LDL 结合，刺激胞吞作用，使 LDL 颗粒胞吞后在细胞内被溶酶体分解。由于这一作用阻抑了细胞内胆固醇的生物合成途径，使细胞内胆固醇酯化作用增加。

HDL 主要是在小肠和肝脏中合成的。由肝脏合成的 HDL 主要含有 E-脱辅基蛋白，而由小肠合成的 HDL 主要含有 A-脱辅基蛋白。至少有两类成熟的 HDL 颗粒——HDL2和 HDL3，它们的直径分别为 9.5～10nm 和 7.0～7.5nm。在 VLDL 分解成 LDL 期间，某些表面成分如肽和磷脂与 HDL3 结合，使 HDL3 转变成 HDL2。因此，脂质在不同组织之间转运的时候，不同的脂蛋白颗粒经历了一个复杂的相互转化过程(图 6-6)。载脂蛋白是脂蛋白中的重要成分。在脂蛋白系统中至少存在着 12 种不同的载脂蛋白，它们是apo(a)、A-Ⅰ、A-Ⅱ、A-Ⅲ，A-Ⅳ、B-100、B-48、C-Ⅰ、C-Ⅱ、C-Ⅲ、E、J 等。最初认为载脂蛋白在脂蛋白颗粒的形成和稳定中起结构作用。现在认识到，其中许多类型的载脂蛋白，如 apoA-Ⅰ、apoC-Ⅰ、apoC-Ⅱ、apoC-Ⅲ、apoE 在周围组织脂蛋白代谢中发挥了重要的功能，它们能调节脂蛋白代谢中的酶，并和有关受体发生相互作用。人血浆脂蛋白中载脂蛋白的一些类型的性质见表 6-1。

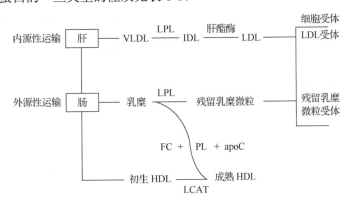

图 6-6　脂质运输简图

VLDL，极低密度脂蛋白；IDL，中间密度脂蛋白；LDL，低密度脂蛋白；FC，游离胆固醇；apoC，C-脱辅基蛋白质；
LPL，脂蛋白脂酶；PL，磷脂；LCAT，卵磷脂胆固醇乙酰转移酶；HDL，高密度脂蛋白

表 6-1 人脱辅基脂蛋白的性质

载脂蛋白	Mr	氨基酸数目	合成部位	功能
A-I	28 300	243	肠/肝	激活 LCAT
A-II	17 000	154	肠/肝	
B100	549 000	—	肝	结合于 LDL 受体
B48	246 000	—	肠	甘油三酯运输
I	6 331	57	肝	激活 LCAT
II	8 837	78	肝	激活 LPL
III	8 764	79	肝	抑制 LPL
E	33 000	299	肝/肠、巨噬细胞	结合于肝受体

注：LDL，低密度脂蛋白；LCAT，卵磷脂胆固醇乙酰转移酶；LDL，脂蛋白脂酶。

(二)高脂蛋白血症的类型

世界卫生组织根据血浆中积聚的脂蛋白类型将高脂蛋白血症分为Ⅰ、Ⅱ、Ⅲ、Ⅳ和Ⅴ型，任何一型脂蛋白代谢异常都会导致某种特定脂蛋白含量升高，所以临床上通过判断哪一种脂蛋白含量升高，就可以诊断是哪一种类型的高脂蛋白血症。最为常见的是Ⅰ和Ⅳ型。每一种类型可进一步分为两种亚型，即原发性高脂蛋白血症和继发性高脂蛋白血症。

原发性高脂血症是指脂质和脂蛋白代谢先天性缺陷(遗传因素)，以及某些环境因素所引起的。环境因素包括饮食和药物等，概述如下。①遗传因素，遗传可通过多种机制引起高脂蛋白血症，某些可能发生在细胞水平上，主要表现为细胞表面脂蛋白受体缺陷及细胞内某些酶的缺陷(如脂蛋白脂酶的缺陷或缺乏)，也可发生在脂蛋白或载脂蛋白的分子上，多由于基因缺陷引起。②饮食因素，饮食因素作用比较复杂，高脂蛋白血症患者中有相当大的比例是与饮食因素密切相关的。糖类摄入过多，可影响胰岛素分泌，加速肝脏极低密度脂蛋白的合成，易引起高甘油三酯血症。胆固醇和动物脂肪摄入过多与高胆固醇血症形成有关，其他膳食成分(如长期摄入过量的蛋白质、脂肪、碳水化合物及膳食纤维摄入量过少等)也与该病发生有关。

继发性高脂血症系指由于其他原发病所引起者，这些疾病包括糖尿病、肝病、甲状腺疾病、肾脏疾病和肥胖症等。继发性高脂蛋白血症在临床上相当多见，如不仔细分析原发疾病的病因，治标而未治其本，则不能从根本上解决问题，于治疗不利。现简述如下。

(1)糖尿病与高脂蛋白血症在人体内糖代谢与脂肪代谢之间有着密切的联系，临床研究发现，约40%的糖尿病患者可继发引起高脂血症。一般情况下，胰岛素依赖型糖尿病患者，血液中最常出现乳糜微粒(CM)和极低密度脂蛋白(VLDL)的代谢紊乱，这与病情的严重度有关。非胰岛素依赖型糖尿病发生脂蛋白代谢异常者更为多见，可能与本型患者最常合并肥胖有关。因此，有人认为，非胰岛素依赖型糖尿病、肥胖症、高脂血症和冠心病是中老年人中最常见的一种综合征。在控制体重和限制糖类摄入后，这类患者的脂蛋白异常会得到一定程度的改善。

(2)肝病与高脂蛋白血症。现代医学研究资料证实,许多物质包括脂质和脂蛋白等是在肝脏进行加工、生产、分解、排泄的。一旦肝脏有病,则脂质和脂蛋白代谢也必将发生紊乱。以中老年人最常见的脂肪肝为例,在临床观察中可以看到,不论何种原因引起的脂肪肝,均有可能引起血脂和极低密度脂蛋白(VLDL)含量增高,表现为IV型高脂蛋白血症。

(3)肥胖症与高脂蛋白血症。临床医学研究资料表明,肥胖症最易继发引起血甘油三酯含量增高,部分患者血胆固醇含量也可能增高,主要表现为IV型高脂蛋白血症,其次为IIb型高脂蛋白血症。

此外,已有的研究结果表明,生理和病理(包括滥用药物所致等)变化所引起的激素(如胰岛素、甲状腺素、肾上腺皮质激素等)改变及代谢(尤其是糖代谢)异常,均可引起高脂血症。

(三) I 型高脂蛋白血症

I 型高脂蛋白血症极罕见,属于遗传性疾病,为常染色体隐性遗传。它是因脂蛋白脂酶(lipoprotein lipase,LPL)和载脂蛋白 C-II(apoC-II)缺陷引起的 LPL 酶活力丧失,从而导致的脂蛋白代谢失调。脂蛋白脂酶活性缺乏后,外源性甘油三酯不能被水解,造成大量乳糜微粒堆积于血液中,乳糜微粒升高伴随着甘油三酯水平升高和胆固醇水平的轻度升高。该病常在青少年时期被发现,也可继发于其他全身性疾病,如系统性红斑狼疮等。其主要临床症状包括不能耐受脂肪饮食、复发性腹痛、疹状皮肤黄色瘤和肝脾肿大等。

1. LPL 基因变异

1) LPL 蛋白结构

脂蛋白脂酶是脂肪细胞、心肌细胞、骨骼肌细胞、乳腺细胞及巨噬细胞等实质细胞合成和分泌的一种糖蛋白,由两个相同的亚基组成,单亚基分子质量为 60kDa,含糖约8.3%。前肽含 475 个氨基酸,翻译后修饰过程中,除去由 27 个氨基酸残基组成的信号肽,并在第 43、257、359 位的 Asn 上糖基化。其中 Asn43 为 LPL 蛋白分泌和发挥正常功能所必需。成熟的 LPL 蛋白由 448 个氨基酸残基构成。目前人类 LPL 二级结构尚未阐明,推测 LPL 分子结构上分为两部分——N 端区的和 C 端区。N 端区包括 1～315 位氨基酸,形成一个以 β 折叠为主的近球形结构,它是 LPL 重要的功能区,催化活性中心Ser132·His241·Aspl56 就位于此区,用中性氨基酸取代活性中心附近的氨基酸,LPL 活性明显下降或消失。C 端区呈一个折叠的柱状结构与球状的 N 端区相连,C 端区的功能尚有争议,多数认为该区域介导酶与底物接触、形成活性的 LPL 同源二聚体及间接参与酶解过程。在外显子 6 编码的肽段上,有正电荷丛集的氨基酸残基序列 Lys-Val-Arg-Lys-Arg-Ser-Ser-Lys,它与毛细血管壁上带负电荷的硫酸肝素结合,使活性的 LPL 蛋白得以"锚"在血管壁上,肝素可以促进锚定的 LPL 释放入血液。LPL 生理功能是催化 CM 和VLDL 核心的甘油三酯分解为脂肪酸和单酸甘油酯,以供组织氧化供能和储存。LPL 还能附着在这些脂蛋白残粒中,可能形成肝摄取这些颗粒的信号。LPL 还参与 VLDL 和

HDL 之间的载脂蛋白和磷脂的转换，ApoC-II 为其必需的辅因子，其 C 端的第 61~79 位氨基酸具有激活 LPL 的能力，所以 ApoC-II 的缺陷导致 LPL 的功能缺失。

LPL 在实质细胞的粗面内质网合成，新合成的 LPL 留在核周围内质网，属于无活性的酶前体，糖基化后就转化成有活性的 LPL 酶。如何从细胞中分泌，目前认为有两种机制：其一是细胞合成的 LPL 后直接分泌，称为基本型分泌；其二是调节型分泌，某些细胞新合成 LPL 储存于分泌管内，一旦细胞受到一个合适的促分泌刺激，LDL 即分泌，此时分泌往往大于合成。所有细胞都具备基本型分泌，只有少部分细胞兼有两种分泌形式。

2）LPL 的基因结构

人 LPL 的基因全长 35kb，位于 8 号染色体短臂上（8p22），包括 10 个外显子和 9 个内含子，与胰脂酶和肝脂酶基因具有高度同源性。第一个外显子长 273bp，包含 5′端非翻译区的 188 个核苷酸，以及编码信号肽的 27 个氨基酸和成熟 LPL 的头两个氨基酸。外显子 2~5 长度分别为 161bp、180bp、112bp 和 234bp，其中外显子 2 所编码的 Asn43 糖基化位点为 LPL 催化活性必需的，外显子 4 编码脂质结合区。外显子 6 长 243bp，编码肝素结合区。外显子 7~9 长度分别为 121bp、183bp 和 105bp。编码的区域与 ApoCII 结合。外显子 10 长 1950bp，编码整个 3′端非翻译区。TATA 框和 CAAT 框结构分别位于−27 和−65 附近。除此以外，在该区还发现一些重要的调节序列，如肾上腺皮质激素的调节元件等。LPL 内含子 7 中有一完整的 Alu 序列，长 282bp，位于内含子 7 第 1027~746 位，内含子 6 中也存在 Alu 序列，推测其功能与基因转录的调节、hnRNA 的加工及 DNA 复制的启动有关，此外，还可能是基因重排的热点。利用限制性片段长度多态性（RFLP）技术检测出 LPL 的基因位点存在多态性，主要分布在 LPL 的基因内含子和侧翼序列中，其中内含子 6 中的 *Pvu*II 多态位点和内含子 8 中的 *Hind*III 多态位点与高脂血症有关，可作为高脂血症的家系连锁分析的遗传标记。

3）LPL 的基因突变

目前发现的 LPL 的基因变异主要有以下三种类型。

（1）碱基置换突变。按性质又可分为错义突变和无意义突变，错义突变多集中在 LPL 活性中心所在的 N 端区，如 Gly142、Ala176、Gly188、Ile194、Leu207、Arg243 等，这些氨基酸被取代则 LPL 活性显著降低；无意义突变导致合成肽链变短，如突变位点在第 106 位氨基酸的编码基因上，产生出来的短肽链产物不具有 LPL 催化功能，导致 I 型高脂血症发生；而在第 447 位氨基酸的突变（Ser→Thr），其产物 C 端缺失 2 个氨基酸，不影响 LPL 活性。

（2）移码突变。这种突变有的会生成终止密码而使翻译过程提前终止。例如，G916 位碱基发生缺失，产生一个提前终止码，利用 Northern 印迹技术未检测到 LPL 的 mRNA，推测突变可能导致 mRNA 稳定性下降。

（3）基因重排。表现为大片段缺失或插入，目前发现外显子 6 中 2kb 插入，外显子 9 中 3kb 缺失，这些结构重排均使 LPL 的基因失去正常表达能力，导致 I 型高脂蛋白血症。另外，外显子和 Alu 重复序列的交换也可造成 LPL 的基因部分序列的重复，导致 LPL 蛋白的缺乏。

4）LPL 的基因突变的遗传效应

人群中突变基因携带者频率为 1/500，发病率 1/106，患者体内合成的 LPL 不具正常的催化水解功能，导致体内脂代谢失调，使血浆中甘油三酯水平升高（15～20mmol/L）。LPL 缺陷的患者体内的 LPL 的含量大致有以下三种水平：①LPL 的绝对缺陷，用目前的方法检测不出 LPL 的存在；②可在注射肝素后的血浆中检测到 LPL；③可在注射肝素前血浆中检测到少量 LPL 活性。

2. apoC-Ⅱ基因变异

1）apoC-Ⅱ基因结构

人 apoC-Ⅱ基因全长约 3.4kb，具有 4 个外显子和 3 个内含子，4 个外显子的长度分别为 25bp、68bp、160bp 和 229bp。apoC-Ⅱ基因位于 19 号染色体上，存在于 50kb 的 apoE 和 apoC-I 基因的基因簇中。

2）apoC-Ⅱ基因突变

（1）无义突变。如 apoC-Ⅱ Padova、apoC-Ⅱ paris1、apoC-Ⅱ Paris2、apoC-Ⅱ Nijmegan，合成出被截断的 apoC-Ⅱ，失去了与 LPL 协同作用的能力。

（2）剪接位点突变。如 apoC-Ⅱ Hanburg，使得血浆中 apoC-Ⅱ处于低水平。

（3）错义突变。如 apoC-Ⅱ Paris 1，由于关键部位的氨基酸密码子被替换，产生了无功能的蛋白质。

大多数的 apoC-Ⅱ变异只发生在少量碱基上，一般不具有大段基因的缺失或重排现象。

3）apoC-Ⅱ基因变异的遗传效应

apoC-Ⅱ蛋白的相对分子质量为 8800，存在于血浆的乳糜微粒、VLDL、HDL 中，主要功能是作为 LPL 的激活因子，可协同 LPL 水解 VLDL 和乳糜微粒中的甘油三酯。对具有高脂蛋白血症的患者血浆中 apoC-Ⅱ的分析表明：apoCⅡ变异后，可以在血浆中出现绝对缺陷，或出现无功能的 apoCⅡ变异体，或出现正常 apoCⅡ，但其含量显著减少。人体内即使有正常数量及功能正常的 LDL，如果 apoCⅡ缺乏也同样表现出脂蛋白代谢紊乱，发生并发症。

（四）Ⅱ型高脂蛋白血症

1. Ⅱ型高脂蛋白血症的类型

Ⅱ型高脂蛋白血症最常见，与动脉粥样硬化的相关性也最高。其症状是 LDL 的增高，虽然 LDL 以正常的速率合成，但由肝细胞表面 LDL 受体数量减少，引起 LDL 的血浆清除速率下降，导致其在血液中堆积。因为 LDL 是胆固醇的主要载体，所以Ⅱ型患者的血浆胆固醇水平升高。因此，高脂蛋白血症又称高胆固醇血症（hypercholesterolemia）。Ⅱ型又分成为Ⅱa 和Ⅱb 型，它们的区别在于：Ⅱb 型 LDL 和 VLDL 水平都升高，而Ⅱa 型仅有 LDL 水平升高。因此，Ⅱa 型引起胆固醇水平的升高，甘油三酯水平正常；Ⅱb 型 LDL 和 VLDL 同时升高，由于 VLDL 富含甘油三酯，因此Ⅱb 型患者甘油三酯和胆固醇水平都升高。

高胆固醇血症（Ⅱ型高脂蛋白血症）可分为三类：①家族性高胆固醇血症（FH）；②家族性联合型高脂蛋白血症（FCH）；③高胆固醇血症。前两种类型呈常染色体显性遗传，第三种类型不是以孟德尔方式遗传的，却表现出强烈的家族倾向，提示这一类型可能属于多基因遗传类型，可能有两个或两个以上的缺陷基因参与这一类型的异常表达。

获得性Ⅱ型高脂蛋白血症通常与饮食中胆固醇和饱和脂肪酸摄入过多有关。据认为它是引起动脉粥样硬化的众多原因之一。但是在获得性高脂蛋白血症中，遗传机制仍起着重要作用，某些个体即使经常摄入高胆固醇饮食，并不产生高胆固醇血症；而另外有些个体饮食中只含中等量的胆固醇，仍然会产生高胆固醇血症，显示出这部分个体特别易感这类疾病。这种对环境作用的不同易感性提示获得性Ⅱ型高脂蛋白血症存在遗传基础。

2. 家族性高胆固醇血症

最常见的高胆固醇血症是家族型高胆固醇血症（familial hypercholesterolemia，FH）。这是一种常染色体显性遗传病，特征为血胆固醇水平显著升高、黄色瘤和早发心肌梗死。一般人群中，FH 杂合子的频率高达 1/500，FH 纯合子较为罕见，频率在 1/1 000 000 左右。其发病机制是，人细胞膜上低密度脂蛋白受体（LDLR）基因突变引起 LDLR 功能异常。

1）LDLR 蛋白结构

LDLR 是一种细胞表面糖蛋白，以肝细胞含量最多。细胞内新合成的 LDLR 前体由 860 个氨基酸残基组成，相对分子质量 120 000，在由内质网向高尔基体转运中，切去由 21 个氨基酸残基的信号肽，加上 18 个 O-连接和 2 个 N-连接的寡糖链，形成成熟的 LDLR（相对分子质量 160 000），其合成后约 45min 到达细胞表面。

从结构与功能的关系来看，LDLR 由 5 个功能区组成。1 区为配体（如 LDL、β-VLDL）结合区，由位于胞外 N 端的 292 个氨基酸残基组成，含 7 个重复片段。每个片段内有 6 个 Cys，全部以链内二硫键相连，它们在维持该区的空间结构中起重要作用。每一重复片段的 C 侧，存在一个三肽保守序列 Ser-Asp-Glu，它们与该区配体的结合能力密切相关。2 区由约 400 个氨基酸残基组成，其序列与表皮生长因子（EGF）前体胞外 30%同源，内含 3 个重复片段 A、B、C。重复片段 A 在 1 区结合 LDL 时起辅助作用。3 区由 58 个氨基酸残基组成，内含 18 个羟基氨基酸，是受体过程中的主要糖化部位。4 区由横跨细胞膜的 22 个疏水氨基酸残基组成，其功能是将整个 LDLR"锚"连在细胞膜上。5 区为受体伸入细胞质的尾部，由 C 端的 50 个氨基酸残基组成，该区在将细胞膜上的 LDLR 引入衣被小窝的过程中起重要作用。

2）LDLR 基因结构

LDLR 基因定位于染色体 19p13.1-p13.3，为单拷贝基因，长度约 45kb，由 18 个外显子和 17 个内含子组成。每个外显子与 LDLR 功能结构区之间有密切的对应关系。

LDLR 在结构上有一重要特点，它是一个外显子镶嵌物，外显子可由 LDLR 基因移动到另一个基因上，也可由另一个基因移动到 LDLR 基因上。现已证明，LDLR、EGF 前体和凝血因子中所具有的重复单位都是由一个独立的外显子编码的。这些蛋白质顺序与外显子之间的关系表明它们属于一个超基因家族。同时也提示，这一超基因家族是经过外显子移动(exon shuffling)而形成的。外显子移动是进化中的一个重要机制,当某一蛋白质顺序中的一个原始结构域进化到具有一定的结构或催化功能后,便可在基因组由扩散开来,以这种方式使整个进化速率显著加快。Gilbert 认为,其机制与 RNA 中间物或 DNA 链间的重组有关。有人提出 *LDLR* 基因中的某些突变可能是由与外显子移动相似的机制引起的。

3) *LDLR* 基因突变

到目前为止,对 FH 患者 *LDLR* 基因分析已发现至少 150 种不同的基因突变。杂合 FH 发生的频率大约为 1/500,按突变对 LDLR 结构与功能的影响,可将 *LDLR* 基因突变分为 4 型。各型突变均因导致细胞表面功能性 LDLR 数量减少,引发 LDL 代谢障碍而致血液中 LDL 含量大幅度升高。

以 DNA 水平看,*LDLR* 基因突变有缺失突变、错义突变、无义突变和插入突变 4 种。其中缺失突变最为多见,它涉及除外显子 6 以外所有外显子,缺失长度 3bp 至 13kb 不等,突变影响 LDLR 所有 5 个功能区。

引起 I 型突变的多为 *LDLR* 基因大段 DNA 缺失。在 *FH49* 和 *FH26* 的基因中,缺失去掉了基因启动子和外显子 1,患者细胞中无相应的 mRNA 存在。该种突变的结合子有最彻底的 *LDLR* 缺失。*FH381* 和 *FHTD* 的缺失位于基因中部,均影响受体蛋白的 2 区。患者细胞内有相应 mRNA 存在,但用针对正常 LDLR 的特异抗体不能检出细胞内有受体蛋白存在。可能的原因是:①缺失导致 LDLR 抗原性明显改变,使正常 LDLR 抗体不能与 LDLR 结合,导致检测不出来;②突变使 LDLR 合成后迅速分解。

II 型突变主要影响 LDLR 的 1 区和 2 区,以错义突变较为多见。由单个氨基酸残基替换或小段 DNA 缺失引起 LDLR 在细胞内转运或成熟受阻的机制尚未完全阐明。LDLR 前体合成速率正常,但成熟缓慢。到达细胞表面的未成熟受体不能与配体 LDL 结合。受体蛋白 2 区重复片段 C 内 Pro644→Leu 替换引起蛋白质折叠异常,可能导致 LDLR 功能缺陷。

III 型突变累及 LDLR 的 1 区重复片段 2~7 或 2 区重复片段 A 而干扰受体与配体的正常结合。FH626 的 *LDLR* 基因由于内含子 4 与内含子 5 内的 Alu 重复系列间同源链内重组,使外显子 4 直接连接到外显子 6 上,外显子 5 缺失。此缺失不改变可读框,仅导致 LDLR 的 1 区重复片段 6 丢失,受体可成熟并到达细胞表面,但不能与 LDL 结合,奇怪的是,该受体保留与 βLDLR 结合并将其内吞入胞的能力,提示 1 区的重复片段 6 仅为 LDL 但不为 βVLDL 结合所必需。

IV 型突变累及 LDLR 的跨膜区(4 区)和 C 端尾区(5 区)。受体虽可运至细胞表面,但因不能进入衣被小窝中而出现内吞障碍。FH781、FH274 和 FH Helsink 三者都有 *LDLR* 基因内含子 15 与外显子 18ALU 重复序列间的链内同源重组,导致外显子 16~18 缺失,相应地,LDLR 的跨膜区和 C 尾区缺失。由于缺失使内含子 15 与外显子 18 内的剪接部位丢失,以至外显子 15 的可读框进入内含子 15 的残部,部分内含子 15 序列出现在成熟的 mRNA 中。突变受体因无跨膜区,无力"锚"定在膜上而分泌入细胞外液中,从而表现为 IV 型缺陷。

4) *LDLR* 基因突变的遗传学效应

LDLR 位于细胞表面,它能和血清中富含胆固醇的 LDL 颗粒和 β-LDL 颗粒特异地结合,然后通过受体介导的胞吞作用进入细胞内。进入细胞内的颗粒在溶酶体内分解,释放出胆固醇。如果 *LDLR* 基因发生突变,可引起 LDLR 数目降低或受体蛋白结构发生改变,不再能与 LDL 结合或与 LDL 结合后胞吞障碍,最终导致血液内胆固醇水平显著增高。因此,具有 *LDLR* 基因突变的个体可表现为家族性高胆固醇血症(FH)。FH 除了具有血液胆固醇浓度增高外,还可导致成熟前动脉粥样硬化和冠心病。

(五)Ⅲ型高脂蛋白血症

Ⅲ型高脂蛋白血症(Ⅲ型 HLP)较少见,常为家族性,是隐性遗传病,发病原因是 VLDL 向 LDL 的转化不完全,在这类患者的血浆中可发现一种密度介于 VLDL 和 LDL 之间的 IDL 异常颗粒,表现为高胆固醇血症和高甘油三酯血症。Ⅲ型高脂蛋白血症的代谢缺陷是由于残留乳糜微粒廓清障碍所致。患者常在 30～40 岁时出现扁平黄色瘤(橙黄色的脂质沉着,常发生于手掌部)和肌肤黄色瘤、早发冠状动脉和其他动脉疾病,常伴肥胖和血尿酸增高。这一缺陷往往与载脂蛋白 E(apoE)多态变异型的存在有关。

1. apoE 蛋白的结构和功能

apoE 是一种糖蛋白,相对分子质量为 34 200,由 299 个氨基酸组成。由于其肽链中精氨酸(Arg)残基量占氨基酸残基总数 10%以上,故又称为"富精肽"。apoE 分子可分为两个结构区,一个是 N 端片段(氨基酸序列 20～165),一个是 C 端片段(氨基酸序列 255～299)。两片段之间由松散的"铰链区"连接。其中 N 端片段结构稳定紧密,与溶液中球蛋白具有相似的性质;而 C 端片段稳定性较低,结构松散、伸展,与其他载脂蛋白相似。

apoE 受体结合区域存在于 N 端 126～191 氨基酸残基区域。Lalazar 等研究表明,apoE 的 N 端 140～160 氨基酸残基附近区域对于受体结合是非常重要的。特别是这一部分中的碱性氨基酸 Arg 和 Lys 是 apoE 结合受体所必需的。这一区域中一个氨基酸取代就可影响受体结合活性,与遗传性脂质紊乱Ⅲ型 HLP 有密切关系。

apoE 的 C 端片段可能是主要的脂蛋白脂类结合区,它含有几个 α 螺旋结构。当脂质缺乏时,通过 C 端片段介导,apoE 连接成四聚体(N 端片段无此特性)。更有趣的是,apoE 易与富含甘油三酯的脂蛋白结合,而 apoE 的异构体 apoE2 和 apoE3 易与 HDL 相结合,但这不是 C 端片段的作用,而是三种异构体 N 端氨基酸序列不同所致,apoE2 受体结合力降低和 apoE 4 对脂蛋白不同结合力可以解释正常个体间血脂水平差异。

apoE 主要存在于 VLDL、CM、CM 残骸(chylomicron remnant),以及 βVLPL 和 HDL 的亚类 HDL1 和 HDL2 中。各种组织如肝、脾、肾均能合成和分泌 apoE。正常人血浆 apoE 浓度为 0.03～0.05mg/ml。apoE 以唾液酸化形式分泌,80%在血液循环中脱唾液酸化。apoE 作为 apoE 受体(存在于肝脏)和 apoBE(LDL)受体(存在于肝外和肝组织)的配基,能与这两种受体结合,其主要生理功能是通过受体中介,在脂蛋白代谢中起重要作用。

2. *apoE* 基因结构及其多态性

人 *apoE* 基因位于 19 号染色体上,由 4 个外显子和 3 个内含子组成。按从 5′ 端至 3′ 端序列,外显子长度分别为 44bp、66bp、193bp、860bp,内含子长度分别为:760bp、1092bp、582bp。与 mRNA 结构相比较,内含子分别位于 5′ 非编码区,编码甘氨酸信号肽位点上游 4 区,编码精氨酸成熟肽位点下游 61 区。*apoE* 基因及其对应的 mRNA 长度分别为 3597bp 和 1163bp。用 S1 核酸酶基因定位检查该基因 5′ 端,发现多个转录起始位点。5′ 侧翼区附近有一个 TATA 框,是 *apoE* 基因启动子。

apoE 基因位点存在多态性。3 种常见的等位基因为 ε2、ε3、ε4,分别编码 3 种主要 apoE 异构体 E2、E3、E4。人群中这 3 种基因频率(日本)分别为 2.4%、86.5%和 11.1%。这 3 种等位基因中任何 2 种表达可产生 6 种不同的表型,即 E4/4、E4/3、E4/2、E3/3、E3/2 和 E2/2。Rall 等首先测定了 apoE 分子的一级结构,发现 apoE 这种多态性的分子基础区别源于 112 位和 158 位 Cys 与 Arg 的单个氨基酸的互换。apoE 的这两个位置均为 Arg,apoE 2 均为 Cys,而 E3 的 112 位上是 Cys、158 位是 Arg。因 E3 出现频率最高,故认为是"野生型",E2 和 E4 由它变异而来。

3. *apoE* 基因变异及其遗传学效应

apoE 基因变异会导致Ⅲ型 HLP。这是一种遗传性异常脂蛋白代谢性疾病,该病患者易发生早发性动脉粥样硬化。其临床特征包括冠状动脉,尤其是下肢的外周动脉粥样化损伤。另一更明显的临床特征是黄瘤的存在。其生化特征是胆固醇和 TG 水平升高,通常分别为 8～20mmol/L 和 3.5～8mmol/L。这是由于一种异常脂蛋白(βVLDL)在血浆中堆积所致,βVLDL 富含 apoE。人群中Ⅲ型 HLP 发生率为 0.1%～0.01%。几乎所有的Ⅲ型 HLP 都是 apoE2/2。由于 apoE2 受体结合力下降,使 CM 和 VLDL 不能正常代谢,从而引起了血浆中 βVLDL 堆积,近年来发现了很多与Ⅲ型 HLP 有关的 *apoE* 基因稀有变异。这些变异型表现出程度不同的受体结合力下降,

apoE2 导致的Ⅲ型 HLP,遗传方式为隐性(杂合子个体不患病)。人群中 apoE2 纯合子出现率为 1%,并且在所有 apoE2/2 个体血浆中均能测到 βVLDL,然而其中仅 1%～10%的个体发生Ⅲ型 HLP。显然还有其他因素参与该病发生(对其他稀有变异也一样),如家族性联合性高脂蛋白血症、内分泌障碍、环境因素、药物副作用、年龄变化等。

与Ⅲ型 HLP 有关的 apoE 稀有变异中,仅一种已证实为隐性遗传,即 apoE1,它与 apoE2 有相同的氨基酸替换,158 位是 Cys,但同时 127 位上 Asp 代替 Gly。对这种变异的纯合子先证者进行家族研究,发现其遗传方式和Ⅲ型 HLP 的表达与 apoE2/2 个体没有什么区别,提示 127 位上的氨基酸替换是无意义的。另一方面,有 4 种变异为显性遗传,即其杂合子也能表现出Ⅲ型 HLP。apoE 的这种变异,100%是原发性异常 β-脂蛋白血症,且几乎均为Ⅲ型 HLP。例如,携 apoE-leiden(含有 7 个串联氨基酸的插入)变异的 5 个家族 128 个成员中,42 个连续 3 代是 apoE-leiden 杂合子,并且都患有异常 β-脂蛋白血症和不同程度的 HLP。

再者,Ⅲ型 HLP 还与 *apoE* 缺失有关。某一家族同胞兄妹由于 *apoE* 第 3 个内含子的受体剪接位点突变,结果虽然 *apoE* 基因基本完整,但不能正常转录和翻译,血浆中测不

到 apoE。这种原因导致的Ⅲ型 HLP 为隐性遗传。

决定这些 *apoE* 基因变异遗传方式的机制尚不清楚,但可以推测是由多种因素综合作用所致。这一问题有待于进一步研究。

(六)Ⅳ型高脂蛋白血症

Ⅳ型高脂蛋白血症的发病率低于Ⅱ型,但也较常见,患者常于 20 岁以后发病,可为家族性,呈显性遗传。临床表现主要为:肌胞黄色瘤、皮下结节状黄色瘤、皮疹样黄色瘤及眼睑黄色斑瘤;视网膜脂血症;进展迅速的动脉粥样硬化;可伴胰腺炎、血尿酸增高;多数具有异常的糖耐量。

Ⅳ型的最主要特征是 VLDL 升高,由于 VLDL 是肝内合成的甘油三酯和胆固醇的主要载体,因此引起甘油三酯的升高,有时也可引起胆固醇水平的升高。该型往往继发于各种其他的疾病,或与饮食习惯有关。Ⅳ型高脂蛋白血症有两种不同的遗传类型:①FCH;②家族性高甘油三酯血症。常见的继发型Ⅳ型则包括糖尿病、酒精摄入过多和肾脏疾病等。在这一类型中,肝细胞内 VLDL 生产速率显著增加,而 VLDL 的廓清则存在障碍。其分子机制尚不清楚,可能Ⅳ型也有几种不同的遗传变异型。此外,这一型的表达明显受环境作用的影响。

(七)Ⅴ型高脂蛋白血症

Ⅴ型高脂蛋白血症多见于成人、肥胖、高尿酸血症及糖尿病患者,饮酒、服用外源性雌激素及肾功能不全可加重该病。Ⅴ型患者血浆中乳糜微粒和 VLDL 都升高,由于这两类脂蛋白甘油三酯含量高,所以在Ⅴ型高脂蛋白血症中,血浆甘油三酯水平显著升高,胆固醇只有轻微升高,HDL、胆固醇水平通常为正常或偏低。Ⅴ型患者中的甘油三酯水平显著高于Ⅳ型患者,但Ⅴ型往往是暂时的,很多Ⅴ型患者只要在食物中减少甘油三酯,血浆中的乳糜微粒水平就会降低。

Ⅴ型高脂蛋白血症也可继发于其他疾病。在家族性Ⅴ型高脂蛋白血症中,75%以上有葡萄糖耐受障碍,Ⅴ型中存在乳糜微粒这一现象提示,在这一型中必然存在周围脂解机制的部分缺陷,结果导致乳糜微粒和 VLDL 廓清延迟。但其具体分子机制仍不清楚。

多年来的临床研究提示,脂蛋白异常可以导致高脂蛋白血症,以及引起冠状动脉心脏病和成熟前动脉粥样硬化症等一系列临床心血管疾病的症状。遗憾的是,虽然大量的流行病学和实验研究材料强烈提示 LDL 具有致动脉粥样硬化性质,但它的机制尚不清楚。

二、糖尿病

糖尿病(diabetes mellitus)也是一种异质性疾病,表现为血糖慢性增高、尿糖丢失和脂肪分解过度,严重的还可出现酮症酸中毒。患者表现为“三多一少”的症状(多吃、多饮、多尿及体重减少)。糖尿病有原发型和继发型两种。原发型糖尿病通常可根据其对胰岛素的治疗需求分为两种类型。①Ⅰ型糖尿病,以前曾称为胰岛素依赖性糖尿病(insulin dependent diabete,IDDM),常常在 35 岁以前发病,占糖尿病的 10%以下。Ⅰ型糖尿病

是由于胰腺 β 细胞受损，失去了产生胰岛素的功能，胰岛素分泌绝对量减少而引起的尿糖和血糖升高的疾病。患者从发病开始就需使用胰岛素治疗，并且终身依赖，发病时糖尿病症状较明显，容易发生酮症。在接受胰岛素治疗后，胰岛 β 细胞功能改善，β 细胞数量也有所增加，临床症状好转，可以减少胰岛素的用量，这就是所谓的"蜜月期"，持续数月后，病情加重，就要靠外援胰岛素控制血糖水平和遏制酮体生成。②Ⅱ型糖尿病，以前曾称为非胰岛素依赖性糖尿病(non-insulin dependent diabete，NIDDM)，多在 35～40 岁之后发病，占糖尿病患者 90%以上。该类型中胰岛细胞正常，胰岛素分泌也正常，有的患者体内胰岛素甚至产生过多，临床表现为胰岛素抵抗或相对不足而出现的糖尿病，可以通过某些口服药物刺激体内胰岛素的分泌。但到后期仍有部分患者需要像Ⅰ型糖尿病那样进行胰岛素治疗。

糖尿病还可由许多继发原因引起，它往往是多个遗传因子与环境因子共同作用的结果。为了弄清该病发生的分子病理机制，需对各个遗传因子进行详细的分析鉴定。大量研究表明，胰岛素基因和胰岛素受体基因等可能是糖尿病多基因遗传基础的主要因子。下面详细介绍这方面的进展。

(一)人胰岛素的分子结构

胰岛素原是一条多肽链，弯曲成一个复合环结构，由三个二硫键维系。成熟胰岛素则由两条肽链组成，即 A 链和 B 链。A 链和 B 链间由与胰岛素原上相同位置的两个二硫键维系，A 链内还有一个二硫键。胰腺 β 细胞中首先合成出前胰岛素原。这种蛋白质具有一个前导肽，在引导多肽链穿过细胞内膜的过程中被切除，留下的多肽称为胰岛素原，储存于胰腺细胞的膜结合囊泡中，经过酶解催化反应，裂解出 33 个氨基酸组成的多肽而成为成熟的胰岛素。

(二)胰岛素的基因结构

人胰岛素基因位于 11 号染色体短臂，由 1355bp 组成，包括 3 个外显子和 2 个内含子。第 1 外显子编码成熟 mRNA 上的核糖体结合位点，第 2 外显子编码包括起始密码子 ATG 及编码信号肽、B 链和 C 链的 DNA 序列。编码 C 肽的 DNA 序列被第 2 内含子分隔开。第 3 外显子编码 A 链序列。位于胰岛素基因 3′ 端终止密码子 74 核苷酸处是 polyA 尾巴。胰岛素基因的 5′ 侧翼区是调节序列。启动子位于第 1 外显子上游 25bp 处。第一外显子上游 168～258bp 的序列为增强子。

(三)胰岛素的基因变异

胰岛素是最为保守的生物分子之一。在八目鳗类鱼中的胰岛素与人胰岛素具有 80% 的同源性。哺乳类动物之间的胰岛素基因结构差异很小。人胰岛素基因也存在着一定量的等位性差异，但一般不在编码区内，也没有发现具有病理效应。与不同动物胰岛素基因座内的序列具有高度同源性这一特征相反,在胰岛素基因 5′ 端侧翼区，跨胰岛素 mRNA 合成起始上游 363～159bp 处存在一个高度多态区域。导致这一区域产生高度多态性的原因是由于在这一区域内插入了不同长度的一段 DNA 序列。根据插入的 DNA 序列长度不等，可将这一区域进一步分成 3 个等位基因：①Ⅰ类等位基因(class Ⅰ allele)，插入一段短 DNA 序列，为 0~600bp；②Ⅱ类等位基因(class Ⅱ allele)，插入一段中等大小的 DNA 序列，为 600~1600bp；③Ⅲ类等位基因(class Ⅲ allele)，插入一段较长的 DNA 序列，为 1600~2000bp。这 3 段插入序列尽管大小差异悬殊，但基本结构相似，都是由一段 14bp 的保守序列串联重复组成，这段保守序列为 ACAGGGGTGTGGGG。因此，Ⅰ类、Ⅱ类和Ⅲ类等位基因的不同就在于各等位基因内部的这段寡核苷酸顺序的串联重复数目不同，它们分别为 40 个、80 个和 160 个。在这 14bp 保守顺序中，只有 GT 是可变的。研究发现，几乎每个个体的插入类型都存在一定的差异，因此这个区域是高度多态的。据推测，该区域可能是胰岛素基因转录的重要功能调节区。由于人是二倍体，从父母亲中获得的胰岛素等位基因型就会出现以下几种：1/1，1/2，1/3，2/2，2/3，3/3。据估计，63% 以上的个体都是杂合子。大多数人种中主要为Ⅰ类及Ⅲ类等位基因，在中国人及高加索人种中频率分别为 0.98、0.22 及 0.67、0.33，Ⅱ类主要见于黑种人。

(四)胰岛素基因与糖尿病

1. 胰岛素基因突变型

目前发现的胰岛素基因突变型基本上都是由于点突变所致。按突变后的功能影响可分为两大类。

1)裂解缺陷型

1976 年 Grabbayr 等在一个患有高胰岛素原血症家系中鉴定出 1 例胰岛素基因突变型。这一突变是由于胰岛素原中的一个氨基酸——精氨酸被替换，从而阻止了 B 链与 C 链的裂解。这一突变呈常染色体显性遗传，但受累个体并不表现为糖尿病。1978 年在一个日本家系中发现了另一个突变型，这一突变型也由于氨基酸替换的结果导致 A 链与 C 链之间的裂解不能正常进行，然而，具有这一突变型的患者不但表现出高胰岛素原血症，而且还患有Ⅱ型糖尿病。

2)胰岛素受体结合缺陷型

这种缺陷型都是由 Tager 等发现的。这种缺陷型有两类，均位于 B 链上，一类位于 B 链第 24 位，另一类位于 B 链第 25 位。突变的形式均为苯丙氯酸被亮氨酸所替换。据认为，这一位置是胰岛素受体的结合位点，具有重要功能。由于这一位置上的突变，导致胰岛素受体结合障碍，出现Ⅱ型糖尿病的一系列临床表现。

2. 与胰岛素基因多态区的相关性

1)Ⅱ型糖尿病

将正常群体和Ⅱ型糖尿病患者的有关基因型频率进行比较发现，在某些人群中，3/3 纯合子的基因型频率在Ⅱ型糖尿病患者中显著增高，疾病的相对发生率为 5，在另一部分人群中甚至达到 10.5，且并发高甘油三酯血症，说明Ⅲ类等位与Ⅱ型糖尿病的发生有密切关系。

2)Ⅰ型糖尿病

在高加索人群中，将Ⅰ类和Ⅲ类等位基因频率用于Ⅰ型糖尿病患者的研究发现，1/1

基因型频率在Ⅰ型糖尿病患者中显著增高，表明Ⅰ类等位基因与Ⅰ型糖尿病的发生呈高度相关性，而且发现这一关系的显著性甚至高于3/3基因型与Ⅱ型糖尿病之间的关系。

(五)胰岛素受体基因与糖尿病

胰岛素作用于靶细胞需胰岛素受体的转膜信号活性。胰岛素受体是一种质膜糖蛋白，它由连接胰岛素的两个α亚单位和具有酪氨酸特异蛋白激酶活性的两个β亚单位组成。连接到α亚单位的胰岛素刺激β亚单位的酪氨酸激酶活性，导致受体的自动磷酸化、β亚单位的构象改变，以及作用于其他底物的受体激酶激活，从而产生一系列连锁的生理活动。

对胰岛素有异常抵抗的两种罕见的临床综合征(A型综合征和内分泌严重紊乱的Dohohue综合征)为糖尿病受体缺陷作用的研究提供了论据。研究显示，这些基因缺陷包括影响mRNA的表达、改变受体前体产生过程的点突变，以及阻断成熟受体插入到质膜的点突变和其他导致胰岛素连接降低的缺陷。在受体酪氨酸激酶区域内的基因缺陷也常发生。A型综合征患者其β亚单位发生点突变，因而在激酶区域中导致一个丝氨酸残基代替色氨酸。Odawata等描述了一个受体Gly—X—Gly—X—X—Gly序列有改变的点突变杂合子病例，这些序列是ATP连接所必需的。

总之，这些突变最终都将导致胰岛素受体与胰岛素的结合性降低，产生靶细胞抵抗胰岛素作用的现象。这主要是Ⅱ型糖尿病的特征。

(六)糖尿病的病因

除胰岛素和胰岛素受体基因突变外，还有很多遗传及环境因素影响糖尿病的发生，下面分别就Ⅰ型和Ⅱ型糖尿病谈谈其发病原因。

1. Ⅰ型糖尿病

(1)自身免疫系统缺陷：在Ⅰ型糖尿病患者的血液中可查出多种自身免疫抗体，如谷氨酸脱羧酶抗体(GAD抗体)、胰岛细胞抗体(ICA抗体)等。这些异常的自身抗体可以损伤人体胰岛分泌胰岛素的β细胞，使之不能正常分泌胰岛素。

(2)遗传因素：目前研究提示遗传缺陷是Ⅰ型糖尿病的发病基础，这种遗传缺陷表现在人6号染色体的HLA抗原异常上。

(3)病毒感染可能是诱因：许多科学家怀疑病毒也能引起Ⅰ型糖尿病。这是因为Ⅰ型糖尿病患者发病之前的一段时间内常常经过病毒感染，而且Ⅰ型糖尿病的"流行"，往往出现在病毒流行之后。病毒，如引起流行性腮腺炎和风疹的病毒，以及能引起脊髓灰质炎的病毒家族，都可以在Ⅰ型糖尿病中起作用。

(4)其他因素：如牛奶、氧自由基、一些灭鼠药等，这些因素是否可以引起糖尿病，科学家正在研究之中。

2. Ⅱ型糖尿病

(1)遗传因素：和Ⅰ型糖尿病类似，Ⅱ型糖尿病也有家族发病的特点，因此很可能与基因遗传有关。这种遗传特性Ⅱ型糖尿病比Ⅰ型糖尿病更为明显。

（2）肥胖：Ⅱ型糖尿病的一个重要因素可能就是肥胖症。遗传原因可引起肥胖，同样也可引起Ⅱ型糖尿病。身体中心型肥胖患者的多余脂肪集中在腹部，他们比那些脂肪集中在臀部与大腿上的人更容易发生Ⅱ型糖尿病。

（3）年龄：年龄也是Ⅱ型糖尿病的发病因素。有一半的Ⅱ型糖尿病患者多在 55 岁以后发病。高龄患者容易出现糖尿病也与年纪大的人容易超重有关。

（4）生活方式：吃高热量的食物和运动量的减少也能引起糖尿病，有人认为这也是由于肥胖而引起的。肥胖症和Ⅱ型糖尿病一样，在那些饮食和活动习惯均已"西化"的美籍亚裔和拉丁美裔人中更为普遍。

（七）糖尿病的分子遗传学标志

糖尿病遗传学研究历时半个多世纪，但其发病机制迄今未阐明。其主要原因有两个。①糖尿病并非单一的临床疾病而是一种异质性疾病。目前尚未阐明每一种糖尿病的遗传本质，亦缺乏识别各病的遗传标志。因此，研究样本中糖尿病患者可能是混有不同病因的群体。②糖尿病是一种外显性不全的情况。目前认为，糖尿病遗传因素赋予个体的是发生糖尿病的易感性，而其表达则受各种环境因素修饰。只有在充分受环境因素作用下才能使糖尿病显现。由于缺乏识别糖尿病的遗传标志，使研究中的对照人群往往混有未发病的糖尿病遗传易感者。近年来分子生物学技术的飞跃发展为糖尿病遗传学研究开辟了广阔前景。这里就糖尿病遗传标志分子生物学研究近况作简单介绍。

有一类特殊的基因可以使人易患糖尿病，这类基因负责合成人类白细胞抗原（HLA），这些抗原能将体内自身的细胞作为"自己方"辨认出来，再由它们告诉免疫细胞不要破坏这些身体自身的细胞。科学家们认为，一些 HLA 抗原错误地将 β 细胞认作"非己方"而被免疫细胞破坏掉，这就是自身免疫反应。Ⅰ型糖尿病中，胰脏中能产生胰岛素的 β 细胞被自身免疫攻击所破坏，这种破坏过程在症状出现前好几个月就已经开始了。每个人都有许多种 HLA 基因，这样也就有许多类型的 HLA 抗原。每个人都从父母那里各继承一种 HLA 基因。其中有一型 HLA 基因称为 HLA-OR，与Ⅰ型糖尿病连锁最紧密。HLA-DR 变异很大，但 95%的Ⅰ型糖尿病患者有 DR3 型和 DR4 型或同时拥有二者。这使得研究人员怀疑 DR3 和 DR4 可变区可以使人更易得Ⅰ型糖尿病。不过，应当注意有45%的非Ⅰ型糖尿病患者也有 DR3 和 DR4 可变区。另外，另一个叫 HLA-DQ 的 HLA 基因，也可能在Ⅰ型糖尿病中起作用。仅仅继承了一个有易感性的 HLA 可变区并不意味这个人一定得糖尿病。绝大多数带 DR3 或 DR4 的人生活得很健康。但如果有Ⅰ型糖尿病家族史，那么这些分析可以帮助预测发病危险。例如，患者的兄弟姐妹如果有两个HLA-DR 可变区与之相同，将有 15%的机会患Ⅰ型糖尿病；但如果仅有一个可变区相同，那么危险性降 5%；如果没有相同可变区，那么危险性只有 1%或者更小。我们对Ⅰ型糖尿病的发病机制研究越多，越觉得答案不简单。看来没有一种因素或特点能单独导致糖尿病。除了 HLA 可变区外，研究人员在不同染色体上又鉴定了另外几个基因族，它们可能也在Ⅰ型糖尿病中扮演了一定的角色。

识别糖尿病分子遗传学标志，对阐明各种糖尿病遗传学发病机制有重要理论及临床实践意义。确定糖尿病遗传学标志就有可能建立从普通群体中找出高危人群的方法。此种方法将比任何临床生化诊断更早，故被称为发病前诊断。对此种人群，通过改变避免某些环境因素，就有可能防止或延缓糖尿病发病。

第三节　线粒体遗传病

线粒体为细胞的能量工厂，除红细胞外，几乎所有细胞的主要能量来源均为线粒体。线粒体为人体中唯一含有基因组的细胞器。有关线粒体遗传物质来源的争论直到现在还没有确切的结论，但正是线粒体有限的基因组使其具有不同于其他细胞器的半自主特性。虽然线粒体基因组不可以独立存在，但其在基因表达调控和遗传中均与细胞核遗传物质有明显差异。

线粒体疾病其实就是呼吸链疾病。细胞呼吸为细胞唯一受到核和线粒体基因组双重控制的生命过程。由于线粒体能量工厂的生理作用和多拷贝遗传特性，使得线粒体疾病几乎都是涉及高耗能的神经肌肉系统，并且表现为迟发性的退行性改变。人类寿命的延长使得线粒体疾病在人类疾病谱中的地位明显上升。研究线粒体疾病的分子机制对于相关疾病的防治和改善高龄人员的生存质量有重要意义。

一、线粒体基因组

(一)线粒体基因进化和线粒体的半自主特性

线粒体起源有内生和共生两种假说，现代遗传学未必可能或有必要回答该问题。人类 mtDNA 遗传表现为：母系遗传；细胞质多拷贝遗传。其根本原因是在受精过程中，卵子保留来自母系的多个线粒体而精子只有精原核可以进入受精卵。虽然有父系 mtDNA 出现在子代的报道，但目前资料不支持这种情况是一种常见的遗传现象。因为多拷贝遗传，线粒体遗传可表现有阈值特性。

线粒体半自主复制包含两个方面的意义：线粒体复制与细胞复制周期无明显的相关性，其在细胞功能状态改变情况下可改变其在细胞中的拷贝水平；然而，线粒体脱离细胞环境无法完成其复制过程，因为线粒体基因复制有赖于细胞核基因编码的蛋白质输入。一般认为，细胞接受有关信号后，启动线粒体有关蛋白质合成且向线粒体输入，从而启动线粒体复制。与细菌复制相似，线粒体复制与转录密切相关。

(二)线粒体基因结构

线粒体是一种高丰度、低分子质量的基因组，为早期基因组研究的优选目标。到目前为止，有大量生物的线粒体基因组序列已经完成。哺乳动物线粒体基因组序列高度保守，分子质量约16kb。人类线粒体为 16 569bp 的双链闭环 DNA。

依据 GC 含量不同，线粒体的两条链具有不同的沉降特性，可以将线粒体的两条链分为重链和轻链。大部分基因在线粒体 DNA 重链上。重链编码 2 个 rRNA、12 个蛋白质和 14 个 tRNA。轻链编码 1 个蛋白质和 8 个 tRNA(图 6-7)。

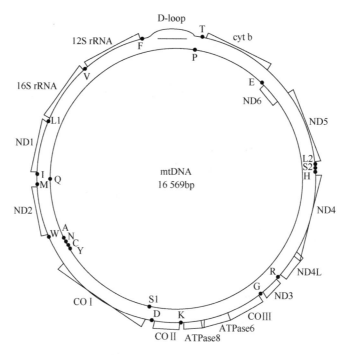

图 6-7　线粒体基因图谱

外圈为线粒体重链，内圈为线粒体轻链。tRNA 基因用黑点及对应氨基酸代码代表；

ND，呼吸链复合体亚基；CO，cyt c 氧化酶；D-Loop，取代环

哺乳动物的线粒体基因高度经济化，整个基因组只有一个调控区——D-loop，其为线粒体转录及复制的共同起始点，因为该区域较小的选择压力，为研究基因进化的热点区域。线粒体基因没有内含子，基因间间隔很小，甚至出现重叠基因。线粒体基因编码的 rRNA 和 tRNA 的分子也较相应的核基因组编码的小。由于线粒体 tRNA 极限的兼并，22 个 tRNA 可以满足 13 个蛋白质合成的需要。线粒体基因在线粒体上紧密排列，转录时形成多顺反子。线粒体基因组编码的有限蛋白质全部为线粒体呼吸链蛋白质（表 6-2）。

表 6-2　部分线粒体病与基因突变

基因	线粒体组分	线粒体病
tRNA P	tRNA	肌病，进行性外眼肌麻痹
tRNA T	tRNA	心肌病，脑心肌病
tRNA E	tRNA	心肌病，脑心肌病
tRNA L2 (CUN)	tRNA	心肌病，脑心肌病，肌病，进行性外眼肌麻痹
tRNA S2 (AGY)	tRNA	糖尿病性耳聋
tRNA H	tRNA	
tRNA R	tRNA	
tRNA G	tRNA	心肌病，婴儿猝死综合征，脑心肌病
tRNA K	tRNA	心肌病，肌阵挛性癫痫伴破碎红纤维，耳聋，进行性外眼肌麻痹
tRNA D	tRNA	心肌病，肌阵挛

基因	线粒体组分	线粒体病
tRNA S1（UCN）	tRNA	掌跖角化病，耳聋，肌阵挛性癫痫伴破碎红纤维/MELAS 综合征
tRNA Y	tRNA	进行性外眼肌麻痹
tRNA C	tRNA	脑心肌病
tRNA N	tRNA	肌病，进行性外眼肌麻痹
tRNA A	tRNA	进行性外眼肌麻痹
tRNA W	tRNA	Leigh 氏综合征，共济失调，舞蹈症，肌病
tRNA M	tRNA	肌病，淋巴瘤
tRNA Q	tRNA	肌病，MELAS 综合征
tRNA I	tRNA	心肌病，肌病，进行性外眼肌麻痹
tRNA L1（UUR）	TRNA	心肌病，脑心肌病，肌病，进行性外眼肌麻痹，Leber 遗传性视神经病变，MELAS 综合征，糖尿病性耳聋
tRNA V	tRNA	Leigh 氏综合征，MELAS 综合征，多系统疾病
tRNA F	tRNA	MELAS 综合征，肌红蛋白尿
12S rRNA	ribosome	帕金森病，氨基糖苷类药物性耳聋
16S rRNA	ribosome	心肌病
ND1	Complex I	Leber 遗传性视神经病变
ND2	Complex I	心肌病，Leber 遗传性视神经病变
ND3	Complex I	进行性肌阵挛，癫痫和视神经萎缩
ND4	Complex I	Leber 遗传性视神经病变，肌病，Leber 遗传性视神经病变伴肌张力障碍
ND4L	Complex I	Leber 遗传性视神经病变
ND5	Complex I	Leigh 氏综合征，MELAS 综合征
ND6	Complex I	Leber 遗传性视神经病变，肌病，Leber 遗传性视神经病变伴肌张力障碍
CO I	Complex IV	肌红蛋白尿，运动神经元病，铁粒幼细胞贫血
CO II	Complex IV	肌病，多系统疾病，脑肌病
COIII	Complex IV	Leigh 氏综合征，脑心肌病，肌红蛋白尿
A8	Complex V	
A6	Complex V	周围神经病、共济失调、视网膜色素变性综合征（NARP），母系遗传 Leigh 综合征，家族性双侧纹状体坏死
cyt b	Complex III	脑心肌病，Leber 遗传性视神经病变，肌病，心肌病，MELAS 综合征，帕金森病

　　大部分线粒体蛋白在细胞质合成，在线粒体定位信号的引导下经转运、修饰等过程最终达到线粒体的相应部位。线粒体不向细胞质输送蛋白质，且有一些线粒体蛋白质对细胞质来说是禁忌蛋白。例如，细胞色素 c、AIF、Bcl-2 等线粒体蛋白质进入细胞质将引起细胞凋亡。完整的线粒体膜可能是细胞生存的必要条件。

二、线粒体遗传与线粒体疾病

（一）线粒体遗传特性

线粒体是严格的母系遗传系统，其 DNA 序列已明确，在群体内变化较大，且变异几乎都集中于调控环——D 环，是较好的有关母系遗传亲缘分析标记，广泛用于人群亲缘分析。而线粒体 DNA 其他区域变异较小。因来源于多拷贝遗传及突变等原因，线粒体 DNA 在个体可表现为嵌合体。线粒体有半自主特性，在嵌合状况下细胞分裂可能造成个体内不同细胞的线粒体 DNA 组成差异。与核的遗传物质稳定性的维持相同，线粒体遗传稳定性的维持取决于两个因素：DNA 的损伤及修复。

线粒体 DNA 的状态、所处的环境及其复制特性都决定了线粒体突变可能与核 DNA 具有不同的特点。线粒体 DNA 为裸露的 DNA，其处于高自由基环境，且较核 DNA 要经历更多的复制过程。在线粒体 DNA 复制过程中两条链分别复制，有一个单链阶段，这些都可能造成线粒体 DNA 有较高的突变率。另一方面，线粒体 DNA 基因紧密排列，突变后果可能更加严重，使线粒体突变面临较大的选择压力。

线粒体 DNA 裸露在高氧/羟自由基的线粒体基质中，dG 转化为 8-OH-dG 是较常见的事件,其在随后的复制中可能导致 G→T 类型的点突变。在线粒体 DNA 合成的单链期，碱基可能发生脱碱基作用而形成无碱基位点，由于其缺乏校对功能而最终造成 DNA 突变。线粒体 DNA 突变可使线粒体出现双链分离的概率增加，从而促使线粒体 DNA 发生进一步的突变，如缺失、重排、形成细胞内小环，甚至可能与核 DNA 发生重排而导致一系列严重后果。

线粒体 DNA 突变也可以分为生殖细胞突变和体细胞突变。线粒体 DNA 的体细胞突变，是指体细胞内线粒体 DNA 发生突变并累积形成异质体(heteroplasmy)——个体的线粒体 DNA 在不同的组织细胞中组成不同。高耗能、低增殖率的细胞可能首先表现出线粒体功能受损的症状。母系线粒体 DNA 的生殖细胞突变，在细胞分裂的过程中，由于遗传漂变可能较早形成异质体。但其和体细胞突变一样，异质体一般出现在中老年期。

将胸腺嘧啶二聚集导入线粒体 DNA 观察到其无法修复的实验，在很长一段时间内使大部分学者认为线粒体无修复 DNA 的能力。所有线粒体基因都有突变和导致相应疾病的报道，从一个侧面说明线粒体修复机制有限。近年来的研究发现，虽然还没有证据说明线粒体存在 MMR 和 NER，但线粒体存在 BER 机制是不争的事实。

线粒体 DNA 所面临的最主要的问题是由于其特殊环境中高 ROS 浓度所引起的 DNA 受损及由于其特殊的复制方式决定的无碱基位点。研究表明，线粒体对这两类损伤有较强的修复能力。对无碱基位点的修复是研究得比较清楚的一种线粒体 DNA 修复机制。线粒体的无碱基位点修复系统至少包括以下几种酶：无碱基位点内切酶、无碱基位点水解酶、DNA 聚合酶 γ 和 DNA 连接酶。无碱基位点内切酶可识别损伤位点，并在 5′ 端切开 DNA；无碱基位点水解酶则将该位点从 DNA 链上切割下来；果蝇的 DNA 聚合酶 γ 属于 II 类 DNA 聚合酶，同时具有无碱基位点水解酶的功能，DNA 聚合酶 γ 为异二聚体，大亚基具有聚合酶活性及 3′→5′ 校读和外切酶活性，小亚基为辅助亚基，其催化填冲缺口；最后，DNA 连接酶Ⅲ/Ⅳ则催化封闭 DNA 切迹。可以看出，线粒体 DNA 修复的酶系也是核 DNA 的修复酶系。最近的研究发现参与线粒体 DNA 修复有关的酶类在其核 DNA 有编码线粒体定位信号序列，至于其是转录后修饰还是翻译后修饰以形成两种不同定位的蛋白质现在还不清楚。无论如何，线粒体 DNA 修复体系靠核 DNA 编码。在正常情况下，线粒体 DNA 修复所需的酶系在线粒体内是充分的，而在终末细胞和衰老细胞，其可能出现缺乏。

(二)线粒体病

线粒体病最早在 20 世纪 60 年代就有描述，其最初的基本表现为肌肉虚弱，并且耐受力下降。在病理水平可以发现受累的肌肉细胞线粒体增生，部分线粒体有形态变化。随后用改进的 Gomori Trichrome 染色发现线粒体肌病的特征性病理标志 RRF(ragged-red fiber)，并且该病理特征也与线粒体脑病有一定相关性。当然，并不是所有线粒体病均可以发现 RRF。目前发现，线粒体几乎所有基因的突变可以导致线粒体病。

线粒体病是线粒体突变累积，而导致线粒体氧化磷酸化功能受损，从而损伤细胞功能而导致的疾病。由于线粒体在细胞内有多个拷贝，线粒体突变只有在积累到一定程度才可能导致线粒体病。有学者认为，丧失功能的线粒体占线粒体总数 60%～90%时才会发生线粒体病的临床特征。

由于线粒体 DNA 丧失的不可避免性及修复能力有限，突变线粒体在细胞内占一定比例可能是必然的现象。当细胞缺乏能量时，细胞核会加速线粒体蛋白质的合成，这些蛋白质转运进入线粒体后将导致线粒体转录水平上升，线粒体 DNA 的转录与复制间使用同一起始区，高转录的线粒体往往有较高的复制活性。虽然在细胞内可观察到溶酶体吞噬衰老线粒体的现象，但目前还没有明确的证据支持。有人认为在线粒体复制中突变线粒体可能优先积累。在高度增殖细胞，线粒体发生突变积累的细胞可能不具备生长优势；而低增殖水平的细胞及非增殖细胞，则线粒体突变的积累可能导致细胞功能障碍。有文献报道突变型线粒体 DNA 也有可能在细胞分裂的过程中通过选择而形成野生型同质体。这可能有助于解释为什么神经细胞及肌肉细胞较易受线粒体突变累及。

如果仅仅只考虑线粒体突变自身的因素，线粒体病应该是严格的母系遗传病。但如上所述，线粒体的突变在线粒体的特定环境中可能是一种必然事件，而线粒体 DNA 的修复和其他线粒体功能中有大量细胞核编码的蛋白质参与。所以在一个具体病理中发现线粒体突变可能并不能简单地归纳为线粒体病，而应该考虑是否有细胞核基因异常及突变线粒体 DNA 所占的比例。

目前已发现多种有线粒体突变，有确切的母系遗传特征的疾病有 40 余种(表 6-2)。Leber's 病及 NIDDM 为有线粒体 DNA 突变且有母系遗传特征的线粒体病。Leber's 病是最先确定的线粒体病，其引起遗传性视神经炎，现已发现至少有 4 种不同的线粒体 DNA 突变可引起该疾病。NIDDM 中可发现线粒体 DNA 突变，临床上还发现其与神经性耳聋共分离，有典型的母系遗传特征。但在其他的糖尿病也发现有线粒体 DNA 突变，所以糖尿病与线粒体 DNA 突变之间的关系显然还需要进一步阐明。

线粒体 DNA 编码有限的蛋白质且其不向细胞其他部位输送蛋白质，该特性似乎无法解释为什么线粒体 DNA 突变会有多种不同的疾病后果。可能的解释有两个：首先线粒体 DNA 突变及细胞分裂导致在特定的部位形成突变累积而成为某一特定疾病的基础；其次有某种特定的线粒体蛋白质的突变可能在线粒体表面形成某种标记，而在某些细胞类型，其可能引发病理过程。

AD（Alzheimer's disease）是另一个与线粒体 DNA 突变有关的疾病，甚至在正常衰老中也发现有线粒体 DNA 突变。研究发现，至少有 4 种线粒体 DNA 突变与 AD 有关。同时发现 AD 神经细胞中线粒体 DNA 有特异性突变。该突变可能与 ROS 有关，ROS 是造成神经细胞出现 β 蛋白样物质的原因。研究线粒体 DNA 突变在 AD 中的地位，有可能对 AD 的诊断、治疗方法的研究及线粒体病的研究都有重要意义。

由生殖细胞线粒体 DNA 突变所导致的线粒体病，由于在个体发育的过程中，两条 DNA 的异常漂变，个体可能形成异质体，要诊断线粒体病就需要取相应的组织而不是像核遗传病一样任何组织都适用。当然，对于一些像中枢神经系统等难以取材的组织，研究从外周血的线粒体 DNA 分析来判断相应组织的突变情况是迫切的要求。有研究表明，虽然外周血线粒体 DNA 与其他组织线粒体 DNA 不尽相同，但其显然具有较高的相关性。在某一组织发现线粒体 DNA 突变并不能确定其是病因，突变的定量相当重要，用普通 PCR 检测到的线粒体 DNA 突变的意义是有限的。当然，有明显母系遗传特征并结合 PCR 检测的结果也具有相当高的价值。

对于体细胞线粒体 DNA 突变形成异质体而导致线粒体病，诊断线粒体突变引起的疾病可能更困难一些，定量可能是必需的。同时，如果疾病表现出遗传倾向，扫描有关的核基因就显得十分必需，因为核基因突变可能会影响线粒体 DNA 的修复从而加速线粒体 DNA 突变的积累。

回答线粒体病的复发风险是很困难的，但毫无疑问其具有重大的临床意义。因为线粒体 DNA 在减数分裂及有丝分裂的过程中都会发生遗传漂变，积累有关病例的统计学资料并找出参考组织线粒体 DNA 资料对产前诊断及进一步的处理有重大指导意义。根据目前积累的有限资料，至少可以得出以下结论：线粒体 DNA 突变的基因型——突变负荷与表型之间有高度的相关性；外周血线粒体 DNA 与组织线粒体 DNA 基因型有高度相关性；母亲与子代的线粒体 DNA 突变基因高度相关性；不同病例及不同突变有各自的特性。然而，具体疾病的诊断及产前诊断的标准还有赖于进一步的资料积累，或许不久的将来可以得出一个与目前多基因病诊断标准类似的体系。

目前积累的有限的线粒体病的资料还未发现行之有效的治疗方法。线粒体病一般发生在较高年龄组，组织类型多为缺乏增殖能力的组织细胞。这使得在基因水平的体细胞治疗有较大困难。研究线粒体病的产前诊断及早期诊断困难是更迫切的问题。不过线粒体 DNA 母系遗传的特点及其所含有限的、缺乏家族特异性的编码序列可能在干细胞水平及生殖细胞水平的基因工程治疗中存在较少的伦理学问题。从理论上讲，正常卵细胞质移植可以杜绝线粒体病患儿出生。

（陈金中　潘雨堃）

参 考 文 献

陈浩明, 薛京伦. 2005. 医学分子遗传学(3 版). 北京: 科学出版社.

李蹼. 2003. 医学遗传学. 北京: 北京大学医学出版社.

任兆瑞, 曾溢滔. 1996. 珠蛋白基因表达的调控和 β 地中海贫血的治疗. 国外医学遗传学分册, 19(1): 14-16.

涂知明, 章江洲. 2003. 血友病的基因治疗. 中国优生与遗传杂志, 11(2): 1-4.

周春水, 于世辉. 1994. α_1 抗胰蛋白酶基因调控与重组表达研究进展. 国外医学遗传学分册, 6: 305-310.

周文卫, 王微萍. 1999. 糖尿病治则思路的探讨. 河南中医药刊, 14(2): 5-6.

Daniel JR, Jonathan C, Helen HH. 2003. Monogenic hypercholesterolemia: new insights in pathogenesis and treatment. The Journal of Clinical Investigation, 111(12): 1795-1803.

Jan-Willem T. 1999. The mitochondrial genome: structure, transcription, translation and replication. Biochimica et Biophysica Acta, 1410: 103-123.

Michael R, Duchen. 2004. Mitochondria in health and disease: perspectives on a new mitochondrial biology. Molecular Aspects of Medicine, 25: 365-451.

Poulton J, David R. 2000. Progress in genetic counselling and prenatal diagnosis of maternally inherited mtDNA diseases. Neuromuscular Disorders, 10: 484-487.

Pulkes MD, MG. Hanna MD. 2001. Human mitochondrial DNA diseases. Advanced Drug Delivery Reviews, 49: 27-43.

Salvatore DM. 2001. Lessons from mitochondrial DNA mutations, Cell & Developmental Biology, 9: 397-405.

Salvatore DM. 2004. Mitochondrial diseases. Biochimica et Biophysica Acta, 1658: 80-88.

Wills CJ, Scott A, Swift PGF, et al. 2003. Retrospective review of care and outcomes in young adults with type 1 diabetes. BMJ, 327: 260-261.

第七章

肿瘤分子遗传学

第一节　癌基因与抑癌基因

肿瘤形成的过程包括始发突变、潜伏、促癌和演进。始发突变是指细胞在致癌物的作用下发生了基因突变，但是突变发生后如果没有适当的环境不会发展为肿瘤，此阶段称为潜伏期。促癌是指在促癌剂(刺激细胞增长的因子，如激素)作用下开始增殖的过程。促癌因子的作用是可逆的，如果去除，引起扩增的克隆就会消失。演进是指肿瘤在生长过程中变得越来越具有侵袭力的过程，是不可逆的。恶性肿瘤的形成往往涉及多个基因的改变，是基因突变逐渐累积的结果。

一、癌基因

癌基因(oncogene)是一类细胞内与细胞增殖相关的基因，是维持机体正常生命活动所必需的，在进化上高度保守。当癌基因的结构或调控区发生变异，基因产物增多或活性增强时，细胞过度增殖，从而形成肿瘤。病毒中存在着癌基因，统称为病毒癌基因(viral oncogene)。各种动物细胞基因组中普遍存在着与病毒癌基因相似的序列，统称为细胞癌基因(celluar oncogene)。由于细胞癌基因在正常细胞中以非激活形式存在，故又称为原癌基因(proto-oncogene)。

癌基因广泛存在于生物界中，从酵母到人的细胞普遍存在。在进化进程中，基因序列呈高度保守性。它的作用是通过其表达产物蛋白质来体现的。它们的存在对正常细胞不仅无害，而且对维持正常生理功能、调控细胞生长和分化起重要作用，为细胞发育、组织再生、创伤愈合等所必需。在某些因素(如放射线、某些化学物质等)作用下，癌基因一旦被激活，发生数量上或结构上的变化时，就会形成癌性的细胞转化基因。

目前已经发现近百种癌基因。癌基因编码的蛋白质主要包括：①生长因子(growth factor)，如 sis；②生长因子受体，如 fms、erbB；③信号转导组分，如 src、ras 和 raf；④细胞周期蛋白，如 cyclin D；⑤细胞凋亡调控因子，如 bcl-2；⑥转录因子，如 myc、fos 和 jun。癌基因的产物的基本类型详见表 7-1。

二、抑癌基因

抑癌基因(tumor-suppressor gene)是一类抑制细胞过度生长、增殖从而遏制肿瘤形成的基因。抑癌基因的丢失或失活可能导致肿瘤发生。抑癌基因的作用是：抑制细胞增殖，

表 7-1　癌基因的基本类型

分类	原癌基因	功能	相关肿瘤
生长因子	sis	血小板生长因子	尤文氏(Ewing)肉瘤、星形细胞瘤、骨肉瘤、乳腺癌等
生长因子受体	erb-B1	受体酪氨酸激酶、上皮生长因子(EGF)受体	星形细胞瘤、乳腺癌、卵巢癌、肺癌、胃癌、唾腺癌
	fms	受体酪氨酸激酶、CSF-1 受体	髓性白血病
	ras	GTP 结合蛋白	肺癌、结肠癌、膀胱癌、直肠癌
	Src	非受体酪氨酸激酶	鲁斯氏肉瘤
信号转导组分	Abl-1	非受体酪氨酸激酶	慢性髓性白血病
	raf	MAPKKK、丝氨酸/苏氨酸激酶	腮腺肿瘤
	vav	信号转导连接蛋白	白血病
	myc	转录因子	Burkitt 淋巴瘤、肺癌、早幼粒白血病、神经母细胞瘤、肺小细胞癌
转录因子	myb	转录因子	结肠癌
	fos	转录因子	骨肉瘤
	jun	转录因子	
	erb-A	转录因子	急性非淋巴细胞白血病
细胞周期调控蛋白	bcl-1	cyclinD1	B 细胞淋巴瘤
	bcl-2	细胞凋亡相关蛋白	B 细胞淋巴瘤

促进细胞分化，抑制细胞迁移。抑癌基因是正常细胞增殖过程中的负调控因子，它编码的蛋白质往往起阻止周期进程的作用。通常认为抑癌基因的突变是隐性的。

抑癌基因的产物主要包括：①转录调节因子，如 Rb、P53；②负调控转录因子，如 WT；③周期蛋白依赖性激酶抑制因子(CKI)，如 P21；④ras GTP 酶活化蛋白，如 NF-1；⑤DNA 修复因子，如 BRCA1、BRCA2；⑥磷酸酯酶，如 PTEN；⑦细胞黏附分子，如 DCC。抑癌基因的产物类型详见表 7-2。

表 7-2　一些主要的抑癌基因的功能和突变后引发的肿瘤

抑癌基因	原发肿瘤	功能	相关肿瘤
Rb	视网膜	转录调节因子，与E2F结合(细胞周期调控)	RB、成骨肉瘤、胃癌、SCLC、乳癌、结肠癌
p53	肉瘤,淋巴瘤等	转录调节因子	星状细胞瘤、胶质母细胞瘤、结肠癌、乳癌、成骨肉瘤、SCLC、胃癌、鳞状细胞肺癌
WT	肾母细胞瘤	负调控转录因子	肾母细胞瘤、横纹肌肉瘤、肺癌、膀胱癌、乳癌、肝母细胞瘤
NF-1	神经纤维瘤	GAP, ras GTP 酶激活因子	神经纤维瘤、嗜铬细胞瘤、施万细胞瘤、Ⅰ型神经纤维瘤
NF-2	脑膜瘤	连接膜与细胞骨架	Ⅱ型神经纤维瘤
DCC	结肠	细胞黏附分子	直肠癌、胃癌
p21		CDK 抑制因子	前列腺癌
p15(MTS2)		CDK4、CDK6 抑制因子	成胶质细胞瘤
p16(MTS1)	黑素瘤,胰腺癌	CDK 抑制剂	家族性黑素瘤

续表

抑癌基因	原发肿瘤	功能	相关肿瘤
p19ARF	黑素瘤，胰腺癌	稳定 p53	家族性黑素瘤
BRCA1	乳腺	DNA 修复因子，与 RAD51 作用	乳腺癌、卵巢癌
BRCA2	乳腺	DNA 修复因子，与 RAD51 作用	乳腺癌、胰腺癌
PTEN	乳腺，甲状腺	PIP3 磷酸酶	成胶质细胞瘤
APC	结肠	WNT 信号转导组分，与转录因子β-连环蛋白结合	结肠腺瘤性息肉，结/直肠癌

　　Rb 基因(retinoblastoma gene)即母细胞瘤基因，为视网膜母细胞瘤易感基因，是第一个被克隆的抑癌基因。*Rb* 的突变导致视网膜母细胞瘤。Rb 蛋白分布于核内，是一种 DNA 结合蛋白。Rb 蛋白的磷酸化和去磷酸化是其调节细胞生长分化的主要形式。一般认为，Rb 蛋白在控制细胞周期的信息系统中起关键作用。脱磷酸化的 Rb 具有抑制细胞增殖的活性，是 Rb 的活性形式。Rb 在 G_1 期与 E2F 结合，抑制 E2F 的活性，在 G_1/S 期 Rb 被 CDK2 磷酸化失活而释放出转录因子 E2F，促进蛋白质的合成。*Rb* 基因与癌的关系有两种情况：一种是某些家族的青少年人中高频率发生视网膜母细胞瘤；另一种是高龄人中发病的无家族关系。从视网膜母细胞瘤发生的家族性表明该病是可遗传的。关于视网膜母细胞瘤的遗传基础，1971 年得到了解释：只有在 *Rb* 基因的两个拷贝都突变后才会发展成为视网膜母细胞瘤。散布发生视网膜母细胞瘤的患者在出生时，*Rb* 基因的两个拷贝都是正常的，只是在后来连续自发发生了 *Rb* 基因的突变导致视网膜母细胞瘤。由于这种情况很少，并需要较长时间，所以是散布发生并在成年之后；在家族性视网膜母细胞瘤患者中，他们出生时就携带了一个突变的 *Rb* 基因拷贝，后经自发突变，使两个 *Rb* 基因都成为突变的形式，这样很快发展为视网膜母细胞瘤(图 7-1)。

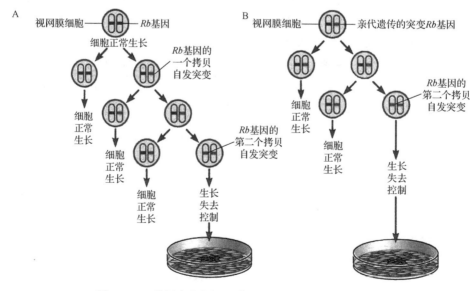

图 7-1　*Rb* 基因突变与视网膜母细胞瘤(引自 Karp, 2002)

A.散布发生视网膜母细胞瘤；B.家族性视网膜母细胞瘤

p53 基因是迄今发现的与人类肿瘤相关性最高的基因。该基因编码一种相对分子质量为 53 000 的磷酸化蛋白质，所以被命名为 p53。野生型 P53 蛋白在维持细胞正常生长、抑制恶性增殖中起着重要作用，是抑癌基因中的"明星分子"。*p53* 基因时刻监控着基因的完整性，一旦细胞 DNA 遭到损害，P53 蛋白与相应基因的 DNA 部位结合，起特殊转录因子作用，使细胞停滞于 G_1 期；抑制解链酶活性，并与复制因子相互作用参与 DNA 的复制和修复；如果修复失败，P53 蛋白即启动程序性死亡过程诱导细胞自杀，阻止有癌变倾向突变细胞的生成，从而防止细胞恶变(图 7-2)。

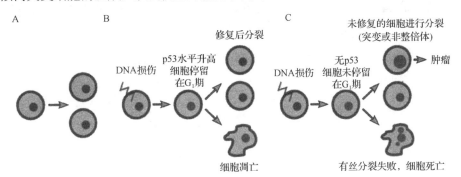

图 7-2 p53 的抑癌作用(引自 Karp, 2002)

A.正常细胞分裂无需 p53 的参与；B.DNA 损伤时 P53 蛋白的修复或促凋亡作用；
C.*p53* 基因突变后，DNA 损伤时细胞的死亡或癌化

三、癌基因的激活

原癌基因突变成癌基因，称为原癌基因的激活。癌基因本身或其调控区发生变异，导致基因的过表达，或产物蛋白活性增强，使细胞过度增殖，形成肿瘤(图 7-3)。有几种可能的机制使原癌基因激活，主要有点突变、基因扩增、染色体易位、插入突变和原癌基因的低甲基化 5 种方式。

(一)点突变

原癌基因的编码区发生点突变，改变了原有的基因结构，致使编码产物的性质发生变化，使其不再具有正常的活性，最终使细胞具有恶性转化能力。例如，*ras* 基因家族，膀胱癌中的 *c-ras* 基因仅有一个核苷酸的变异。

(二)基因扩增

基因扩增是癌基因活化的另一种主要方式。细胞内一些基因通过不明原因复制成多拷贝，这会破坏染色体或使染色体结构不稳定。基因拷贝数增多会导致表达水平增加。基因扩增和过量表达均可影响细胞的正常生理功能。如果基因调控区发生突变从而改变了结构基因表达方式，在基因没有扩增的情况下也会发生过量表达。在某些造血系统恶性肿瘤中，癌基因扩增是一个极常见的特征，存在于某些造血系统恶性肿瘤中。例如，前髓细胞性白血病中，*c-myc* 扩增 8～32 倍。

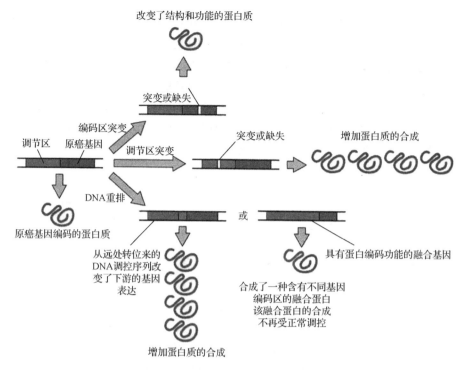

改变了结构和功能的蛋白质

突变或缺失

编码区突变

调节区 原癌基因

突变或缺失

增加蛋白质的合成

调节区突变

DNA重排

原癌基因编码的蛋白质

从远处转位来的
DNA调控序列改
变了下游的基因
表达

或

具有蛋白编码功能的融合基因

合成了一种含有不同基因
编码区的融合蛋白
该融合蛋白的合成
不再受正常调控

增加蛋白质的合成

图 7-3　原癌基因被激活成癌基因(引自 Karp，2002)

（三）染色体易位

染色体的易位可使癌基因处于活跃转录基因强启动子的下游，将产生过度表达。各种肿瘤中都有染色体结构的异常，许多肿瘤或细胞系都有特定染色体改变，如 Burkitt 淋巴瘤中 8 号和 14 号染色体易位，使 *c-myc* 与免疫球蛋白重链基因的增强子相邻，从而导致 *c-myc* 的转录活性提高了 5～10 倍，基因表达产物过量，使淋巴细胞快速增殖，发生癌变。通过染色体重排，使不在一起的基因序列同原癌基因排列在一起，可能会合成新的蛋白质或融合蛋白，改变了原有基因的自然活性。例如，1960 年在一例慢性粒细胞性白血病(chronic myelogenous leukemia)患者骨髓细胞中发现由 9 号染色体和 22 号染色体易位而成的费城染色体(Philadelphia chromosome)。该易位产生了一个嵌合型基因，蛋白激酶的结构和功能都发生了改变。

（四）插入突变

原癌基因由于反转录病毒的掺入而转变为癌基因，基因的这种变化称为插入突变(insertional mutation)。这种转变可有两种方式：一种是基因的序列改变或断裂，致使编码的蛋白质活性失常；另一种是原癌基因受到了病毒基因组中的强启动子和强增强子的控制，过度表达了蛋白质或在不适当的情况下合成蛋白质。某些不含 v-onc 的弱转化反转录病毒，具有冗长末端重复(long terminal repeat, LTR)序列，含有启动子和增强子，插入基因组后引起下游基因过表达。

(五) 原癌基因的低甲基化

在致癌物质的作用下，原癌基因的甲基化程度降低而导致癌症，这是因为致癌物质降低甲基化酶的活性。DNA 甲基化状态的改变可导致基因结构和功能的改变，是细胞癌变过程中重要的一步。低甲基化会导致正常情况下受到抑制的癌基因或相关因子大量表达，导致整个基因组不稳定性增加。

第二节　细胞信号传递与肿瘤的生长控制

癌基因在进化上高度保守，其表达产物范围广泛，包括生长因子和生长因子受体、蛋白质激酶、转录因子、信号转导物质等，能调控细胞的增殖和分化；抑癌基因具有抑制癌细胞生长的作用。癌基因和抑癌基因相互配合协调，调节细胞周期正常运转。这种调节一旦失控，则导致细胞周期紊乱，致使细胞癌化或死亡。而很多调控因子对细胞增殖和分化的作用，都是通过细胞信号传递系统来实现的。

在多细胞生物个体中，各个细胞不是孤立存在的，而是形成一种有序的生命活动组合，类似一个社会，细胞之间彼此存在细胞通讯和信号传递，从而维持整个细胞群的"社会性"。间隙连接和胞间连丝在相邻细胞间的通讯中发挥了一定的作用，但个体中大部分细胞并非直接相邻，这时需要借助另一种信息交流方式，即彼此通过信号分子(signaling molecules)交流信息。细胞通过信号分子进行信息传递，从而协调各自行为，保证生命活动的有序性，如细胞生长、分裂、分化、死亡及其他各种生理功能。

细胞内的信号传递包含 6 个过程：①信号分子的合成：一般的细胞都能合成信号分子，而内分泌细胞是信号分子的主要来源；②信号分子从信号传导细胞释放到周围环境中：这是一个相当复杂的过程，特别是蛋白类的信号分子，要经过内膜系统的合成、加工、分选和分泌，最后释放到细胞外；③信号分子向靶细胞运输：运输的方式有很多种，但主要是通过血液循环系统运送到靶细胞；④靶细胞对信号分子的识别和检测：主要通过位于细胞质膜或细胞内受体蛋白的选择性识别和结合；⑤细胞对细胞外信号进行跨膜转导，产生细胞内的信号；⑥细胞内信号作用于效应分子，进行逐步放大的级联反应，引起细胞代谢、生长、基因表达等方面的一系列变化。

细胞释放信号分子并将信息传递给其他细胞的行为称为细胞信号传送(cell signaling)。外界信号(如光、电、化学分子)与靶细胞表面专一受体作用，通过影响细胞内信使的水平变化，进而引起细胞应答反应的一系列过程称为细胞信号转导(signal transduction)。这两个概念虽然一字之差，但含义却有很大不同。前者强调信号的释放与传递，包含细胞信号传递的前三个过程；后者强调信号的接收与放大，包括细胞信号传递的后三步。

一、信号细胞与受体

(一) 信号分子与信号细胞

信号细胞(signaling cell)通过外排分泌和穿膜扩散释放出信号分子。从化学结构来看，细胞信号分子包括短肽、蛋白质、气体分子，以及氨基酸、核苷酸、脂类和胆固醇衍生物等，其共同特点是：①特异性，只能与特定的受体结合；②高效性，几个分子即可发生明显的生物学效应，这一特性有赖于细胞的信号逐级放大系统；③可被灭活，完成信息传递后可被降解或修饰而失去活性，保证信息传递的完整性和细胞免于疲劳。

从产生和作用方式来看，信号分子可分为内分泌激素、神经递质、局部化学介导因子和气体分子4类。

从溶解性来看，信号分子可分为脂溶性和水溶性两类。脂溶性信号分子可直接穿膜进入靶细胞，与胞内受体结合形成信号-受体复合物，调节基因表达，如类固醇激素和甲状腺素等。水溶性信号分子包括神经递质、细胞因子和水溶性激素等，这类信号分子不能穿过靶细胞膜，只能与膜表面受体结合，经信号转换机制，通过胞内信使(如环腺苷酸cAMP)或激活膜受体的激酶活性，引起细胞的应答反应。所以这类细胞外信号分子又称为第一信使(primary messenger)，cAMP这样的胞内信号分子被称为第二信使(secondary messenger)，目前公认的第二信使有环腺苷酸(cyclic adenosine monophosphate，cAMP)、环鸟苷酸(cyclic guanosine monophosphate，cGMP)、三磷酸肌醇(inositol triphosphate，IP_3)、二酰基甘油(diacylglycerol，DAG)等，Ca^{2+}曾被当成是第二信使，但现在一般认为 Ca^{2+} 是磷脂酰肌醇信号途径的"第三信使(third messenger)"。

从作用的性质来看，信号分子可分为旁分泌信号、突触信号、内分泌信号和自分泌信号4类。旁分泌信号(paracrine signaling)由信号细胞分泌后扩散到附近，只能影响周围近邻的细胞，并很快被近邻细胞所获取或破坏。突触信号(synaptic signaling)即神经末梢分泌的神经递质，分泌后作用于突触后靶细胞，传递信号。内分泌信号(endocrine signaling)即激素，是内分泌细胞分泌的信号分子，可远距离传递，随血流、体液或植物汁液遍布机体。自分泌信号(autocrine signaling)由信号细胞分泌后，只作用于同种细胞，甚至同自身受体结合引起反应，分泌此类信号分子的细胞既是信号细胞，也是靶细胞，常见于癌变细胞。

(二) 受体

受体(receptor)是一种能够识别和选择性结合某种配体(信号分子)的大分子物质，当与配体结合后，发生构象改变而产生活性，通过信号转导(signal transduction)作用将胞外信号转换为胞内化学或物理信号，启动一系列过程，最终表现为生物学效应。受体多为糖蛋白，一般至少包括两个功能区域，即与配体结合的区域和产生效应的区域。受体与配体间的作用具有特异性、饱和性和高度的亲和力这三个主要特征，受体与信号分子空间结构的互补性是两者特异性结合的主要因素。

根据受体在靶细胞中存在的部位，分为胞内受体(intracellular receptor)和细胞表面受体(cell surface receptor)两类(图7-4)。胞内受体存在于细胞质基质或细胞核中，介导亲脂性信号分子的信息传递，如胞内的甾体类激素受体。细胞表面受体均为跨膜整合蛋白，配体结合部位暴露在质膜外表面，介导亲水性信号分子的信息传递，可分为离子通道型受体、G蛋白偶联型受体和酶偶联型受体。

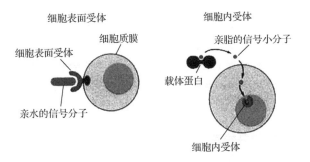

細胞表面受体　　　　　細胞内受体

細胞表面受体　　　　　親脂的信号小分子

細胞表面受体　　　　　細胞質膜

載体蛋白

親水的信号分子　　　　細胞内受体

图 7-4　细胞表面受体和细胞内受体(引自 Alberts et al., 1998)

细胞持续处于信号分子刺激下的时候，通过受体失活、隐蔽等多种途径使受体钝化，产生适应。受体失活(receptor inactivation)是指修饰或改变受体(如磷酸化)从而使受体与下游蛋白隔离的过程。受体隐蔽(receptor sequestration)是指将受体暂时移到细胞内部。受体下行调节(receptor down-regulation)是指通过内吞作用，将受体转移到溶酶体中降解的过程。

每一种细胞都有其独特的受体和信号转导系统，细胞对信号的反应不仅取决于其受体的特异性，而且与细胞的固有特征有关。受体虽然与配体专一结合，但不意味着两者是单纯的一对一关系，有时不同细胞对同一种信号分子可能具有不同的受体，使得相同的信号产生不同的效应，如神经递质乙酰胆碱对于骨骼肌可刺激收缩，对于心肌却降低收缩频率和收缩力，对于分泌细胞则引起细胞分泌；而有时同一细胞上不同受体也可应答不同信号产生相同的效应，如肝细胞肾上腺素或胰高血糖素受体在结合各自配体被激活后，都能促进糖原降解而升高血糖。另外，同一种细胞也可具有多种类型的受体，可应答多种不同的信号从而启动细胞出现不同生物学效应，如细胞的生长发育、分裂、分化或死亡。

(三)接头蛋白与蛋白结合区域

接头蛋白(adaptor)，又称连接蛋白，它们含有一些特殊的结构，对于许多蛋白的相互结合，尤其是当胞内不同功能的蛋白形成复合体时，它们发挥极其重要的作用。

与信号转导密切相关的典型蛋白结合区域主要有 SH2 结构域(Src homology 2 domain)、SH3 结构域(Src homology 3 domain)、PH 结构域(pleckstrin homology domain)和 DD 结构域(death domain)

二、胞内受体介导的信号转导

胞内受体的本质是激素激活的基因调控蛋白。在细胞内，胞内受体与抑制性蛋白(如热激蛋白 Hsp90)结合形成复合物，处于非活化状态，一些疏水性信号小分子，如类固醇、甲状腺激素、类视黄素、维生素 D、皮质醇等可直接穿越细胞膜脂双层进入靶细胞内部，与这些非活化状态的胞内受体结合，导致抑制性蛋白从复合物上解离下来，非活化的胞内受体则通过暴露它的 DNA 结合位点而被激活。而有些胞内受体本身就在细胞核内，在没结合配体时即结合在 DNA 上，但不管哪种受体，结合配体后，都会引起受体分子发生构象改变，从而激活。已有实验证实，受体结合的 DNA 序列是受体依赖的转录增强子，这种结合可增加某些相邻基因的转录水平。

除了类固醇激素，一氧化氮(NO)作为信号分子的研究也备受关注。NO 是一种自由基性质的气体，具有脂溶性，可快速扩散透过细胞膜，与靶蛋白结合，发挥其生物学作用。

三、细胞表面受体介导的信号转导

所有亲水性信号分子(包括神经递质、蛋白质激素、蛋白质生长因子等)一般不能直接进入靶细胞，而是通过与靶细胞表面特异受体结合进行信号转导。膜表面受体都是跨膜蛋白，与配体结合部位暴露在细胞外表面，根据传导机制不同，主要分为三类：①离子通道偶联受体(ion-channel-linked receptor)；②G 蛋白偶联型受体(G-protein-linked receptor)；③酶偶联的受体(enzyme-linked receptor)。第一类受体具有组织分布特异性，主要存在于神经、肌肉等可兴奋细胞，后两类存在于不同组织的几乎所有类型的细胞，在信号转导的早期表现为激酶级联(kinase cascade)反应，即为一系列蛋白质的逐级磷酸化，借此使信号逐级传送和放大。

(一)离子通道偶联受体

细胞膜上存在载体蛋白(carrier protein)和通道蛋白(channel protein)这两类主要的转运蛋白。载体蛋白是生物膜上普遍存在的多次跨膜蛋白，分布广泛；既可介导被动运输，又可介导逆浓度或电化学梯度的主动运输；能与特定溶质分子结合，通过一系列构象改变介导溶质分子的跨膜转运；一种特异性载体只转运一种类型的分子或离子。通道蛋白只能介导顺浓度或电化学梯度的被动运输，是跨膜的亲水性通道，允许适当大小的离子顺浓度梯度通过，故又称离子通道。

离子通道在神经元与肌细胞传递过程中起重要作用，它只能介导顺电化学梯度(electrochemical gradient)的被动运输，驱动跨膜转运的动力来自溶质的浓度梯度和跨膜电位差。

(二)G 蛋白偶联受体

G 蛋白偶联型受体(G protein-linked receptor 或 G protein-coupled receptor, GPCR)可间接调节细胞膜上靶蛋白(酶或离子通道)的活性，但配体-受体复合物若要与靶蛋白作用，则需要通过与 G 蛋白偶联。G 蛋白(G protein)是三聚体 GTP 结合调节蛋白(trimeric GTP-binding regulatory protein)的简称，位于细胞膜内侧，由 α、β、γ 三个亚基组成，β 和 γ 亚基共价结合，起稳定 α 亚基的作用。G 蛋白是细胞信号转导中一种重要的中介物，其作用是分子开关，α 亚基结合 GDP 时处于关闭状态，结合 GTP 时处于开启状态。α 亚基本身具有 GTP 酶活性，能催化所结合的 GTP 水解，恢复无活性的三聚体状态，其 GTP 酶的活性能被 GTP 酶活化蛋白(GTPase activating protein, GAP)增强。

G 蛋白偶联型受体是细胞表面由单条多肽经 7 次跨膜后形成的受体蛋白(图 7-5)，N 端胞外结构域识别信号分子，C 端胞内结构域与 G 蛋白偶联，调节相关靶蛋白(如一些酶)活性，在细胞内产生第二信使。被激活后的 G 蛋白偶联受体的胞内结构域可被 G 蛋白偶联受体激酶(G protein-coupled receptor kinase, GRK)磷酸化。G 蛋白偶联型受体介导无数胞外信号分子的细胞应答，多种神经递质、肽类激素和趋化因子的受体，以及味觉、视觉和嗅觉感受器等都属此类。

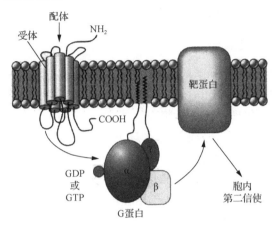

图 7-5　G 蛋白偶联受体与 G 蛋白(引自 Karp，2000)

(三)酶偶联受体

酶偶联受体(enzyme-linked receptor)都是单次跨膜蛋白，受体外端具有配体结合部位，内端为催化部位，整个受体由三部分组成：胞外配体结合区、跨膜区和胞内区。酶偶联型受体接受配体后都发生二聚化，启动下游信号转导。酶偶联受体分为两种类型：第一种是受体本身具有激酶活性，如表皮生长因子(epidermal growth factor, EGF)受体、血小板生长因子(platelet-derived growth factor, PDGF)受体等；第二种是受体本身没有激酶活性，但可以连接激酶(如非受体酪氨酸激酶)，如细胞因子受体超家族。酶偶联型受体至少可分为 5 类：①酪氨酸激酶性受体；②丝氨酸/苏氨酸激酶性受体；③酪氨酸磷酸酯酶性受体；④与酪氨酸激酶关联的受体；⑤鸟苷酸环化酶性受体；另外，还有与组氨酸激酶连接的受体(与细菌的趋化性有关)。

四、主要的肿瘤相关信号途径

肿瘤的发生和发展是一个多因素作用、多基因参与、经过多个阶段才最终形成的极其复杂的生物学现象。细胞癌基因在漫长进化中保持高度保守性绝非偶然，它们并非简单的"致癌基因"，肿瘤发生的过程与细胞增殖、分化和凋亡等正常生命活动息息相关。肿瘤发生发展过程中，由于正常的基因调控紊乱，可导致细胞信号传递网络的异常。与正常细胞相比，肿瘤细胞中往往一些通路处于异常活跃状态，而一些通路却传递受阻。

肿瘤细胞中，与细胞生长、分裂和增殖有关的信号转导通路通常属于异常活化状态，包括生长因子、生长因子受体、蛋白激酶、G 蛋白和小 G 蛋白(如 Ras)、细胞周期调控因子(如 Rb 和 p53)等。癌细胞往往多种凋亡途径受阻，或拮抗正常的诱导凋亡，主要有

TNF 家族、Fas/FasL、Bcl2/Bax、p53 等。

肿瘤细胞的侵袭和转移的发生与细胞黏附、细胞与细胞、细胞与基质间的信号转导通路异常有关，主要包括 Integrin 转导通路、E-Cadherin、nm23-H1/2、KAI-1/CD82、VEGF(vascular endothelial growth factor，血管内皮细胞生长因子)转导通路等。

以下介绍一些主要的肿瘤相关信号途径。

(一)G 蛋白偶联信号途径

G 蛋白在细胞信号转导中功能的揭示及胞外信号转化胞内信号机制的阐明，对于该领域研究是一项卓越的突破，Gilman 和 Rodbell 因在 G 蛋白发现过程中作出的重要贡献而被授予 1994 年诺贝尔生理学或医学奖。

G 蛋白偶联信号途径大致分为以下 5 个环节：

(1)配体-受体结合，受体被激活；

(2)受体通过 G 蛋白的转导，激活效应酶或离子通道；

(3)效应酶或离子通道改变细胞内第二信使水平，后者调节蛋白激酶的活性；

(4)通过蛋白质的磷酸化与脱磷酸化调节蛋白质的功能，包括调节转录因子活性；

(5)通过转录因子的作用调节基因表达。

由 G 蛋白偶联型受体所介导的细胞信号通路主要包括 cAMP 信号通路和磷脂酰肌醇信号通路。此外，G 蛋白还可在化学感受器与视觉感受器中发挥作用。

1. cAMP 信号通路

cAMP 信号通路通过调节第二信使 cAMP 的浓度水平，将细胞外信号转变为细胞内信号。cAMP 信号通路的主要组分为：①腺苷酸环化酶(AC)；②激活型受体(R_s)或抑制型受体(R_i)；③活化型 G 蛋白(G_s)或抑制型 G 蛋白(G_i)；④cAMP 依赖的蛋白激酶 A(PKA)；⑤环腺苷酸磷酸二酯酶(PDE)

(1)腺苷酸环化酶。腺苷酸环化酶(adenylate cyclase)是 cAMP 信号通路的首要效应酶，该酶为糖蛋白，跨膜 12 次，在 Mg^{2+}或 Mn^{2+}的存在下，催化 ATP 生成 cAMP。

正常情况下，细胞内第二信使 cAMP 的浓度较低($\leqslant 10^{-6}$ mol/L)，当腺苷酸环化酶被激活时，cAMP 迅速增加，产生快速应答，许多细胞外信号分子主要通过改变腺苷酸环化酶的活性来调控 cAMP 的含量水平。

(2)G_s 与 G_i、R_s 与 R_i。G 蛋白的特性和功能上的差异主要由其所含的 α 亚基体现。GDP 结合形式的 α 亚基与 βγ 紧密结合且无活性；GTP 结合形式的 α 亚基则与 βγ 分离，从而发挥调节效应器的作用。激活后具有激活酶蛋白能力的 G 蛋白称为激活型 G 蛋白(stimulatory G protein)，即 G_s蛋白；激活后具有抑制酶蛋白能力的 G 蛋白称为抑制型 G 蛋白(inhibitory G protein)，即 G_i蛋白。G_s蛋白与 G_i蛋白的 βγ 亚基相同，但 α 亚基在性质上则不同，前者称为 $α_s$亚基，后者为 $α_i$亚基。与 G_s蛋白发生作用的受体为激活型受体即 R_s，与 G_i蛋白发生作用的受体为抑制型受体即 R_i。如激活的 β-肾上腺能受体为 R_s，可与 G_s相互作用，激活腺苷酸环化酶；而激活的 $α_2$-肾上腺能受体为 R_i，与 G_i作用，抑制腺苷酸环化酶的活性。促肾上腺皮质激素(adrenocorticotropic hormone)和胰高血糖素(glucagon)等可激活 R_s，称为激活型配体(stimulatory ligand)；前列腺素 E_1(prostaglandin

E_1, PGE_1)或腺苷(adenosine)等可激活 R_i,称为抑制型配体(inhibitory ligand)。

R_s 与 R_i 都是 G 蛋白偶联受体,具有相似的跨膜 7 次结构,只不过各自的胞外信号不同,因此也出现两种调节模式:G_s 模式与 G_i 模式。

①G_s 调节模式。G_s 调节模式中,G_s 蛋白偶联 R_s 和腺苷酸环化酶。无激素刺激时,G_s 为非活化状态的异三聚体,此时的 R_s 与腺苷酸环化酶亦无活性。激素与 R_s 结合,R_s 构象改变,与 G_s 结合,G_s 的 α_s 亚基排斥 GDP,结合 GTP 而活化,G_s 解离出 α_s 和 $\beta\gamma$,α_s 亚基激活腺苷酸环化酶,将 ATP 转化为 cAMP。$\beta\gamma$ 亚基复合物也可直接激活某些胞内靶分子(如心肌细胞膜上的 K^+ 通道蛋白)。随着 α_s 亚基发挥 GTP 酶作用而使 GTP 水解为 GDP,α_s 亚基恢复原来的构象,与腺苷酸环化酶解离,终止腺苷酸环化酶的作用,α_s 亚基和 $\beta\gamma$ 亚基重新结合,在有新一轮胞外信号配体与受体结合之前,G_s、R_s 和腺苷酸环化酶恢复原初非活性状态。

细菌毒素对于研究 G 蛋白的作用有重要价值,为研究 cAMP 信号通路提供重要手段。霍乱毒素(cholera toxin)由两种肽链组成,其一为 ADP-核糖转移酶,能催化胞内 NAD^+ 的 ADP 核糖基共价结合到 G_s 的 α_s 亚基上,使 α_s 亚基丧失 GTP 酶的活性,与 α_s 亚基结合的 GTP 不能水解为 GDP,则 α_s 亚基及其结合的腺苷酸环化酶处于持续活化状态,导致细胞内 cAMP 增加了 100 倍以上,膜蛋白使得 Na^+ 和水持续外流,产生严重腹泻而脱水。

②G_i 调节模式。G_i 调节模式中,G_i 蛋白偶联 R_i 和腺苷酸环化酶。当 R_i 被激活后与 G_i 结合时,G_i 的 α_i 亚基也排斥 GDP,结合 GTP 而活化,从而使 α_i 亚基与 $\beta\gamma$ 亚基分离。G_i 对腺苷酸环化酶的抑制作用可通过两个途径:一是通过 α_i 亚基与腺苷酸环化酶结合,直接抑制酶的活性;二是通过 $\beta\gamma$ 亚基复合物与游离 G_s 的 α_s 亚基结合,阻断 G_s 的 α_s 亚基对腺苷酸环化酶的活化。百日咳毒素(pertussis toxin)可催化 G_i 的 α_i 亚基 ADP-核糖基化,降低了 α_i 亚基与 GTP 的结合水平,使得 α_i 亚基不能活化,抑制 G_i 的活性,从而阻断了 R_i 受体引起的对腺苷酸环化酶的抑制作用。

(3)蛋白激酶 A。cAMP 信号通路的主要效应是激活靶酶和开启基因表达,这是通过 cAMP 依赖的蛋白激酶 A(cAMP dependent protein kinase A)来完成的。该酶又称蛋白激酶 A(protein kinase A, PKA),全酶为四聚体,由两个催化亚基(C 亚基)和两个调节亚基(R 亚基)组成。动物细胞中普遍含有蛋白激酶 A,不同细胞的蛋白激酶 A 的底物不同。在大多数哺乳类细胞中,至少有两类蛋白激酶 A:一类存在于胞质溶胶;另一类结合在质膜、核膜和微管上。蛋白激酶 A 全酶没有活性,在无 cAMP 存在的情况下,以钝化复合物形式存在。当 cAMP 存在时,cAMP 与蛋白激酶 A 调节亚基结合,使调节亚基和催化亚基解离,释放出 1 个调节亚基二聚体和 2 个激活的催化亚基单体,蛋白激酶 A 的活性被激活。被激活的蛋白激酶 A 可将 ATP 上的磷酸基团转移到特定蛋白质的丝氨酸或苏氨酸残基上进行磷酸化,调节这些蛋白质的活性。例如,激活的 PKA 进入细胞核,将 cAMP 应答元件结合蛋白(cAMP response element binding protein, CREB)磷酸化,磷酸化的 CREB 与靶基因调控序列结合,调节相关基因的表达。因为过程涉及细胞核机制,cAMP 影响细胞基因表达的效应是一个缓慢的过程,需要几分钟乃至几个小时。

(4)环腺苷酸磷酸二酯酶。细胞质内 cAMP 分子浓度增加往往是短暂的,信号灭活机制随即将其减少。环腺苷酸磷酸二酯酶(cAMP phosphodiesterase, PDE)与腺苷酸环化酶的作用恰好相反，它可降解 cAMP 生成 5-AMP，起终止信号的作用。

在这里可以总结一下上面的知识，cAMP 信号通路可表示为：胞外信号分子→G 蛋白偶联受体→G 蛋白→腺苷酸环化酶→cAMP→依赖 cAMP 的蛋白激酶 A→基因调控蛋白磷酸化→基因转录。不同细胞对 cAMP 信号通路的反应速度不同，在肌肉细胞，1s 内可启动糖原降解为葡萄糖-1-磷酸而抑制糖原合成；在某些分泌细胞则需要几个小时。

2. 磷脂酰肌醇信号通路

通过 G 蛋白偶联受体介导的另一条信号通路为磷脂酰肌醇(phosphatidylinositol, PI)信号通路，这其实是一个"双信使"信号系统(double messenger system)，其关键反应是 4,5-二磷酸磷脂酰肌醇(phosphatidylinositol-4,5-bisphosphate, PIP2)水解成 1,4,5-三磷酸肌醇(inositol triphosphate, IP_3)和二酰基甘油(diacylglycerol, DAG, DG)这两个第二信使。PIP2 是真核细胞膜上普遍存在的一种化学成分，是质膜上磷脂酰肌醇的衍生物，由 PI 激酶将 PI 磷酸化，生成 PIP，然后由 PIP 激酶将 PIP 进一步磷酸化，生成 PIP2。胞外信号分子与细胞表面 G 蛋白偶联受体结合，激活细胞膜上的一种磷脂酰肌醇特异的磷脂酶 C(phosphatidylinositol-specific phospholipase C)，PI-PLCβ 即磷脂酶 C-β(PLC-β)，使细胞膜上的 PIP2 水解为 IP_3 和 DAG，也就是说，通过 G 蛋白偶联受体介导的磷脂酰肌醇信号通路的信号转导是通过效应酶磷脂酶 C 完成的。IP_3 和 DAG 这两个第二信使产生后，分别启动两个信号传递途径，即 IP_3/Ca^{2+} 途径和 DAG/PKC 途径。

(1)IP_3。IP_3 在细胞内动员内源性 Ca^{2+}，通过作用于内质网上 IP_3 门控 Ca^{2+} 释放通道(IP_3-gated Ca^{2+}-release channel)，使 Ca^{2+} 释放，引起细胞内游离 Ca^{2+} 水平增加，从而启动胞内 Ca^{2+} 信号系统，即通过依赖 Ca^{2+}、钙结合蛋白等酶类活性变化来调节和控制一系列的生理过程。例如，Ca^{2+} 浓度升高，激活钙调蛋白(calmodulin, CaM)，CaM 可结合钙离子将靶蛋白(如 CaM-kinase)活化。在非兴奋性细胞中，钙池调控钙离子通道(store-operated channel, SOC)是 Ca^{2+} 进入细胞的最主要方式之一。当细胞内质网的 Ca^{2+} 排出后，便会开启细胞膜上钙离子通道，让细胞外的 Ca^{2+} 进入细胞(图 7-6)。

IP_3 信号的终止是通过连续地去磷酸化形成 IP_2、IP 或自由的肌醇进入代谢途径，或通过连续地磷酸化生成 IP_4、IP_5、IP_6 等多磷酸肌醇。细胞质基质中的基态 Ca^{2+} 的浓度约为 10^{-7}mol/L，如果长时间维持细胞质基质中的高浓度 Ca^{2+} 会导致细胞中毒，所以 Ca^{2+} 信号也需要被终止，Ca^{2+} 可被质膜上的钙泵和 Na^+-Ca^{2+} 交换器抽出细胞，或被内质网膜上的钙泵抽回内质网。IP_3 的类似物为 Ca^{2+} 载体离子霉素(ionomycin)。

(2)DAG。DAG 结合于细胞膜上，可活化与细胞膜结合的蛋白激酶 C(protein kinase C, PKC)。PKC 是 Ca^{2+} 和磷脂酰丝氨酸(一种带负电荷的膜磷脂)依赖性激酶，在未受刺激的细胞中以非活性形式分布于细胞质中，当 IP_3 诱发 Ca^{2+} 浓度升高时，PKC 转位到质膜内表面，在 Ca^{2+}、DAG 和磷脂酰丝氨酸共同作用下活化。PKC 属蛋白丝氨酸/苏氨酸激酶，被激活后可使靶蛋白专一丝氨酸或苏氨酸磷酸化，从而激活靶蛋白。在许多细胞中，PKC 活化后，可通过两种途径促进基因转录：①激活蛋白激酶级联反应链，从而激活基因调控蛋白；②使基因调控蛋白的抑制蛋白失活，导致基因调控蛋白摆脱抑制而被释放。

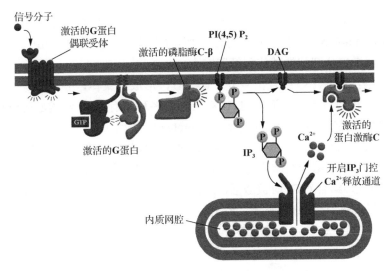

图 7-6　第二信使 IP₃ 和 DG 的功能（引自 Alberts et al., 2007）

DAG 通过两种途径终止其信使作用：一是被 DAG 激酶磷酸化成为磷脂酸，再经由一系列反应进入磷脂代谢循环；二是被 DAG 酯酶水解成单酯酰甘油和脂肪酸。DAG 的类似物为佛波酯（phorbol ester）。

3. 视觉感受器中 G 蛋白偶联信号通路

在视觉感受器中发现的 G 蛋白称为 G_t（t 取自 transducin，转导蛋白），黑暗条件下视杆细胞（rod cell）中 cGMP 浓度较高，cGMP 与 cAMP 一样是第二信使，它的生成受鸟苷酸环化酶（guanylate cyclase, GC）的催化，cGMP-磷酸二酯酶（cGMP-PDE）的作用是催化 cGMP 水解，其活性受 G_t 的调节，cGMP-PDE 与 G_t 偶联受体即视紫红质均存在于视网膜中，视紫红质（rhodopsin, Rh）为 7 次跨膜蛋白，由视蛋白和视黄醛组成，是 G 蛋白家族成员之一。激活的视紫红质使 G_t 活化，其 α 亚基与 cGMP-PDE 结合，使其活性猛增，进而降低细胞内 cGMP 水平。

视网膜细胞中 cGMP 的作用是激活质膜 Na^+ 通道，使膜处于去极化状态。黑暗状态下，高浓度 cGMP 可直接结合 cGMP-门控 Na^+ 通道，使得该离子通道开放，钠离子内流，膜去极化，突触持续向次级神经元释放递质。当细胞内 cGMP 因 cGMP-PDE 活性增强而水平下降时，Na^+ 通道关闭产生超极化，这个负效应起到传递视兴奋的作用。

视觉感受器内 G 蛋白偶联信号转导途径可简述如下：光信号→Rh 激活→Gt 活化→cGMP 磷酸二酯酶激活→胞内 cGMP 减少→Na^+ 离子通道关闭→离子浓度下降→膜超极化→神经递质释放减少→视觉反应。

（二）RTK-Ras 信号途径

受体酪氨酸激酶介导的信号通路主要有 Ras 信号通路、磷脂酰肌醇-3-激酶（phosphatidylinositol-3-kinase, PI3K）信号通路和磷脂酰肌醇信号通路等。这些通路都涉及信号分子间的识别。信号分子间的识别结构域主要有三类：①SH2 结构域（Src homology 2 domain），该结构域介导信号分子与含磷酸酪氨酸蛋白分子的结合；②SH3 结构域（Src homology 3 domain），该结构域介导信号分子与富含脯氨酸的蛋白质分子的结合；③PH结构域（pleckstrin homology domain），该结构域与磷脂类分子 PIP2、PIP3、IP3 等结合，使含 PH 结构域蛋白从细胞质转位到细胞膜上。

　　受体酪氨酸激酶（RTK）结合信号分子（配体），形成二聚体，并将自身的酪氨酸磷酸化（自磷酸化），进而被激活。活化的 RTK 可结合多种带有 SH2 结构域的结合蛋白或信号蛋白，其中有一类蛋白为接头蛋白（adaptor protein），如生长因子受体结合蛋白-2（growth factor receptor-protein bound 2, Grb-2）；活化的 RTK 还与一些酶结合，如磷脂酶 C-γ（PI-PLCγ）等。Ras 结合在质膜内表面，以单体形式存在，是一种 GTP 结合蛋白，结合 GDP 时无活性，结合 GTP 时被激活。Ras 作为小 G 蛋白，释放 GDP 需要鸟苷酸交换因子如 Sos 参与，Sos 有 SH3 结构域，但没有 SH2 结构域，不能直接与 RTK 结合，需要接头蛋白如 Grb-2 的连接。Sos 通过 Grb-2 与膜上的 Ras 接触，从而活化 Ras 蛋白（图 7-7）。

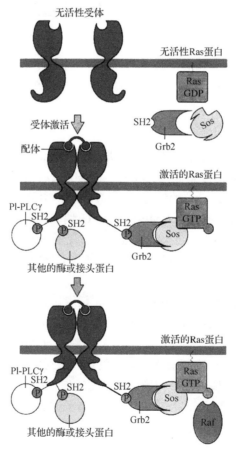

图 7-7　受体酪氨酸激酶激活 Ras 的过程（引自 Karp, 2002）

　　激活后的 Ras 蛋白可引起蛋白激酶的磷酸化级联反应，最终激活有丝分裂原活化蛋白激酶（mitogen-activated protein kinase, MAPK）。Ras 先与 Raf 的 N 端结构域结合并使其激活。Raf 是一种促 MAPK 激活的蛋白激酶的激酶（MAPK kinase kinase，MAPKKK，或简称 MKK）；活化的 Raf 结合并磷酸化促 MAPK 的蛋白激酶（MAPK kinase, MAPKK），使其活化；活化的 MAPKK 又使 MAPK 磷酸化使之激活。MAPK 属丝氨酸/苏氨酸激酶，活化的 MAPK 进入细胞核，使许多转录因子的丝氨酸/苏氨酸残基磷酸化，进而激活，如将 Elk-1 激活，促进 c-fos、c-jun 的表达。

RTK-Ras 信号转导通路可概括如下：配体→RTK→接头蛋白→GEF→Ras→Raf（MAPKKK）→MAPKK→MAPK→进入细胞核→转录因子→基因表达。

(三) TGF-β 信号途径

转化生长因子-β (transforming growth factor-β, TGF-β) 是一个庞大家族群，脊椎动物 TGF-β 超家族包括 TGF-β 活化素 (activin) 和骨形成蛋白 (bone morphogenetic protein BMP)。哺乳动物 TGF-β 共有三种：TGF-β$_1$、TGF-β$_2$ 和 TGF-β$_3$。根据不同的电泳能力，TGF-β 受体被划分为 I 型、II 型和 III 型受体三类。其中 I 型和 II 型直接参与信号传递；III 型是分子质量最大的受体，对于信号传递有促进作用。

TGF-β I 型和 II 型受体均为受体丝氨酸/苏氨酸 (Ser/Thr) 激酶 (也是迄今发现的仅有的具有丝/苏氨酸激酶活性的跨膜受体)，二者可形成异源二聚体。I 型与 II 型受体在序列和结构上的不同之处在于：I 型受体在激酶区上游有一段约 30 个氨基酸组成的高保守甘氨酸-丝氨酸 (GS) 结构域，该结构域以包含特征序列 "SGSGSG" 而得名。GS 区是 I 型受体激酶活性的关键调节区域。

在 TGF-β 信号传递模式中，II 型受体的胞外端首先与配体结合，其胞内段的丝氨酸/苏氨酸激酶被活化，进而使 I 型受体磷酸化。被活化的 I 型受体作为激活的丝氨酸/苏氨酸激酶，将生物信号向细胞内传导 (BMP 信号通路中则是同步结合模式，即两个受体同时与配体结合) (图 7-8)。

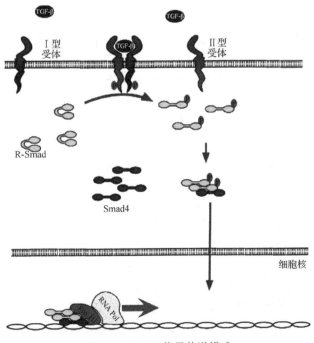

图 7-8　TGF-β 信号传递模式

TGF-β 信号通路的关键传导分子为胞质蛋白 Smads。Smads 为与线虫 Sma 和果蝇 Mad 蛋白同源的蛋白质，可将 TGF-β 信号直接由细胞膜受体传导入细胞核内，是受体激酶介导的细胞内信号转导途径。

Smads 分子中有两个保守的 Mad 同源域，N 端的 MH1 结构域可与 DNA 序列特异结合，C 端的 MH2 结构域可与转录辅激活蛋白或辅阻遏物相互作用，是 Smads 的功能区；两个结构域之间的短连接区有多个磷酸化位点可被磷酸化而失活，是 Smads 的负调控区。目前已知的 Smads 影响转录调节的重要机制是 Smads 可以直接或间接招募（recruit）能够影响组蛋白的乙酰化状态的转录调节因子。

Smads 至少有 8 个成员，即 Smad1～8，根据功能不同分为三类。

第一类是膜受体激活的 Smad（receptor regulated Smad, R-Smad），包括 Smad1、2、3、5、8，其 C 端功能域末端含有保守的磷酸化位点 SSXS，可与 TGF-β 受体直接作用并被磷酸化，之后与 Smad4 结合为二聚体转位入核。R-Smad 与信号通路的特异性有关。

第二类为通用 Smad（common Smad, co-Smad），目前只有 Smad4，与其他 Smad 的同源性较低，C 端功能域没有磷酸化位点，不与受体相互作用形成稳定的异源多聚体。

第三类为抑制性 Smad（inhibitory Smad, I-Smad），有 Smad6、7，为 TGF-β-Smad 信号转导通路的抑制因子，可与 R-Smad 竞争性地结合受体，阻止 R-Smad 的磷酸化，从而阻断 TGF-β 的效应。

（四）Wnt 信号途径

Wnt 是一类分泌型糖蛋白，通过自分泌或旁分泌发挥作用。在小鼠中，肿瘤病毒整合在 Wnt 之后而导致乳腺癌，命名为 Int1，它与果蝇的无翅基因（wingless, wg）有高度同源性。

Wnt 信号途径能引起胞内 β-环连蛋白（β-catenin）积累。β-catenin（在果蝇中叫做犰狳蛋白 armadillo）是一种多功能的蛋白质，在细胞连接处它与钙黏素相互作用，参与形成黏合带，而游离的 β-catenin 可进入细胞核，调节基因表达。

Wnt 蛋白在动物发育中起重要作用，其异常表达或激活能引起肿瘤。

Wnt 的受体是卷曲蛋白（frizzled, Frz, Fz），为 7 次跨膜蛋白，结构类似于 G 蛋白偶联型受体。Frz 胞外 N 端具有富含半胱氨酸的结构域（cysteine rich domain, CRD），能与 Wnt 结合。

Wnt 信号通路活化的第一步是 Wnt 与 Frz 和 LRP5/6 结合。LRP5/6 是 Wnt 的辅助受体（co-receptor），属于低密度脂蛋白受体相关蛋白（LDL-receptor-related protein, LRP）。

Frz 作用于胞质内的蓬乱蛋白（dishevelled, Dsh 或 Dvl），Dsh 能切断 β-catenin 的降解途径，从而使 β-catenin 在细胞质中积累，并进入细胞核，与 T 细胞因子（T cell factor / lymphoid enhancer factor, TCF/LEF）相互作用，调节靶基因的表达。TCF/LEF 是一类具有双向调节功能的转录因子，它与 Groucho（一种转录抑制因子）结合抑制基因转录，而与 β-catenin 结合则促进基因转录。

调节 β-catenin 的蛋白水平是 Wnt 信号通路的中心环节。有 Wnt 信号时，β-catenin 在细胞质内积累；无 Wnt 信号时，β-catenin 被降解（降解复合体）。β-catenin 的降解复合体主要由 APC、Axin、GSK-3β、CK1 等构成（图 7-9）。

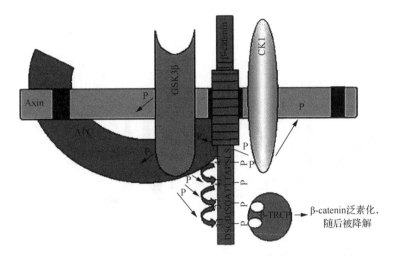

图 7-9　β-catenin 降解复合体的结构

GSK-3β(glycogen syntheses kinase 3 beta)是一种蛋白激酶，在没有 Wnt 信号时，GSK-3β 能将磷酸基团加到 β-catenin 氨基端的丝氨酸/苏氨酸残基上，磷酸化的 β-catenin 结合到 β-TRCP 蛋白(泛素连接酶 E3 的组成成分)上，受泛素的共价修饰，被蛋白酶体(proteasome)降解。β-catenin 中被 GSK3 磷酸化的氨基酸序列称为破坏框(destruction box)，此序列发生变异可能引起某些癌症。

酪蛋白激酶 1(casein kinase 1，CK1)是一种丝氨酸/苏氨酸蛋白激酶，能将 β-catenin 的 Ser45 磷酸化，随后 GSK-3β 将 β-catenin 的 Thr41、Ser37、Ser33 磷酸化。

APC 是一种抑癌基因，其突变引起良性肿瘤——结肠腺瘤样息肉(adenomatous polyposis coli)，但随着时间的推移，可能发生恶变。APC 蛋白的作用是增强降解复合体与 β-catenin 的亲和力。

Axin 是一种支架蛋白，具有多个与其他蛋白质作用的位点，能将 APC、GSK-3β、β-catenin 和 CK1 结合在一起。此外它还能与 Dsh、PP2A(protein phosphatase 2A)等成分结合，其中 Dsh 与 Axin 结合能使降解复合体解体。PP2A 可能引起 Axin 去磷酸化，从而使降解复合体解体，因此属于 Wnt 途径的正调控因子，但 PP2A 至少由催化亚基和调节亚基两部分构成，其调节亚基仍算作是抑癌基因。

Wnt 信号途径概括如下：Wnt→Frz→Dsh(Dvl)→β-catenin 的降解复合体解散→β-catenin 积累，进入细胞核→TCF/LEF→基因转录(如 c-myc、cyclinD1)(图 7-10)。

Wnt 信号途径的其他成分包括 GBP、Dickkopf1 和 sFRP。GBP 即 GSK-3β 结合蛋白(*Frat* 基因的产物)，对 Wnt 信号途径起正调控作用，GBP/Frat 抑制 GSK3-β 的活性。Dickkopf1(DKK1)是一种分泌蛋白，其与 Wnt 受体 LRP5/6 及另一类穿膜蛋白 Kremen1/2 结合，形成三聚体，诱导快速的细胞内吞，减少细胞膜上的 LRP5/6，由此阻断了 Wnt 信号向胞内的传递。sFRP 即分泌型 Frz 相关蛋白(secreted frizzled-related protein)，含有一个 CRD 结构域，但缺少 7 次跨膜域，它可能与 Frz 竞争结合 Wnt 蛋白。其他的抑制蛋白还有 Sizzled、WIF-1 和 Cerberus，它们也直接与 Wnt 蛋白结合，从而拮抗 Wnt 信号。

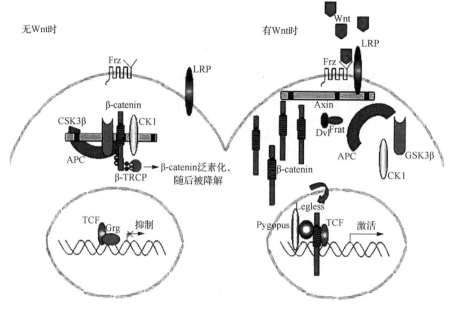

图 7-10　Wnt 信号途径示意图

（五）Notch 信号途径

Notch 基因最早发现于果蝇，该基因功能缺失导致翅缘缺刻（notch），因此而得名。在胚胎发育中，当上皮组织的前体细胞中分化出神经元细胞后，其细胞表面 Notch 配体 Delta 与相邻细胞膜上的 Notch 蛋白结合，启动信号途径，防止其他细胞发生同样的分化，这种现象称为侧向抑制（lateral inhibition）。Notch 突变的半合子或纯合子在胚胎期死亡，其胚胎中神经组织取代了上皮组织，从而使神经组织异常丰富。

Notch 蛋白为膜蛋白受体，分子质量约 300kDa，果蝇只有 1 个 *Notch* 基因，人类有 4 个（Notch1～4）。Notch 的胞外区是结合配体的区域，具有不同数量的 EGF 样重复序列（EGF-LR）和 3 个 LNR（Lin/Notch repeat）。胞内区由 RAM（RBP-J kappa associated molecular）结构域、6 个锚蛋白（cdc10/ankyrin，ANK）重复序列、2 个核定位信号（NLS）和 PEST 结构域（proline-glutamine-serine-threonine rich motif）组成。RAM 结构域是与 CSL（一类 DNA 结合蛋白）结合的区域，PEST 结构域与 Notch 的降解有关（图 7-11）。

Notch 信号途径由 Notch、Notch 配体（DSL 蛋白）和 CSL 等组成。Notch 及其配体均为单次跨膜蛋白。当配体（如 Delta）和相邻细胞的 Notch 结合后，Notch 被蛋白酶体切割，释放出具有核定位信号的胞内区 NICD（Notch intracellular domain），进入细胞核与 CSL 结合，调节基因表达。

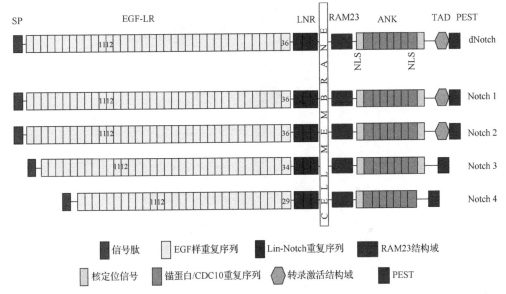

图 7-11 Notch 蛋白的各结构域(引自http://www.trojantec.com/site.84.articles.en.html)

Notch 蛋白要经过三次切割：首先在高尔基体内被切割为 2 个片段，转运到细胞膜形成异二聚体。当配体结合到胞外区，Notch 蛋白靠近胞膜外的部位先是被肿瘤坏死因子-α-转化酶(TNF-α-converting enzyme，TACE)切割，胞外区被释放；释放胞外区后，Notch 蛋白在胞膜内靠近胞膜的部位被 γ-分泌酶(γ-secretase)切割，后者需要衰老蛋白(presenilin，PS)参与。酶切以后释放 Notch 胞内区 NICD，进入细胞核发挥生物学作用。

在果蝇中 Notch 配体为 Delta 和 Serrate，线虫中的 Notch 配体为 Lag-2，取首写字母，Notch 的配体又被称为 DSL 蛋白。脊椎动物中也发现多个 Notch 配体，与 Delta 同源性高的称为 Delta 或 Delta-like(Dll)，与 Serrate 同源性高的称为 Jagged。DSL 蛋白都是单次跨膜糖蛋白，其胞外区含有数量不等的 EGF 样重复区，N 端有一个结合 Notch 体必需的 DSL 保守区。CSL 为转录因子，在哺乳动物中称为 CBF1，在果蝇中称为 Suppressor of Hairless，在线虫中称为 Lag-1，CSL 因此而得名。CSL 能识别并结合特定的 DNA 序列，这个序列位于 Notch 诱导基因的启动子上。NICD 不存在时，CSL 为转录抑制因子。当结合 NICD 时，CSL 能诱导相关基因的表达。

Notch 信号的靶基因多为碱性螺旋-环-螺旋类转录因子(basic helix-loop-helix，bHLH)，它们又调节其他与细胞分化直接相关的基因的转录，如哺乳动物中的 HES(hairy/enhancer of split)、果蝇中的 E(spl，enhancer of split)及非洲爪蟾中的 XHey-1 等。

Notch 信号途径可概括为：Delta→Notch→酶切→NICD→进入细胞核→CSL-NICD 复合体→基因转录(图 7-12)。

(六)Hedgehog 信号途径

Hedgehog(Hh)是一种共价结合胆固醇的分泌性蛋白，在动物发育中起重要作用。果蝇的该基因突变导致幼虫体表出现许多刺突，形似刺猬，故名 Hedgehog。脊椎动物中至少有 3 个基因编码 Hedgehog 蛋白，即 Shh(Sonic hedgehog)、Ihh(Indian hedgehog)和 Dhh(Desert hedgehog)。

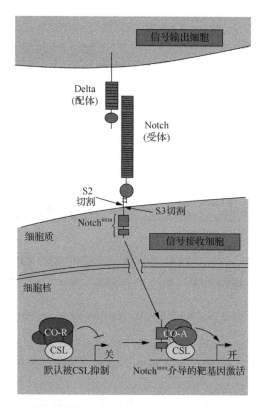

图 7-12　Notch 信号途径 (引自 http://www.mskcc.org/mskcc/html/53001.cfm)

Patched (Ptc) 和 Smoothened (Smo) 这两个跨膜蛋白介导 Hedgehog 信号向胞内传递。Ptc 是 12 次跨膜蛋白，能与 Hedgehog 结合。Smo 为 7 次跨膜蛋白，与 G 蛋白偶联型受体同源。在无 Hedgehog 的情况下，Ptc 抑制 Smo。当 Hedgehog 与 Ptc 结合时，则解除了 Ptc 对 Smo 的抑制作用，引发下游事件。

Hedgehog 信号途径的转录因子是 Ci (cubitus interruptus，在脊椎动物中为 Gli)，具有锌指结构，分子质量 155kDa。在胞质中 Ci 与其他蛋白质形成复合体，这些蛋白质包括 Fu (Fused，一种丝氨酸/苏氨酸激酶)、Cos (Costal，一种能将复合体锚定在微管上的蛋白) 和 Su (suppressor of Fused，适配蛋白)。

在没有 Hedgehog 信号时，Ci 被水解为 75kDa 的片段，进入细胞核，抑制 Hedgehog 信号相应基因。当 Hedgehog 与 Ptc 结合时，Ci 的降解被抑制，从复合体中释放出来，全长的 Ci 蛋白进入细胞核中，启动相关基因表达，这些基因包括 Wnt 和 Ptc。Ptc 的表达，又会抑制 Smo，从而抑制 Hedgehog 信号，是一种反馈调节 (图 7-13)。

(七) NF-κB 信号途径

NF-κB 是属于 Rel 家族的转录因子，参与调节与机体免疫、炎症反应、细胞分化有关的基因转录。该家族的特征是其肽链亚基均存在约 300 bp 组成的 Rel 同源结构域 (Rel homology domain，RHD)，内含二聚体化区、DNA 结合区和核定位序列，分别介导 Rel 蛋白间的二聚体化。

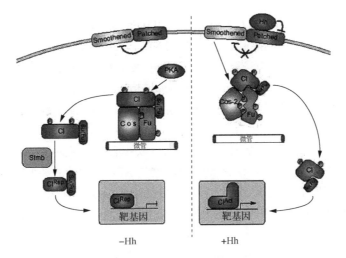

图 7-13　Hedgehog 信号途径

哺乳动物细胞中有 5 种 NF-κB/Rel：RelA（P65）、RelB、C-Rel、NF-κB1（P50）、NF-κB2（P52）。它们都具有 Rel 同源区（Rel homology domain，RHD），能形成同二聚体或异二聚体，启动不同的基因转录。

静息状态下，NF-κB 二聚体与抑制蛋白 IκB 结合成三聚体而被隐蔽于细胞质，胞外刺激可激活 IκB 的泛素化降解途径，而使 NF-κB 二聚体进入细胞核，调节基因转录。

IκB 家族成员有 IκBα、IκBβ、IκBγ、IκBδ、IκBε、Bcl-3 等，都具有与 Rel 蛋白相互作用的锚蛋白重复序列，以及与降解有关的 C 端 PEST 序列。

IKK（IκB kinases）是 NF-κB 信号转导通路的关键性激酶。胞外信号如肿瘤坏死因子 α（tumor necrosis factor，TNF）、白细胞介素 1（interleukin-1，IL-1）等可以激活 IKK，使 IκB 磷酸化，随后被泛素化途径降解。

（八）TNF/FasL 信号途径

TNF 和 FasL 是能引起细胞凋亡的最主要两个死亡因子，它们分别通过与细胞膜 TNF 受体和 Fas 结合后，激活细胞自杀，引发胞内一系列生化反应，导致细胞凋亡。

肿瘤坏死因子（tumor necrosis factor, TNF）是一类具有多种生物效应的细胞因子，它通过和细胞膜上的特异性受体结合，实现促进细胞生长、分化、凋亡及诱发炎症等生物学效应。Fas 是一种重要的诱导细胞凋亡的死亡受体，在靶细胞表面相应配体 FasL（Fas Ligand）的激活下介导细胞凋亡。肿瘤细胞通过 *Fas* 基因突变、下调 Fas 的表达、表面产生诱骗受体 DcR3 竞争结合 FasL 抑制凋亡，或者通过产生可溶性 Fas 及 FasL（sFas/sFasL）逃避凋亡。Fas/FasL 的表达异常与肿瘤的浸润、转移也具有密切的关系。

TNF-α 属于 TNF 家族，可以激活 Caspase 蛋白酶、JNK 和转录因子 NF-κB 三条信号通路，实现其细胞毒性、抗病毒、免疫调节和细胞凋亡等生物学功能。由于 TNF-α 与细胞自稳和许多人类疾病（如肿瘤等）直接相关，有关 TNF-α 信号通路的研究成为近十年生物医学研究领域的热点。

TNF-α 通过和细胞表面的受体 TNF-R 相结合来实现其生物学功能。TNF-R 存在两种类型：TNF-R1（55kDa）和 TNF-R2（75kDa）。FADD（Fas-associated protein with death domain）通过招募 FLICE/ MACH 介导细胞凋亡。在 TNF 未激活 TNF-R1 时，TRAF2、TRAF1、c-IAP1 和 c-IAP2 形成复合体。当 TNF 激活 TNF-R1 后，TRAF2（TNF receptor-associated factor 2）可以与 TRADD（TNF-R1 associated death domain protein）的 N 端结构域相结合，被招募到 TNF-R1 的复合体上，从而活化下游一系列蛋白激酶，从而激活 NF-κB 和 JNK 两条信号通路。

NF-κB 在细胞中通常和抑制因子 IκB 结合，以非活性的状态存在。接受 TNF 的刺激后，IκB（尤其是 IκBα）被降解，活化 NF-κB，这是 NF-κB 激活的经典模式。

JNK 和 P38 都属于 MAPK 家族。TNF-α 刺激细胞形成 TNF-R1 复合体后，通过一系列蛋白的磷酸化，MAPKKK 激活 MAPKK，MAPKK 进而又激活 MAPK，从而激活了 JNK 信号通路。

除以上信号途径外，还有 Integrin 信号途径。整合素（integrin）是一类重要的细胞黏附受体；整合素的胞内部分缺乏催化酶的活性；一般认为该途径的信号是通过黏着斑激酶（focal adhesion kinase, FAK）转导的；PKC、PLC-γ 和一些小 G 蛋白也参与了整合素信号转导。该途径的异常与肿瘤细胞的侵袭和转移相关。

第三节　肿瘤中非编码 RNA 及甲基化的互作网络

癌症是当今社会威胁人类健康的主要疾病，有相当数量的研究都致力于钻研其内在机制、开拓其治疗方法。近几十年来，癌症表观遗传学领域蓬勃发展，研究表明，不同的表观遗传事件，包括 DNA 甲基化、组蛋白修饰和非编码 RNA 的调节，相互联系，共同影响了癌细胞发生和发展。

一、简介

基因表达的表观遗传调控的机制主要涉及 DNA 甲基化、组蛋白修饰和非编码的 RNA，它们都与肿瘤和许多其他疾病、衰老密切相关。组蛋白修饰和 DNA 甲基化分别由组蛋白和 DNA 甲基转移酶（DNMT）介导的。前者包括甲基化、乙酰化、磷酸化、泛素化和 FDX8 糖基化，它通过改变染色质结构，并对 DNA 甲基化的形成和维持起重要作用。通常，组蛋白修饰和 DNA 甲基化都成对出现，共同调控基因表达、基因印记、转座子沉默和 X 染色体失活。DNA 甲基化多发生于哺乳动物基因组内的 CpG 二联体中，大约有 3%~6%胞嘧啶被甲基化。位于基因启动子及某些基因第一个外显子区的 CpG 岛（CpG island）具有被甲基化的潜能，这些序列的甲基化有效地阻止了 DNA 转录各元件在 DNA 上的结合及延伸，通常意味着相关基因的表达沉默。大量研究显示，抑癌基因或凋亡信号通路基因异常甲基化，可导致相关基因沉默、DNA 突变率显著升高和细胞凋亡能力下降，有利于肿瘤细胞的快速生存和生长。另外，在肿瘤的治疗中，肿瘤细胞对化疗药物的响应是决定疗效的关键因素，然而，肿瘤细胞也可以快速响应各种化疗方案，通过 DNA 甲基化的方式降低肿瘤细胞对化疗药物的敏感性，产生化疗耐药，导致治疗失败。

非编码 RNA(ncRNA)调控是另一个有效调节基因表达的表观遗传调控机制。现发现约 98%的人类基因组被表示作为编码 RNA，但仅有 2%翻译成蛋白质，故剩余的大量 ncRNA 很可能蕴藏着丰富的遗传信息。依据长度不同，ncRNA 可以分为两大类。<200 个核苷酸的短 ncRNA 主要包括微小 RNA(miRNA)和小核 RNA(small nuclear RNA)。长 ncRNA (lncRNA)长度大于 200nt 的。ncRNA 同样在肿瘤中扮演了重要角色，其中关于 miRNA 介导肿瘤发生和发展的研究成果也最丰富。miRNA 是一类由核基因编码的内源性非编码 RNA，大小 20~25nt，它们在生命活动的多个环节如转录、染色体形成、RNA 剪接和修饰、mRNA 的稳定和翻译、蛋白质的稳定和转运等过程中，发挥着重要、精细的网络式调控作用。已知的人类基因组编码的 miRNA 超过 1500 种(http://www.mirbase.org/)，它们与人类 30%以上的蛋白表达精细调控相关。miRNA 主要通过碱基互补识别靶 mRNA 的 3′-非转录区，抑制靶 mRNA 翻译或降解靶 mRNA，以达到调节基因表达的目的。研究发现，在肿瘤细胞中，众多 miRNA 调控着不同的肿瘤信号通路。例如，miR-203 在肿瘤中通常低表达，从而激活了其靶向的 Src/Ras/ERK 信号通路，该通路继而促进了肿瘤血管和淋巴管生成，最后促进了肿瘤的生长和转移。又如，低表达的 miR-100 激活了肿瘤细胞 mTOR(mammalian targetofrapamycin) 和 PLK1(polo-like kinase 1)通路，增强了肿瘤细胞的生存和抗凋亡的能力。

LncRNA 是最近研究较为热门的、转录物长度大于 200nt 的一类 ncRNA。相对于 DNA 甲基化和 miRNA，lncRNA 调控基因表达的模式更加复杂和多样化。某些 lncRNA 位于特定蛋白编码基因的启动子、内含子和增强子，它们表达后，与多种转录因子元件相互作用，以顺式方法调控同一染色体、邻近的蛋白编码基因的表达。相反，又有一些 lncRNA 通过反式作用，调控远端蛋白编码基因表达，它们可能通过突环(loop)结构，得以接近目标基因；它们也可能间接地影响转录因子和转录辅助因子来实现反式基因表达调控。近年来在临床及细胞实验等多方面对于 LncRNA 的深入研究表明其是一种具有多种生物学功能的非编码 RNA，尤其在细胞增殖、细胞周期、细胞分化、细胞凋亡，以及肿瘤的发生、发展等方面都具有非常重要的作用。lnRNA H19(imprinted maternallyexpressed noncoding transcript)是第一个被发现的肿瘤相关 lnRNA，它有效调控了肿瘤的发展。研究发现，H19 可以通过与 miR-342-3p 相互作用而调节 FOXM1 (forkhead box M1)基因表达，继而促进胆囊肿瘤细胞的增殖和浸润；H19 亦可以通过促进转录因子 E2F 的表达而加速胰腺导管腺癌的增殖。

总之，众多研究显示 DNA 甲基化和 ncRNA 调控在肿瘤发生发展中至关重要。值得提出的是，肿瘤是一种多因素介导的复杂疾病，受到众多的遗传和表观遗传因素同时协同调控，因此，上述任意一种表观遗传调控都不可作为主导，相反，它们更多的是相互协调和影响，组成了一个庞大复杂的信号网络，共同推进肿瘤发生和发展。

二、肿瘤中 DNA 甲基化对 miRNA 的调控

miRNA 种类繁多，作用机制各异。总体而言，抑癌 miRNA 的低表达激活目标癌基因、原癌 miRNA 的表达负调控目标抑癌基因，都可促进肿瘤发展。因此，肿瘤细胞在表达水平上对 miRNA 进行调控，直接影响 miRNA 功能的发挥。miRNA 的编码序列通

常位于蛋白编码基因内含子、外显子或基因间隔区，由 RNA 聚合酶 II 转录后，通过一系列加工成为成熟 miRNA。因此，miRNA 的表达同样可以受到与蛋白编码基因类似的调控。近年来一些研究提示，一些异常转录的 miRNA 是通过甲基化机制调控的。因此，如若控制 miRNA 转录的启动子出现甲基化异常，可抑制或增强 miRNA 转录，继而影响 miRNA 对靶 mRNA 的表达调控功能。例如，抑癌 miRNA 启动子的高甲基化在肿瘤中就非常普遍。

值得注意的是，研究 DNA 甲基化对 miRNA 的调控，需要对真实的 miRNA 编码序列的启动子进行准确定位。位于蛋白编码基因内含子中的 miRNA 可能受到其宿主编码基因启动子的远端调控。例如，抑癌 miR-126 靶向癌基因 IRS-1（insulin receptor substrate-1）和同源异形框蛋白 HOXA9，且该 miRNA 坐落于 EGFL7（EGF-like domaincontaining protein 7）基因的内含子中；在肿瘤中，可观察到 EGFL7 基因启动子的甲基化，同时抑制了 EGFL7 和 miR-126 的表达，肿瘤细胞对该基因和 miRNA 的调控也与肿瘤恶化和预后不良密切相关。不过，有些位于较大的内含子（>5000 bp）中的 miRNA，有可能拥有其独立的转录调控元件。例如，miR-149 位于 GPC1（glypican 1）基因的第一个内含子。然而，该 miRNA 却不受 GPC1 启动子调控，而有自己的启动子序列。该启动子序列在肿瘤中高甲基化而抑制了 miR-149 的表达，继而激活肿瘤细胞硫酸乙酰肝素的合成并促进了肿瘤化疗耐药；低表达的 miR-149 也可以影响整合素活性、上皮细胞间充质转化通路和凋亡通路，促进肿瘤发展。另外，部分 miRNA 编码序列位于两个蛋白编码基因之间的间隔区，它们也可能受到附近某个蛋白编码基因的共同调控。例如，miR-34b 和 miR-34c 常在肿瘤中低表达，继而调控 p53、Akt（v-akt murine thymoma viral oncogene homolog）、半胱氨酸的天冬氨酸蛋白水解酶（caspase）和 c-Met 介导的凋亡通路。研究发现，miR-34b 和 miR-34c 的编码序列位于蛋白编码基因 BTG4（B-cell translocation gene 4）的间隔区，miR-34b 和 miR-34c 使用了该基因的双向启动子，并与 BTG4 以相反的方向表达；在肿瘤中，这一双向启动子被甲基化，miR-34b、miR-34c 和 BTG4 都发生了下调。不过，也有一些基因间隔区的 miRNA 使用其独立的启动子。例如，miR-320a，其独立启动子在肿瘤中就发生高甲基化，介导了肿瘤化疗耐药、糖酵解紊乱和转移。

三、肿瘤中甲基化对 lncRNA 的调控

大多数 lncRNA 都比蛋白编码基因以较低水平转录，并具有细胞或组织的特异性，功能涉及众多生理和病理过程，尤其在肿瘤中对其机制研究较多。lncRNA 的编码序列在蛋白编码基因序列内部、基因与基因之间交错分布，需要转录因子调控其转录，且受到甲基化调控。在肿瘤中，抑癌或致癌 lncRNA 的启动子甲基化调控和组蛋白修饰促进了肿瘤的发生和发展。例如，lncRNA ZEB1-AS1（zinc-finger E-box binding homeobox 1 antisense RNA 1）是 ZEB1 基因的反义转录本。在肿瘤中，ZEB1 基因的表达受到组蛋白修饰的调控，相应的 lncRNA ZEB1-AS1 基因也出现低甲基化和高表达；该 lncRNA 继而顺式调控 ZEB1 基因高表达，以促进肿瘤恶化和转移。又如，lncRNA MEG3（maternally expressed 3）是一个抑癌 lncRNA，它通过调控 p53、MDM2（murine double minute 2）和 GDF15（growth differentiation factor 15）等因子的活性，从而实现对细胞增殖和周期的调

控。研究发现 lncRNA MEG3 在卵巢癌、膀胱癌和肺癌等癌症中都呈低表达趋势,其根源在于 lncRNA *MEG3* 基因在肿瘤细胞中较正常癌旁组织表现出高甲基化的趋势。

四、肿瘤中 ncRNA 对甲基化的调控

在哺乳动物中,甲基化由甲基转移酶系统经过高度有序的催化过程而完成。简单来说,甲基转移酶 DNMT3a 和 DNMT3b 主要负责合成新的甲基化,而酶 DNMT1 主要负责稳定已生成的甲基。越来越多的证据显示,ncRNA 可以在不同生理和病理环境中,靶向上述不同的甲基化转移酶而调节细胞甲基化进程。

DNMT1 是 miRNA 的一个靶点。例如,在肿瘤中,低表达的 miR-152 增强了 DNMT1 活性,继而抑制了 E-钙黏蛋白(E-cadherin)的表达; E-cadherin 的抑制进一步促进了肿瘤的恶化和转移。类似的,miR-342、miR-34b 和 miR-185 同样靶向 DNMT1,这些 miRNA 的低表达促进了结肠癌、前列腺癌和胶质瘤癌的进程。又如,miR-29 在肿瘤中通常低表达,因此可以激活其靶基因 *DNMT1* 和 *DNMT3* 的活化,进而抑制了 lncRNA MEG3 (maternally- expressed gene 3)的活性,促进肿瘤发展。另外,lncRNA 同样也可以调控 DNMT1 活性。例如,抑癌 lncRNA DBCCR1-003 (deleted in bladder cancer protein 1)在膀胱癌中可通过与 DNMT1 直接相连而抑制后者活性,从而解除了 DNMT1 对 *DBCCR1* 基因的甲基化,故起到抑制肿瘤生长的作用。

DNMT3 的活性同样可受 ncRNA 调控。miR-29 家族(包括 miR-29a、miR-29b 和 miR-29c)靶向 DNMT 3A 和 DNMT 3B 的 mRNA,因此这些 miRNA 负调控 DNMT 3A 和 DNMT 3B 的表达,抑制细胞凋亡,促进细胞增殖、迁移、侵袭和形成转移灶。类似的,miR-143 和 miR-199a-3p 也靶向 DNMT3A,异常 miR-143/199a-3p 表达促进了 DNMT3A 的活性,并进而通过甲基化抑制抑癌基因的表达。

DNMT 酶可以被 lncRNA 和 miRNA 同时调控。例如,印记基因 lncRNA H19 与胚胎发育和细胞增殖密切相关,H19 表达异常被认为是重要的肿瘤诱导因素。在肿瘤中 H19 常见高表达,随即 H19 抑制了 miR-148a-3p 活性;因为 miR-148a-3p 靶向 DNMT1,所以 H19 的高表达最终导致了 DNMT1 酶和甲基化水平的提高,促进了肿瘤细胞的增殖、迁移、侵袭。同时,H19 亦可直接影响甲基化通路,因为它可以通过抑制 S-腺苷高半胱氨酸水解酶而降低 DNMT3B 活性;也有研究显示 H19 与 MBD1 蛋白(methyl-CpG-binding domain protein 1)相互作用,协助维持 H3K9me3(histone H3 trimethylation of lysine 9)位点的组蛋白修饰。

组蛋白同样也是 ncRNA 对甲基化调控的一个靶点。促癌 lncRNA HOTAIR (HOX transcript antisense RNA)可以影响组蛋白甲基转移酶 PRC2 (polycomb repressive complex 2)活性,因此干扰组蛋白的甲基化修饰过程。在肿瘤中,异常活化的 HOTAIR 即通过 PRC2 影响大量基因活化,促进肿瘤发生与发展。另外,HOTAIR 也可间接地影响组蛋白活化。例如,HOTAIR 可以通过抑制 miR-205 活性影响 H3 组蛋白赖氨酸的甲基化或去甲基化,促进肿瘤进程。

五、展望

ncRNA 的作用机制是分子遗传学中的一个新领域。近年来，越来越多各种形式的 ncRNA 被不断发现，它们在肿瘤发生、发展中的机制也不断被揭开，但仍然有大量 ncRNA 的功能是未知的。鉴于表观调控在肿瘤中至关重要的作用，关于 ncRNA、ncRNA 与甲基化的相互作用研究，在肿瘤分子遗传学中必然会逐渐发展成一个热门课题，并成为理解和攻克肿瘤的重要环节。

（何冬旭　郭凌晨）

参 考 文 献

陈晔光, 张传茂, 陈佺. 2006.分子细胞生物学. 北京: 清华大学出版社.

郭凌晨, 殷明. 2009.分子细胞生物学. 上海: 上海交通大学出版社.

韩贻仁. 2001. 分子细胞生物学(第2版). 北京: 科学出版社.

林明群, 张宗梁. 1999. 蛋白激酶A(PKA)介导的信号通路: 正调节还是负调节? 科学通报, 44(17): 1793-1803.

孙大业, 郭艳林, 马力耕. 1999. 细胞信号转导(第2版). 北京: 科学出版社.

田润刚. 细胞生物学教程[EB/OL]. (2004-09) http://www.cella.cn/book/index.htm.

王金发. 2003. 细胞生物学. 北京: 科学出版社.

曾益新. 2006. 肿瘤学. 北京: 人民卫生出版社.

翟中和, 王喜忠, 丁明孝. 2000.细胞生物学. 北京: 高等教育出版社.

郑国锠. 1992.细胞生物学(第2版). 北京: 高等教育出版社.

Alberts B, Bray D , Johnson A, et al. 1998. Essential Cell Biology. New York and London: Garland Science Publishing, Inc.

Alberts B, Johnson A , Lewis J, et al. 2007. Molecular Biology of the Cell. New York and London: Garland Science Publishing.

Alberts B, Johnson A , Lewis J, et al. 2002. Molecular Biology of the Cell. New York and London: Garland Science Publishing.

Alberts B, Watson DJ , Bray D, et al. 1994. Molecular Biology of the Cell. New York and London: Garland Science Publishing.

Beckedorff FC, Amaral MS, Deocesano-Pereira C, et al. 2013. Long non-coding RNAs and their implications in cancer epigenetics. Biosci Rep, 33(4).

Benetatos L, Vartholomatos G , Hatzimichael E. 2011. MEG3 imprinted gene contribution in tumorigenesis. Int J Cancer, 129(4):773-779.

Berindan-Neagoe I, Monroig Pdel C , Pasculli B, et al. 2014. MicroRNAome genome: a treasure for cancer diagnosis and therapy. CA Cancer J Clin, 64(5): 311-336.

Braconi C, Kogure T, Valeri N, et al. 2011. microRNA-29 can regulate expression of the long non-coding RNA gene MEG3 in hepatocellular cancer. Oncogene, 30(47): 4750- 4756.

Calin GA, Croce CM. 2006. microRNA signatures in human cancers. Nat Rev Cancer, 6(11): 857-866.

Campbell NA, Reece JB, Mitchell LG, et al. 1999. Biology. Addison Wesley Longman.

Chan SH, Huang WC, Chang JW, et al. 2014. MicroRNA-149 targets GIT1 to suppress integrin signaling and breast cancer metastasis. Oncogene, 33(36): 4496-4507.

Chen BF, Gu S, Suen YK, et al. 2014. microRNA-199a-3p, DNMT3A, and aberrant DNA methylation in testicular cancer. Epigenetics, 9(1): 119-128.

Chen QN, Wei CC , Wang ZX, et al. 2017. Long non-coding RNAs in anti-cancer drug resistance. Oncotarget.,8(1): 1925-1936.

Choong G, Liu Y, Templeton DM. 2014. Interplay of calcium and cadmium in mediating cadmium toxicity. Chem Biol Interact, 211: 54-65.

Das PM, Singal R. 2004. DNA methylation and cancer. J Clin Oncol, 22(22): 4632-4642.

Dong F, Lou D. 2012. microRNA-34b/c suppresses uveal melanoma cell proliferation and migration through multiple targets. Mol Vis, 18: 537-546.

Fabbri M, Garzon R, Cimmino A, et al. 2007. microRNA-29 family reverts aberrant methylation in lung cancer by targeting DNA methyltransferases 3A and 3B. Proc Natl Acad Sci U S A, 104(40): 15805-15810.

Fendler A, Stephan C, Yousef GM, et al. 2011. microRNAs as regulators of signal transduction in urological tumors. Clin Chem, 57(7): 954-968.

Greenberg ES, Chong KK, Huynh KT, et al. 2014. Epigenetic biomarkers in skin cancer. Cancer Lett, 342(2): 170-177.

Guo P, Xiong X, Zhang S, et al. 2016. miR-100 resensitizes resistant epithelial ovarian cancer to cisplatin. Oncol Rep, 36(6): 3552-3558.

Gupta RA, Shah N, Wang KC, et al. 2010. Long non-coding RNA HOTAIR reprograms chromatin state to promote cancer metastasis. Nature, 464(7291): 1071-1076.

He DX, Gu F, Gao F, et al. 2016. Genome-wide profiles of methylation, microRNAs, and gene expression in chemoresistant breast cancer. Sci Rep, 6: 24706.

He DX, Gu XT, Jiang L, et al. 2014. A methylation-based regulatory network for microRNA 320a in chemoresistant breast cancer. Mol Pharmacol, 86(5): 536-547.

He DX, Gu XT, Li YR, et al. 2014. Methylation-regulated miRNA-149 modulates chemoresistance by targeting NDST1 in human breast cancer. FEBS J, 281(20): 4718-4730.

Hermeking H. 2010. The miR-34 family in cancer and apoptosis. Cell Death Differ, 17(2): 193-199.

Hermeking H. 2012. microRNAs in the p53 network: micromanagement of tumour suppression. Nat Rev Cancer, 12(9): 613-626.

Hu GL, Zhang CY. 2012. Heavy metal toxicity and their prevention and control of livestock and poultry. Biological Disaster Science, 35: 3.

Huelsken J, Birchmeier W. 2001. New aspects of Wnt signaling pathways in higher vertebrates. Curr Opin Genet Dev, 11(5): 547-553.

Huttenhofer A, Schattner P, Polacek N. 2005. Non-coding RNAs: hope or hype? Trends Genet, 21(5): 289-297.

Ji P, Diederichs S, Wang W, et al. 2003. MALAT-1, a novel noncoding RNA, and thymosin beta4 predict metastasis and survival in early-stage non-small cell lung cancer. Oncogene, 22(39): 8031-8041.

Ji W, Yang L, Yuan J, et al. 2013. microRNA-152 targets DNA methyltransferase 1 in NiS-transformed cells via a feedback mechanism. Carcinogenesis, 34(2): 446-453.

Jiang C, Li X, Zhao H, et al. 2016. Long non-coding RNAs: potential new biomarkers for predicting tumor invasion and metastasis. Mol Cancer, 15(1): 62.

Jing W, Zhu M, Zhang XW, et al. 2016. The significance of long noncoding RNA H19 in predicting progression and metastasis of cancers: a meta-analysis. Biomed Res Int. 5902678.

Karp G. 2002. Cell and Molecular Biology: Concepts and Experiments . New York: John Wiley & Sons Inc.

Ke Y, Zhao W, Xiong J, et al. 2013. miR-149 inhibits non-small-cell lung cancer cells EMT by targeting FOXM1. Biochem Res Int, 506731.

Kinnaird A, Zhao S, Wellen KE, et al. 2016. Metabolic control of epigenetics in cancer. Nat Rev Cancer, 16(11): 694-707.

Kitano K, Watanabe K, Emoto N, et al. 2011. CpG island methylation of microRNAs is associated with tumor size and recurrence of non-small-cell lung cancer. Cancer Sci, 102(12): 2126-2131.

Kulis M, Esteller M. 2010. DNA methylation and cancer. Adv Genet, 70: 27-56.

Kumegawa K, Maruyama R, Yamamoto E, et al. 2016. A genomic screen for long noncoding RNA genes epigenetically silenced by aberrant DNA methylation in colorectal cancer. 6: 26699.

Lam MT, Cho H, Lesch HP, et al. 2013. Rev-Erbs repress macrophage gene expression by inhibiting enhancer-directed transcription. Nature, 498(7455): 511-515.

Li SC, Tang P, Lin WC. 2007. Intronic microRNA: discovery and biological implications. DNA Cell Biol, 26 (4): 195-207.

Li T, Xie J, Shen C, et al. 2016. Upregulation of long noncoding RNA ZEB1-AS1 promotes tumor metastasis and predicts poor prognosis in hepatocellular carcinoma. Oncogene, 35 (12): 1575-1584.

Li W, Notani D, Ma Q, et al. 2013. Functional roles of enhancer RNAs for oestrogen-dependent transcriptional activation. Nature, 498 (7455): 516-520.

Li Z, Chao TC, Chang KY, et al. 2014. The long noncoding RNA THRIL regulates TNFalpha expression through its interaction with hnRNPL. Proc Natl Acad Sci U S A, 111 (3): 1002-1007.

Lin RJ, Lin YC, Yu AL. 2010. miR-149* induces apoptosis by inhibiting Akt1 and E2F1 in human cancer cells. Mol Carcinog, 49 (8): 719-727.

Lodish H, Beck A, Zipursky SL, et al. 1999. Molecular Cell Biology. New York: W.H.Freeman and Company.

Louro R, Smirnova AS, Verjovski-Almeida S. 2009. Long intronic noncoding RNA transcription: expression noise or expression choice? Genomics, 93 (4): 291-298.

Lujambio A, Calin GA, Villanueva A, et al. 2008. A microRNA DNA methylation signature for human cancer metastasis. Proc Natl Acad Sci U S A, 105 (36): 13556-13561.

Ma AN, Wang H, Guo R, et al. 2014. Targeted gene suppression by inducing de novo DNA methylation in the gene promoter. Epigenetics Chromatin., 7: 20.

Ma L, Tian X, Wang F, et al. 2016. The long noncoding RNA H19 promotes cell proliferation via E2F-1 in pancreatic ductal adenocarcinoma. Cancer Biol Ther, 17 (10): 1051-1061.

Mahdian-Shakib A, Dorostkar R, Tat M, et al. 2016. Differential role of microRNAs in prognosis, diagnosis, and therapy of ovarian cancer. Biomed Pharmacother, 84:592-600.

Majid S, Dar AA, Saini S, et al. 2013. miRNA-34b inhibits prostate cancer through demethylation, active chromatin modifications, and AKT pathways. Clin Cancer Res, 19 (1): 73-84.

Marques AC, Hughes J, Graham B, et al. 2013. Chromatin signatures at transcriptional start sites separate two equally populated yet distinct classes of intergenic long noncoding RNAs. Genome Biol, 14 (11): R131.

Matouk I, Raveh E, Ohana P, et al. 2013. The increasing complexity of the oncofetal h19 gene locus: functional dissection and therapeutic intervention. Int J Mol Sci, 14 (2): 4298-4316.

Monnier P, Martinet C, Pontis J, et al. 2013. H19 lncRNA controls gene expression of the Imprinted Gene Network by recruiting MBD1. Proc Natl Acad Sci USA, 110 (51): 20693-20698.

Ng EK, Li R, Shin VY, et al. 2014. microRNA-143 is downregulated in breast cancer and regulates DNA methyltransferases 3A in breast cancer cells. Tumour Biol, 35 (3): 2591-2598.

Nguyen T, Kuo C, Nicholl MB, et al. 2011. Downregulation of microRNA-29c is associated with hypermethylation of tumor-related genes and disease outcome in cutaneous melanoma. Epigenetics, 6 (3): 388-394.

Nishimura R, Hata K, Ikeda F, et al. 2003. The role of Smads in BMP signaling. Front Biosci. 8: s275-284.

Parasramka MA, Ho E, Williams DE, et al. 2012. microRNAs, diet, and cancer: new mechanistic insights on the epigenetic actions of phytochemicals. Mol Carcinog, 51 (3): 213-230.

Parekh AB, Putney JW Jr. 2005. Store-operated calcium channels. Physiol Rev, 85 (2): 757-810.

Qi D, Li J, Que B, et al. 2016. Long non-coding RNA DBCCR1-003 regulate the expression of DBCCR1 via DNMT1 in bladder cancer. Cancer Cell Int, 16: 81.

Qiu MT, Hu JW, Yin R, et al. 2013. Long noncoding RNA: an emerging paradigm of cancer research. Tumour Biol, 34 (2): 613-620.

Ren F, Shen J, Shi H, et al. 2016. Novel mechanisms and approaches to overcome multidrug resistance in the treatment of ovarian cancer. Biochim Biophys Acta, 1866 (2): 266-275.

Rinn JL, Kertesz M, Wang JK, et al. 2007. Functional demarcation of active and silent chromatin domains in human HOX loci by noncoding RNAs. Cell, 129 (7): 1311-1323.

Saito Y, Friedman JM, Chihara Y, et al. 2009. Epigenetic therapy upregulates the tumor suppressor microRNA-126 and its host gene EGFL7 in human cancer cells. Biochem Biophys Res Commun, 379(3): 726-731.

Sengupta D, Deb M, Rath SK, et al. 2016. DNA methylation and not H3K4 trimethylation dictates the expression status of miR-152 gene which inhibits migration of breast cancer cells via DNMT1/CDH1 loop. Exp Cell Res, 346(2): 176-187.

Servín-González LS, Granados-López AJ, López JA. 2015. Families of microRNAs expressed in clusters regulate cell signaling in cervical cancer. Int J Mol Sci. 16(6): 12773-12790.

Shen WF, Hu YL, Uttarwar L, et al. 2008. microRNA-126 regulates HOXA9 by binding to the homeobox. Mol Cell Biol, 28(14): 4609-4619.

Sheng X, Li J, Yang L, et al. 2014. Promoter hypermethylation influences the suppressive role of maternally expressed 3, a long non-coding RNA, in the development of epithelial ovarian cancer. Oncol Rep, 32(31): 277-285.

Su L, Han D, Wu J, et al. 2016. Skp2 regulates non-small cell lung cancer cell growth by Meg3 and miR-3163. Tumour Biol, 37(3): 3925-3931.

Sun X, Du P, Yuan W, et al. 2015. Long non-coding RNA HOTAIR regulates cyclin J via inhibition of microRNA-205 expression in bladder cancer. Cell Death Dis, 6: e1907.

Suzuki H, Maruyama R, Yamamoto E, et al. 2016. Relationship between noncoding RNA dysregulation and epigenetic mechanisms in cancer. Adv Exp Med Biol, 927: 109-135.

Taby R, Issa JP. 2010. Cancer epigenetics. CA Cancer J Clin, 60(6): 376-392.

Tang H, Lee M, Sharpe O, et al. 2012. Oxidative stress-responsive microRNA-320 regulates glycolysis in diverse biological systems. FASEB J, 26(11): 4710-4721.

Tavazoie SF, Alarcón C, Oskarsson T, et al. 2008. Endogenous human microRNAs that suppress breast cancer metastasis. Nature, 451(7175): 147-152.

Toyota M, Suzuki H, Sasaki Y, et al. 2008. Epigenetic silencing of microRNA-34b/c and B-cell translocation gene 4 is associated with CpG island methylation in colorectal cancer. Cancer Res, 68(11): 4123-4132.

Ueno K, Hirata H, Hinoda Y, et al. 2013. Frizzled homolog proteins, microRNAs and Wnt signaling in cancer. Int J Cancer, 132(8): 1731-1740.

Vance KW, Ponting CP. 2014. Transcriptional regulatory functions of nuclear long noncoding RNAs. Trends Genet, 30(8): 348-355.

Wang F, Ma YL, Zhang P, et al. 2013. SP1 mediates the link between methylation of the tumour suppressor miR-149 and outcome in colorectal cancer. J Pathol, 229(1): 12-24.

Wang H, Wu J, Meng X, et al. 2011. microRNA-342 inhibits colorectal cancer cell proliferation and invasion by directly targeting DNA methyltransferase 1. Carcinogenesis, 32(7): 1033-1042.

Wang SH, Ma F, Tang ZH, et al. 2016. Long non-coding RNA H19 regulates FOXM1 expression by competitively binding endogenous miR-342-3p in gallbladder cancer. J Exp Clin Cancer Res, 35(1): 160.

Wee EJ, Peters K, Nair SS, et al. 2012. Mapping the regulatory sequences controlling 93 breast cancer-associated miRNA genes leads to the identification of two functional promoters of the Hsa-mir-200b cluster, methylation of which is associated with metastasis or hormone receptor status in advanced breast cancer. Oncogene, 31(38): 4182-4195.

Wong KY, Yu L, Chim CS. 2011. DNA methylation of tumor suppressor miRNA genes: a lesson from the miR-34 family. Epigenomics, 3(1): 83-92.

Wrzodek C, Büchel F, Hinselmann G, et al. 2012. Linking the epigenome to the genome: correlation of different features to DNA methylation of CpG islands. PLoS One, 7(4): e35327.

Wu SC, Kallin EM, Zhang Y. 2010. Role of H3K27 methylation in the regulation of lncRNA expression. Cell Res, 20(10): 1109-1116.

Wu T, Qu L, He G, et al. 2016. Regulation of laryngeal squamous cell cancer progression by the lncRNA H19/miR-148a-3p/DNMT1 axis. Oncotarget, 7(10): 11553-11566.

Ying L, Huang Y, Chen H, et al. 2013. Downregulated MEG3 activates autophagy and increases cell proliferation in bladder cancer. Mol Biosyst, 9(3): 407-411.

Zhang J, Du YY, Lin YF, et al. 2008. The cell growth suppressor, mir-126, targets IRS-1. Biochem Biophys Res Commun, 377(1): 136-140.

Zhang Z, Tang H, Wang Z, et al. 2011. miR-185 targets the DNA methyltransferases 1 and regulates global DNA methylation in human glioma. Mol Cancer, 10: 124.

Zhou J, Yang L, Zhong T, et al. 2015. H19 lncRNA alters DNA methylation genome wide by regulating S-adenosylhomocysteine hydrolase. Nat Commun, 6: 10221.

Zou B, Chim CS, Zeng H, et al. 2006. Correlation between the single-site CpG methylation and expression silencing of the *XAF*1 gene in human gastric and colon cancers. Gastroenterology, 131(6): 1835-1843.

Zvaifler NJ. 2006. Relevance of the stroma and epithelial-mesenchymal transition (EMT) for the rheumatic diseases. Arthritis Res Ther, 8(3): 210.

第八章

分子遗传技术方法

第一节 PCR 技术

聚合酶链反应(polymerase chain reaction, PCR)是根据双链 DNA 变性与复性和分子杂交原理设计的,可将微量 DNA 大量扩增。PCR 技术类似于 DNA 的天然复制过程,其特异性依赖于与靶序列两端互补的寡核苷酸引物。1985 年,美国科学家 Mullis 发明了 PCR 法并为其命名,并因此荣获 1993 年诺贝尔化学奖。

一、PCR 技术原理

PCR 由变性、退火(复性)、延伸三个基本反应步骤构成。①模板 DNA 的变性:模板 DNA 经加热,至 93℃左右一定时间后,模板 DNA 双链或经 PCR 扩增形成的双链 DNA 解离,成为单链,以便与引物结合,为下轮反应做准备。②模板 DNA 与引物的退火(复性):模板 DNA 经加热变性成单链后,温度降至 55℃左右,引物与模板 DNA 单链的互补序列配对结合。③引物的延伸:DNA 模板-引物结合物在 Taq DNA 聚合酶的作用下,以 dNTP 为反应原料、靶序列为模板,按碱基配对与半保留复制原理,合成一条新的、与模板 DNA 链互补的半保留复制链,重复循环"变性-退火-延伸"这三个过程,就可获得更多的"半保留复制链",而且这种新链又可成为下次循环的模板。每完成一个循环需 2~4min,2~3h 就能将待扩目的基因扩增放大几百万倍。到达平台期所需循环次数取决于样品中模板的拷贝。

PCR 体系的组成一般为:①模板 DNA;②引物(primer),15~20 个核苷酸;③4 种 dNTP;④Taq DNA 聚合酶,来自于水生嗜热菌($Thermus\ aquaticus,\ Taq$),最适作用温度 75~80℃,在 95℃下短时间内不失活;⑤缓冲体系和 Mg^{2+}。

PCR 过程大致为:①变性:90~95℃;②复性:60℃左右;③延伸:70~75℃;④重复循环"变性—复性—延伸"过程 20~30 次。

PCR 技术是 20 世纪分子生物学领域最重大的发明之一。PCR 技术广泛应用于基因分析、序列分析、进化关系分析和临床诊断等。

二、常用 PCR 方法的变异

(一) 反向 PCR

反向 PCR(inverse PCR)的目的是扩增已知序列外端的序列，可用于研究侧翼序列，依据 cDNA 部分序列去克隆全长基因，依据插入序列来判断插入位点等。与一般的 PCR 是扩增两已知序列之间的 DNA 不同，反向 PCR 是将基因组 DNA 经限制性内切核酸酶消化后在适当的条件下使带有黏性末端的线状 DNA 自身环化。设计的引物使它向未知序列方向扩增，扩增产物是一种重排了的双链 DNA。

(二) 标记引物 PCR

标记引物 PCR(labelled primers PCR，LP-PCR)可用于基因诊断领域，非常简便、特异、敏感。它是利用对 PCR 引物 5′端进行标记，使得 PCR 扩增产物 5′端带有相应的标记物(荧光物质、同位素等)。标记引物 PCR 的经典用途是广泛用于法医学鉴定的多荧光标记 STR 长度多态性分析，其也用于探针制备。

(三) 半定量 PCR

半定量 PCR 通常的做法是以确定的基因为对照，通过控制循环数目来大致确定检测基因的含量和差异。一般是从 20～25 循环开始，每隔 5 个循环取样 5 μl 电泳来检测。优点是简单直观，缺点是定量不够精准。著名的 Clontech 公司的 MTC pannels 就是典型的产品，它可以提供多种组织中一定基因表达的相对强度。

(四) 实时定量 PCR

实时定量 PCR(quantitative real time polymerase chain reaction, Q-PCR)为目前相对定量核酸最基本的方法。检测 mRNA 表达水平是实时定量 PCR 最基本的用途之一。这种情况下一般用其一个衍生的方法——反转录实时定量 PCR(reverse transcription quantitative real time polymerase chain reaction)。定量的基本思路是检测 PCR 过程中系统的荧光信号，从而判断模板数量。常用的荧光报告来源有两种，最常用的是利用 Sybr green 对双链 DNA 亲合发光的特性来检测产物量。此法的优点是仅仅需要在 PCR 系统中加入 Sybr green 即可，缺点是无法在同一反应体系中检测多个目的片段。经典的定量 PCR 是使用 Taqman probe 法，即使用一段在扩增序列中间的特别探针，其含有报告和猝灭两个基团，本身无荧光。PCR 进行时，当结合在模板中间的探针延伸到它旁侧时，探针即被切碎，荧光基团释放到溶液中，开始发光。每扩增一个拷贝的模板，溶液中就增加一个发光的荧光分子，利用荧光强度进而推断出 PCR 的反应进程与模板计量。该技术与 Sybr green 比较，优点在于可以在同一个体系中扩增多个目的片段，使得更为可信和方便；缺点是每一个检测都需要一个特异性的第三引物，成本增加。

(五)锚定 PCR

锚定 PCR(anchored PCR)可以克服未知序列带来的障碍。最经典的例子是 RACE，利用该原理扩增末端序列或确定全长性。另一个例子是利用 Alu 位点锚定来检测插入位点。其实 nest PCR 也含有锚定 PCR 的基本思想，不过其目的是为了提高特异性。

(六)不对称 PCR

Gyllensten 和 Erlich 为制备大量单链 DNA 而开发了不对称 PCR(asymmetric PCR)。该技术的主要原理是在扩增循环中，利用两种引物浓度的差异得到 ssDNA。不对称引物的比例一般为 50：1 或 100：1。当有限的引物被耗尽，ssDNA 通过过量的引物开始合成，并且随循环的次数线性增长。该技术的主要用途是测序等需要单链的检测。

第二节 分子杂交

一、分子杂交技术技术原理

分子杂交(molecular hybridization)技术是在研究 DNA 分子复性变化基础上发展而来的技术。具有互补核苷酸序列的两条单链核苷酸分子片段，在适当条件下，通过氢键结合，形成双链杂交分子(DNA-DNA、DNA-RNA、RNA-RNA)，这是分子杂交的基本原理。

不同来源的核酸变性后，合并在一处进行复性，只要这些核酸分子的核苷酸序列含有可以形成碱基互补配对的片段，复性也会发生于不同来源的核酸链之间，形成杂化双链(heteroduplex)，这个过程称为杂交(hybridization)。杂交可以发生于 DNA 与 DNA 之间，也可以发生于 RNA 与 RNA 之间、DNA 与 RNA 之间。核酸杂交技术是目前研究核酸结构、功能的常用手段之一，可用来检验核酸的缺失、插入，如一段天然的 DNA 和这段 DNA 的缺失突变体(假定这种突变是 DNA 分子中部丢失了若干碱基对)一起杂交，电子显微镜下可以看到杂化双链中部鼓起小泡。测量小泡位置和长度，可确定缺失突变发生的部位和缺失的多少。核酸杂交技术还可用来考察不同生物种类在核酸分子中的共同序列和不同序列以确定它们在进化中的关系。

探针(probe)技术是一种在核酸杂交的基础上发展起来的、用于研究和诊断的、非常有用的技术。一小段(如数十个至数百个)核苷酸聚合体的单链，有放射性同位素如 ^{32}P、荧光物质异硫氰酸荧光素或生物素标记其末端或全链，就可作为探针。核酸杂交可以在液相或固相中进行，

目前研究最广的是硝酸纤维素膜作为支持物进行的杂交。把待测 DNA 变性并吸附在一种特殊的滤膜(如硝酸纤维素膜)上；然后把滤膜与探针共同培育一段时间，使变性的 DNA 与探针发生杂交；最后用缓冲液冲洗膜。由于这种滤膜能较牢固地吸附变性的核酸，非变性的在冲洗时洗脱了。带有放射性的探针若能与待测 DNA 结合成杂化双链，则保留在滤膜上。通过同位素的放射自显影或生物素的化学显色，就可判断探针是否与

被测的 DNA 发生杂交。有杂交现象则说明被测 DNA 与探针有同源性(homogeneity)，即两者的碱基序列是可以互补的。例如，想知道某种病毒是否和某种肿瘤有关，可把病毒的 DNA 制成探针，从肿瘤组织提取 DNA，与探针杂交处理后，有杂化双链的出现，就说明两种 DNA 之间有同源性，是可以继续深入研究下去的一条重要线索。

二、分子杂交技术应用

杂交和探针技术是许多分子生物学技术的基础，在生物学和医学的研究及临床诊断中得到了日益广泛的应用。当前较为常用的是 Southern 印迹法和 Northern 印迹法。

Southern 印迹法(Southern blot)由英国分子生物学家 Southern 发明，即将凝胶上的 DNA 片段转移到硝酸纤维素膜上进行印迹杂交。

Northern 印迹法(Northern blot)的方法类似 Southern 印迹法，即将 RNA 变性后转移到纤维素膜上进行杂交。该法一般以 cDNA 为探针，检测细胞总 RNA 中某特定 mRNA 的存在。除了 Southern 印迹法和 Northern 印迹法，还有一些基于该原理的杂交技术，以下做一个简要介绍。

(一)染色体原位抑制杂交法

在人类基因组中，有 20%～30%重复序列构成相关的家族(如 Alu、KpnI 家族)，除一部分以串联的方式成簇分布外，其余散布在整个基因组内。当采用染色体文库探针或 cosmid、YAC 探针进行染色体原位杂交时，那些无处不有的重复家族会不时地穿插出现在探针序列中，它们干扰了探针识别靶顺序的特异性，与靶序列以外的同样家族成员退火。为解决这一难题，近来发展了染色体原位抑制(chromosome *in situ* suppression，CISS)杂交方法，就像在 Southern 杂交中应用鲑鱼精 DNA 一样，应用人类基因组总 DNA 作为竞争 DNA，阻断探针上的非特异性序列。由于 Alu、KpnI 等重复序列有种的特异性，所以在杂交时只能用人总 DNA(total human DNA，TH DNA)。TH DNA 经超声碎成 500 bp 左右的片段，以一定比例与探针混合、变性。变性后在 37℃孵育一段时间，这时 TH DNA 和探针中的重复序列之间首先退火，此后再与染色体杂交，就会实现与靶序列之间的特异性结合，从而提高检测的特异性。

(二)消减杂交

消减杂交(substractive hybridization)是根据不同个体或不同细胞来源的基因组片段，mRNA 与 cDNA、cDNA 与 cDNA 之间，在一定条件下进行杂交。一旦某个体细胞缺失了某一 DNA 片段或不表达目的 mRNA，而与提取自未发生 DNA 片段缺失或仍正常表达 mRNA 的 DNA 或 cDNA 进行 DNA-DNA、cDNA-mRNA 或 cDNA-cDNA 杂交时，未缺失的特定 DNA 片段或由仍表达的 mRNA 反转录而合成的 cDNA 片段就会因没有与其同源的互补序列而不形成杂交体。通过某种方法，将未形成杂交体的 DNA 或 cDNA 片段分离出来，即可直接作为消减探针，或与适当的载体连接构建消减文库。此法可以用于差异基因片段的分离和筛选。

(三)荧光原位杂交技术

荧光原位杂交(fluorescence *in situ* hybridization, FISH)技术就是标记了荧光的单链 DNA(探针)和与其互补的 DNA(染色体标本)退火杂交,通过观察荧光信号在染色体上的位置来反映相应基因的情况。由于该法具有直观、快速、能同时显示多种颜色等优点,其应用越来越广泛。它不但能显示于中期分裂相中,还能显示于间期核中。FISH 可应用在细胞遗传学、基因定位和基因诊断等方面。某些遗传性疾病如 Duchenne 肌营养不良症,约半数患者有亚水平的染色体微小缺失,在高分辨的染色体上也难以观察到,用 FISH 方法却能很好地观察到缺失。FISH 是为数不多的依然被广泛应用的细胞遗传学技术的演变方法。

(四)逆向点杂交技术

逆向点杂交技术(reverse dot blot,RDB)将一系列针对已知突变基因背景的 ASO 探针固定在尼龙膜条上。用此膜条与经 PCR 扩增产生的靶序列杂交。RDB 检测点突变仍遵循 ASO 法的基本原理,即通过位于寡核苷酸探针中部的等位基因(或序列)特异性碱基与靶序列 DNA 的碱基配对和严格条件下洗膜来达到检测基因中少数碱基变化(少至单个碱基)的目的。与传统 ASO 点杂交法不同的是,RDB 以膜上固定 ASO 探针取代了固定靶 DNA(基因组 DNA 或 PCR 扩增片段)。RDB 一次杂交即可筛查样品中多种突变,从而为背景复杂的点突变和 DNA 的快速诊断开辟了新途径。目前已建立起检测 β 地中海贫血的 RDB 法。

第三节 基 因 工 程

基因工程(genetic engineering) 又称基因拼接技术和重组 DNA 技术(recombination DNA technique),是生物工程的一个重要分支,它与细胞工程、酶工程、蛋白质工程和微生物工程共同组成了生物工程。基因工程以分子遗传学为理论基础,以分子生物学和微生物学的现代方法为手段,将不同来源的基因,按预先设计的蓝图,在体外构建重组 DNA 分子,然后导入活细胞,以改变生物原有的遗传特性。基因工程技术为基因的结构和功能研究提供了有力的手段。

从实际操作来说,基因工程是在分子水平上对基因进行操作的复杂技术,是将含有外源基因的 DNA 片段在体外与载体 DNA 分子(主要由质粒和温和噬菌体 DNA 等)连接成为重组 DNA,再将重组 DNA 导入受体细胞内,使这个基因能在受体细胞内复制、转录和翻译表达,合成一定的蛋白质。例如,把含有人前胰岛素原(preproinsulin)基因的重组 DNA 引入大肠杆菌,便在细胞中合成了前胰岛素原。除人胰岛素外,人的生长激素、胸腺激素、干扰素和乙型肝炎病毒抗原等都可以用大肠杆菌发酵生产。我国预防医学中心病毒学研究所和中国科学院上海生物化学研究所合作,于 1985 年成功研制 α-甲型基因工程干扰素,这是我国第一个大规模生产的生物工程产品。1992 年,基因工程乙肝疫苗也批量生产投入使用。近 20 年来,基因工程技术又出现了一个新的领域,即蛋白质工程

(protein engineering)，它是通过改变基因的核苷酸序列以达到改变基因产物即蛋白质的目的。

简单来说，基因工程的基本操作步骤包括 4 步：①获取目的基因；②基因表达载体的构建，这也是基因工程的核心步骤；③将目的基因导入受体细胞；④检测与鉴定导入目的基因后的受体细胞，以确定该细胞是否可以稳定维持和表达其遗传特性。

一、目的基因的分离制备

对于小分子肽，其编码基因可用人工化学合成，即将编码该已知结构的多肽的核苷酸排列顺序进行化学合成。对于原核 DNA 片段，可以直接切割基因组染色体，获得目的基因片段。对于真核 DNA 片段，则可从细胞中分离制备 mRNA，再通过反转录获得与 mRNA 序列互补的 cDNA。

二、目的基因与基因载体的重组

连接目的基因与载体的方法有很多种，最常用的有黏性末端连接法，即用同一个限制性内切核酸酶(restriction endonuclease)切割目的基因片段与载体，使它们产生具有互补结构的黏性末端，再通过"退火"处理而相互"黏合"。限制性内切核酸酶是基因工程最重要的工具酶，从原核生物中提取得到，可识别并切割 4～6bp 的、具有回文顺序的 DNA 片段，产生黏性末端。此外，还有平末端连接法和同聚物末端连接法等。

三、重组基因向受体细胞的转化

对于重组基因向大肠杆菌的转化，一般采取低温下用 Ca^{2+} 处理大肠杆菌的方法，改变细胞膜的通透性，使重组 DNA 较容易进出受体细胞。为了提高转化率，受体细胞经 Ca^{2+} 处理后，可在 42℃保温 2 min 左右进行热激，以增加细胞膜流动性，让重组 DNA 分子更容易透过细胞膜。

对于重组基因向真核细胞的转化，可采用磷酸钙沉淀法、脂质体介导法及电穿孔法等。磷酸钙被认为有利于促进外源 DNA 与靶细胞表面的结合。磷酸钙-DNA 复合物黏附到细胞膜并通过胞饮作用进入靶细胞，被转染的 DNA 可以整合到靶细胞的染色体中，从而产生有不同基因型和表型的稳定克隆。脂质体是磷脂在水中形成的一种由脂类双分子层围成的囊状脂质小泡结构，其大小一般为 1～5μm，外周是脂双层，内部是水腔。它可以与 DNA 通过经典结合或直接把 DNA 包裹在里面，透过细胞膜把 DNA 运送到细胞内，实现外源基因的有效转染。脂质体几乎不具备通透性，可以有效保护包裹其内的 DNA 免受细胞核酸酶的降解。电穿孔是将细胞置于非常高的电场中，让细胞膜变得具有通透性，从而让外界的分子扩散进细胞内。运用这一技术，许多物质，包括 DNA、RNA、蛋白质、药物、抗体和荧光探针都能载入细胞。

四、目的基因克隆细胞的鉴定

当重组质粒或重组噬菌体 DNA 转化受体细胞后，形成大量菌落或噬菌斑(phage)，必须进行筛选和鉴定。常用的筛选鉴定方法包括抗生素的抗药性基因筛选、菌落或噬菌斑的颜色反应、重组质粒或噬菌体 DNA 限制性内切核酸酶图谱分析、PCR 鉴定、Western 印迹法(Western blot)、菌落原位杂交及 DNA 序列分析等。

质粒一般含有 1~2 个抗药性基因,将该质粒转入不具有抗药性的受体细胞内,则会使受体细胞也具有抗药性。而如果受体细胞本身带有载体质粒,也就是具有抗药性,但克隆位点在抗药性的基因序列中,外源基因的插入就会破坏了该基因,则转化外源基因后,受体细胞就会失去抗药性。

如果质粒含有 β-半乳糖苷酶基因,当被其转化的细菌在含有 X-Gal 培养基上生长的时候,此基因被破坏,转化细菌在含有 X-Gal 的培养基中生长,就形成了白色菌落。

PCR 法、菌落杂交法及 Western 印迹法可直接检测受体细胞内的 DNA 或蛋白质。PCR 法鉴定是根据目的基因序列设计引物进行扩增,从产物判断目的基因是否已转化入受体细胞;菌落杂交法是标记 DNA 探针对菌落进行原位杂交,筛选阳性克隆;Western 印迹法是用标记的克隆 DNA 片段所编码的蛋白质抗体检测目的基因是否在转化的受体细胞内表达。

为了准确判定目的基因是否被成功克隆,DNA 序列分析是必经的一步。测序技术的进步为现代分子生物学最直观且影响深远的成果。现在论文发表设计序列时,往往只需要申明测序结果正确就可以了,而以前常用的限制酶谱则仅仅见于教材了。

五、基因转移技术

将基因转移入相应的靶细胞中是基因治疗的前提。外源基因是能够转移入生殖细胞或体细胞的。生殖细胞基因转移导致基因型的改变,并能世代相传,所以存在着很大的伦理学上的问题。而体细胞的基因转移仅涉及个体的遗传改变,不影响后代,在观念上也和器官或组织移植修补没什么不同。实施基因转移有两种方法:*in vivo* 和 *ex vivo*,两者均已在体细胞的基因治疗中应用过。*ex vivo* 法是从患者处收集细胞,将这些细胞在体外培养并导入重组基因,然后将这些经过遗传加工的细胞作为自体移植物重新植回患者体内。*in vivo* 法是将重组基因直接送进活体内的各种体细胞中。一般来说,基因治疗的 *ex vivo* 法可能要比 *in vivo* 法更复杂些。目前已经有多种方法将基因转移入真核细胞中,绝大多数只能用于体细胞基因治疗。在基因治疗中,迄今为止所有的基因转移方法可分为三大类:物理方法、化学方法和生物学方法(病毒法)。这里仅简要地介绍基因转移方法,在本书的后面章节对其有详细论述。

基因转移的物理和化学方法是近年来迅速发展的方向,常用的有电激法、磷酸钙转移法、脂质体转移法等。每种方法各有优缺点。

基因转移的生物学方法(病毒法)仍然是当前基因治疗的主要手段。其中,慢病毒和腺相关病毒是两个最常用的载体。

第四节　高通量测序

DNA 测序是现代分子生物学研究中常用的技术。第一代 DNA 测序技术出现于 1977 年。经过 30 多年的发展,伴随着人类基因组计划的开展,第一代测序技术已成为了分子诊断的金标准。第一代测序技术主要基于 Maxam-Gilbert 化学降解法和 Sanger 双脱氧链终止法。目前，基于荧光标记物和 Sanger 双脱氧链终止法的荧光自动测序技术仍被在广泛应用。首个人类基因组的序列正是基于该技术完成测序的。近年来，以高通量为特点的第二代测序技术不断成熟，成为了 DNA 测序技术发展历程中一个新的里程碑。高通量测序是指一次性对几十万到几百万条 DNA 分子进行序列测定。如今，二代测序已经应用于分子生物学的许多方面，包括基因组测序、转录组测序、非编码 RNA 研究、表观基因组学研究和肠道宏基因组学研究等。与第一代测序相比，第二代测序的读长通常较短，要进行序列拼接。短读长测序主要包括两大技术：一是边连接边测序(sequencing by ligation)，二是边合成边测序(sequencing by synthesis)。虽然能够胜任单分子长读长测序的三代测序技术已经克服了二代短读长的缺点，但目前长读长测序价格高，样品量比较低，错误率高，其进一步的广泛应用仍受到一定限制。目前第二代短读长测序技术在全球测序市场上具有最广泛的应用，第三代测序技术在最近几年中也有着快速的发展。

一、第一代测序技术

第一代测序技术采用的是由 Sanger 开创的双链终止法，或者是由 Maxam 和 Gilbert 发明的化学降解法。1977 年，Sanger 测定了第一个生物的全基因组——噬菌体 X174 的基因组序列，全长 5375 个碱基。其后研究人员对 Sanger 双链终止法进行了不断地改进，2001 年完成的首个人类基因组图谱就是以 Sanger 测序法为基础的。Sanger 法测序过程中需要先进行一个聚合酶链反应(PCR)，PCR 过程中 ddNTP 可能随机地被加入到正在合成中的 DNA 片段里，由于 ddNTP 的 2'和 3'端都不含羟基，其在 DNA 合成过程中不能形成磷酸二酯链，因此可以终止 DNA 合成反应。目前最常用的方法是将 4 种 ddNTP 用不同荧光进行标记，将 PCR 反应获得的全部 DNA 进行毛细管电泳分离，从而进行碱基序列分析。一般第一代测序技术获得的序列长度可以达到 1000 个碱基，准确性高，但该测序方法成本高，通量相对较低。

二、第二代测序技术

第二代测序降低了测序的成本，同时提高了测序的通量和速度。第二代测序的读长普遍较短。二代短读长测序主要包括两大技术：一是边连接边测序(sequencing by ligation)，二是边合成边测序(sequencing by synthesis)。边连接边测序是利用 DNA 连接酶进行连接反应，并在此过程中进行测序的方法，具体步骤是：使用带有荧光标记的探针与 DNA 片段杂交，并与相邻的寡核糖核苷酸链进行连接，从而得以成像，并通过荧光基团的发射波长来确定碱基的序列。边合成边测序是利用 DNA 聚合酶使碱基在 DNA 链的延伸过程中被插入，插入的碱基可以通过其所标记的荧光基团进行检测，或者通过离子浓度的变化进行检测。以下将对几个主要的二代测序技术平台进行简单介绍。

(一)Illumina 测序平台

Illumina 占据了目前最大的测序平台市场，测序仪器型号覆盖从台式低通量到大型超高通量的测序要求。Illumina 平台采用循环可逆终止(cyclic reversible termination, CRT)

的方法进行边合成边测序。测序过程如下。

(1)建立 DNA 文库:用超声波或酶切的方法将 DNA 样本打成小片段(一般长度为 200~500bp)。随后在 DNA 片段两端加上接头,可以通过直接将接头连接固定在 PCR 产物上,也可以通过在设计 PCR 引物的时候直接在引物的 5′端加上接头序列来实现。接头上两端序列和 flowcell 上探针的序列互补。

(2)桥式 PCR:DNA 文库通过接头上两端序列和 flowcell 表面的探针互补结合,进行桥式扩增,经过不断扩增和变性循环,形成测序模板克隆,在一个特定区域内将形成成千上万个拷贝的 DNA 分子,从而达到测序所需要的信号要求。

(3)测序:测序采用边合成边测序的方法,在反应过程中,加入 DNA 聚合酶、DNA 模板和测序引物,4 种带有不同标记并且 3′-OH 被屏蔽保护的脱氧核糖核酸依次被添加到反应中,即每次只添加一种 dNTP 进行 DNA 聚合反应,反应后所有游离的 dNTP 和 DNA 聚合酶会被洗脱掉,然后获取荧光图像,并将荧光信号读取转换成测序碱基信号。随后,荧光基团和 dNTP 3′-OH 的保护基团被移除,而后进入下一轮的反应。Illumina 测序平台是通过 2 个或 4 个激光通道对荧光进行分析的。在 4 个激光通道平台上,每种 dNTP 结合一种荧光基团,在两个激光通道平台上(如 NextSeq、MiniSeq 和 NovoSeq)使用的是双荧光基团系统。Illumina 目前的测序错误率为 1%~1.5%。

(二)Ion Torrent 测序平台

Ion Torrent 测序采用单核糖核酸增加(single nucleotide addition, SNA)方法进行边合成边测序。SNA 方法使用单信号标记的 dNTP 来对链进行延伸,4 种 dNTP 依次循环添加到测序反应过程中,当下一个碱基缺失时,链的延伸被终止。第一台采用 SNA 的二代测序仪器是 Roche 的 454 焦磷酸测序仪。这种 SNA 系统将结合有 DNA 模板的磁珠及酶混合物分配到油水混合小滴中,在小滴里所有 DNA 片段进行平行扩增(这种方法称为 emulsion PCR)。经过 emulsion PCR 扩增后,每个磁珠上的 DNA 片段拥有了成千上万个相同的拷贝,然后被放入到 PicoTiterPlate 板中供测序使用。当一个 dNTP 结合到一条链上,酶复合物会使其产生生物荧光。特定珠子中的一个或多个 dNTP 可以通过电荷共轭偶联设备(charge coupled device, CCD)检测到的荧光来确认。Ion Torrent 是第一个不通过光学感应的 NGS 平台,该系统检测的是核苷酸聚合反应中释放出来的氢离子。当 DNA 聚合酶把核苷酸聚合到延伸的 DNA 链上时,会释放出一个氢离子,反应池中的 pH 发生改变,位于池下的离子感应器就会感受到信号,将化学信号转化成数字信号,从而读出 DNA 序列。测序流程的第一步是建立两端有 Ion Torrent 接头的测序 DNA 片段文库。这一步可以通过直接将接头连接固定在 PCR 产物上或者通过在设计 PCR 引物的时候在引物的 5′端加上 Ion 的接头序列来实现。DNA 文库片段被结合到专门的离子微粒球上,再通过微滴 PCR 进行扩增。表面结合有模板的离子微球颗粒转移到 Ion 芯片,通过离心将微球颗粒沉淀到芯片的微孔中。最后,将芯片放到测序仪上进行测序。

(三)SOLiD 和 Complete Genomics 测序平台

SOLiD 和 Complete Genomics 测序平台采用的是边连接边测序的方法。它包含了带有荧光标记探针的杂交和连接。SOLiD 平台使用的是双碱基编码的带有荧光的探针，每个荧光基团信号代表了一个二核糖核酸。探针含有两个特定碱基序列和通用序列，这可以使得探针与模板之间进行互补配对，然后通过连接酶连接到锚定的连接引物上，连接引物则包含一段已知的和接头互补的序列用于提供连接位点。连接之后，模板被系统进行序列读取。SOLiD 测序过程由一系列的探针-连接引物的结合、连接、图像获取及切割的步骤进行循环而成。原始输出的数据并非直接和已知的核糖核酸相连，因为有 16 种可能的二核糖核酸组合。每 4 种组合使用一种荧光信号，共有 4 种荧光信号。所以，每种连接信号代表了几种可能的二核糖核酸组合。按照双碱基编码矩阵，只要知道所测 DNA 序列中任何一个位置的碱基类型，就可以将原始荧光信号解码成碱基序列。

Complete Genomics 使用探针-锚的连接方式（cPAL）或者探针-锚的合成方式（cPAS）来进行测序。在 cPAL 中，锚的序列（与 4 种接头序列其中之一互补）及探针杂交到 DNA 微球的不同位置。每个循环中，杂交探针是一组特定位置已知碱基序列的探针的一员。每个探针包含一段已知序列的碱基及对应的荧光基团。获取图像之后，全部的探针-锚复合物被移除，新的探针-锚复合物被杂交。cPAS 方法是在 cPAL 的基础上，增加了 read 的长度。SOLiD 与 Complete Genomics 系统使用的技术准确率非常高（约 99.9%），因为每个碱基都会被标记多次。但应用上最大的限制是读长很短。

三、第三代测序技术——长读长的单分子测序技术

二代测序技术的读长较短。基因组中存在许多序列较长的重复序列，此外基因组的拷贝数变化和结构变化也会涉及长序列，二代测序技术无法满足此类研究所需的测序长度要求。最近几年，研究人员开发了一些长读长的技术，包括 PacBio 公司的 SMRT 技术和 Oxford Nanopore Technologies 纳米孔单分子测序技术，这类技术被称为第三代测序技术。与前两代测序技术相比，第三代测序技术的特点就是针对单分子进行测序，测序过程无需进行 PCR 扩增。

PacBio SMRT 技术应用了边合成边测序的思想，并以 SMRT 芯片为测序载体。基本原理是：长链 DNA 两端和发夹型接头连接，可以进行环形测序。DNA 聚合酶和模板结合，4 色荧光标记 4 种碱基（即是 dNTP），在碱基配对阶段，不同碱基的加入，会发出不同荧光，根据荧光的波长与峰值可判断进入的碱基类型。同时这个 DNA 聚合酶是实现超长读长的关键之一。SMRT 测序是在 Cell 中开展的，每个 Cell 中有一个阵列，上面有 15 万个 ZMW（zero-mode waveguides，零模式波导）（RSII）小孔。在 2015 年推出的 Sequel 系统上，每个 SMRT Cell 上有 100 万个 ZMW。每个 ZMW 包含一个 DNA 聚合酶及一条不同的 DNA 样品链。SMRT 技术的测序速度很快，每秒约 10 个 dNTP。SMRT 测序的读长可以超过 50kb，平均读长可到 10～15kb。因此 SMRT 技术非常适合于基因组的 *de novo* 组装。PacBio 的测序错误率约为 15%，但产生的错误是随机错误，所以可以通过提高覆盖率来纠错。

Oxford Nanopore Technologies（ONT）公司所开发的纳米单分子测序技术是基于电信号而不是光信号的测序技术，它也不需要照着测序模板加入碱基。它采用了一种特殊的

以 α-溶血素为材料的纳米孔,在纳米孔内有共价结合分子接头的蛋白质。当 DNA 碱基通过纳米孔时,电荷会发生变化,从而影响流过纳米孔的电流强度,由于每种碱基所影响的电流变化幅度是不同的,电流信号强度的变化就可以成为检测碱基信息的信号。纳米孔测序的主要特点是:读长很长,在 2~300kb,其实它能够完整地把一条 DNA 链从头测到尾,因此它的测序读长就是 DNA 的长度。纳米孔测序通量很高,样品制备简单便宜。但是目前纳米孔测序的弱点是高测序错误率。ONT MinION 是一个小型的(约 3cm×10cm) USB 设备,并且可以在个人电脑上运行,使得其成为最小的测序平台。

总结来说,三代测序在 DNA 片段读长优于二代测序,但在准确度上低于二代测序,未来随着技术的改善和进一步发展,三代测序有望更为稳定和成熟。

四、高通量测序技术的应用

高通量测序一次可对几十万到几百万 DNA 分子进行序列测定,这使得对一个物种的基因组和转录组进行分析成为可能。下面简单介绍一下高通量测序技术的主要应用领域。

(一)全基因组测序

全基因组测序(whole genome sequencing, WGS)是高通量测序的主要应用之一,它包括全基因组重测序和 *de novo* 测序(从头测序)。全基因组重测序是指对物种基因组序列已知的个体进行基因组测序,它是以基因组 DNA 为初始样本构建测序文库,以全基因已知基因组序列为 reference,可以快速鉴定 SNP、indel 及基因组结构变化。随着基因组测序成本的不断降低,人类疾病的致病突变研究可在全基因组水平进行,具有重大的科研和产业价值。从头测序不需要任何现有的序列资料就可以对某个物种进行测序,建立该物种的基因组图谱,加速对这一个物种的了解。

(二)全外显子测序和目标区域测序

人类外显子组序列约占人类全部基因组序列的 1%,但包含大约 85%的致病突变。全外显子测序(whole exome sequencing)是通过覆盖外显子的捕获探针将全基因组外显子区域 DNA 杂交捕获富集后进行高通量测序的方法。相比与全基因组测序,外显子测序成本较低,可将多个样本在一个测序反应中实现。外显子测序对研究已知基因的 SNP 和 Indel 等具有较大的优势。外显子测序一般做 100~150× 的覆盖深度,在肿瘤研究中可以发现小比例的突变。全外显子测序在临床疾病致病基因的研究中取得很大的成果。这些成果不仅集中在单基因遗传疾病,还在涉及多基因的复杂疾病中发现了大量的疾病相关基因。

目标区域测序(target sequencing)是利用针对目标基因组区域设计的捕获探针与基因组 DNA 进行杂交,将目标基因区域 DNA 富集,再通过高通量技术进行测序。测序所选定的目标区域可以是连续的 DNA 序列,也可以是分布在同一个染色体不同区域或不同染色体上的片段。目标区域测序大大降低了测序的成本,可以同时对很多样本进行测序,以及可以提高测序的深度来检测低频率的突变。

（三）RNA 测序

转录组学研究也同样得益于高通量测序。高通量测序使得测序成本大大降低，提供了不依赖现有基因模型的大规模基因表达谱研究手段，促进了针对细胞全部转录产物（包括 mRNA、microRNA、siRNA 等 non-coding RNA，低拷贝 protein-coding RNA 及其 splicing variants）及其功能的深度研究。RNA 测序可以以 RNA 为初始样本，并且其所用的 RNA 特异 adapter 方向确定，所以可以简单地确定最后测序所得序列的方向。传统方法大多先将 RNA 转录成 cDNA，以双链 cDNA 为初始样本构建测序文库，同时难以确定测序所得序列来自转录物的正义链还是反义链。

（四）ChIP-Seq

高通量测序也广泛应用于对基因组表观遗传调控机制的研究。将染色质免疫共沉淀技术（ChIP）和高通量测序相结合的 ChIP-Seq 技术，能够高效地在全基因组范围内检测与组蛋白或转录因子相互作用的 DNA 区域。ChIP-Seq 首先通过染色质免疫共沉淀技术富集与目标蛋白相结合的 DNA，对其纯化和构建测序文库，然后进行高通量测序。随后，将测序获得的数百万条序列精确定位在基因组上，从而获得全基因组范围内的与组蛋白或转录因子相互作用的 DNA 区段。

（包　赟　郭凌晨）

参 考 文 献

陈华堂. 1989. 基因工程的原理和方法. 中国药理学通报, 5(5): 267-272.

陈金中, 薛京伦. 2007. 载体学与基因操作. 北京: 科学出版社.

郭凌晨, 殷明. 2009. 分子细胞生物学. 上海: 上海交通大学出版社.

韩贻仁. 2001.分子细胞生物学(2 版). 北京: 科学出版社.

刘安生, 邵贝羚. 2004. 高压电子显微镜的发展. 电子显微学报, 23(6): 674-678.

王金发. 2003. 细胞生物学. 北京: 科学出版社.

邬国军, 陈淑贞, 陈利玉, 等. 2002. 单链 DNA 标记免疫探针的构建用于免疫聚合酶链反应的初步研究. 中华检验医学杂志, 25(2): 103-104.

翟中和, 王喜忠, 丁明孝. 2000.细胞生物学. 北京: 高等教育出版社.

Alberts B, Johnson A, Lewis J, et al. 1994.Molecular Biology of the Cell . New York and London: Garland Publishing，Inc.

Becker WM, Kleinsmith LJ, Hardin J. 1999.The World of the Cell . 4th ed. San Francisco: The Benjamin/Cummings Publishing Company.

Bentley DR, Balasubramanian S, Swerdlow HP, et al. 2008. Accurate whole human genome sequencing using reversible terminator chemistry. Nature, 456:53-59.

Bradford MM. 1976, A rapid and sensitive method for the quantitation of microgram quantities   of protein utilizing the principle of protein-dye binding . Anal Biochem, 72: 248-254.

Chaisson M, Huddleston J, Dennis MY, et al. 2015 Resolving the complexity of the human genome using single-molecule sequencing. Nature, 517:608-611.

Eid J, Fehr A, Gray J, et al. 2009. Real-time DNA sequencing from single polymerase molecules. Science, 323:133-138.

Goodwin S, McPherson JD, Mcombie WR, et al. 2016. Coming of age: ten years of next-generation sequencing technologies. Nature Reviews Genetics, 17:333-351.

Kohler G, Milstein C. 1975. Continuous cultures of fused cells secreting antibody of predefined specificity . Nature, 256(5517): 495-497.

Mullis K, Scharf S, Scharf S. 1986. Specific enzymatic amplification of DNA *in vitro*: The polymerase chain reaction . Cold Spring Harbor Symposium on Quantitative Biology,263-267.

Niedringhaus TP, Milanova D, Kerby MB, et al. 2011.Landscape of next-generation sequencing technologies. Anal Chem, 83(12):4327-4341.

Rothberg JM, Hinz W, Rearick TM, et al. 2011. An integrated semiconductor device enabling non-optical genome sequencing. Nature, 475: 348-352.

Sambrook J, Russell D W. 2000.Molecular Cloning, A Laboratory Manual . 3rd ed. New York: Cold Spring Harbor Laboratory Press.

Sanger F, Nicklen S. 1977. DNA sequencing with chain terminatinginhibitors. PNAS ,74(12):5463-5467.

Shendure J, Ji H. 2008. Next-generation DNA sequencing. Nature Biotechnology, 26:1135-1145.

第八章 分子遗传技术方法

第九章

疾病基因克隆与基因诊断

第一节　遗传作图与遗传标记

从理论上来讲，人类基因的定位与其他任何二倍体有性生殖生物一样，我们可以依据杂合体的配子分配特性来确定它们的相对位置。如果基因在不同的人类染色体上，则它们独立遗传；如果基因在同一条染色体上，则依据距离不同而有不同的分离频率。重组在相近的染色体区段就只有较小的概率。相近的一致活动染色体区域被定义为一个活动单位。如果需要进一步划分，染色体上的具体情况需要用遗传距离和物理距离来衡量。在一定条件下，遗传距离和物理距离是可以换算的。只是遗传距离所代表的50%互换为最大值，而物理距离覆盖整个 DNA 分子。在人类染色体上，物理距离往往覆盖多个遗传距离的极值区间。尽管目前多用物理距离，但是在性状分析中，遗传距离依然是一个有用的单位。通常我们认为 1cM 大约等于 1Mb。但是具体到一个具体事例，并不总是处处通用，因为重组在染色体上不是随机发生的。一般认为 20~50kb 的保守序列往往被 1~2kb 的重组热点隔开。它们分布的不均匀性使得遗传距离和物理距离出现不一致性。

把性状对应的基因标记定位于染色体的一定位置就是遗传作图。无论采用何种遗传作图的方法和使用何种单位，作图首先需要的是在染色体上确定明确的遗传标记。尤其在分离一个家系和群体的一个分子机制不明确的性状时，即便有全基因组序列，我们也需要首先确认性状与遗传标记的距离来明确候选基因的位置。可以说遗传标记的水平与遗传学研究的水平是密切相关的。

较早使用的遗传标记是红细胞血型，但是其 20 个左右的总量和复杂的检测体系及分布的不均匀性使得其在现代遗传学研究中已经不大使用。同样的情况也发生在血清蛋白的多态性标记。HLA 是现在依然在使用的一个多态性遗传标记，尽管是单一位点，但是由于其和免疫相关的多种疾病有关，以及较好的多态性特点，目前依然在使用。RFLP 是首先发现的核酸多态性标记，但是分布不均匀及检测麻烦等问题限制了它的使用。小卫星多态性检测容易，但是分布在染色体上不够均匀(在染色体的两端)。微卫星多态性在基因组分布广泛，检测容易，是使用较为广泛的方法之一。近年来，SNP 体现出了更大的分布和数量优势，高通量检测容易，为遗传学领域广泛应用的遗传标记。

第二节 两点和多点作图

在获得一个孟德尔遗传病家系后，我们需要做的是扫描遗传多态性标记，并且在标记和疾病性状之间发现双杂合子并计算出标记和形状的遗传距离。直观来讲，就是在家系中疾病与一个遗传标记具有共分离的特性。为了避免简单观察的误差，通常使用 lods 分析来设定一个阈值，以提高判断结果的可信度。在拜耶氏假设获得优势的积分点代表可能的连锁程度。现在的计算机已经使得计算变得容易。由于连锁分析的敏感性要求，通常可信度设定为 1/1000 误差率确定肯定假设。而在 1/100 则确立否定假设。当然，由于遗传图代表的是重组率，在染色体物理图上可能非常不精确，所以在确定是否连锁后，进一步进行多点分析是必要的，这样可望能为后续研究提供更加确切的定位指导。

全基因组扫描的家系分析是界定疾病基因的基本方法之一，如果建立可能连锁群和排除群就可以初步对定位作出一个判断。与单个标记位点相似，全基因组扫描也可以定义一个判断阈值，对于单基因遗传病阈值为 3.3，对于非孟德尔疾病阈值为 3.4。当然在实际应用中往往把低于 5 的结果仅仅作为一个提示性结果。

如果肯定的结果可以有两个或两个以上独立的位点来同时确定，甚至可以建立相互之间的连锁位置关系图，则结果的可信度会大大提高。所以理想的全基因组扫描数据的结果应该为一个连锁群。多点作图的另外一个好处是两个遗传标记位点可能提供更多的多态性数据以供结果分析和扫描方法的设计。这也就是为何 RFLP 被 STR 取代，现在更流行 SNP 的原因。在多点作图中，软件 Linkmap 和 Genehunter 都可以计算出拟合曲线，作出支持和排除的判断。

现在疾病基因扫描最大的困难在于难以明确揭示疾病性状与遗传标记分离的数据，家系的原因可能是无法克服的，而基因组学的研究提供了大量的多态性数据，有希望从一般家系和群体中获得疾病的基因。在 CEPF 的疾病基因克隆中，使用 8000 多个多态标记在 8 个家系产生 100 多万个基因型，并在该基因多态性框架中确定疾病基因。

遗传作图的分辨率由所观察到的减数分裂重组事件决定。由于人类生育周期的长度和小家庭趋向，遗传作图在人类疾病的定位分析中困难较大。通常的解决方法是对小家系的扩展分析。对于一些相对隔离的群体，这是一个有效的解决方法。这里给出的基本假设是该小群体的同一性状具有相同的遗传基础和来源。该假设尤其适用于对于新疾病基因在小群体的传播，基因越是罕见，越有理由认为疾病性状的一对基因可能源于近交所产生的纯合化。对于发生时间并不久远的基因和标记，可能发现标记和疾病基因之间存在连锁不平衡现象。当然，连锁不平衡现在主要用于复杂疾病的易患性评估。

在上面的叙述中，我们讨论了 lods 分析对于疾病基因定位的作用，似乎可以解决所有命题，但是该分析事实上还是有一些无法克服的问题。通常来说，lods 可以用于分析介于 20Mb 内的标记和疾病基因的关系，但依然有一些困难，如位点的异质性、家系限制、实验数据本身的可靠性、群体基因频率数据缺乏等。

第三节　鉴定疾病基因

我们经常可以听到类似糖尿病基因、AIDS 基因这样的描述，但是从遗传学概念的角度来说这些描述都是不确切的，没有一个基因是为一种疾病准备的，所以应该换一个说法，鉴定疾病基因就是鉴定一个性状的遗传基础。前面我们提及如何在遗传标记和疾病性状之间建立关联，最后得出疾病的候选基因。而一个候选基因要成为一个疾病的遗传基础必须有两个基本过程：在疾病个体发现特异性突变，在动物模型中通过突变建立疾病模型。贺林教授在短指症方面的工作可以视为一个典范。当然，弄清由候选基因到疾病遗传基础再到疾病发生的分子机制依然有困难。例如，在 TATA 结合蛋白和脑脊髓共济失调之间建立功能关系网络依然不是一件容易的事情。

通过鉴定一个基因的蛋白质产物来确定疾病基因有长期的历史，如镰状细胞贫血症基因鉴定到现在依然没有终止，不同的是现在容易获得蛋白质的序列，也很容易获得基因序列，因为基因组计划基本完成了，蛋白序列的限制和密码简并性的困难也就基本克服了。在模式生物中鉴定疾病基因也是一个基本的方法，基因打靶和大规模突变技术提供了这种可能，但是我们也应该明白两个问题，一是疾病需要诊断，二是没有万能模式生物。在 DNA 序列基本明晰后，研究所有可变重复与疾病的关系，也提供了一种所谓不依赖位置克隆的检测方法，因为它不再确定一个区域，而是直接定义到一个具体的功能基因。

位置克隆的方法是最具有逻辑的典型方法之一。首先通过与遗传标记的连锁分析得出大致的候选区域，然后通过对候选区域的所有基因进行分析和突变扫描，初步分析功能并在模式生物建立疾病模型，最终阐明疾病原理。与位置克隆类似的方法还有染色体异常为线索的疾病基因分析。其中，具有平衡性染色体异常但表现出疾病情况就是一条很好的线索，因为它直接提示该染色体异常可能导致一个候选基因的鉴定。这个看起来平衡的异常导致了一个不平衡的基因功能异常。由于染色体病往往涉及大片段的改变，所以可见的染色体异常通常会导致有多个单基因性状和智力状态的改变。DMD 基因和脆性 X 综合征就是典型的以染色体异常为线索鉴定的疾病基因。

第四节　复杂疾病易患性基因的鉴定

前面我们简单地说明了疾病基因的克隆方法，尽管有许多问题，但最后结论一般具有相当的可信度。然而这些方法往往仅仅适用于单基因遗传性疾病，但是危害人类健康的疾病往往不是上面的遗传特性，它们表现为一种复杂性状。研究这些疾病有它自己的规律与路径。通常来说，第一步需要通过家系、双生（收养）等配对研究来确定至少在几百年的发病过程中遗传因素是较为重要的一员；第二步通过分离分析来确定疾病易患性的分布规律和特点；第三步用同胞对的方法建立连锁图；第四步通过群体相关性分析来细化候选区域；第五步确定与易患性相关的分子特性。

复杂疾病的遗传基础是多基因遗传，其基本特性是受环境影响的连续变异特性。所以在复杂疾病性状的研究中，最首要的问题是遗传因素在性状决定中所起的作用比例。通常这个比例标准用来源于家族人员的风险与群体风险的比值来确定。例如，在精神分裂症中，如果双亲和同胞患病，则再发风险约为群体的 50 倍。

遗传强调的是子女的性状来源于父母，这里指的是父母的基因。另外，父母除了给我们基因外，还提供了一个相似的生活环境。所以，在研究性状决定时这两个方面都需要考虑。双生和收养就是区分这种区别最容易理解的方法，也是区别环境因素与遗传因素影响的标准设计方案。如果双生子被分开，就可以排除相同的生活环境的影响。同卵双生和异卵双生的比较研究可以得出最可靠的遗传度。当然，双生研究的素材和性别都可能有一些限制，对于稀有特性，获得适当分析的家系更加困难。在该情况下，收养也是一种很好的用来判断遗传因素作用的材料。但是收养研究的问题在于生物学父母的情况可能不清楚，使得可供研究的实例减少。

如果我们发现一个疾病与其生物学家庭的关系大大高于其生活(收养)的家庭关系，则可以提示遗传因素的影响较大。在相反的情况下，可以发现收养儿童体现出的与生活家庭的一致性大于生物学家庭的一致性。最早使用收养分析得出结论的研究是精神分裂症与遗传的关系。精神分裂症发生与生物学家庭的一致性约 5 倍于与收养家庭的一致性。收养分析的主要问题在于被收养儿童的遗传背景可能十分模糊，因为具有完备并且得到执行的收养备案机制的国家并不多。另一个问题是收养和被收养双方可能都难以被认为是主流现象，而且在该过程中可能有人为的影响因素使得其不仅仅是随机事件。

对性状的分离研究可以得出性状处于单基因和多基因之间的一个区域。通过分离分析，可以提示特定位点对疾病的贡献，提示易患性基因，也为进一步连锁和关联分析提供初步线索。对于疾病遗传方式的研究，收集家系和病例是一个首要的工作。例如，对于常染色体隐性遗传病，家系中的基本频率是 1/4。但是在我们无法确定哪些人是携带者时，观察到的频率往往不同。因为只有发病的家系被发现，而仅仅是携带者不会加入计算。为了弥补此类没有患病子女家系被遗漏而造成子女总数低于实际的子女总数，Li-Mantel 公式的校正方法是：(患病子女数 – 子女对数)/(子女数 – 子女对数)。依据统计方法对家系分析得出的结果校正得出符合遗传规律的预期频率，从而得出正确的遗传本质。然而，这些方法应用到多基因性状的时候情况就复杂得多，因为除了多基因还有多因素的影响。这时，每一个标记具体的遗传学影响不仅仅在于确认其遗传特性，还可以使用 lods 方法来确定似然性。用一个单一的模式来解释标记与性状之间的关系，而不纠缠具体遗传方式，从而得出一个诸如主要显性易患性(major dominant susceptibility)基因。但是，如果分析体系中主要的基因被遗漏，则可以导致一个不可靠的结论。

标准的 lods 分析是一种参数分析，往往并不适用于多基因性状的分析，因为它需要一个确切的遗传学模型。一般来说，参数分析可以在 20Mb 内较好地确定基因。这个范围基本上仅仅可以用于单个基因性状的确定。另一个问题是单基因性状容易界定，并且可以和基因型建立联系，而对于多基因性状来讲，性状本身的描述和界定就有一定问题，尤其是涉及精神和行为时，性状很难对应一定的基因。一旦确定一个标准的描述特性，我们往往会通过按不同的遗传方式建立模型来分析，想象其是一个接近单基因的性状。但是往往无法满足工具的要求，所以现在通常的做法是采用非参数分析来研究多基因性状。非参数分析不需要遗传模型，基本方法是鉴定病患可能的共有片段。该片段可以从家系中分离(identical by descent, IBD)，也可以直接在群体中鉴定(identical by state, IBS)。如果有足够的家系数据，IBD 显然比 IBS 有更高的直观可信度。而使用群体数据时，我们的基本假设是现在群体的疾病基因可能来源于同一个或有限的共同祖先。使用多位点微卫星标记来分析则是一个基本的起点。当然也可以使用 SNP 遗传标记。Mapmarker 和 Genehunter 可以提供非参数 lods 的分析程序。

一般来说使用 lods 鉴定的单基因疾病基因大多数随后被克隆并最终获得认定。但是对于多基因疾病性状而言则是另外一回事，结果本身甚至可能有不可重复性。最典型的莫过于有关双向性精神病的早期研究结果的矛盾性。其实这里涉及一个判断标准问题。统计指标在一个点上的意义和在基因组范围内的意义并不完全相同。对于全基因组分析，有差异的标准是 lods IBD3.6/IBS4.0；而对于非常显著差异，则是 lods 大于 5.4。对应的 P 值约在 $3 \times 10^{-7} \sim 2 \times 10^{-5}$。

相关分析和连锁不平衡研究也适用于多基因疾病性状的研究。相关分析在这里只是建立一个性状与标记之间的关系，如 HLA DR4 与类风湿的关系。如果要分析产生相关的原因，则可以有标记本身是疾病原因、标记自然选择、群体标记相对隔离、统计 1 型错误、连锁不平衡等。严格意义上讲，相关与连锁不平衡是不同的事件。由于标记本身就是病因容易鉴定，现在的多数研究集中在连锁不平衡的研究，而其他因素则是需要排除的因素。

所谓连锁不平衡(linkage disequilibrium) 是指连锁位点等位基因在同一条染色体上出现的频率大于随机组合的预期值，代表等位基因关联(allelic association)。通过检测遍布基因组中的大量遗传标记位点，或者候选基因附近的遗传标记来寻找到因为与致病位点距离足够近而表现出与疾病相关的位点，这就是等位基因关联分析或连锁不平衡定位基因的基本思想。当然，连锁不平衡不仅仅单纯地反映距离，也提示基因型发生的时间和被重组热点隔离的状态。这些可以用标记的连锁不平衡来校正。

对于多基因疾病性状，要确定基因本质非常困难，需要把那些因素从无关的多态性中分离出来。原因在于：可能没有一个基因对于疾病是必需或者充分的；相关分析得到片段往往过大或非连续变异，难以具体定位；基因变异体本身可能与疾病关联。在乳腺癌家系中我们发现了 *BRCA1/2* 可能与家族性乳腺癌有关，但是无法建立与散发病例的关系；在阿尔茨海默病中我们同样发现了两种类型的基因，但是它们在完全不同的功能途径中。而对于糖尿病等常见疾病，得到的数据更加难以归纳。对于这些困难与基因组计划有限的成果，2000 年 Weiss 和 Terwilliger 提出了经典的问题：那些曾在基因组计划中许诺有 80% 把握定位复杂疾病的课题项目，其中有多少课题最终成功地在海量数据中找到了致病基因？即便到今天，80% 显然也是不可能的。问题在于遗传的异质性，你可能在用一个标准检测一些根本不同的事件，对多基因疾病性状的认识可能就像精神疾病的标准一样。还有另外的一个问题是：即便我们明确了疾病的基因，也并不代表一定可以提高疾病的治疗和预防水平。

第五节 分子病理学与基因检测

病理学在医学的地位是作为结论性的诊断。分子病理学的主要任务是说明为何一个特定的突变会导致一定的临床特性，并将有关结果用于临床工作。分子病理学首先需要明确的是一个突变如何影响表达的质量，以及其参与疾病过程的细节。

血红蛋白病是分子病理学最成功的例子，现在基本上大多数血红蛋白分子病从基因到蛋白质再到临床都有确切地阐明。血红蛋白病是为数不多的被充分阐明的疾病之一。由于蛋白质相互作用等生物学过程的复杂性，大多数的疾病目前还不能得到详细的分子病理学阐明。例如，在肿瘤分子病理学也只有一个增殖/凋亡失控的笼统说法；而对于一些常见疾病，相关认识则更加有限。

尽管依然困难重重，但是在人类基因组计划完成十几年后我们至少有一些优势。例如，人类基因组应该最接近完成状态，人类对自身性状有最详细地了解与描述，人类用其他物种基因组改造建立了大量模拟人类基因功能的研究模型（包括疾病模型），基因组后续计划提供了越来越多的标记和研究方法。如果说基因组计划是数据开发，今天基因组生理学和基因组病理学理应进入基因研究的舞台中央。

传统的遗传学和遗传咨询使用显性/隐性、获得/丢失功能来描述基因突变，但是对于分子病理学来说，突变是具体的序列特性，对应一定表达特性和生物性状。分子病理学目前主要的工作是建立人类突变/疾病性状数据库，这些数据目前在人类突变数据库、OMIM 和 HUGO 突变数据库中都有部分包含，但是目前还没有一个权威的数据库包含所有的已知突变。

如果一个突变对生物性状没有影响，则它就仅仅是一个单纯的序列多态性指标。而对于分子病理学所关心的突变，则往往首先要考虑它们是获得一个功能还是丢失一个功能。对于疾病来讲，也就是获得一个疾病特性或丢失一个正常的功能特性。从这个方面来讲，基因突变可以产生无效等位基因（null allele）、亚效等位基因（hypomorphic allele）、超效等位基因（hypermorph）、新效等位基因（neomorph）和反效等位基因（antimorph）。单纯从基因产物来讲，丢失 50%通常并不重要，所以一个等位基因突变表现为隐性携带者；而在另外不多见的情况，单个正常的等位基因不足以支持正常功能可以导致单倍剂量不足（haploinsufficiency）引起的显性特性。大多数情况下，显性的性状多由新效和反效的基因突变导致，即所谓的显性负效突变（dominant negative mutation）导致。

在实际工作中，确定一个基因突变是否为疾病的原因并不容易，通常需要依据以下的标准来判断：首先，如果功能研究发现该变化本身就是疾病的病原是容易确定的，如一个血红蛋白突变直接导致其功能的损害；其次，这个改变需要在发病前而非疾病的结果。新突变与新疾病为对应关系，且该突变不见于正常人群。

丢失功能的突变在功能上是指类似于缺失的突变，常见的情况有无义突变（nonsence mutation）和移码突变（frameshift mutation）。最近发现一些影响转录后过程的突变可能通过影响不同异构体的比例而带来疾病特性。这是最难鉴定的一种情况。当然，通过上游和下游序列来影响基因功能也是一种常见的情况。对于以复合体来实现蛋白质功能，尤其是同源聚合体蛋白，突变蛋白的加入可能使正常蛋白也丢失功能而表现出显性负突变作用。在另外一些情况下，可能基因本身并没有任何突变，因为表观遗传学的因素也可以造成基因功能的丢失。

获得功能的突变并不是一种常见的情况，因为突变造成结构和功能丢失应该是错误的基本原理。但是有一些罕见的遗传病却因为该原因产生。另外，这种突变在肿瘤中因为大量的突变变得相对常见。基因的重排导致新蛋白与新功能的发生。对于获得功能的突变，严格意义上讲，因为各种原因导致过表达是一种常见的情况。这种情况同样在肿瘤中更加常见。

在确定突变的具体意义后，对于一些突变进行群体的筛查是政府出于各种因素做出的一项决定，从而使社会和家庭都可以获得最大的益处。可以作为群体筛查的突变一定需要具有以下特点：后果严重但是有一些积极的应对方法。在我国孕前诊断、产前诊断、出生前诊断和出生缺陷诊断都有包含部分重要的遗传性缺陷突变检测。突变的病发前诊断和遗传易患性的筛查并没有广泛为政府和临床机构接受。

基因检测泛指通过检测 DNA 分子来判断疾病和生物学特性的检测方法。其基本目的有三个：首先是判断疾病特性基因的状况；其次是判断疾病易患性状态；最后是身源和亲缘鉴定。在本节主要介绍疾病基因的检测方法，其他有关内容详见相关章节。

第六节　基因诊断

一、概述

基因诊断是经典实验室诊断的延展与深入，相对于后者的重要不同之处在于，基因诊断以检出人体致病基因或者病原体的基因型为目的。其理论依据为：绝大部分疾病均有其遗传物质(基因)异常改变或者外源性基因(如病原体)的侵入。而作为其重要的技术基础，DNA 探针、DNA 扩增、DNA 杂交等方法以针对性强、亲和性高、精确灵敏且相对省时的特点勾勒出基因诊断的技术特征，因此它最初亦被称为 DNA 诊断。相对于针对表型的经典临床检验方法，基因诊断可以用很明确的结论回答某些临床医学问题。例如，针对遗传病，能够明了地鉴别被检者的基因型究竟"正常"，还是"携带者"抑或"纯合子"；另外，还可以用"有"或"无"来简洁地回答被检者是否遭致病微生物感染等。自 20 世纪 70 年代基因诊断领域初创以来，血红蛋白病是此领域被最先研究、分析得很透彻的一个系统。而相应的理论技术仍在不断创新，基因诊断检测的靶分子除了 DNA 之外，还包括 RNA(因为它可以与前者杂交)。对于像肿瘤等这类体细胞多基因遗传性疾病，疾病相关基因的蛋白质产物亦可作为检测的靶分子。因此，狭义的基因诊断——DNA 分析，则逐步扩展为相对广义的分子诊断(molecular diagnosis)——DNA、RNA、蛋白质分析，而那些与疾病密切相关的、可用于进行基因/分子诊断的特定基因/分子异常改变，也被称为生物分子标志物。

二、基因诊断的一般原则和基本方法

基因诊断是实验诊断学的一个新分支，与传统的医学检验学相同之处是在临床实验室内对(患病)人体的送检材料进行分析后为临床诊断提供资料，不同之处在于检测对象是基因(及其产物)。因此，基因诊断在采用分子遗传学、分子生物学的新技术和新方法的同时，应该时时遵循实验诊断学的基本原则。

(一)基因诊断检测样品的收集、处理和保存

开展基因诊断首先要保证被测样品的收集、处理、运送和保存不妨碍分子检测试验对样品的最佳使用。而且，只要有可能，每一份样品都应被预先保留一部分，以备进一步分析的需要。现代技术可以从一些古老的样本中鉴定出有用的资料，DNA 样本也相对容易长期保存。通常，DNA 样品可长期保存于–20℃；而用于分离制备 RNA 和蛋白质的样品则必须在–70℃以下或液氮中保存。此外，对样品收集、处理和保存的时间与条件也都有严格的要求及限制。因而，科学、规范管理的组织样品库无疑是疾病基因诊断最基本的资源保障。

(二)用于基因诊断的基本技术方法

用于基因诊断的技术方法应该具有标准化程序，相对简便、易操作，便于在不同的临床实验室内进行质量控制。基本方法几乎都是基于核酸扩增、杂交，以及蛋白质免疫亲和原理与技术。对这些技术方法的介绍将有助于了解它们分析临床样品的能力、各自优点和局限性。一般而言，与 RNA 相比，DNA 和蛋白质结构相对稳定，是更容易在临床实验室内操作使用的检测分析材料。

(三)基因诊断技术的质量控制

当分子生物学、分子遗传学技术方法用于基因诊断的目的时，必须置于临床实验室的质量控制之下。在一种检测方法正式使用之前，必须首先从理论和临床的角度对其做出评估，然后制定专门的技术规范。使用质量认证的试剂盒是临床实验室常规检测的通用做法。然而，许多分子检测方法至今还没有商品化的试剂盒可以用，往往是在不同的实验室内以各自的方式操作。质量控制应该把重点放在基因诊断的任何一个环节，从被测样品的临床收集、实验室运送、制备、检测分析，到对结果的解释和发送报告。

(四)生物医学信息网络资源在基因诊断中的发掘利用

人类基因组计划的顺利实施产生了极大量的生物学、医学、遗传学信息，而且这些信息几乎每天都在更新，要想从中获取某种需要的资料，也将会花费大量的时间和人力，尤其是要回答一个紧迫的临床问题的时候。幸运的是，生物革命和信息革命几乎是同时产生的，而计算机技术可以被用来快速搜寻相应的、不断更新的生物信息学资料。目前互联网提供了很多有用的医学遗传学相关的网址。

(1)从事人类遗传学研究的人所熟悉的"Online Mendelian Inheritance in Man (OMIM)" (http://www.ncbi.nlm.nih.gov/omim),这个网站提供最新、最翔实的人类遗传疾病的资料;每个疾病条目都包括相关基因的定位、结构信息及突变情况。

(2)"GeneTests"(http://genetests.org),提供世界范围内从事遗传学检验诊断的实验室的名单(及其联系方式),可以用疾病名称进行检索。如若面临罕见遗传疾病的特殊试验需要,又不知道哪里能提供诊断服务时,这个网站特别有用。同时,它也为常规的分子遗传学检测提供很好的参考资料。

(3)"GeneClinics"(http://geneclinics.org)是"GeneTests"的姊妹网站,具有教育功能:针对后者开展的分子遗传学检测提供相应疾病的详细背景资料,包括临床表现、致病基因的分子病理学基础、DNA 检测结果的解释等。

(4)"GeneCards"(http://bioinformatics.weizman.ac.il/cards)网站以百科全书形式构建,条目为人类基因及其蛋白产物,以及它们相关的遗传疾病。

(5)"GeneSage"(http://www.genesage.com)是几个新的遗传学相关网站之一,报道交流一些最新的遗传学资讯和遗传疾病信息,并且还可作为遗传学检测试验和临床遗传学资源指南。

此外,某些专业组织的网站一方面可以链接其他相关网络资源,另一方面还能提供一些医学遗传学教程。其中最重要的就是"A World of Genetic Societies"(http://www.faseb.org/genetics),它提供其他一些医学遗传学专业组织的网站链接。而"National Coalition for Health Professional Education in Genetics"(http://www.nchpeg.org)则成为一些专业导向遗传学信息网站的信息交换平台。"College of American Pathologists"网站(www.cap.org)登载最新版本的分子病理学实验室检查条例。而基于冷泉港实验室的一个网站"The DNA Learning Center"(http://vector.cshl.org)则以多媒体教程的形式教授分子生物学的基本原理和学科历史沿革。

三、基因诊断在遗传病中的应用

遗传病的本质是机体遗传物质发生了异常改变——基因突变或染色体畸变,因而基因诊断对于遗传病的重要性毋庸置疑。它不仅用于检出遗传病患者的基因或基因组的异常改变,而且还用来确定隐性携带者状态及在症状出现前的疾病易感性等。这一点不同于传统的实验室检验,甚至也不同于其他种类疾病(如感染性疾病或癌症等)的分子生物学检验。基因诊断首先被应用于遗传病,而且在这一领域所取得的成绩亦最为突出。对于遗传病,基因诊断的检测靶分子通常只是 DNA。

(一)针对遗传病的分子检测的目的

1. 诊断性检查

对有症状的患者进行分子遗传学分析是基因诊断最初的、也是最直接的形式,其目的与传统的实验室检验相一致,即以诊断性试验结果来证实医生的临床印象。在此需要引起注意的是,基因检验对于被测致病基因是非常特异的,即使密切相关的疾病也不能使用同一项检验,如针对 1 型脊髓小脑共济失调的 DNA 分析不能够检出 2 型脊髓小脑共济失调。由于遗传性疾病的特殊性,虽然这类诊断性检验不似预测性分析那样承载比较沉重的医学伦理学意义，然而家系中先证者的阳性检查结果不可避免地提示其血缘亲属的患病风险。

2. 新生儿筛查

从某种意义上讲，新生儿筛查是诊断性检验的早期形式，只不过它针对的是大群体的无症状（或尚未发生症状）的婴儿，受累个体可能显示出了生化或其他方面的异常表现。这项筛查的目的是在其生命早期鉴别出遗传病患儿，以便在不可逆性损伤发生之前开始饮食控制或药物治疗。但是，大多数经典的常染色体隐性疾病（如苯丙酮尿症和半乳糖血症）有太多的致病性突变，以致与生化检查和酶学方法相比，分子遗传学检查的敏感性并不高，成本效益则更低。对于这类疾病来说，可行的分子检验往往用于结果不确定的支持性验证、进一步的基因型-表型相关性分析，或者确定可用于怀孕的家族成员产前诊断的 DNA 标记物。然而，随着基因芯片技术的发展，高通量自动化的方法降低了成本，使基于 DNA 的分子检测变得更加有力且全面，从而将有可能成为用于新生儿筛查的首选方法。

3. 产前诊断

虽然经典的细胞遗传学分析仍然是目前产前诊断最常用的方法，然而准确灵敏的分子生物学技术的发展为单基因缺陷的产前检查另辟蹊径。尽管羊水的生物化学分析能够诊断某些先天性代谢异常，其他一些疾病（如肌营养不良等）则需要通过创伤性更大的方法获取靶组织（如胎儿肌肉），以检验其基因产物。而分子遗传学技术则避免了这类创伤性检查，因为携带致病突变的 DNA 可以比较方便地从羊水细胞或绒毛组织中获得。然而，上述方法只有当预知父方或母方的基因突变型时才能尝试，至少也要针对存在大量异质性突变的疾病进行。

母体血浆中含有少量来自于胎儿的游离 DNA。利用高通量深度基因测序和生物信息学分析检测母体血浆中各染色体 DNA 含量的微量变化，从而判断胎儿染色体异常的发生。目前，基于胎儿游离 DNA 和高通量测序技术的无创产前 13,18,21 三体综合征基因检测正在我国各地进行大力推广。

近来，在生殖工程中受精卵植入前检查用到了更多的产前诊断技术，包括对体外受精发育得来的胚胎分裂球取活检、应用高效的 PCR 技术进行单细胞遗传学分析。相对于传统的产前诊断，使用此方法必须预知父亲或者母亲一方确切的基因突变（显性疾病）或父母双方基因突变（隐性疾病）。这项检查的难度和花费都比较大，因而通常仅应用于那些正在接受体外受精的夫妇。然而，尽管这类植入前诊断的先决条件很高，但已经在囊性纤维性变、地中海贫血及其他疾病的诊断中应用。

4. 携带者筛查

携带者筛查是另一类医学遗传学独特的实验室检验方法。这一术语最恰当地表示用于健康个体的（致病基因）杂合状态隐性突变的检查。它包括两种不同情况：一种是针对有疾病家族史的风险个体，另一种是针对携带有高突变频率的一个或多个（致病或疾病相关）等位基因的某一人群。因此，将前者称为"携带者检验"更准确些，尤其当致病突变在家族中是已知的情况下；后者才是真正意义上的"携带者筛查"，因为它应用于整个人群而不考虑家族史,对于受检个体来说可能的突变是未知的(除非是单基因突变致病,如镰状细胞疾病)。

由于工作对象是人群,费用低廉就成为对筛查性检验的基本要求之一。针对分子遗传学检验对给定突变的高度特异性,对于具有异质性突变的疾病来说,必须预先获知一个足够宽的致病基因突变谱,才有可能确保在目的人群中优先检查的突变数目和类型,从而决定筛查策略。以囊性纤维性变为例,携带者常无确切的生物化学异常改变,所以直接的突变检测是唯一选择。而对于家族黑蒙性痴呆(Tay-Sachs disease)来说,尽管大多数携带者有一定数目的氨基己糖苷酶 A 基因突变,但是由于酶学检查不仅结果可靠,而且方法简便、花费低,故优先考虑将酶学方法用于人群筛查。隐性突变致病只有在其后代中才会发生显著的临床变化,因此无论采用何种方法,最终目标是鉴定出风险夫妇(双方都是携带者),使他们有机会进行产前检查。

5. 症状前诊断和易感性分析

预测性 DNA 检测是分子遗传学分析的另一应用,从某种意义来讲也最具争议性,主要用于成年发作或儿童晚期发作的常染色体显性疾病。尽管预测性分析并不像筛查分析那样容易被接受,但的确适用于那些具有很强的家族背景(通常是亲代发病)、有 50% 的风险遗传得到突变基因的个体。

根据被检突变基因的外显率,预测性分析可以进一步分为症状前分析和易感性分析。前者适用于完全外显性疾病,如亨廷顿病,其阳性 DNA 检查结果可充分预测疾病的发生(尽管不能指出严重程度和发病年龄)。后者适用于较低外显率疾病,例如,由于 *BRCA1/BRCA2* 基因异常的家族性乳腺癌/卵巢癌,其阳性检查结果仅提示,与对照群体相比患病的风险增加,但并不能预测受检个体一定发病。这种情况使回答相应的遗传学和临床咨询变得很困难,尤其针对诸如家族性乳腺/卵巢癌这类疾病——是否实施有一定风险的药物或外科干预可能就根据 DNA 检测的结果。

以上两种预测性分析都存在显著的社会心理学风险,如一个健康人突然得知即将患病的打击性消息所引发的后果;当然,也存在保险业和雇佣歧视的风险。因而,涉及医学遗传学预测性分析的许多方面都迫切需要标准化的处理程序,包括知情权、检验前后的遗传咨询及社会心理学支持等。

(二)遗传病基因诊断方法的选择

遗传病基因诊断方法的选择依赖于测验目的和被测基因的性质(特别是基因的大小和复杂性),当然,在一定程度上还依赖于被测样品的质和量的情况。量特别少、经过固定或发生降解的样品需要采用基于 PCR 的方法处理;一旦扩增得到足够量的 DNA,就可以再采用别的技术做进一步的分析,如等位基因特异性寡核苷酸(ASO)探针杂交或者 DNA 测序。而那些涉及 Southern blot 的检测方法则需要完整的高分子质量 DNA,且 DNA 的质量要足够好,以便能被限制性内切核酸酶有效地消化,经过凝胶电泳分离而产生可重复的条带图谱。这通常意味着需要几毫升全血,或者 1~2 皿经过培养的羊水细胞。从被测样品中分离制备 DNA 是绝大部分检测试验的第一步。对基于 PCR 的方法来说,粗制的 DNA 即可；而 Southern blot 分析则需要优质、高纯度的 DNA。

1. 点突变的检测

对于已知的点突变、微小的缺失或者插入的检测有几种方法可供选择。ASO 探针杂交能够用来精确确定杂合子和纯合子的基因型。扩增的限制性片段长度多态(AmpRFLP)分析是将 PCR 扩增后的待测样品 DNA 用特定限制性内切核酸酶处理，产物经聚丙烯酰胺凝胶电泳分离，根据 DNA 片段的长度差异来判断点突变。单链构象多态(SSCP)和变性梯度凝胶电泳(DGGE)是另外两种针对已知突变的定性检测方法。

对于基因片段中未知的突变，则可用变性高效液相色谱(DHPLC)等技术进行分析，而筛查到的异常改变必须经过 DNA 测序来确认突变的精确位置和性质。

2. 大片段缺失的检测

大片段 DNA 的缺失很容易被 Southern blot 的方法检出，表现为预期的一个或多个杂交条带的消失。差异 PCR 扩增是另一种大片段缺失的检测方法，其原理为：被测 DNA 样品中的大片段缺失使得相应的 PCR 引物失去相应的模板序列而无法引导扩增，导致预期的 PCR 产物消失。检测特别大的 DNA 片段缺失则可能需要一种特殊的、适用于高分子质量片段的脉冲场凝胶电泳技术；或者采用荧光原位杂交(FISH)分析完成。

3. 核苷酸重复序列扩展的检测

三核苷酸重复序列扩展(trinucleotide repeat expansion)是脆性 X 染色体综合征、亨廷顿病和其他神经肌肉异常性疾病特有的突变形式，准确分析 DNA 片段的大小对于这项检测非常重要。相对于应用在点突变和片段缺失检测的上述定性观察分析，这是在分子遗传学检测中最接近定量分析标准的试验。若扩展序列为中等长度，如在亨廷顿病和脊髓小脑共济失调中出现的情况，采用 PCR 扩增并将产物测定大小就可以了。对于发生在脆性 X 染色体综合征等疾病中的更大的扩展序列，很难或不可能进行 PCR 扩增，此时就需要利用 Southern blot 分析来确定其大小。

4. 异质性突变的检测

有些疾病是由于一个很大的致病基因中发生了大范围的点突变。在这种复杂情况下，即使对整条基因全部测序也不可能检测出所有潜在的突变，因为有些突变可能位于非编码区或远离基因的上游增强子区。上面提到的 ASO 探针杂交或者限制性内切核酸酶策略可能适用于这类复杂突变的分析。例如，许多实验室在进行囊性纤维化病变检测和携带者筛查时，曾将扩增的待测样品 DNA 与一组排列固定于固相支持物上面的 ASO 探针进行反向点杂交(reverse dot blot hybridization)。当然，随着基因芯片技术的发展与完善，高通量地检测复杂、大范围的突变已经不再是困难的事情。

核酸测序是鉴定 DNA 结构异常改变的金标准。可是它耗时、费力、费用较高，因而通常用于临床上不容疏漏的病理性突变的检测，如对家族性乳腺癌/卵巢癌的 *BRCA1/BRCA2* 基因突变的预测试验。此外，核酸测序还常用于给定基因热点区域内有限数目突变的检测。

四、基因诊断在肿瘤中的应用

相对于本质为种系(germ line)变异的真正意义上的遗传病，绝大部分肿瘤是体细胞遗传性疾病，其本质多是后天获得的、导致体细胞恶性转化的一系列基因及其产物在结构、功能或调控方面的异常改变。肿瘤是一类多基因参与、多阶段发生、更为复杂的疾病，因而与遗传病和感染性疾病相比，针对肿瘤的基因诊断的目的和内容也略有不同。其临床相关目标包括：①根据特定类型肿瘤的复合性基因变化谱或特定的分子改变，确认诊断和分类；②应用敏感的分子技术早期检出肿瘤细胞，从而提前进行治疗干预；③通过分子预测评估，提供临床预后相关的信息；④辅助选择个体化治疗方案，避免不必要的药物毒性作用；⑤增加治愈机会，提高癌症患者的生存质量。

(一)肿瘤的基因诊断和肿瘤分子标志物

肿瘤的基因诊断基于特定肿瘤的分子病理学机制及相应的分子标志物。肿瘤分子标志物是指肿瘤相关基因的结构和功能损伤所致的特定的分子水平异常改变；它们可以指示肿瘤相关基因的激活或失活程度，反映肿瘤的发生发展过程。肿瘤分子标志物包括基因(DNA、RNA)、染色体、蛋白质(肽)及生物小分子等；它们不仅存在于肿瘤发生的局部组织，也会以多种方式游离、释放至体液和机体排泄物之中，因此可以作为辅助诊断、判断预后、指导治疗的重要生物学指标。而肿瘤的基因诊断的本质也就是针对肿瘤分子标志物的检测与分析。

值得注意的是，无论是单一的分子标志物还是一系列基因改变构成的分子标志谱，在得到实际临床应用的认可之前，必须经过相应的评估验证。然而，使研究发现的肿瘤分子标志物进入临床试验并最终成为临床实验室常规检验项目的标准程序尚未完善地建立起来。对此一些临床专家建议，研发和鉴定生物标志物的过程可采取与药物开发评估相似的、相对成熟的策略：第一阶段，在肿瘤临床组织样品中发现分子标志物，并对相应的最适检测方法进行筛选；第二阶段，对选定分子标志物及其检测方法进行特异性和敏感性的实验验证，给出结果判断的临界值；第三阶段，利用已经明确病理诊断的病例组织样品对选定分子标志物进行有效的验证，明确其临床使用范围；第四阶段，消除不同操作者及不同临床实验室所得结果中存在的系统误差，使该项分子标志物的临床检验方法标准化。

(二)针对肿瘤的分子检测的目的

1. 风险评估

迄今，人们对于约占全部肿瘤1%的遗传性或家族性肿瘤综合征的遗传易感性，以及造成此类遗传易感性的基因缺陷已经有相当深入的研究与认识。针对因生殖细胞突变导致的肿瘤遗传易感性进行风险评估已经列入临床遗传学家的研究范围和肿瘤预防计划。许多导致遗传性肿瘤综合征的基因缺陷同时也是相同组织类型的散发肿瘤的起始分子改变。例如，在家族性息肉病中发生异常的腺瘤性结肠息肉病(adenomatous polyposis coli, APC)基因，在90%的散发性腺瘤性结肠息肉病患者中均发现了突变。与APC基因同样，

Rb 基因的突变也可导致遗传性和散发性视网膜母细胞瘤。一定程度的组织特异性是遗传性肿瘤的重要特征之一，因此，找出这些基因在获得性的癌前状态下的突变，可能有助于评估某种特定组织发生肿瘤的风险。而在高风险人群中进行筛查，以检出早期病变，则对肿瘤易感人群的保护作用意义重大。

2. 辅助诊断

组织学和细胞学检查是极为有效的肿瘤病理诊断方式，被称为"金标准"。但有时这些检查不能就一种病变究竟是不是肿瘤或者究竟是哪种肿瘤而给出明确的答案。尽管在这种情况下免疫组织化学分析可以辅助特殊类型肿瘤的确诊，然而由于送检材料不理想等因素的影响，常会给诊断造成困难。这时，分子检测(或称为分子标志)可能对被测样品作出更为可靠的定性诊断。

3. 预后判断

肿瘤的发生发展是多基因的异常改变积累的结果，目前人们已经有可能根据相关基因(群)结构及功能的不同变化，对组织病理学诊断相同的肿瘤进一步进行分子分型、分子分级和分子分期。这样做是为了预测肿瘤的局部及远处转移，对于肿瘤的治疗和预后具有重要的意义。

细胞分裂相关蛋白(如 Ki-67 和 PECAN)的表达情况已经被用于估算活检和手术切除样品中增殖肿瘤细胞的比率。以淋巴瘤为例，Ki-67 阳性细胞比率高的患者明显预后不良。

基因型特征有时也能用于病变行为的预测。例如，8 号染色体三体型往往预示纤维瘤病(fibromatosis)的复发，而那些低复发倾向的纤维瘤病患者通常有相对稳定平衡的染色体组。*TP53* 基因的状态(野生型或突变型)能够提供膀胱癌、大肠癌及乳腺癌的预后信息。*TP53* 基因功能的丧失将会使细胞周期中监测 DNA 损伤的 G_1 期制动消失，或者干扰细胞凋亡。未经 DNA 损伤修复的有丝分裂将导致遗传性损伤在同一细胞中积累；而凋亡功能的抑制则使细胞数目不加限制地增加，并且使治疗反应降低。

神经母细胞瘤是最常使用分子标准分类的一种肿瘤。N-MYC 基因扩增和 TRK-A 的表达水平是对形态学相同的肿瘤进行分子分级的两个重要参数，结合染色体倍体和 1p 缺失，几项指标足以对神经母细胞瘤进行分子分级和分期。

现有的研究已经显示，基于基因芯片技术的基因表达谱分析会在肿瘤分子分型中起重要作用；同时，还对诸如肿瘤分化状态、基因组范围内的改变对特定细胞生命程序(如生长调节)的影响，以及宿主反应机制等提供新的重要信息。目前常规使用的组织学分类标准有可能将临床表型不同的病变归为一类，而差异的基因表达谱将根据分子水平的异质性为肿瘤分类，提供从生物学角度来说更准确、对临床更实用的诊断和预测信息。

白血病是采用基因表达谱进行分子分型的一个例证。起初使用有 6817 个人类基因的 DNA 芯片建立精确的白血病基因表达谱，从中挑选出一群与急性髓细胞性白血病(AML)和急性淋巴细胞白血病(ALL)分型鉴别高度相关的基因；经分析验证最终得到一个能够对 AML 或 ALL 分型诊断的、包含 50 个基因的预测组合。

弥漫性大 B 细胞淋巴瘤(diffuse, large B-cell lymphoma, DLBCL)是利用基因表达谱进行分子分型以判断预后的另一个极好的范例。最初(2000 年)根据采用 12 196 个基因的

cDNA 芯片所获表达谱型将 DLBCL 分为三个亚型：生发中心 B 细胞样（germinal-center B cell-like，GC B-like）、活化 B 细胞样（activated B cell-like）和第三型。其中，GC B-like 患者有较好的生存预后，而 activated B-like 的生存预后则很差。随后（2002 年），从上述 12 196 个基因中选择 100 个进行分析后发现，使用其中一组 17 个基因即可预测 DLBCL 患者的预后生存情况。最终（2004 年），对 36 个基因进行定量 Real-Time PCR 分析后发现，仅仅其中 6 个基因的表达情况就能够有效预测 DLBCL 患者的生存情况：LMO2、BCL6 和 FN1 的表达预示比较好的生存预后，而 CCND2、SCYA3 和 BCL2 的表达则与不良预后相关。这项设计精准的研究无疑体现了对恶性肿瘤进行分子分型的重大临床意义。

4. 微小病变的检出

分子诊断对肿瘤微小病变的监测也发挥重要的作用，其临床应用表现为三个方面：①细微的残留病变评估；②肿瘤复发的早期诊断；③局部侵袭的评估。当然，这些都需要应用高度特异性的分子标志物和基于 PCR 的高度敏感的方法。

血液循环中携带 *bcl-2* 易位的细胞是一项重要的诊断指标，针对那些存在 t(14:18) 易位的 B 细胞淋巴瘤，其可以用来预测接受高剂量化疗和自体骨髓移植或外周血液干细胞供给治疗后的复发。类似的方法也可以用于其他类型的肿瘤。

此外，前列腺癌或卵巢癌原发肿瘤组织中的 *K-RAS* 基因突变，也可以从患者的外周血或其他体液中的"游离"DNA 中检查到。尽管这些发现的临床意义尚未以实际应用的方式充分体现，但是，一旦有了临床适用的定量分析方法，循环血中微量的肿瘤特异 DNA 就可能成为监测治疗效果和肿瘤复发的重要生物标记。

基于 PCR 的敏感技术还可以根据原发肿瘤特异性突变在手术过程中辅助光学显微镜检查判定肿瘤细胞局部播散的边界。在头颈癌中的应用已经显示，这种"分子划界"对局部复发的预测效果优于常规的术中冰冻切片的切缘评估。如果在数分钟内获知 cDNA 片段序列的方法真正可行，根据基因改变特征能在第一时间对活检样品进行分子测试，那么分子诊断就有可能成为术中切缘评估的另一种方法。

5. 复发和第二原发的鉴别

由于治疗效果的增进，恶性肿瘤患者的生存率也在不断提高，这样对二次原发肿瘤的鉴定显得越发重要。当同一器官发生第二个肿瘤时，需要就其为复发还是二次原发作出判断。在某些情况下，针对前后两个病变的形态学比较及进一步的免疫学表型特征分析能够给予回答。然而，一个克隆性突变或者一组遗传学改变却能够在两个病变之间建立最直接的联系，或者明确指示两者相互独立发生。以分子技术鉴定一位曾经罹患其他器官腺癌的患者经长期缓解后在肺部新发的一个腺癌样病变究竟是二次原发还是前一个肿瘤的转移，这是基因诊断的另一个应用范围。显而易见，在这种情况下采用一组特征性遗传学改变比仅仅依靠单一基因对两个病变进行鉴定更为可靠。例如，多位点的微卫星异常改变就很有用；而具有宽谱突变形式的基因（如 *TP53*）显然比只具有限突变的基因（如 *K-RAS*）能够更有效地显示两个病变在基因序列方面的差异性或相似性。针对膀胱癌患者膀胱移行上皮的多个肿瘤的分子分析表明，几处病变均起源于同一个位于膀胱黏膜中的祖先细胞，从而也解释了这类患者容易复发的原因。

(三)肿瘤基因诊断的组织样品使用

正如在本章第二节中所述，肿瘤的基因诊断必须针对机体病变组织细胞进行分析。现有的技术发展已经能够做到，针对一份组织样品采用不同的方法分别进行分子表型和基因型的分析。例如，对福尔马林固定、石蜡包埋的组织进行不同厚度的连续切片，可以分别用作：①形态学评估(苏木精/伊红染色)；②表达分析，如 RNA 原位杂交(*in situ hybridization*, ISH)或免疫组织化学染色；③分子异常改变的确定，如 Southern blot、PCR-SSCP 分析及核酸测序等；④高通量技术分析，如组织微阵列(tissue microarray)分析、基因芯片分析、靶序列高通量测序等。

针对肿瘤具有组织异质性的特点，可以采用组织显微切割以去除正常或坏死细胞，纯化富集肿瘤细胞。组织显微切割还用来分离微小的组织病变，在同一例组织样品中分别收集纯化处于癌变不同阶段(如不典型增生、原位癌)或者不同分化程度的组织细胞。总之，肿瘤的基因诊断对于科学、正确地收集使用组织样品有更严格的要求。

(四)肿瘤基因诊断的方法选择

在对原发肿瘤相关基因突变或者基因表达状态改变的报道中，时有彼此矛盾的结论，这些分歧很可能归因于使用了不同的方法。一般来说，检测某种特定的肿瘤相关分子异常改变或分子标志物可以采用不同的方法，这些方法在特异性、敏感性、所需时间和费用，以及某种特定临床状态下的专门用途方面各有不同。

根据被测样品的形式，检测肿瘤分子标志物的方法可分为两大类。一类采用生物化学和分子生物学技术来分析从待测组织中分离纯化的核酸或蛋白质样品；另一类则是对组织、细胞或染色体进行原位分析，以检查分子标志物的存在及分布状态。

1. DNA 异常改变的检测分析

从肿瘤组织或细胞中分离的 DNA 可直接测序或用于 Southern blot、PCR、RFLP 及 CGH 等分析，从而检测肿瘤细胞基因组的改变，如点突变、易位、扩增、缺失、微卫星不稳定和异常甲基化。

点突变是人类肿瘤中最常见的显性癌基因改变。由突变造成的氨基酸改变可导致涉及细胞恶性的转化基因功能异常。癌基因的扩增通常引发蛋白过表达，这是导致基因功能异常的另一种机制；基因扩增易于检测，是一种很好的诊断和预后分子标志物。由于发生易位，原癌基因可能被置于强效启动子-增强子操控之下，从而导致功能异常；易位还能使两个 DNA 片段融合产生具有错误功能的重组基因。

错义或无义点突变能造成抑癌基因功能丧失；大多数抑癌基因的功能完全丧失需要另一个等位基因失活。而第二次打击往往受基因组缺失的影响，能够被杂合性缺失分析检出。启动子区或基因内片段的异常高甲基化亦可导致抑癌基因的表达沉默。肿瘤细胞内在的基因组不稳定可以通过微卫星不稳定显示。

2. 克隆源性分析

克隆性增殖是肿瘤的基本特征；可通过测评组织或细胞学样品中携带同样分子标志

物的细胞所占的比例，从而判断它们是否源自单一祖先细胞。

最初用于诊断的克隆性分子标志物是淋巴增生中的抗原受体基因重排。通过同型蛋白检查或 X 染色体 DNA 甲基化分析，一些 X 连锁基因杂合性失活已经广泛用于证实肿瘤的克隆源性。如果已知某种肿瘤携带某个基因的特定突变，那么这种变异序列也可以作为克隆性标志物。对此的基本要求是：①该突变产生于肿瘤发生的早期；②在肿瘤进展过程中该变异序列不再发生改变或丢失；③特定的基因突变具有高度特异性，源自两个独立发生的肿瘤细胞群体不能携带相同的突变序列。

3. RNA 水平的检测分析

由于 Northern blot 这类经典的 RNA 分析方法对于样品 RNA 的质和量的要求都很高，成为其在临床诊断中使用的主要局限。而 RNA 原位杂交(ISH)和 RT-PCR 可能是目前适用于临床诊断的 RNA 检测技术。

RNA 原位杂交可应用于固定后的肿瘤细胞或组织中相关基因 RNA 的表达状态分析。

采用 RT-PCR 技术在骨髓、外周干细胞或外周血等中检测细胞角蛋白 19 的 RNA 可以发现乳腺癌特异的上皮细胞。此外，如黑色素瘤中的酪氨酸激酶、前列腺癌中的前列腺特异性抗原、甲状腺癌中的甲状腺球蛋白等肿瘤特异的 RNA 同样可用于检测外周血中的癌细胞。这类分析方法的敏感性可以达到从 10^{10} 个背景细胞中检出一个癌细胞，适用于微小病变的检出。

4. 蛋白质产物异常改变的检测分析

免疫组织化学(IHC)染色是一种既能够检出特异序列的蛋白质，又能够同时保留组织学结构的"原位"检测方法。

免疫组织化学方法的应用大大减少了难于分类肿瘤的数目，并且成为诊断未知来源的转移癌的辅助手段。免疫组化分析最先被认可的应用是对淋巴瘤的诊断和分类。在实体瘤如乳腺癌中，通过确定雌激素和孕激素受体的状态，免疫组化染色已成为一项判断预后所要求的补充检查；此外，根据酪氨酸激酶受体表达情况的 IHC 评估，临床已经实施了针对 Her2/Neu 的靶向治疗。

在不同分化程度或不同类型的细胞群共存于同一例组织样品中的情况下，免疫组化分析用来特异性鉴别肿瘤组织中不同细胞组分。肿瘤标志蛋白的免疫组化检测可用于良、恶性细胞的鉴别诊断、肿瘤分类和分期，以及远处未知来源的转移癌鉴定等。

通过免疫组化染色还可以确定肿瘤组织中一些控制细胞周期进展的，或细胞凋亡通路中的重要蛋白(如 cyclin D1 和 E，以及 p53、RB、BCL-2 等)的表达状况，以显示被测肿瘤的生物学特征及可能的治疗反应，据此制定相应的个体化治疗方案。

五、基因诊断在感染性疾病中的应用

针对感染性疾病的病原体检查，其目的为确认感染的发生及其性质，以便采取有效措施，防止因感染广泛传播而造成的危害。传统的病原体检查方法包括：光学显微镜下直接观察、特异性抗原检测、病原体的分离培养和鉴定，以及血清学试验等。病原体核酸分子检测则能够更准确、迅速地检出并鉴定那些少量、没有合适抗体、生长缓慢甚至不能在体外生长的病原体。当然，核酸分子检测的方法首先基于人类对病原体基因或基因组序列的认识。截止到 2012 年 3 月，已经有 1921 种以上的细菌基因组测序结果向社会公众公开(http://www.ncbi.nlm.nih.gov/genomes/lproks.cgi)。

自 20 世纪 80 年代起，核酸分子探针被应用于临床微生物学分析。最初，人们以特异的核糖体 RNA 操纵子序列为探针，使用 DNA-RNA 杂交技术来鉴定细菌、支原体和真菌等。随后，基于核酸扩增技术发展起来的病原微生物分子检测方法则包括：连接酶链反应(ligase chain reaction, LCR)、聚合酶链反应(polymerase chain reaction, PCR)、链置换扩增(strand-displacement amplification, SDA)、转录介导的扩增(transcription-mediated amplification, TMA)等。

使用这些核酸分子扩增方法，人们可以直接从临床标本中检测和鉴定微生物病原体。通过琼脂糖或聚丙烯酰胺凝胶电泳，核酸分子扩增产物根据片段大小而被分离，若将 PCR 与分子杂交或实时监测联用则可提高检测敏感性和特异性。不过，核酸分子扩增产物的 DNA 测序仍然是鉴定细菌和病毒基因型的"金标准"。尽管目前基因芯片杂交技术已经被引入病原微生物的基因型鉴定，然而与实际临床应用中仍存有一段距离。预期在不久的未来，宏基因组的研究成果将可以用于高通量的微生物检测和判断健康状态等多种目的。

(陈金中　潘雨堃　薛京伦)

参 考 文 献

Abecasis G, Cox N, Daly MJ, et al. 2004. No bias in linkage analysis. Am J Hum Genet, 75:722-723.

Abecasis GR, Ghosh D, Nichols TE. 2005. Linkage disequilibrium: ancient history drives the new genetics. Hum Hered, 59:118-124.

Alizadeh AA, Eisen MB, Davis RE, et al. 2000. Distinct types of diffuse large B-cell lymphoma identified by gene expression profiling. Nature, 403:503-511.

Aylor DL, Valdar W, Foulds-Mathes W, et al. 2011. Genetic analysis of complex traits in the emerging Collaborative Cross. Genome Res, 21:1213-1222.

Braude P, Pickering S, Flinter F, et al. 2002. Preimplantation genetic diagnosis. Nat Rev Genet, 3:941-955.

Carlson CS, Eberle MA, Kruglyak L, et al. 2004. Mapping complex disease loci in whole-genome association studies. Nature, 429:446-452.

Cheng J, Fortina P, Surrey S, et al. 1996. Microchip-based devices for molecular diagnosis of genetic diseases. Mol Diagn,3:1-183.

Emmert-Buck MR, Bonner RF, Smith PD, et al. 1996. Laser capture microdissection. Science, 274: 998-1001.

Garvin AM, Parker KC, Haff L. 2000.MALDI-TOF based mutation detection using tagged in vitro synthesized peptides. Nat Biotechnol, 18:95-97.

Hultén MA, Dhanjal S, Pertl B. 2003. Rapid and simple prenatal diagnosis of common chromosome disorders: advantages and disadvantages of the molecular methods FISH and QF-PCR. Reproduction,126:279-297.

Jeffreys AJ, Barber R, Bois P, et al. 1999. Human minisatellites, repeat DNA instability and meiotic recombination. Electrophoresis, 20:1665-1675.

Jeffreys AJ, Neumann R. 2009. The rise and fall of a human recombination hot spot.Nat Genet, 41:625-629.

Koval MA, Last KW, Norton A, et al. 2002. Diffuse large b-cell lymphoma outcome prediction by gene-expression profiling and supervised machine learning. Nature Medicine, 8:68-74.

Kruglyak L, Daly MJ, Reeve-Daly MP, et al. 1996. Parametric and nonparametric linkage analysis: a unified multipoint approach.Am J Hum Genet, 58:1347-1363.

Lander ES. 1999. Array of hope. Nat Genet, Suppl:3-4.

Lossos IS, Czerwinski DK, Alizadeh AA, et al. 2004. Prediction of survival in diffuse large-B-cell lymphoma based on the expression of six genes. N Engl J Med, 29:1828-1837.

McCarthy MI, Abecasis GR, Cardon LR,et al. 2008. Genome-wide association studies for complex traits: consensus, uncertainty and challenges. Nat Rev Genet, 9:356-369.

Medeiros LJ, Carr J. 1999. Overview of the role of molecular methods in the diagnosis of malignant lymphomas. Arch Pathol Lab Med, 123: 1189-1207.

Morton DG, Macdonald F, Cachon-Gonzales MB,et al. 1992. The use of DNA from paraffin wax preserved tissue for predictive diagnosis in familial adenomatous polyposis.J Med Genet, 29:571-573.

Nissen MD, Sloots TP. 2002. Rapid diagnosis in pediatric infectious diseases: the past, the present and the future. Pediatr Infect Dis J, 21:605-612.

Owen RJ. 2002. Molecular testing for antibiotic resistance in *Helicobacter pylori*. Gut, 50:285-289.

Rosenwald A, Wright G, Chan WC, et al. 2002. The use of molecular profiling to predict survival after chemotherapy for diffuse large-B-cell lymphoma. N Engl J Med, 20:1937-1947.

Sen S, Johannes F, Broman KW. 2009. Selective genotyping and phenotyping strategies in a complex trait context. Genetics, 181:1613-1626.

Sermon K, Van Steirteghem A, Liebaers I. 2004. Preimplantation genetic diagnosis. Lancet, 15:1633-1641.

Van Dyck E, Ieven M, Pattyn S, et al. 2001. Detection of Chlamydia trachomatis and Neisseria gonorrhoeae by enzyme immunoassay, culture, and three nucleic acid amplification tests. J Clin Microbiol, 39:1751-1756.

Versalovic J, Lupski JR. 2002. Molecular detection and genotyping of pathogens: more accurate and rapid answers. Trends Microbiol, 10 Suppl:S15-21.

第十章

法医分子遗传学

第一节 法医遗传学的发展

法医遗传学同其他科学一样是在长期的社会实践中，特别是在司法鉴定实践中逐步形成并发展起来的。公元1247年宋慈所著《洗冤集录》一书中就讲到"滴血之法，孙亦可验祖"。这种滴血认亲的方法，虽不很完备，但是它包含着法医遗传学的萌芽，或者说是应用血型遗传原理鉴定亲子关系的最早尝试。1866年孟德尔的研究揭开了遗传研究的序幕，创立了遗传学的基本规律，即分离规律和自由组合规律。1893年奥地利的汉斯·格劳斯所著《检验官手册》已将运用科学技术办案写入书中。1900年Landsteiner发现ABO血型以后，人类红细胞血型应用于检案，法医物证检验步入了科学时代。1910年法国刑事犯罪学家艾德蒙·洛卡德提出了接触与物质交换的原理，表述为"任何接触都可以留下痕迹"。这个观点奠定了现代法庭科学的基础。1926年摩尔根的基因学说的发表，为法医遗传学的发展奠定了基础，成为了法医遗传学的基本理论。

在以后的岁月中，遗传学的研究突飞猛进，尤其是20世纪50年代，关于遗传物质DNA双螺旋模型的发现，是生命科学研究历程中的一个具有划时代意义的里程碑。这一模型对遗传学发展具有深远影响，它不仅使遗传学研究从此深入到分子水平，而且奠定了现代遗传学的基础，进一步推动和影响着生命科学各个学科的飞速发展。在遗传学不断地发展、取得各个研究成果的同时，法医遗传学也有了很大的发展，使得法医工作者们能够运用和依靠遗传学的这些新的技术、原理来为有关的法律问题服务，如对个体中的组织、细胞、体液的同一认定等。1958年发现白细胞抗原系统和20世纪60年代用电泳检测血清型和酶型，为法医物证检验与鉴定提供了更多的技术手段。20世纪70年代，应用等电聚焦发现了多种血清型及酶型的亚型，进一步提高了个人识别概率。1985年，英国科学家Jeffreys研究人类肌红蛋白基因结构时，在第一内含子中发现一段由33bp串联重复的小卫星序列。以33bp为核心序列串联重复的单链DNA作为RFLP分析的探针，杂交结果表明可在4～23kb范围内检出20～30条多态片段，多态性信息量极大，个体的条带模式独一无二，类似经典的指纹，故称DNA指纹。DNA指纹的高度个体特异性克服了传统法医遗传标记鉴别能力低的缺陷，使法医个体识别和亲子鉴定实现了从仅能排除到高概率认定的飞跃，被誉为法医物证分析的里程碑。1993年，国际法医遗传学会推广了以STR为核心的第二代DNA指纹或DNA纹印技术，不仅实现了法医物证检验高概率的认定，也为法医 DNA 分型技术的标准化铺平了道路。

法医学(forensic medicine，legal medicine)是应用医学及其他自然科学的理论与方法，研究并解决立法、侦查、审判实践中涉及的医学问题的一门科学。法医学既是一门应用医学，又是法学的一个分支。法医学为制定法律提供依据，为侦查、审判提供科学证据。法医学的诞生和发展，与社会经济的发展、法的出现，以及医学和其他自然科学的进步有着密切的关系，因此法医学是联结医学与法学的一门交叉科学。现代法医学分基础法医学和应用法医学两部分，前者研究法医学的原理和基础；后者则运用法医学的理论和方法，解决司法、立法和行政上的有关问题。很长一段时间内，亲权认定、血型检验、性别鉴定等一系列问题都笼而统之被包括在法医学这门科学的研究范围之中。但是，随着社会的进步、科学的发展，各学科的分类也越来越细，新的边缘学科不断形成，各门新学科先后诞生，包括法医毒物化学、临床法医学、法医精神病学和法医遗传学。

随着科学技术的发展，法医遗传学在司法鉴定中的应用越来越广泛，而不是那种只认为与亲权鉴定、血型检验有关，如今遗传学的各项研究纷纷进入分子水平，从而使得法医遗传学的研究与应用均进入了分子水平等。在司法精神病鉴定中，除对被鉴定人进行临床观察鉴定外，有的则需要分析是否由遗传因素决定，这种分析往往用家谱分析法，目前普遍认为精神分裂症、精神发育不全、人格变态等病均与遗传因素有关，但这些病的具体遗传规律还不是很清楚，它是不遵循孟德尔遗传规律的。如今，法医遗传学普遍采用 DNA 遗传标记，因为它有足够的多态性，理论上可以通过 DNA 分型，而不必通过测定全基因组序列来进行个人识别。DNA 分型的优点还在于能从任何含有细胞的体液或组织中得到相同的结果，能够对陈旧斑痕和极微量的检材分型，分析结果能够成为计算机可查询的数据库形式。

当前，法医遗传学发展迅速，新型遗传标记和新型技术的出现，使得法医 DNA 分析技术日臻完善，理论知识日趋丰富，解决实践问题的能力得到了极大的提高。

第二节　短串联重复序列

一、STR 基因座及其在法医 DNA 鉴定中的应用

短串联重复序列(short tandem repeat，STR)是核心序列为 2~6 个碱基的短串联重复结构。20 世纪 90 年代初，*STR* 基因座首次作为一种重要的遗传标记在人类亲权鉴定中被使用。第一个 STR 复合扩增试剂盒是由英国的法庭科学服务部(Forensic Science Service，FSS)研制出的，包括 *TH01*、*VWA*、*FES/FPS* 和 *F13A1* 共 4 个基因座。第二个 STR 复合扩增试剂盒是由美国 AB 公司研制出的 SGM 试剂盒，包括 6 个基因座，即 *TH01*、*VWA*、*FGA*、*D8S1179*、*D18S51* 和 *D21S11*。1995 年 4 月，英国采用该试剂盒开始建立国家罪犯 DNA 数据库。鉴于英国建立国家罪犯 DNA 数据库的成功和 STR 分型的广阔应用前景，美国联邦调查局开始筹建美国国家罪犯 DNA 数据库和联合 DNA 索引系统(CODIS 系统)，计划该系统由核心 *STR* 基因座组成，并于 1996 年 4 月发起了全国范围内的 STR 计划，该计划持续了 18 个月，22 个 DNA 分型实验室共同对 17 个候选 *STR* 基

因座进行了评价，包括群体遗传学调查和有效性检验等。

为了配合 STR 计划，美国 Promega 公司提供了两个试剂盒：一个是"FFFL"试剂盒，包括 *F13A1*、*F13B*、*FES/FPS* 和 *LPL* 共 4 个基因座；一个是 PowerPlex 试剂盒，包括 *CSF1PO*、*TPOX*、*TH01*、*VWA*、*D16S539*、*D7S820*、*D13S317* 和 *D5S818* 共 8 个基因座。美国 AB 公司提供了 4 个试剂盒，各包含 3 个 *STR* 基因座和 1 个性别位点，分别是 AmpFlSTR Blue 试剂盒（D3S1358、VWA、FGA）、AmpFlSTR Green I 试剂盒（TH01、TPOX、CSF1PO）、AmpFlSTR Yellow 试剂盒（D5S818、D13S317、D7S820）、AmpFlSTR Green II 试剂盒（D8S1179、D21S11、D18S51）。后来美国 AB 公司将 AmpFlSTR Blue、Green I 和 Yellow 三个试剂盒合并为一个试剂盒，称为"AmpFlSTR Profiler kit"；将 AmpFlSTR Blue、Green II 和 Yellow 三个试剂盒合并为另外一个试剂盒，称为 "AmpFlSTR Profiler Plus kit"。

1997 年在 STR 计划会议上，确立了 13 个 *STR* 基因座为核心 *STR* 基因座，纳入 CODIS 系统。为了全部覆盖这 13 个核心 *STR* 基因座，美国 AB 公司推出了 AmpFlSTR Profiler Plus 和 Cofiler 两种试剂盒，美国 Promega 公司推出了 PowerPlex 1.1 和 PowerPlex 2.1 两种试剂盒。2000 年美国 Promega 公司研制出了 PowerPlex 16 试剂盒，除了 13 个 *CODIS* 基因座外，还包括 2 个五核苷酸重复基因座 *Penta D* 和 *Penta E*。2001 年 7 月美国 AB 公司开发出了 Identifiler，除了 13 个 *CODIS* 基因座外，还包括 2 个四核苷酸重复基因座 *2S1338* 和 *D19S433*。2007 年美国 AB 公司针对中国人群推出了 Sinofiler 试剂盒，该试剂盒与 Identifiler 试剂盒不同的是用 *D6S1043* 基因座和 *D12S391* 基因座分别替代了 Identifiler 试剂盒中的 *TH01* 基因座和 *TPOX* 基因座。

就国内而言，国产化的 STR 试剂盒研制也是近些年的研究热点，并取得了一定的进展，如北京基点认知公司开发的 Goldeneye™ 20A 试剂盒，在 13 个 *CODIS* 核心基因座的基础上，增加了基因座 *Penta E*、*Penta D*、*D2S1338*、*D19S433*、*D12S391* 和 *D6S1043*，采用五色荧光标记技术，一次性扩增 19 个 *STR* 基因座和 1 个性别基因座，兼容了当前 DNA 鉴定主流试剂盒的全部 *STR* 基因座，在单次检验中提供了更多的信息量，具有更高的非父排除率和个人识别率。考虑到国产化的趋势和必然，中华人民共和国国家质量监督检验检疫总局及中国国家标准化管理委员会于 2009 年 2 月 5 日颁布了国家标准《法庭科学人类荧光标记 STR 复合扩增检测试剂质量基本要求（GA/T 815—2009）》，规定了法庭科学人类荧光标记 STR 复合扩增检测试剂质量的基本要求，包括试剂基本技术要求、标识、包装、运输和储存。该标准符合法庭科学领域使用的人类荧光标记 STR 复合扩增检测试剂市场准入质量评价的基本要求。中国安全技术防范认证中心于 2009 年 2 月 10 日颁布了《法庭科学产品自愿性认证实施规则（DNA 检测试剂产品）》（编号为 CSP-V03-005:2009），该规则以工厂质量保证能力检查、产品抽样检测及获证后监督的方式来保证试剂的质量。表 10-1 对 10 多年来各种常用的商业化 STR 试剂盒进行了统计和概括。表 10-2 给出了 19 个常用 *STR* 基因座的重复结构、等位基因范围、观察到的等位基因数目等信息。

表 10-1　常用 STR 商业化分型试剂盒

试剂盒名称	所含 STR 基因座
PowerPlex1.1 和 1.2	*CSF1PO，TPOX，THO1，vWA，D16S539，D13S317，D7S820，D5S818，Amelogenin*
PowerPlex2.1	*D3S1358，THO1，D21S11，D18S51，vWA，D8S1179，TPOX，FGA，PentaE，Amelogenin*
PowerPlex ES	*FGA，THO1，vWA，D3S1358，D8S1179，D18S51，D21S11，SE33，Amelogenin*
PowerPlex 16	*CSF1PO，FGA，TPOX，THO1，vWA，D3S1358，D5S818，D7S820，D8S1179，D13S317，D16S539，D18S51，D21S11，PentaD，PentaE，Amelogenin*
AmpFISTR Blue	*D3S1358，vWA，FGA，Amelogenin*
AmpFISTR Green I	*THO1，TPOX，CSF1PO，Amelogenin*
AmpFISTR Green II	*D8S1179，D21S11，D18S51，Amelogenin*
AmpFISTR Yellow	*D5S818，D13S317，D7S820，Amelogenin*
AmpFISTR Profiler	*D3S1358，vWA，FGA，THO1，TPOX，CSF1PO，D5S818，D13S317，D7S820，Amelogenin*
AmpFISTR Profiler Plus	*D3S1358，vWA，FGA，D8S1179，D21S11，D18S51，D5S818，D13S317，D7S820，Amelogenin*
AmpFISTR Cofiler	*D3S1358，D16S539，THO1，TPOX，CSF1PO，D7S820，Amelogenin*
AmpFISTR SGM plus	*D3S1358，vWA，D16S539，D2S1338，D8S1179，D21S11，D18S51，D19S433，THO1，FGA，Amelogenin*
AmpFISTR Sefiler（SE）	*FGA，THO1，vWA，D3S1358，D8S1179，D16S539，D18S51，D21S11，D2S1338，D19S433，SE33，Amelogenin*
AmpFISTR dentifiler（ID）	*CSF1PO，FGA，TPOX，THO1，vWA，D3S1358，D5S818，D7S820，D8S1179，D13S317，D16S539，D18S51，D21S11，D2S1338，D19S433，Amelogenin*
AmpFISTR Sinofiler	*CSF1PO，FGA，D6S1043，D12S391，vWA，D3S1358，D5S818，D7S820，D8S1179，D13S317，D16S539，D18S51，D21S11，D2S1338，D19S433，Amelogenin*
Goldeneye 20A	*CSF1PO，FGA，TPOX，THO1，D6S1043，D12S391，vWA，D3S1358，D5S818，D7S820，D8S1179，D13S317，D16S539，D18S51，D21S11，D2S1338，D19S433，Amelogenin*

表 10-2　常用 STR 基因座信息

基因座	重复结构（ISFG 格式）	等位基因范围	观察到的等位基因数目
CSF1PO	TAGA	5~16	20
FGA	CTTT	12.2~51.2	80
THO1	TCAT	3~14	20
TPOX	GAAT	4~16	15
vWA	[TCTG][TCTA]	10~25	29
D3S1358	[TCTG][TCTA]	8~21	25
D5S818	AGAT	7~18	15
D7S820	GATA	5~16	30
D8S1179	[TCTA][TCTG]	7~20	15
D13S317	TATC	5~16	17
D16S539	GATA	5~16	19
D18S51	AGAA	7~39.2	51
D21S11	Complex[TCTA][TCTG]	12~41.2	89
D2S1338	[TGCC][TTCC]	15~28	17
D19S433	AAGG	9~17.2	26
Penta D	AAAGA	2.2~17	29
Penta E	AAAGA	5~24	33
D6S1043	TATC	9~25	20
D12S391	[TAGA][CAGA]	14~27	15

二、*STR*基因座的法医学参数

一个*STR*基因座是否适合作为法医DNA分析的遗传标记还需要评估一系列的指标，需要进行群体遗传学调查，获得相应的法医学参数，包括个体识别能力(DP)、非父排除率(PE)、杂合度(H)、多态信息含量(PIC)及突变率等。此外，*STR*基因座的种属特异性、个体同一性、扩增稳定性、检测灵敏度等都需要进行相关的应用研究。表10-3列出了19个常用*STR*基因座在华东地区汉族人群的法医学参数。

表10-3　19个*STR*基因座的法医学参数

基因座	个体识别能力	杂合度	非父排除率	多态信息含量
D3S1358	0.8770	0.7247	0.4813	0.6762
vWA	0.9322	0.8033	0.6095	0.7741
FGA	0.9614	0.8520	0.7059	0.8351
D8S1179	0.9575	0.8452	0.6883	0.8259
D21S11	0.9453	0.8189	0.6504	0.7968
D18S51	0.9642	0.8584	0.7182	0.8427
D5S818	0.9143	0.7767	0.5671	0.7424
D13S317	0.9282	0.7971	0.5998	0.7670
D16S539	0.9189	0.7836	0.5748	0.7496
THO1	0.8235	0.6429	0.4041	0.5943
TPOX	0.8014	0.6287	0.3699	0.5684
CSF1PO	0.8847	0.7352	0.4998	0.6906
D7S820	0.9122	0.7684	0.5576	0.7338
D2S1338	0.9554	0.8508	0.6950	0.8298
D19S433	0.9430	0.8281	0.6554	0.8030
Penta D	0.9202	0.7824	0.5907	0.7514
Penta E	0.9656	0.8688	0.7325	0.8482
D6S1043	0.9656	0.8390	0.7310	0.8520
D12S391	0.9510	0.8590	0.6790	0.8190

三、*STR*基因座的突变率

在DNA的任何区域内都有可能发生突变，*STR*基因座也如此。近年来有许多文献报道了*STR*基因座的突变现象。*STR*基因座的突变虽然在遗传学上是一个较常见的现象，但在亲权鉴定中则是一个不容忽视的风险因素，在结果的解释和结论的判断上必须持以慎重和科学的态度。

美国血库协会(AABB)2008年报道的父源突变率为0.007%～0.371%，国内报道的突变率为0.008%～0.344%。单个鉴定或研究机构由于检测例数有限，观察到的突变现象有限，难以全面反映这些*STR*基因座在中国汉族人群中的突变规律。而大样本突变数据对于存在疑似突变的亲权鉴定案例的亲权指数计算的重要性是显而易见的。为此，本书作者查阅了近年来国内公开发表的*STR*突变数据，并对这些数据进行分析归纳，试图通过文献数据对这些*STR*基因座在中国人群中平均突变率进行估计，以期为日常疑似突变案例中亲权指数的计算提供相对精确的突变率数据，提高鉴定结论的可靠性。美国AB公司生产的Identifiler试剂盒和美国Promega公司生产的PowerPlex 16试剂盒是国内外应用最多的两种试剂盒。两种试剂盒共包含 *CSF1PO*、*D13S317*、*D16S539*、*D18S51*、*D19S433*、*D21S11*、*D2S1338*、*D3S1358*、*D5S818*、*D7S820*、*D8S1179*、*FGA*、*TH01*、*TPOX*、*vWA*、*PentaD* 和 *PentaE* 共 17 个 *STR* 基因座。以上 17 个 *STR* 基因座平均突变率的统计学比较见表 10-4。

亲权鉴定中要求 *STR* 基因座具有较低的突变率，这是因为认同孩子和假设父亲之间的关系是基于等位基因在代间传递时保持一致的假设。认识到突变对于亲子鉴定的重要性，有学者把解决这一问题考虑为需要多少个 *STR* 基因座才能排除父权，并建议排除父权至少应当依靠 3 个 *STR* 基因座。事实上，随着检测的 *STR* 基因座越多，检测到 *STR* 突变的概率也越大。由于 STR 分析通常检验 13 个或更多的基因座，孩子和真正的生物学父亲之间存在 2 个甚至更多突变也并不奇怪。本书编者建议当发现 1~3 个基因座不符合遗传规律，考虑可能存在突变时，应增加检测 *STR* 基因座。任何情况下，不能仅依据一个 *STR* 基因座不符合遗传规律来排除父权。当然，高的突变率也有利于保持 *STR* 基因座的多态性，在人类个体识别中很有应用价值。虽然突变可以潜在影响亲子鉴定的参照样本，但它对受害者自身或罪犯和犯罪现场证据之间的直接比对没有影响，因为发生的任何突变在一个个体一生中都会保持不变。

四、X 染色体上的 *STR* 基因座

目前的常规 STR 复合扩增试剂盒主要局限在人类常染色体 *STR* 基因座，满足不了疑难亲缘鉴定的需要。对于下述一些疑难类型的案件，国内外尚缺乏足够有效的鉴定手段：需要明确祖母与女孩是否具有亲祖孙关系，但缺乏孩子祖父和父亲、母亲的参照样本；需要明确两个姐妹（不同母）是否有着同一个生物学父亲，但缺乏孩子父亲的参照样本。这类案件的鉴定需要借助 X 染色体上的遗传学标记。依据孟德尔遗传规律，父亲只能将 X 染色体遗传给女儿，母亲的 X 染色体则可随机地遗传给儿子或女儿，类似于常染色体遗传。因此，X 染色体上 *STR* 基因座（*X-STR*）在祖母-孙女关系、同父异母姐妹关系、母-子关系、父-女关系等鉴定中均具有重要应用价值。

到目前为止，X 染色体上已有 40 多个 STR 基因座被报道用于法医学研究。基于实际应用的需要，将 X 染色体分为 4 个连锁群，将基因座 *DXS8378*、*DXS7132*、*HPRTB* 和 *DXS7423* 作为这 4 个连锁群的核心基因座，它们分别位于 Xp22.2、Xq12、Xq26 和 Xq28。Biotype 公司的商业化试剂盒 Mentype® Argus X-UL 就是针对这 4 个核心 X-STR 基因座开发的，也是第一个关于 X-STR 的商业化试剂盒。之后，在其基础上研发了第二代商业化试剂盒 Mentype®Argus X-8，它可以检测位于第一连锁群的 *DXS10135* 和 *DXS8378*、第二连锁群的 *DXS7132* 和 *DXS10074*、第三连锁群的 *HPRTB* 和 *DXS10101*，以及第四连锁群的 *DXS10134* 和 *DXS7423*。这 4 个连锁群相互之间的距离少于 0.5 cM，重组率均小于0.5%。2009 年底，Biotype 公司又推出了第三代关于 X-STR 的商业化试剂盒 Mentype®Argus X-12。表 10-5 列出了这 12 个 *X-STR* 基因座的等位基因频率及其法医学参数。

X 染色体上 *STR* 基因座的数量不多，群体分布、突变率、连锁平衡和基因结构变异等资料尚显欠缺是其在法医学在应用的主要不足方面。此外，*X-STR* 在鉴定中只能起到排除作用，要作出肯定的结论必须与常染色体、Y 染色体的多态性标记相结合。

表 10-4 亲权鉴定常用 *STR* 基因座的平均突变率（%）

基因座	中国人群数据					AABB (2008)				
	总减数分裂次数/万次	突变次数/次	平均突变率/%	95%CI 下限	95%CI 上限	总减数分裂次数/万次	突变次数/次	平均突变率/%	95%CI 下限	95%CI 上限
FGA	4.8612	101	0.2078	0.1672	0.2483	33.5042	724	0.2161	0.2004	0.2318
vWA	5.1449	100	0.1944	0.1563	0.2325	34.4707	664	0.1926	0.1780	0.2073
D18S51	4.8124	87	0.1808	0.1428	0.2188	32.2344	537	0.1666	0.1525	0.1807
Penta E	3.0423	54	0.1775	0.1302	0.2248	—	—	—	—	—
D21S11	4.8065	85	0.1768	0.1392	0.2144	34.4288	519	0.1507	0.1378	0.1637
CSF1PO	4.7929	79	0.1648	0.1285	0.2012	19.8216	241	0.1216	0.1062	0.1369
D8S1179	4.7769	68	0.1424	0.1085	0.1762	34.6723	419	0.1208	0.1093	0.1324
D2S1338	1.6060	22	0.1370	0.0797	0.1942	14.4836	127	0.0877	0.0724	0.1029
D3S1358	4.6385	46	0.0992	0.0705	0.1278	34.2765	334	0.0974	0.0870	0.1079
D7S820	4.5467	45	0.0990	0.0701	0.1279	20.6725	155	0.0750	0.0632	0.0868
D19S433	1.5345	15	0.0978	0.0483	0.1472	15.2291	102	0.0670	0.0540	0.0800
D16S539	4.6946	39	0.0831	0.0570	0.1091	34.2908	269	0.0784	0.0691	0.0878
D5S818	4.6946	38	0.0809	0.0552	0.1067	20.5858	219	0.1064	0.0923	0.1205
D13S317	4.8319	30	0.0621	0.0399	0.0843	20.8801	234	0.1121	0.0977	0.1264
Penta D	3.0423	14	0.0460	0.0219	0.0701	—	—	—	—	—
TH01	3.6112	8	0.0222	0.0068	0.0375	33.3451	19	0.0057	0.0031	0.0083
TPOX	2.5081	3	0.0120	0.0000	0.0255	20.5918	22	0.0107	0.0062	0.0151

表 10-5　12 个 *X-STR* 基因座在华东汉族人群中等位基因频率及法医学参数（*n*=309）

等位基因	DXS10148	DXS10135	DXS8378	DXS7132	DXS10079	DXS10074	DXS10103	HPRTB	DXS10101	DXS10146	DXS10134	DXS7423
9			0.0144									
10			0.5742									
11			0.3014	0.0072				0.0455				
12			0.0933	0.0694				0.3158				
13			0.0167	0.1938				0.4187				0.0072
14				0.3325		0.0096		0.1603				0.3517
15				0.2895		0.0670	0.0167	0.0574				0.6005
15.3						0.0024						
16	0.0024	0.0048		0.0909	0.0167	0.2081	0.3182	0.0024				0.0335
16.3						0.0024						
17	0.0024	0.0167		0.0167	0.0694	0.3230	0.1172					0.0072
17.1		0.0024										
17.2		0.0024										
18	0.1292	0.0502			0.1100	0.2392	0.1722					
19	0.0215	0.0933			0.2727	0.1316	0.3062					
19.1	0.0024											
20	0.0215	0.1053			0.2488	0.0144	0.0622					
21	0.0048	0.1053			0.1722	0.0024	0.0048					
21.1	0.0096											
22		0.1100			0.0885		0.0024					
22.1	0.0526	0.0742										
23					0.0167							
23.1	0.0981											
23.2		0.0024										
23.3		0.0048										
24		0.0694			0.0024					0.0311		
24.1	0.1316											

等位基因	DXS10148	DXS10135	DXS8378	DXS7132	DXS10079	DXS10074	DXS10103	HPRTB	DXS10101	DXS10146	DXS10134	DXS7423
25		0.0861			0.0024					0.0407		
25.1	0.1316	0.0024										
26	0.1100	0.0550								0.1411		
26.1												
27	0.1220	0.0455							0.0072	0.2057		
27.1	0.0024											
27.2									0.0072	0.0024		
27.3		0.0215										
28									0.0144	0.1890		
28.1	0.0861								0.0335			
28.2												
29		0.0431							0.0574	0.1388	0.0024	
29.1	0.0478								0.0526			
29.2												
30		0.0455							0.1388	0.0861		
30.1	0.0167								0.0024			
30.2	0.0024								0.1053			
31	0.0024	0.0239							0.1555	0.0670	0.0167	
31.1	0.0048											
31.2									0.1148			
32		0.0191							0.1507	0.0383	0.0191	
32.2									0.0455		0.0048	
33		0.0072							0.0694	0.0287	0.0550	
33.2									0.0024			
33.3											0.0024	
34		0.0024							0.0335	0.0048	0.1053	
34.2									0.0072			
35		0.0048							0.0024		0.1483	
35.3											0.0024	

续表

等位基因	DXS10148	DXS10135	DXS8378	DXS7132	DXS10079	DXS10074	DXS10103	HPRTB	DXS10101	DXS10146	DXS10134	DXS7423
36		0.0024										0.2225
37												0.1746
37.3												0.0191
38												0.1100
38.2											0.0024	0.0024
38.3											0.0335	
39											0.0431	
39.3											0.0120	
40											0.0048	
40.3											0.0096	
41											0.0024	
41.2										0.0024		
41.3											0.0024	
42.2										0.0072		
42.3											0.0048	
43.2										0.0167		
44.3											0.0024	
HET_{exp}	0.9004	0.9281	0.5716	0.7565	0.8107	0.7749	0.7592	0.6956	0.8962	0.8677	0.8695	0.5158
PD_F	0.9807	0.9896	0.7477	0.9004	0.9373	0.9133	0.9024	0.8540	0.9794	0.9678	0.9690	0.6739
PD_M	0.8982	0.9259	0.5703	0.7547	0.8087	0.7730	0.7574	0.6939	0.8940	0.8656	0.8674	0.5145
MEC_T	0.8893	0.9210	0.5026	0.7152	0.7826	0.7379	0.7187	0.6416	0.8846	0.8514	0.8540	0.4242
MEC_D	0.8082	0.8583	0.3581	0.5787	0.6606	0.6050	0.5827	0.4972	0.8014	0.7533	0.7573	0.2891
PIC	0.8893	0.9210	0.5026	0.7152	0.7826	0.7379	0.7187	0.6416	0.8846	0.8514	0.8540	0.4242
HWE(p-value)	0.4431	0.2598	0.7831	0.3401	0.4915	0.8478	0.3022	0.5992	0.9853	0.2404	0.0039	0.9267

注：HET_{exp}，expected heterozygosity，期望杂合度；PD_F，power of discrimination in females，女性个体识别力；PD_M，power of discrimination in males，男性个体识别力；MEC_T，mean exclusion chance in trios involving daughters，双亲女儿平均排除率；MEC_D，mean exclusion chance in father daughter duos，父女平均排除率；PIC，polymorphism information content，多态信息含量；HWE(p-value)，p-values for the Hardy-Weinberg equuilibrium test，Hardy-Weinberg 平衡检测 p 值。

五、Y 染色体上的 *STR* 基因座

人类 Y 染色体属于性染色体，正常男性拥有 Y 染色体，女性没有。Y 染色体除拟常染色区外，在遗传过程中不发生交换重组，其序列结构特征能稳定地由父亲传给儿子，呈父系遗传。故因其特殊的结构特点和遗传方式，在法医学个体识别、亲子鉴定、混合斑中男性成分的检测、追溯父系迁移历史等方面都具有独特的应用价值，是常染色体及 mtDNA 的重要补充。

与常染色体 *STR* 基因座比较，*Y-STR* 分型的法医学应用具有以下特点。①Y 染色体为男性所特有，对单拷贝 *Y-STR* 基因座，每个男性个体仅有一个等位基因，因此 *Y-STR* 分析在法医物证鉴定中的特殊意义在于混合斑迹中推断男性个体的最少人数；而多拷贝 *Y-STR* 基因座，每个男性可有一到多个等位基因，且分型结果中单峰和多峰间呈明显的剂量效应关系。②*Y-STR* 呈父系遗传特征，只能由父亲传递给儿子，同一父系的所有男性个体均具有相同的 *Y-STR* 单倍型（除非发生突变），故在父系亲缘关系鉴定中有一定实用价值。③在减数分裂过程中，Y-特异性区不发生重组，所有 *Y-STR* 基因座均连锁遗传，故不能采用乘法原则将各基因座等位基因频率相乘，而应将所有 *Y-STR* 基因座分型结果视为一个单倍型，再根据被测男性所在群体的单倍型频率分布评估证据价值。目前最大、使用最广泛的 *Y-STR* 单倍型数据库见 http://www.yhrd.org。④评估 *Y-STR* 鉴别能力的指标是遗传差异度（genetic diversity, GD）。$GD = 1 - \sum_{i=1}^{n} p_i^2$（指第 i 个等位基因或单倍型的频率）。

GD 值即 *Y-STR* 的个体识别能力 DP 值，数值也等于其非父排除率（PE）。

由于 Y 染色体多态性较低，且受当时的技术限制，Y 染色体多态性方面的研究进展缓慢。至 20 世纪 90 年代前期，只有 5 个 *Y-STR* 基因座被详细地描述，且只有 DYS19 被部分法医学实验室列入常规检验项目。近年来，随着分子生物学技术的飞速发展，越来越多的 *Y-STR* 被开发和利用。Prinz 等第一次建立了 *Y-STR* 复合扩增体系，命名为 Quadruplex I，分别用两种荧光 JOE 和 FAM 标记 *DYS19*、*DYS389I* 和 *DYS389II*、*DYS390*，并做了法医学应用性研究。至 2001 年在 Y 染色体上发现了大约 30 个 *STR* 基因座。Redd 等新开发了 14 个基因座，加上早已发现的基因座，分 4 个体系复合扩增 27 个基因座，并进行了群体遗传学的研究。Butler 等建立了一个能够同步扩增 20 个 *Y-STR* 基因座的五色荧光复合扩增体系，得到了较好的扩增结果。至 2006 年，经文献报道有法医学应用价值的 *Y-STR* 基因座已有 220 个左右。其中，欧洲 Y 染色体分型学会建立的"最小的单倍型"（*DYS19*、*DYS385a/b*、*DYS389I*、*DYS389II*、*DYS390*、*DYS391*、*DYS392*、*DYS393*）加上 YCAII 而成的"扩展的单倍型"最常用，这些基因座已经进入了欧洲中央 DNA 数据库（http://www.gdb.org）。美国 DNA 分析方法技术工作组（Technique Working Group on DNA Analysis Methods，TWGDAM）推荐的"美国单倍型"由"欧洲最小单倍型"加上 *DYS438* 和 *DYS439* 组成。至 2007 年 3 月，*Y-STR* 单倍型数据库中已经包含了世界各地 388 个人群的 46 831 种最小单倍型（http://www.ystr.org）。

Y-STR 的商品化检测试剂盒也发展迅速。2003 年，Relia-gene 公司分别推出了 Y-Plex™6 系统（6-FAM 和 TAMRA 两种荧光标记，含有 *DYS19*、*DYS385a/b*、*DYS389II*、

DYS390、DYS391、DYS393）和 Y-Plex™5 系统（6-FAM、TAMRA 和 HEX 三种荧光标记，含有 *DYS389I*、*DYS389II*、*DYS392*、*DYS438*、*DYS439*）。同年，Promega 公司推出了 Powerplex Y 系统（JOE、TAMRA 和 FL 三种荧光标记，含有 *DYS19*、*DYS385a/b*、*DYS389I*、*DYS389II*、*DYS390*、*DYS391*、*DYS392*、*DYS393*、*DYS437*、*DYS438*、*DYS439*），该系统对多至 100ng 的女性 DNA 无扩增产物，灵敏度达 0.1ng。在女性 DNA 1000 倍于男性 DNA 的情况下能够成功扩增出男性分型。2004 年，Reliagene 公司又推出了 Y-Plex™12 系统，在 Y-Plex™6 系统和 Y-Plex™5 系统的基础上引入 Amelogenin 基因座作为 PCR 内参照，最大限度地排除了假阴性，保证了结果的准确性。同年，美国 AB 公司推出了 AmpFISTR Y-Filer™ 五色荧光复合扩增系统，在一个反应管内可同步扩增 17 个基因座（VIC、FAM、NED 和 PET 共 4 种荧光标记，含有 *DYS19*、*DYS385a/b*、*DYS389I*、*DYS389II*、*DYS390*、*DYS391*、*DYS392*、*DYS393*、*DYS437*、*DYS438*、*DYS439*、*DYS448*、*DYS456*、*DYS458*、*Y-GATA-H4*、*DYS635*）。该系统具有很高的特异性和灵敏度，对多至 200ng 的女性 DNA 无扩增，在女性 DNA 2000 倍于男性 DNA 的情况下仍然能够成功扩增出男性分型。在我国，*Y-STR* 复合扩增系统的研究也取得了快速发展。赵东等利用聚丙烯酰胺凝胶电泳和银染法复合扩增了 7 个 *Y-STR*（*DYS393*、*DYS19*、*DYS390*、*DYS389I*、*DYS389II*、*DYS392*、*DYS385*），并对中国汉族和日本群体的 Y-STR 单倍型遗传多态性及群体差异进行了调查。刘秋玲等采用 3 组复合扩增的方法建立了 12 个 *Y-STR* 复合扩增体系（*DYS391*、*DYS389I*、*DYS389II*、*Y-GATA-A4*、*Y-GATA-A10*、*Y-GATA-H4*、*Y-GATA-A7.2*、*DYS390*、*DYS393*、*DYS434*、*DYS437*、*DYS439*），以聚丙烯酰胺凝胶电泳和银染法检测并讨论了其应用价值。石美森等建立了一套四色荧光复合扩增体系，设计了 3 套公共引物对分别嵌合在 3 组 *Y-STR* 的原始引物上，再利用 6-FAM、HEX 和 TAMRA 标记的 3 组公共引物对同时复合扩增 7 个 *Y-STR*（*DYS434*、*Y-GATA-A10*、*DYS531*、*DYS557*、*DYS448*、*DYS456*、*DYS444*），得到了良好的分型结果。

第三节　单核苷酸多态性

一、SNP 在法医 DNA 鉴定中的优势

STR 基因座的自发突变率较高，这使得在亲权鉴定中的遗传关系的解释变得困难。作为第三代遗传标记的单核苷酸多态性（single nucleotide polymorphism，SNP），由于突变率极低，其应用于法医学鉴定的优越性显得越来越明确。与 *STR* 基因座相比，SNP 位点突变率更低，据估计 *STR* 基因座的突变率为 $10^{-3} \sim 10^{-5}$，而 SNP 的突变率则约为 10^{-8}。*STR* 基因座一般有多个等位基因，而 SNP 位点多为二等位基因，这使得 SNP 分型往往是一个定性问题，更易于实现自动化。再者，对于单个 SNP 位点，其扩增产物可以很短，能克服由于严重的 PCR 抑制物或高度降解给样本分析造成的困难，适于高度降解检材分析，在群体灾难个人识别中扮演重要角色。

SNP 相对于 STR 的优势有以下几个方面。①SNP 蕴涵的信息量比 STR 大。尽管就单个 SNP 而言只有两种变异体，变异程度不如 STR，但 SNP 在基因组中数量巨大，分

布频密，因此就整体而论，它们的多态性要高得多。②SNP 比 STR 更稳定可靠。由于选择压力等原因，SNP 在非转录序列中要多于转录序列。由于基因组中为蛋白质编码的序列仅约为 3%，绝大多数 SNP 位于非编码区，十分稳定，而 STR 基因突变率明显高于人类基因的平均突变率（STR 基因座的突变率为 $10^{-3}\sim10^{-5}$，人类基因的平均突变率为 1.4×10^{-10}）。③STR 中存在复杂的多态性，如同一长度不同序列中有着多个核心序列重复、核心序列的非整倍重复等现象，增加了 STR 准确分型的难度，而在 SNP 检测中不存在此类问题。SNP 与 STR 的比较见表 10-6。

表 10-6　SNP 和 STR 特征的比较

特征	短串联重复序列(STR)	单核苷酸多态性(SNP)
人类基因组中的发生率	每 15kb 一个	每 1kb 一个
总信息含量	高	低，仅相当于 STR 信息量的 20%～30%
遗传标记类型	重复序列为二、三、四、五个核苷酸，含有多个等位基因	多数为二等位基因，碱基替换或颠换
每个遗传标记中的等位基因数目	基本超过 5 个	基本上是 2 个
检测方法	凝胶或毛细管电泳	序列分析、微芯片杂交等
复合扩增能力	多种荧光染料标记的 15～20 个遗传标记	多种方法可以 50 个以上位点的复合扩增
在法医应用中的主要优点	多个等位基因使检测和分辨混合物的成功率较高	PCR 产物较短，对降解 DNA 检材更适用

二、SNP 在人类个体识别中的应用

SNP 在人类个体识别方面，主要可应用于三个领域：估计样本的种族来源、预测犯罪者的个体特征，以及降解 DNA 样本的分型。

1. 估计样本的种族来源

近年来法医 DNA 分型集中于具有高度多态性、易区分无关个体的 STR 遗传标记。虽然使用相当数量的 SNP 方能获得与 STR 相似的随机匹配概率，但由于 SNP 在其他方面的潜力，因而可协助调查案件，如预测罪犯祖先的遗传背景。与 STR 相比，SNP 突变率相当低，因而更易在人群中稳定遗传。SNP 大约在 10^8 代中发生一次突变，而 STR 突变率约为 1/1000。正因为它们的突变率低，SNP 和 Alu 插入常被作为人群特异性标记。这些位点在帮助调查案件、预测罪犯的种族起源时是非常有用的。

特殊人群中存在的稀有 STR 等位基因或 SNP 位点可用于预测样本的种族起源。尽管投入了很大精力去研究 STR 预测种族起源，但与证据的要求仍然有很大的距离。具有混合祖先背景的个体可能并不拥有所期望的表型证据（如非裔美国人的黑皮肤）。因此，尝试预测种族来源或者家系的基因检测的结果经常会有疑问，只能依赖于其他可信的证据。

美国佛罗里达州的一家名为 DNAPrint 的公司曾尝试着用一组含有 56 个 SNP 的检测方法预测一名受试个体的种族背景。DNAPrint 公司在寻找含种族信息的 SNP 时，将目

标定在色素沉着和异生物质代谢基因上，它们的工作是基于 Dr.Mark Shriver 的研究基础进行的，而这位研究者正致力于寻找具有家族遗传信息，并且等位基因频率在人群中具有显著差异的家系信息遗传标记(AIM)。在 STR 和 SNP 遗传标记上都发现了"人群特异性等位基因"(PSA)。尽管当前应用 AIM 进行样本种族背景预测并不是完全正确，但 2003年 DNAPrint 的 SNP 分型方法被用于协助调查一个重要的连环强奸案，这一事实说明了此分型技术在法医学领域的价值。

2. 个体身体特征的识别（表型估计）

随着大自然和人类基因组越来越多的谜被揭开，我们可以识别编码表型特征的基因变异（如红头发或蓝眼睛）。例如，法庭科学服务部(FSS)已经发明了一种 SNP 分型技术，可以检测与红发表型相关联的人类黑色素 I 受体基因的突变。DNAPrint 公司也发明了一种推断眼睛颜色的基因检测方法。

未来可能会发现与面部特征相关的 SNP 位点，从而为调查者提供罪犯可能的表型。然而，由于多基因特征的复杂性、老化和环境等外界因素的影响，仔细筛选出的一些 SNP 也不可能十分正确地呈现样本信息。尽管如此，这一领域中研究仍将继续进行，希望将来可以为案件调查提供有益的信息。

3. 降解 DNA 样本的分型

在法医学领域，SNP 最大的特点就是可以得到短的 PCR 产物，它们可以克服由于严重的 PCR 抑制物或高度降解给样本分析造成的困难。短的 PCR 产物可以从严重降解样本中发掘信息量。SNP 遗传标记的扩增产物片段小是由于目的区域仅是一个单核苷酸，相比而言，一个 STR 重复序列为四聚核苷酸连续 5～15 次重复，就会出现 20～60 个核苷酸的序列，所以 SNP 的 PCR 产物很小。尽管在这一领域多年来对 SNP 的期望很高，但直到目前，SNP 的优势仍没有以可观的形式科学地表现出来。

三、SNP 在法医学中应用的思考

SNP 分型已在人类个体识别应用方面有所成果，尤其是在重大灾难事故后高度降解样本的检测中。未来，法医 DNA 工作者将会更多了解这些 SNP 遗传标记和检测方法。随着人类基因组计划和目前的国际 HapMap 计划的开展，不断推进人们正在使用的 SNP 多位点复合检测技术，且使其不再昂贵、易于完成。未来将联合使用 SNP 检测平台和荧光 STR 检测，对案件样本进行 DNA 分型。像毛细管阵列电泳、质谱和电场强度控制的微芯片阵列杂交等技术，能够同时完成关于 STR 和 SNP 遗传标记的分析。

未来的法医 DNA 检测中 SNP 的应用将会越来越广，在这一领域寻找共同的位点就显得尤为重要。美国国立标准化和科技中心建立了一个法医 SNP 网站(http://www.cstl.nist.gov/biotech/strbase/SNP.htm)。这个网站试图为法医学领域 SNP 分析提供更多的遗传标记及新技术。通过收集这些信息可以比较许多位点，检测它们的法医学应用价值，以帮助选择一系列 SNP 位点并将其作为标准。

2004 年法庭科学中心欧洲协作组织网站(ENFSI)的 DNA 工作组和美国的 DNA 分析方法科学工作组(SWGDAM)联合发表了一篇关于 SNP 是否可在国家 DNA 数据库中取代

STR 的评估报告。最后的结论是"未来很多年内 SNP 不太可能取代 STR 作为法医学样本的参考检测报告"。同时这份评估报告也充分肯定了 SNP 在解决一些重大灾难事故和亲权鉴定特殊问题时的能力，解释了为达到个体识别的目的需将 SNP 检测标准化。

应该谨记，SNP 在今后若干年内不能取代目前案件调查中作为获取信息的主要手段的 STR。国家 DNA 数据库保留的大量数据说明了 STR 的重要用途。要用 SNP 遗传标记对犯罪证据和案件样本进行重新分型，取代数百万的已存于国家 DNA 数据库中的分型结果，既不经济实用，且在这个时刻也不够谨慎。

第四节　RNA 分子

2000 年，RNA 的研究进展被美国《科学》杂志评为重大科技突破；2001 年"RNA 干扰"作为当年最重要的科学研究成果之一，再次入选"十大科技突破"；2002 年 12 月 20 日，*Science* 杂志将"Small RNA & RNAi"评为 2002 年度最耀眼的明星。同时，*Nature* 杂志亦将 Small RNA 评为年度重大科技成功之一。2003 年，小核糖核酸的研究第四次入选"十大科技突破"，排在第四位。RNA 研究的突破性进展，是生物医学领域近 20 年来，可与 HGP（人类基因组计划）相提并论的最重大成果之一。聚光灯下的 RNA 已经逐步摆脱了 DNA 光芒的掩盖，从"配角"变成"主角"，并且对 DNA 的中心地位提出了新的挑战。本节对 RNA 分子在法医学中的应用研究进行了介绍。

一、RNA 在体液鉴定中的应用

法医物证检验主要包括对生物检材的定性分析（预试验、确证试验、种属鉴定等）和定型分析（通过人类多态性遗传标记进行个人识别和亲子鉴定）。目前定型分析在法医物证工作中已发展较为成熟，形成了一套系统、标准的分析方案；但是检材的定性分析则发展相对缓慢。

定性分析主要解决检材的种属及组织来源等问题，这一环节在司法鉴定中具有重要意义，可以帮助现场重建，指明侦查方向，完善司法鉴定的证据链。例如，在一些怀疑为性犯罪的案件中，只对检材进行 DNA 分型不足以将案件定性为性犯罪。如果能确证检材中含有精液和（或）阴道液的成分，则可为案件的定性提供强有力的证据。有一些发生在女性被害人月经期的性侵犯，嫌疑人可能辩称其衣物上沾染的月经血只是被害人体表受伤后的出血。此时，若能对血迹来源进行鉴定，判定其为月经血而非外周血，则可拆穿犯罪分子的狡猾辩解，从而大大提高司法判案的准确性及公正性。由此可见，对检材的组织来源的确证在法医实践工作中具有重要的现实意义。

1. RNA 在精液（斑）鉴定中的研究

精斑的鉴定是法医学实践中的一个常见鉴定项目，在强奸、猥亵等性侵害案件中，精斑或混合斑往往成为决定性的证据，对于揭露犯罪、证实犯罪意义非常重大。对精斑的确证是证据链中不可缺少的一环。传统的精斑确证依赖细胞学检测或免疫学方法。例如，P30 免疫胶体金试纸条是目前法医学鉴定中最常用的确证精斑的手段。该试纸条的原理是以 P30 抗体蛋白包被胶体金粒子制成免疫胶体金，由免疫胶体金与精斑浸出液中的 P30 抗原反应，根据能否使胶体金粒子聚集显示出胶体金粒子本身的红色，从而通过肉眼即可直观地判断测试结果。该方法最大的优点是操作简单，结果快速。在实际应用中，P30 试纸条检测精斑的灵敏度和特异性还有待进一步的加强，如精斑浸液过浓、遭水洗破坏的精斑都常出现假阴性；此外，观察时间掌握不当、种属之间的交叉反应也不排除假阳性情况。有研究表明，一定浓度(≥6.4%)的 NaCl 溶液会使该反应产生假阳性反应。可见，传统的精斑确证方法在灵敏度、特异性、实用性等方面均存在着一些缺陷，仍有改进的必要。

中山大学中山医学院法医物证教研室孙宏钰等从基因表达的组织特异性方向入手，选择精斑特异性的 mRNA 标记(PlW2、KLK3)及 microRNA 标记 (miRlob、miRl35b)，建立了基于实时荧光定量 PCR 技术的精斑确证方法。该课题组用 TRIzol 法提取体液斑总 RNA 后，用无 RNase 的 DNase 进行 DNA 污染的消化，用 M-MLV 酶进行反转录，产物用于 RT-qPCR 检测。应用特异性引物及 TaqMan 探针检测上述 RNA 标记在精斑及其他常见法医学体液斑检材(外周血痕、月经血痕、阴道分泌物斑痕)中的表达水平，根据表达差异建立精斑确证的阴阳性标准，并评估 mRNA 及 microRNA RT-qPCR 精斑确证体系的效能。研究表明，该课题组选择的 mRNA 标记(PRM2 及 KLK3)和 microRNA 标记 (miRlob 及 miRl35b)在精斑中的表达较其他体液斑高，可以较好地区分精斑及其他体液斑，在法医学精斑确证方向有良好的应用前景。该研究建立的 mRNA RT-qPCR 精斑确证体系、microRNA RT-qPCR 精斑确证体系均具有较好的灵敏度，用于精斑确证的效能可满足法医学精液斑确证要求，自动化程度高，具有客观的阴阳性判断标准，可用于法医学体液斑确证。

2. RNA 在月经血鉴定中的研究

在法医学血痕检验中，有时出血部位的确认，尤其是月经血的确认显得非常重要。例如，除了在前面提到的那种情况外，在性侵害案件中，还有一种情况是需要对声称受害的女性提供的血痕或其阴道的出血加以辨别，以明确该血痕是属于性侵害造成的损伤性出血还是属于女性正常的生理性出血(月经)，这对于明确案件性质、排除人为用月经血伪造和嫁祸的可能性至关重要。

目前，在法医学实践中较为成熟的月经血鉴定方法主要分两类：一类为形态学观察；另一类为对月经血中特异性生物大分子的检测。形态学观察是通过特殊染色后用显微镜检验，以找到子宫内膜细胞、阴道或宫颈鳞状上皮细胞为准。月经血中特异性生物大分子的检测主要包括纤维蛋白原降解产物和乳酸脱氢酶(LDH)的同工酶测定：由于月经血富含纤维蛋白溶解酶，酶活性的作用使纤维蛋白及纤维蛋白原降解为可溶性纤维蛋白(又称变性纤维蛋白)，其含量远比其他部位的出血多，据此可利用变性纤维蛋白混浊试验或抗人纤维蛋白原沉淀试验区分月经血和其他部位出血。乳酸脱氢酶(LDH)共有 5 种同工酶，即 LDH1～5，电泳后分为 5 条带，根据月经血与其他部位出血的同工酶比例不同而进行区分。除此之外，还有通过测定血痕中孕激素浓度鉴定月经血的报道。

虽然以上方法可解决月经血的检测，但实际上很难应用于法医学实际检案，根本原因是检测所需的血量较大，并仅适用于较为新鲜的检材。由于法医学工作的特殊性，所遇到的检材往往都是微量、陈旧、甚至腐败的，以上两种检测方法对于这类检材通常就无能为力。如果血迹的量刚满足以上两种检验所需，那么后续的 DNA 检验就无法进行。此外，细胞学的检查方法不能区分月经血和其他种类的女性生殖器出血；精液中也有纤维蛋白溶解酶、尸体血与月经血所含可溶性纤维蛋白的量几乎相等，检验时需要首先排除检材中混有精液或被尸体血污染的可能，因此限制了其在性侵害等刑事案件中的应用。由于以上两种检测方法存在对检材量和时间要求过高、检测的灵敏度和特异性较低等不利因素，在法医检测日趋走向微量、甚至痕量化的今天，传统的检测手段已显得明显滞后，不能适应法医的实际需要。

鉴于目前传统鉴定手段存在的不足，法医学家们尝试在检测技术及检测标志物上有所突破，主要表现在：采用 RT-PCR 的方法对月经血中特异性的 mRNA 进行筛选，候选标志物均为一些在月经血中高表达的 mRNA，主要包括激素受体(雌激素受体、孕激素受体)、细胞因子-19、细胞因子-20、热激蛋白、基质金属蛋白酶等蛋白质的 mRNA。在这些研究中发现，基质金属蛋白酶-11(matrix metalloproteinase-11，MMP-11)的组织特异性较高，有望成为月经血鉴定的新一代标志物。子宫内膜的月经周期变化过程，涉及细胞增殖和凋亡、组织降解和重构等一系列细胞行为，研究表明，多种 MMP 分子在子宫内膜中的变化与月经周期相关，MMP-11 也是以上行为的重要参与执行者，尤其是在增生期、分泌晚期、月经期子宫内膜中表达较高。德国的 Bauer 等采用 RT-PCR 技术，对十余种与月经周期或子宫内膜变化相关的蛋白质的 mRNA 在体内各种组织和体液中的分布及含量进行检测，研究发现 MMP-11 mRNA 的组织特异性较高，即 MMP-11 mRNA 的含量在子宫内膜细胞中较高，而在外周血、阴道上皮细胞和其他组织中却没有或含量很低。

中山大学中山医学院法医物证教研室陆惠玲等人通过基因工程已成功制备了兔抗人 MMP-11 多克隆抗体。利用该抗体以免疫组化技术对 MMP-11 的组织特异性及微观表达进行了研究，探讨了该抗体鉴别月经血的可行性。实验结果表明，在阴道液和外周血涂片均未见有 MMP-11 染色，这些结果与国外报道相符，也有力地证明了所制备的多克隆抗体稳定性好，有较好的组织特异性，可以与月经血中 MMP-11 蛋白特异结合，用于鉴别月经血与外周血，排除阴道分泌物对免疫检测结果的影响，提示该研究所建立的方法有望成为法医学实践中鉴定月经血的一种有效手段。

二、RNA 在死亡时间推断中的研究

死亡时间(postmortem interval，PMI)是从死亡发生到法医进行尸体检验时所经过的时间，又称死后经过时间，通常描述为死后多少天或多少小时。准确的死亡时间对案件的侦破具有积极作用。对这一问题重要性的认识已经历了数个世纪，为此人们不断探求新方法、新技术，力求从不同角度寻找最优出路。然而在实际工作中由于多种因素的影响，如尸体存放的环境温度、湿度、个体差异变化等都会影响死亡时间准确推断。因此，寻找客观的检测指标以判断死亡时间，是法医学工作者不断努力且期待解决的问题。

长时间以来，一直认为 RNA 在死后易于降解，因此，以 RNA 作为死亡时间特别是腐败尸体死亡时间判断的指标似乎很不合适。然而，近些年来有关 RNA 降解规律与 PMI

关系的研究已有大量报道。Johnson 等用免疫印迹技术测定了死后鼠和人的脑组织中的 RNA 含量变化，发现脑组织中的 RNA 具有相当高的稳定性。Marchuk 等应用 Northern blot 及 RT-PCR 技术分析了兔子死后韧带、肌腱和软骨组织中 RNA 的含量变化，发现死后 96h 内 RNA 几乎没有降解。Trotter 等发现小鼠死后脑组织冷藏过夜或室温下放置 4h 再冷藏过夜所测得的基因表达量与死后即刻冷冻所测相等，而室温下放置 8～24h 再冷藏过夜测得的基因表达量则与死后即刻冷冻所测不相等。Yasojima 等用 RT-PCR 技术研究了脑组织中 RNA 的稳定性，发现在冷冻条件下，死后 96h 内 RNA 未见降解，而即使在解冻后 RNA 也没有快速降解。目前在相关领域的研究和报道认为，并不是所有死后的组织 RNA 均快速降解，在某些机体组织器官，如脑组织，mRNA 具有很高的稳定性，可在死后较长时间内不被降解，也就是说 RNA 的降解存在组织的差异性。Inoue 等对 20℃条件下死后不同组织的持家基因 mRNA 的稳定性作了半定量分析，研究发现脑组织的 mRNA 最为稳定。常温下，死后 4～7 天仍能从脑组织中检测到 mRNA，其次是肺脏和心脏，最不稳定的是肝脏来源的 mRNA，肝组织的 mRNA 在死后第 1 天就已经降解。

就国内研究而言，肖俊辉等采用 RT-PCR 技术，检测了死后不同时间大鼠心肌和膈肌组织 β 肌动蛋白 mRNA（β-actin mRNA）的变化，为早期 PMI 的推断提供了新的指标和实验依据。陈晓瑞等亦利用 RT-PCR 方法和毛细管荧光电泳技术对 3 个持家基因（β 肌动蛋白、核糖体蛋白 L4 和磷酸甘油酸酯激酶 1）mRNA 的表达产物进行了半定量分析，研究发现，RNA 在死后一段时间内仍然能够保持稳定，然后随着时间的延长而逐渐降解。梁赞姜等采用 RT-PCR 技术系统观察了大鼠组织 β-actin mRNA 在死后不同时间的变化，结果显示大鼠脾脏 β-actin mRNA 在死后 12 天内都可以检测到，心脏 β-actin mRNA 在死后 10 天内都可以检测到，肾脏 β-actin mRNA 在死后 8 天内都可以检测到，肝脏 β-actin mRNA 在死后 4 天内都可以检测到。这充分说明 mRNA 在死后不同器官中的稳定性存在差异。刘季等采用 RT-PCR 方法与凝胶图像分析技术分别在 15℃、20℃条件下检测 SD 大鼠脑组织中 18S rRNA 和 GAPDH mRNA 的含量，并将二者的比值（GAPDH mRNA/18S rRNA）与 PMI 进行统计学回归分析，发现 SD 大鼠死后脑组织中 GAPDH mRNA 在 2 天时降解不明显，但到 3 天、5 天、7 天时降解程度显著增加，且随着温度的升高，降解速率增加；而 18S rRNA 降解缓慢，直到 7 天仍无显著性降解变化，且降解速率几乎不受温度的影响。对 GAPDH mRNA/18S rRNA 值（Y）与 PMI（X）进行回归相关分析：20℃时，$Y = 0.62 - 0.004X$（$R = -0.981$，$P < 0.001$）；15℃时，$Y = 0.965 - 0.001X$（$R = -0.709$，$P < 0.001$）。朱方成等（2006）利用多重复合荧光 RT-PCR 技术在 20℃条件下检测大鼠肾、脾 GAPDH mRNA 相对表达量的变化，结果显示在大鼠死后 40h 肾、32h 脾内可检测出 GAPDH mRNA，且其表达产物均呈规律性下降趋势（荧光强度逐渐变暗并最终消失）。

在 RNA 定量测定中，RT-PCR 是最为关键的一步，RT-PCR 检测技术具有快速、灵敏度高、特异性强、重复性好等优势，但 RT-PCR 除了受提取的核酸本身质量影响外，RNA 酶对其的影响相当大，因此在实验过程中应采取相应措施最大限度地抑制细胞中的 RNA 分解酶并防止所用器具及试剂中的 RNA 分解酶的污染。同时，为了排除基因组 DNA 的干扰，一方面必须加入 DNA 酶来降解基因组 DNA；另一方面，设计的引物必须至少跨一个内含子和外显子的交接区。目前常用的半定量 RT-PCR 方法，其过程繁琐，人为影响因素多，琼脂糖凝胶电泳分离技术采用溴化乙锭染色显带方法，分辨率较低，分辨基因片段要求长度差别较大(有时甚至要求 PCR 产物相差数百个 bp)，无法分辨片段长度相近的基因片段，且采用凝胶成像系统扫描后进行图像分析误差较大。应用荧光标记及一步法 RT-PCR 复合扩增技术，虽一定程度上克服了常规半定量 RT-PCR 方法的缺点与不足，但也存在不同模板提取效率、反转录效率、扩增效率的差异，PCR 的平台效应也会影响定量结果的客观性。近年来出现的实时荧光定量 PCR 技术则实现了 PCR 从定性到定量的飞跃，它以特异性强、灵敏度高、重复性好、定量准确、速度快、全封闭反应等优点成为分子生物学研究中的重要工具，可有效地避开"平台效应"带来的误差。

虽然利用 RNA 的含量变化推断死亡时间的方法有很多，但是目前这些方法都还不完善，还无法精确无误地推断死亡时间。而且大多数的研究对象是动物，这些方法及相应的参数能否用于人类还要进一步验证，目前尚无法应用于法医实际工作中。除此之外，死亡个体的 DNA 和 RNA 含量变化也会受到外界环境中温度、湿度，尤其是一些细胞内酶类(如 DNA 酶和 RNA 酶)的影响。同时个体生前的健康状况、个体的死亡方式及个体死亡后的尸体损坏程度也会对其有所影响。此外，检测方法、检测条件及操作人员等各方面的差异、检材的差别，都会使结果难以客观化、标准化。因此在 PMI 鉴定中，要多种方法相结合。例如，首先从尸体现象观察出发，结合周围的环境、气候等因素对尸体变化进展的影响，对死亡时间进行初步断定；其次，在开展 DNA 定量测定前，应结合已有的工作经验和他人的工作成果建立一套死亡时间与 DNA / RNA 含量相关的数学模型，设定相关的技术参数，并对该数学模型进行反复多次验证以求该数学模型能够准确无误地计算死亡时间。总之，应综合考虑各方面因素影响，以提高 PMI 推断的可靠性、实用性。随着这些技术的不断完善和发展，以及其他新技术的发明和应用，相信在不久的将来，通过测定人体死后的 DNA 或 RNA 含量就能够精确无误地应用于法医实际工作中的死亡时间推断。

三、RNA 在现场血痕形成时间的研究

命案现场往往会同时产生大量的血迹，判定血迹的形成时间可以为案件侦破提供重要的信息。近年来，随着分子生物学的不断发展，引入 RNA 技术研究血迹存留时间成为一个新的热点。

18S rRNA 和 β-actin 是广泛存在于各种真核细胞生物中的一类持家基因，其序列功能高度保守且表达数量丰富。18S rRNA 在细胞质内含量丰富，一个细胞内有数千个拷贝，且几乎是单独存在于由多个小核糖体组成的复杂的核糖体蛋白合成物中。如同 DNA 分子外表有组蛋白保护，18S rRNA 可以隔绝 RNA 酶和其他化学因子对其自身的侵袭，使得 18S rRNA 可以在细胞未破损或核糖体未裂解时保持相对稳定。而成熟 β-actin mRNA主要游离在胞质中，含量不如 18S rRNA 丰富，且容易降解、半衰期短。通过电子显微镜观察，这种多聚结合体并不十分紧密，中间有明显空隙，这样易于受到外界环境干扰，稳定性较差。因此，18S rRNA 和 β-actin mRNA 均为血迹形成时间的研究提供了合适的实验样本。许炎等选择人体死亡后 7～15 天时间段内的血迹作为研究对象，利用 18S rRNA 和 β-actin mRNA 两种不同 RNA 降解速率的差异，通过 RT-PCR 技术检测 18S rRNA

与 β-actin mRNA 表达产物量的比值随时间变化的关系，为客观判定血痕形成时间提供了新的指标。该研究实验结果表明，在血迹形成后的 8～15 天内，随着时间的延长，18S rRNA 的 Ct 值变化较小，而 β-actin mRNA 的 Ct 值显著上升，且 18S rRNA 的 Ct 值始终远远低于 β-actin mRNA 的 Ct 值，说明细胞内 18S rRNA 含量显著高于 mRNA，同时 18S rRNA 降解速率明显小于 mRNA。由此推断，在理想状态（室温 25℃，50% 湿度环境）下，特定时段内（第 8～15 天），18S rRNA 与 β-actin mRNA 表达产物量的比值与时间存在一定的线性关系。然而，由于实际案件中接触到的生物物证检材存放的环境相对复杂、影响因素较多，加之实验本身研究样本的局限性（如年龄、性别、疾病等），就目前而言还无法精确地判定命案现场血迹形成的确切时间，但从另一方面，通过该研究可以大致判断其对应的时间段，从而排除某一特定时间点。

四、RNA 在种属鉴定中的应用研究

在法医学实践中，有许多情况下需要鉴定检材的种属来源，如在现场发现的可疑检材、涉及动物交通事故和偷猎的案件、食品药品监督和海关打击走私的生物检材等。由于分子生物学技术的发展，种属鉴定进入了 DNA 分析的时代。以核酸序列来进行生物检材种属鉴定最重要之处在于选择适当的基因或基因组片段。mtDNA 位于细胞核外，拷贝数约为核 DNA 的 1000 倍，其编码区在同种动物内具有遗传稳定性。王闯等复合扩增 mtDNA D 环 HVⅠ、HVⅡ片段和 Cytb 片段，根据聚丙烯酰胺凝胶电泳条带的数目区分人和十多种动物。田力等复合扩增 mtDNA 的 16S rRNA 和 ND4 基因，根据 310 电泳峰数目区分人和 14 种动物。但这些研究都只限于区分检材的人类与非人类来源，不能判断出动物的种类。Parson 等对 Cytb 基因扩增片段测序，分析序列同源性，区分了 44 个脊椎动物，但是测序较为耗时、复杂，在实际应用中受到限制。

mtDNA 的基因在种属鉴定方面研究较多的是细胞色素 b 基因（44%）、12S rRNA 基因（11%）、16S rRNA 基因（8%）和 D-Loop（8%）。叶懿等建立了一种用于种属鉴定的线粒体 DNA16S rRNA 基因和细胞色素 b 基因荧光标记复合扩增检测体系。对 mtDNA 序列的 16S rRNA 基因和细胞色素 b 基因各设计一对引物，建立复合扩增体系，分别扩增人和牛、猪、狗、鸡、草鱼 5 种常见动物，用 310 遗传分析仪对产物进行分析。结果显示，人和 5 种动物 DNA 扩增产物均出现两个峰，细胞色素 b 基因通用引物的扩增产物为人与动物的共有峰，为 358 bp；16S rRNA 基因的扩增产物为人与动物间存在位置差异的特异峰，位于 231～256bp。该复合扩增体系可以明确区分人和 5 种动物样本，可用于种属鉴定。

除了 16S rRNA 基因外，12S rRNA 基因在种属鉴定中也受到重视。12S rRNA 基因除具有 mtDNA，适用于微量、降解检材鉴定的特点外，还有以下优势。①序列资料齐全，利于比对判定。多数物种包括一些濒危物种的 12S rRNA 基因全长序列资料均可在 GenBank 中查到，扩增后有可参比序列资料，有利于判定种属和扩增的准确性。②扩增结果稳定可靠、可重复性好。既往的研究表明，扩增该基因的稳定性较好，不同实验室之间结果稳定。③12S rRNA 基因的进化速率较快，不同物种间序列差异大，有利于设计针对目标物种的高特异性引物。Rodriguez 等对 12S rRNA 基因的研究表明，不需复合扩

增，也不需多个退火温度，就可以实现多个物种利用同一反应条件进行鉴定，且无交叉扩增现象。这些说明 12S rRNA 基因比 16S rRNA 基因或 D-Loop 具有更高的种属特异性。骆宏等从 GenBank 中获取人、鸡、鸭、鹅、猪、兔、鼠、绵羊、水牛、狗、山羊 11 个物种的 12S rRNA 基因序列，设计一对针对上述 11 个物种的通用引物和分别针对人、鸡和鸭的特异引物，同时扩增各物种 12S rRNA 基因。以通用引物扩增片段为内部对照，以特异引物扩增片段用于人、鸡和鸭的种属鉴定，并分别对人、鸡、鸭单一检材，以及人和鸡、人和鸭、鸡和鸭等二元混合 DNA 进行鉴定。研究结果表明，通用引物扩增，各物种均有 400bp 左右的扩增片段；特异引物只对各自目标种属有扩增产物，片段大小分别是人 163bp、鸡 286bp、鸭 374bp；测序结果与 GenBank 既有序列比对，Identities 分值人 100%、鸡 99%、鸭 100%；通用引物扩增人、鸡和鸭检材的灵敏度为 2.5pg；特异引物扩增灵敏度人为 2.5pg，鸡、鸭均为 200pg；混合 DNA 中任一种 DNA 的含量只要高于检测灵敏度即可被准确检出，不受另一种 DNA 量的干扰。

第五节 线粒体 DNA

一、线粒体 DNA 的特性

常规 STR 分型系统并不是在每个案件中都能发挥作用。用核 DNA 分型系统检测古代 DNA 或高度降解 DNA 样本往往无法得到结果，但使用线粒体 DNA（mtDNA）则可能从破坏的 DNA 中获得信息。

由于每个细胞中 mtDNA 的拷贝数成百上千，因此从 mtDNA 获得分型结果比从核 DNA 得到多态性遗传标记结果的可能性更大，尤其对于那些 DNA 提取量非常少的案例，如骨骼、牙齿和毛发等检材。当遗骸非常陈旧或严重降解时，骨骼、牙齿和毛发是唯一可提取 DNA 的生物检材。核 DNA 和线粒体 mtDNA 一些基本特征的比较见表 10-7。

表 10-7 人类核 DNA 和 mtDNA 遗传标记的比较

特点	核 DNA	线粒体 DNA（mtDNA）
基因组大小	$\approx 3.2 \times 10^9 bp$	$\approx 16\ 569 bp$
每个细胞的拷贝数	2（父母各提供一个等位基因）	>1000
占细胞内全部 DNA 含量的百分比	99.75%	0.25%
结构	线性；包裹在染色体内	环状
遗传来源	父亲和母亲	母亲
染色体配对	双倍型	单倍型
生殖重组	是	否
复制修复	是	否
特异性	个体特异性（同卵双胞胎除外）	没有个体特异性（同一母系亲属相同）
突变率	低	至少是核 DNA 的 5～10 倍
参考序列	2001 年人类基因组计划发表	1981 年 Anderson 及其同事发表

线粒体基因组包含 37 个编码基因，其产物参与氧化磷酸化过程或细胞能量的产生

（图10-1）。位于mtDNA"编码区"的37个编码基因编码13种蛋白质、2种核糖RNA（rRNA）和22种转运RNA（tRNA）。此外还有一个1122bp的"控制"区，它包含mtDNA链的复制起点并且不编码任何基因产物，因此有时被看成是"非编码区"。

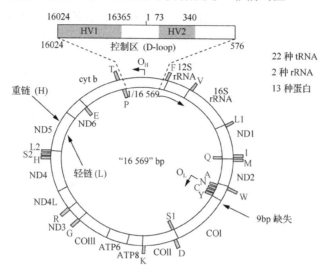

图 10-1　环状线粒体 DNA 基因组示意图

外环代表重链(H)，含有比轻链(L)更多的 C-G 数。紧凑合成链的线粒体基因组周围是 37 个 RNA 和蛋白编码基因区的缩写。现今大多数法医学 mtDNA 分析只检验上图顶部所示的非编码控制区的 HV1 和 HV2(偶尔分析 HV3)或置换环区。由于在不同个体的线粒体基因中存在插入或缺失，因此 mtDNA 并不总是由 16 569bp 组成

目前在法医学 DNA 研究中关注最多的是控制区内的两个高变区，即通常称为 HVⅠ（HV1）和 HVⅡ（HV2）的两个区域。有时，为了获得检测样本更多的信息，也检测在控制区内的被称为 HV3 的区域。

二、线粒体 DNA 的法医学应用

过去几年里，在 mtDNA 分析的帮助下完成了许多具有历史意义的法医学个体识别工作。就像 Michael Blassie 一样，越南战争无名士兵墓中的许多残骸就是利用 mtDNA 进行识别的。科学家认定 1991 年在俄国发现的骸骨为俄国沙皇 Nicholas 二世家族，也彻底揭穿了 Anna Anderson Manahan 宣称自己是俄国 Anastasia 王子的谎言。另外，人们还通过与存活亲属的 mtDNA 进行比对，找到逃犯 Jess James 的遗骸，从而粉碎可能从 Robert Ford 手里死里逃生的传说。

三、测定 mtDNA 多态性的不同方法

在过去 30 年，测定 mtDNA 多态性的方法逐步改进，辨别母系关系亲疏的能力有所提高。20 世纪 80 年代关于 mtDNA 最早的研究是利用五六种限制酶进行低分辨率的限制性片段长度多态性（RFLP）分析。高分辨率的限制性片段分析是选取 9 个具有代表性的重叠片段，进行聚合酶链反应（PCR）扩增后，用 12 种或 14 种限制酶消化的一种分析方法。这些限制性内切核酸酶包括：*Alu*Ⅰ、*Ava*Ⅱ、*Bam*HⅠ、*Dde*Ⅰ、*Hae*Ⅲ、*Hae*Ⅱ、*Hha*Ⅰ、*Hinc*Ⅱ、*Hinf*Ⅰ、*Hpa*Ⅰ、*Msp*Ⅰ、*Mbo*Ⅰ、*Rsa*Ⅰ和 *Taq*Ⅰ。

在 20 世纪 90 年代早期，部分控制区 DNA 序列分析已得到广泛认同。除法医学领域外，绝大多数群体数据的收集仅限于高变区 Ⅰ（HVS-Ⅰ），其范围是从 mtDNA 16 024nt 到 16 365nt。到目前为止，法医 DNA 分型机构已经对控制区特定部分的绝大多数现有数据实现了标准化。

2000 年 12 月，科学家发表了全球 53 个不同个体的完整线粒体全基因组序列，标志着 mtDNA 群体基因组时代的开始。至 2016 年底，公共 DNA 数据库中有超过 8000 份完整的线粒体基因组序列。

四、法医 DNA 鉴定中的线粒体 DNA 测序

1. 获得 mtDNA 分析结果的步骤

图 10-2 说明了线粒体 DNA 序列比对所需的步骤。相比于核 DNA，mtDNA 在每个细胞中有更多的拷贝数，使其更易污染，因此应该在一个非常洁净的实验室环境中提取线粒体 DNA。为避免任何潜在的污染风险，应该在处理完作为证据的样本后，再分析参考样本。线粒体序列分析常使用 Sanger 法，这种 DNA 测序方法通过正向和反向进行 DNA 测序，使互补链互相比较达到质量控制目标。一般实验室依据与修正的剑桥参考序列(rCRS) 相比较的差异报告结果。如果在 16 126nt 位置发现了一个 C，而参考序列在此位置是 T，将报告为 16 126C；如果没有报告其他的碱基变异，则认为其余序列与 rCRS 序列一致。

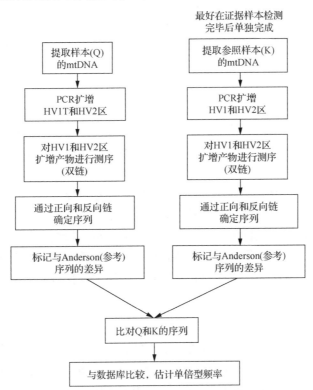

图 10-2　mtDNA 样本比对程序

证据或可疑样本(Q)可能来自犯罪现场或重大灾难，参考或已知样本(K)可能是母系亲属或犯罪调查的嫌疑人。
在犯罪调查中，也可能需要分析受害者的 DNA 并与 Q 和 K 结果进行比较

2. 洁净实验室的重要性

由于每个细胞内 mtDNA 的拷贝数多和使用了较多的 PCR 循环数（如 36 个或 42 个循环），我们必须高度注意避免污染。现场的 DNA 模板通常已损坏，不可能像从实验室人员或参考样本中提取高质量的 DNA 那样容易扩增。受害者、嫌疑人和母系亲属的参考样本，如血斑或口腔拭子，通常就含有大量高质量 DNA。

进行 mtDNA 分析的法医实验室通常采用各种方法降低和减少污染，包括：用防护服（如穿一次性实验服），用漂白剂经常清洁，用紫外线照射实验工作台表面，先处理未知样本再处理已知样本，样本处理过程中多次更换手套，使用 mtDNA 检验专用仪器，区分开扩增前区和扩增后区，在检测过程中一次只应该打开一个案子的一份物证等。一些实验室甚至控制不同区域间实验室人员的流动。例如，进入后扩增区的技术员在同一天不能返回到前扩增区。所有实验室人员应提高警惕，保持法医 mtDNA 实验室的清洁。使用试剂空白对照和阴性对照以监测试剂、实验室环境或仪器中外源 DNA 的影响。

3. 数据审核和校准

采用双向测序的方法可以利用 DNA 双链的互补性对测序结果进行质量控制。如果双向测序测不通，比如多聚 C 序列之后的序列，则可以在两个独立的反应中对同一条链进行重复测序。不管采用双向测序还是同一条链重复测序的办法，目的都是使每一个位点至少被两次测序覆盖以实现重复验证。

当然，并不是每一次测序都能得到清晰的图谱，也不是每一个碱基都能被准确判读。有些区域如多聚 C 区是难以准确判读的，有些研究者甚至在测序结果的解释中回避了这一区域。由于线粒体 DNA 分子的高拷贝数和相对高的突变率，同一个体的线粒体 DNA 分子序列本身就可能存在变异。

近些年随着测序试剂和仪器的不断改进，测序图的峰高变得更加均衡，测序的灵敏度越来越高，背景噪声也越来越小。不过，软件生成的序列命名仍然需要由有经验的分析人员审核甚至校正。目前还没有一种不需人工参与、完全自动化并且准确可靠的线粒体 DNA 序列处理软件。

将同一样本区域的测序结果整理成行有助于序列的校准。一些软件如 Sequencer（Gene Codes 公司，美国密歇根州安娜堡/Gene Codes，Ann Arbor, MI）可以将正向和反向测序结果排列对齐，还可以将同一方向的测序图谱放在一起进行分析。对于使用更短扩增片段的案件样本，扩增片段之间的重叠则有助于序列质量的复核。此外，作为最后的质量保证措施，两名法医工作者必须独立地对同一样本进行检验、解释和校准序列匹配结果。

4. 线粒体 DNA 序列分析的认证参考物

认证参考物和阳性对照都可以对线粒体 DNA 的序列分析进行效力验证。美国国立标准和技术研究院（National Institute of Standards and Technology, NIST）开发了两种标准参考物（standard reference material, SRM）以帮助进行线粒体 DNA 测序结果验证。细胞株 HL-60（SRM 2392-I）和另外三种参考样本（SRM 2392）的线粒体 DNA 全基因组序列信息可供查询。这些参考样本的认证已分别于 2007 年和 2009 年进行了升级。

5. 线粒体 DNA 分析结果的解释

样本线粒体 DNA 经过图 10-2 所示的分析流程分析后，经过审核和校正的未知样本序列及已知样本序列需要进行比对，图 10-3 列出了高变 1 区的部分序列作为比对示例。通常比对样本的两个高变区的所有 610 个碱基(16 024～16 365nt 和 73～340nt)。

A. 线粒体DNA序列与rCRS比对(16 071～16 140nt)

```
              16090      16100       16110        16120       16130      16140
rCRS  ACCGCTATGT ATTTCGTACA TTACTGCCAG CCACCATGAA TATTGTACGG TACCATAAAT

   Q  ACCGCTATGT ATCTCGTACA TTACTGCCAG CCACCATGAA TATTGTACAG TACCATAAAT

   K  ACCGCTATGT ATCTCGTACA TTACTGCCAG CCACCATGAA TATTGTACAG TACCATAAAT
```

B. 仅报告与rCRS差异的报告形式

样本Q	样本K
16093C	16093C
16129A	16129A

图 10-3 假设样本 Q 和 K 的序列与 rCRS 的比对(A)及简化为仅报告与修正剑桥参考序列(rCRS)差异的报告形式(B)

通过未知样本序列与已知样本序列的比对，分析结果一般可以分为三种情况：排除、不确定或不能排除。关于结果解释，DNA 分析方法科学工作组(Scientific Working Group on DNA Analysis Methods, SWGDAM)在 2003 年的线粒体 DNA 分析指南中给出了如下建议。

(1)排除：如果未知样本与已知样本存在两个或两个以上的碱基差异，则可以排除二者来自同一个体或同一母系。

(2)不确定：如果未知样本与已知样本仅存在一个碱基的差异，则不能确定二者是否来自同一个体或同一母系。

(3)不能排除(排除失败)：如果未知样本与已知样本比对区域的碱基完全相同或者在高变 2 区的多聚 C 区出现了相同的长度变异，则不能排除二者来自同一个体或同一母系。

当出现序列不确定的情况(如异质性)时，在相同位置都出现了某一碱基也可视作序列相同。例如，在某一位点某样本检出异质性而另一样本没有检出，二者仍然不能被排除来自同一个体或同一母系。仅仅是某一位点的长度差异尤其是高变 2 区的多聚 C 区的长度差异不能作为排除的依据。表 10-8 给出了几个基于 SWGDAM 指南的结果解释举例。

因为已有研究在母亲和孩子间发现了碱基突变，所以当未知样本与已知样本仅存在一个碱基的差异时，结论为"不确定"。例如，采用母系亲属的样本作为参考样本时，实际上有母系血缘关系的两个样本间存在一个碱基的差异是有可能的。当结论是不确定时，为尽可能获得一个明确的结论，通常会补充检测更多的样本，一般是更多的参考样本。有时需要采集同一个体的更多毛发样本以检测有无异质性。

表 10-8　已知样本（K）与未知样本（Q）mtDNA 序列比对结果的解释举例（引自 Isenberg，2004）

序列结果	结果描述	结果解释
Q TATTGTACGG **K** TATTGTACGG	每一位点的碱基都完全相同	不能排除
Q TATTGCACAG **K** TATTGTACGG	两个位点的碱基不相同	排除
Q TATTNTACGG **K** TATTGTACGG	一条序列中的一个碱基无法确定，其他位点的碱基相同	不能排除
Q TATTNTACGG **K** TATTGTACNG	两条序列在不同位点处各有一个碱基无法确定，其他位点的碱基相同	不能排除
Q TATTGTACA/GG **K** TATTGTACGG	一条序列在某位点存在异质性而另一条序列没有，每一位点碱基相同（在 Q 和 K 样本中都出现了 G）	不能排除
Q TATTGTACA/GG **K** TATTGTACA/GG	两条序列在相同位点都存在异质性，每一位点的碱基都相同	不能排除
Q TATTGCACGG **K** TATTGTACGG	两条序列中只有一个位点碱基不同，而且没有异质性	不确定

第六节　非人类 DNA 在法医学中的应用

一、非人类 DNA 在案件侦破中的应用

随着科学技术的发展，DNA 鉴定技术广泛地应用于刑事案件侦查过程中，成为揭露事实真相和准确、有效打击犯罪分子的工具。其实，除了人类的 DNA 外，还有一些非人类的 DNA 同样值得我们关注。

例如，杀手自家猫身上的 DNA 可能留在了受害人的身上；在小偷忙于搬运贼赃的时候，狗可能舔了小偷的身体；或者狗可能在抢劫犯的车上撒了泡尿等，这些都可能成为案件侦破的证据。养宠物的人都知道，自己的衣服上总会沾有宠物的毛发。虽然，现在的动物 DNA 物证还只是在零星的案件中被作为辅助证据，但可以想见，动物 DNA 分析在侦破案件中的作用将会越来越大。尽管如此，进行动物 DNA 鉴定还是要面临很多难题。例如，现在大部分的 DNA 实验室检验，针对的只是人类的 DNA，通常是做一些亲子鉴定和个体识别；对于动植物甚至微生物 DNA 的鉴定，多数机构还没有足够的经验，而且，通过实验室认证、有能力做非人类 DNA 鉴定的机构更是少之又少。

2006 年，美国加州橘子县执法人员与美国一些先进的罪犯实验室合作，共同研究分析动物的 DNA。这是美国第一个地方机构试验动物 DNA 破案的可能性。据悉，所有犯罪现场的动物样本，如动物进食的碗、动物的毛发及粪便等，都会被采集，并提交到法庭。警察和公诉人也需要在这方面接受新的培训。

第一个用到非人类 DNA 的案件发生在二十几年前。1994 年 10 月 3 日，在加拿大东海岸的爱德华王子岛，32 岁的当地女子雪莉·顿甘离开家后再也没有回来。她是一名单亲母亲，独自抚养着 5 个孩子。雪莉的失踪让朋友们非常担心。最初，大家以为她去拜访亲戚了，但是打电话与她的亲戚们联系后，发现事情并不是这样。尽管如此，雪莉的亲友们并不愿意报警，因为他们怕这件事被雪莉的前夫道格拉斯·比米什知道，进而争夺对孩子的抚养权。道格拉斯是个脾气暴躁的人，如果孩子的抚养权被道格拉斯得到，

对孩子们未尝是件好事。4 天后，警察在野外发现了雪莉的汽车。车内是空的，车窗上还有血渍。警察通过车牌号找到了雪莉的家，雪莉的亲友们这才承认雪莉已经失踪了 4 天。于是，警方开始大规模的搜索，3 个星期后，警察在 24km 以外发现了一个塑料袋，里面装有一件男性皮夹克和一双跑鞋，皮夹克上也有血渍。警察仔细测试了夹克上的血样，发现与雪莉的血型是一样的。同时，警察在皮夹克上还找到了一些白色的毛发。不过，除此以外，并没有进一步发现任何与雪莉有关的信息。随着冬天的来临，警察不得不停止搜索，雪莉的下落也就成了谜。直到第二年 5 月，有位渔民无意中在树林里发现了雪莉的尸体，很显然，她是被谋杀的。警察的第一个怀疑对象是雪莉的前夫道格拉斯，而且道格拉斯也有犯罪前科。但道格拉斯声称自己有不在场的证据，案发当天，他在其他地方干活。不过，有目击者说，道格拉斯在案发当天曾经将车停靠在雪莉家附近；还有人见过道格拉斯手掌有锯痕。因为没有人亲眼见过道格拉斯杀人，警察只好指望手上的证据能帮上忙。虽然夹克上的血型对上了，但这还不够，毕竟，血型相同的人很多。最后，警察注意到夹克上的几根白色毛发，同时想起道格拉斯的父母家里养有一只白色的猫。如果能证实毛发来自于这只白猫，那也就能让陪审团相信道格拉斯就是凶手。

当时，有技术能力鉴定猫毛的机构并不多。加拿大警察找到了美国马里兰州一位有能力做动物遗传信息比对的动物遗传学专家史蒂芬·奥布莱恩，希望他能够帮忙比对这些毛发证据。实验的最终结果证实了警察的猜想，夹克上找到的毛发与道格拉斯家中的猫完全匹配。法官认可了这项最有力的证据，道格拉斯最终被判处 18 年监禁。

二、如何用动物 DNA 作为证据

我们知道，人和动植物都是由大量细胞构成的，绝大部分的细胞都包含有细胞核，细胞核内有遗传物质核 DNA，人们所熟知的亲子鉴定通常就是采用的核 DNA。人类的血红细胞是没有核 DNA 的，但是血液中的其他细胞有核 DNA，如白细胞，所以血液可以作为 DNA 鉴定的样本。核 DNA 通常是成对存在的，分别来自父母双方。人类的 23 对核染色体包括 22 对常染色体和 1 对性染色体(狗有 39 对、马有 32 对、猫有 19 对染色体)。男性的性染色体一条是 X，一条是 Y；而女性的两条性染色体都是 X。Y 染色体是父系遗传的，也就是说同一父系的男性亲属拥有一致的 Y 染色体。细胞核外的细胞质里通常有 1000 多份比较短的线粒体 DNA。线粒体 DNA 是母系遗传的，子女与母亲拥有一样的线粒体 DNA。微生物的 DNA 构造与常见的人类和动植物的 DNA 不太一样，需要特别解析。

更多的将动物毛发作为侦破案件证据的案例报道中，对动物毛发主要是作为物理证据，比较动物毛发的发质、颜色、构成等是否一致。至于将动物 DNA 作为证据，还需要特别的技术手段。例如，只有在毛发的根部才能提取到核 DNA，毛干一般只能提取到线粒体 DNA。线粒体 DNA 由于遗传自母亲，而所有来源于同一母亲的亲属拥有几乎相同的线粒体 DNA。因而，单凭线粒体 DNA 在法庭上作为证供的力度往往不够。此外，同一个人不同器官的线粒体 DNA 也可能有微小的差异，这更使线粒体 DNA 证据的可信度大打折扣。另一方面，即使将提取到的动物核 DNA 作为证据提供给法庭，也要面临其他难题：人们饲养的宠物大量近亲繁殖，使得很多宠物之间具有亲属关系，也就是说，随便找两条狗，它们的相似程度应该大于任意两个人的相似度。这意味着，近亲交配使得动物 DNA 匹配的概率很难达到 1:10 亿，也就是通常人类的标准。

因此，为了达到足够的统计学上的区别能力，满足证供要求，相关机构需要鉴定多于人类的 DNA 位点，比如 20 个位点（现在人类鉴定的 DNA 位点通常是 13～17 个）。我们知道，任意两个人之间（除了同卵双胞胎）的 DNA 序列有 99.9% 是相同的，仅有 0.1% 的差异。这剩下 0.1% 的差异仍然意味着约有 300 万个碱基对彼此不同。所谓位点，就是指那小于 0.1% 的人与人可能不同的 DNA 区段。简单做个比喻，区分两个人可以通过身高和体重，但是身高、体重并不是确定人的身份的唯一依据。确定一个人的身份，需要更多的特征辅助认证，如出生日期、姓名等。DNA 的位点就相当于人的某个特征。自从雪莉的案件侦破之后，动物在舔舐、褪毛、撒尿等方面的特征被越来越多地应用到犯罪调查中。

在美国新墨西哥州，警察在一处犯罪现场发现一条叫"大力士"的狗的毛发，从而证明狗的主人是杀人犯。在美国爱荷华州，一条叫"洛佛"的狗在罪犯的车胎上撒尿，从而给警察提供证据，找到了罪犯。猫和狗仅仅是可能出现在犯罪现场的众多动物中最常见的两种，其他宠物和家畜最近也被纳入到鉴定系统中。不久前，有些研究者分析了猫、狗、猪、羊、牛、马等常见动物的 DNA 和精子形态，这些研究的起因是，不断有动物"性攻击"人类婴幼儿的案例出现，如哥伦比亚的一个研究组曾经报告当地发生多起宠物狗强奸人类婴儿的案件。与昆虫 DNA 相关的民事和刑事案件也陆续发生，如鉴定被昆虫污染的食品；而与动物竞技相关的行业（如赛马）的兴盛，进一步推动了动物 DNA 鉴定的发展。另外，动物保护组织正在建立濒危动植物的 DNA 数据库，以便调查和保护这些动植物。

为了保护森林资源，加拿大不列颠哥伦比亚省林业局的科学家们更是想出用树木的 DNA 来抓偷伐者。从原理上讲，用树的 DNA 抓偷伐者与用人的 DNA 抓罪犯其实是一样的，需要比较树桩的 DNA 和被偷伐树木的 DNA，如果两个样本的所有位点都一致，那么这两份 DNA 来自一棵树。

我国国内也报道了一些动物 DNA 鉴定的案件：北京顺义区农民高某与同村李某争夺母猪，通过鉴定猪仔与母猪的亲子关系而定案；杭州李女士怀疑所买的牛肉是猪肉，通过 DNA 鉴定，最终还卖主清白；胶州市刘先生想要回自己走失的宠物狗，向法院申请 DNA 鉴定；等等。2001 年美国"9.11"事件后，出现了包含有炭疽菌的邮件攻击事件（这个案件至今未被破解，一位在美国政府研究机构任职的高级科学家、犯罪嫌疑人布鲁斯·埃文斯已经自杀）。随后，美国政府投入大量资源建立微生物 DNA 数据库，力求能在微生物反恐的研究上有所突破，并希望未来几年能在各个要害部门，如政府部门和机场，部署能实时检测空气中微生物 DNA 的仪器，以迅速确定是否存在对人体不利的微生物。

新的需求带来新的技术，新的技术能帮助解决许多问题。专家们认为如果有更多通过认证的实验室参与，将有成千上万与动物 DNA 相关的案件被破解。但是许多为政府工作的实验室并不情愿参加这方面的认证，因为他们没有额外的资源来应付动物 DNA 的质量控制。更糟糕的是，一个微小的差错就可能使他们的测试结果被指责为样本受到污染或错误,进而变得缺乏说服力。2010 年 10 月 30 日,ISFG 在《国际法医遗传学》杂志上刊登了关于使用动物 DNA 进行法庭科学调查的建议,在该建议中从收集动物样品的程序、基因位点的选择、方法学及引物序列的验证、群体遗传学调查等 13 个方面进行了详细规范,可以说为动物 DNA 在法庭科学中的应用奠定了非常重要的理论基础。

另外一个与此直接相关的就是动物 DNA 数据库问题。现在,美国、英国、南非的一些公司有些小规模的数据库,政府也积累了一些案例。不过,要满足现实的需要,必须要有更多的数据、更庞大的数据库。因为动植物数量众多,建立 DNA 数据库的工作将会非常昂贵且繁琐。此外,美国之所以这么关注将动物作为证据,是因为那里几乎家家户户都养着狗或者猫,罪犯要想不碰到宠物实在不易。而在中国,宠物数量相对较少,一些地方甚至禁止养狗,所以对动物 DNA 的关注就会少很多。

第七节 二代测序技术在法医学中的应用

一、二代测序技术在法医遗传学的研究现状

二代测序技术(second generation sequencing, SGS)与传统测序技术相比,无论是测序原理、测序过程、适用范围,还是测序结果都存在本质的不同。SGS 测序产出通量高、测序成本低的优势给生物学领域带来新的突破。这一技术对法医遗传学这一应用性学科也带来了不可避免的冲击。从 2012 年起,应用 SGS 技术平台对法医学常用遗传标记(STR和 SNP)及 mtDNA 和 RNA 的研究进入白热化,部分生物公司开始针对法医学应用研发适当通量的 SGS 分析平台及相关商品化试剂盒。

SGS 测序最初且最为关键的一步就是进行测序文库的构建。最为经典的是鸟枪法(shot gun),它曾完成了果蝇和人类基因组的测序工作,证明了其在大基因组测定上的可行性及有效性。然而,这一文库构建方法却限制了 SGS 技术在法医遗传学中的应用。原因在于:它对 DNA 量的要求(数克)对于大多数生物检材而言并不现实;其次,鸟枪法并不是针对基因组中的特定序列,而是将目的 DNA 随机地处理成大小不同的片段,再将这些片段的序列信息连接起来的一种测序方法,因而结果的重复会不尽相同;最关键的一点,鸟枪法测序产生的数据分析不仅需要耗费大量的时间,而且由于采用测序平台及分析软件的不同(测序深度不一样、比对及组装方法不同),最终得到的分析结果可能会不同,这对于法医学样本的结果解释也是很大的考验。

对于法医遗传学中涉及的 DNA 样本而言,检验的主要目的是进行样本身份来源的确认,并尽可能地提供表型特征信息或样本的组织来源信息,其次是对样本的亲缘关系进行刻画。这些信息的获得并不需要全基因组信息,只需要 DNA/RNA 水平遗传标记或mtDNA 信息的检测。随着复合扩增体系中各个组分的优化,尤其是酶的优化,目前可以依赖超多重 PCR 技术对目标片段进行文库构建,通过 emPCR 实现文库放大,使 SGS 技术在外显子测序、基因研究和遗传标记的检测中广泛应用。Life Technologies 公司创新性地提出了 Ampliseq 技术,可以对多达数千个目标片段同时进行文库构建,对 DNA 量的要求低;另一个片段文库构建技术由 Raindance(Billerica, MA)研发,主要是使用微滴

PCR，这种方法可以显著降低 PCR 扩增中带入的偏差。

目前法医学遗传标记的检测主要依赖成熟化的 PCR-CE 技术和相应的商品化试剂盒或自主研发试剂盒。但是，SGS 技术及相应平台的进一步成熟还是给法医遗传学带来了巨大的冲击，科研人员均围绕这一技术展开了对各类遗传标记的相关研究，探讨其应用潜能及应用前景。SGS 技术理论上可以将所有遗传标记融合在一个 panel 中完成检测，从而大大节约检测样本量及检测时间；可以对多个样本并行检测（联合 Barcode 技术）；文库构建时依赖 PCR 技术，但并不需要进行 CE 检测，可以将引物设计得尽可能短，提高降解 DNA 的分型成功率；可以给混合检材分型提供更翔实的数据，获取贡献者的遗传信息。

二、二代测序技术在法医学 SNP 检测中的应用

SNP 是人类基因组中最常见、分布最广泛的 DNA 多态性遗传标记，具有分布广泛、突变率低、扩增片段短及可用于混合物分析等优点，是法医遗传学中常见的一类多态位点。SGS 技术在法医遗传学中最初的研究是围绕 SNP 位点展开的。Life Technologies 公司在 2014 年正式发布了两个基于 Ion PGM 平台检测的 SNP 分型试剂盒。①HID-Ion Ampliseq SNP 个体识别试剂盒。该试剂盒包含 124 个 SNP 位点（90 个常染色体 SNP 和 34 个 Y-SNP）。90 个常染色体 SNP 中，有 43 个来自 IISNP、48 个来自 SNPforID，二者之间有一个相同 SNP 位点。在这个试剂盒正式推出市场之前，有两个测试版，由国际知名法医学实验室完成评估测试。②HID-Ion Ampliseq SNP 先祖诊断试剂盒。该试剂盒含有 Seldin 和 Kidd 研究中筛选出的大部分位点。Churchill 等在 12 个盲样 DNA 检测中使用以上两个试剂盒对样本 DNA 进行个人信息及先祖信息的分析。对于这两个检测试剂盒，均可以扩增 120 个以上 SNP 位点文库，检测灵敏度与传统 PCR-CE 相当（0.5～1ng），准确性高，对混合物分析具有优势（可以在 1:100 中检测到贡献比例小的成分）。另外，在 SGS 检测过程中还可以发现 SNP 位点侧翼序列上的变异信息，从而提供更多的遗传信息。

Illumina 公司在 MiSeq 平台上推出了 ForenSeq DNA Signature Prep 试剂盒测试版，由 Churchill 等完成了测试，该试剂盒包含 63 个 *STR* 基因座，95 个用于个体识别的常染色体 SNP 位点，并可以选择性地加入 56 个先祖 SNP 和 22 个表型信息 SNP。结果显示，1ng DNA 即可获得完整的分型结果，在 1:19 的混合物检测中表现良好。之后，这一试剂盒进行了相应调整，希望在针对法医客户推出的 MiSeq FGx 平台上进行应用。目前尚无正式试剂盒的推出及相关数据报道。

三、二代测序技术在法医学 STR 测序中的应用

STR 是法医学中最为常见且最为常用的一类遗传标记。目前国内外相关的 DNA 法医学数据库主要围绕 *STR* 基因座建立（主要是常染色体 STR 和 Y-STR）。因而，SGS 技术要在法医学推广应用必须要能对这一类遗传标记进行测序检测。主要的技术难点在于：①测序读长的限制，从第一台 SGS 测序仪研发启用开始，大多数 SGS 测序平台的读长对于 STR 重复结构的测序而言都过短；②STR 重复结构的这一特征使得序列信息的读取

及比对困难。随着测序平台技术的进步，目前这三大公司 SGS 平台的平均测序读长已经可以满足部分 STR 基因座测序片段的大小要求。

早在 2012 年，Bornman 等基于 Illumina GAIIx 测序仪展开对 13 个 CODIS 核心 *STR* 基因座的序列多态性研究，显示了 SGS 技术在 STR 检测中的优势，在得到序列信息的同时大大丰富了等位基因信息，提供了更为全面的遗传数据。目前 Illumina 公司宣称他们的 PCR-SGS 技术可以代替 PCR-CE，发行了相关 SGS-STR 检测试剂盒。除 ForenSeq DNA Signature Prep 试剂盒测试版外，在 MiSeq 平台上开发了一个含有 23 个 *STR* 基因座的试剂盒(PowerSeq™ Auto System)，初步的评估数据表明，62pg DNA 就可以得到完整的分型结果。

Ion PGM 平台第一个推出了从建库到最后数据分析的完整解决方案。Fordyce 等对 HID STR 10-plex 进行了评估，研究结果表明：低至 50pg DNA 就可以得到完整的分型结果；在 1∶20 混合物检验中结果理想，但是对于贡献比例小的来源样本部分分型需要手动分析；对于采用 CE 不能得到完整分型的降解检材，利用该平台可以得到完整结果(文库均设计在 170bp 之内)。

除商业化 STR-SGS 试剂盒的推出，借助 SGS 平台进行复杂 *STR* 基因座核心序列结构的探讨也是研究热点之一。与 PCR-CE 的片段长度分析相比，SGS 测序更多地揭示了序列的内部变异情况，可以发现新的等位基因及更多的变异位点。Gelardi 等对 *D12S391* 基因座在 197 个丹麦人的研究中共发现 53 个不同的等位基因，而采用 PCR-CE 检测仅发现 15 个等位基因，这主要是由于含有相同序列长度的等位基因实际上具有不同的序列结构，如等位基因 21 可检测到 8 种不同的序列结构。在这一研究中还发现采用 PCR-CE 进行分型得到的纯合子中有 30%存在序列结构上的不同，这一结果也从侧面反映了采用 SGS 平台进行 *STR* 基因座研究的优势。其次，SGS 技术对 *STR* 基因座的测序可以简化混合物的分析，如混合物中不同贡献者含有相同的等位基因长度但是序列结构却是不同的。本实验室目前的研究结果表明，在低至 1∶100 的混合物中贡献比例小的个体可以通过 SGS 测序得到完整分型，而这在传统的 PCR-CE 技术中无法实现(结果尚未发表)。

四、二代测序技术在法医学线粒体全基因组测序中的应用

人类 mtDNA 位于细胞质中，是一套独立于核染色体外的遗传物质，为双链闭合环状分子，全长 16 569bp，可分为编码区和控制区。其中，编码区较为保守，因而大多数研究均围绕线粒体高变区展开。mtDNA 由于拷贝数多、母系遗传等特点在法医遗传学中常作为补充检验，甚至有些情况下是唯一可以检验的遗传标记。相对于传统 Sanger 测序技术，采用 SGS 技术对 mtDNA 全序列进行快速便捷的检测对法医学应用具有巨大的吸引力。人类 mtDNA 具有异质性，即使是同一个体不同组织来源细胞中的 mtDNA 呈现的异质性亦有较大差异，且 mtDNA 易受到污染，这些因素均会导致测序结果的解释变得困难。SGS 测序则会给出每一个位点上主要碱基与次要碱基的 reads 数；能够提供除高变区外的单倍体类型，获得更为全面的样本 mtDNA 单倍群信息，可明显降低 mtDNA 异质性的假阳性率，同时还能够对组织特异性进行检测。

关于 mtDNA 全基因组进行 SGS 测序的研究中，文库的有效构建是难点之一。针对

条件理想的 mtDNA，可以采用两段或者三段 PCR 进行长 PCR 扩增，在得到长 PCR 扩增子后，可以使用酶切试剂盒或物理手段进行片段化处理。Life Technologies 公司推出的 SequalPrep™ Long PCR Kit with dNTPs 试剂盒可专门用于这一类 PCR 的扩增。但是，由于法医学检材大部分为降解检材，为提高其检出率，文库构建的策略应尽量采用较小的 PCR 扩增片段，并且为避免扩增片段间的相互干扰，还应该减少不必要的扩增子数目。另外，对于 mtDNA 而言，因其序列中包含较多变异位点，且存在与核染色体高度同源的序列，使得针对线粒体测序小片段引物的设计有一定难度。目前，Life Technologies 公司在 Ion PGM 平台上推出了一个针对 mtDNA 全基因组测序的 Early Access HID-Ion AmpliSeq™ Mitochondrial Tiling Path Panel。在这个 Panel 中，共分成两个 Pool 对 mtDNA 进行扩增，每个 Pool 中含有 81 对引物。关于该试剂盒的相关测试尚无报道。

五、二代测序技术在法医学 RNA 检测中的应用

RNA 在法医学研究中主要是进行体液（斑）或者组织类型的鉴定，主要研究对象为信使 RNA（message RNA, mRNA）和微小核糖核酸（microRNA，miRNA）。mRNA 的研究开展较早，目前已有部分推荐位点供选择。Zubakov 等是第一个利用 Ion PGM 平台对 DNA 和 RNA 标记同时进行研究的课题组，研究中涉及 12 个成熟 mRNA 标志，用于 6 种常见组织类型的鉴定，对降解检材的分析能力优越，但是 RNA 建库与 DNA 建库需要分开进行。近几年，miRNA 作为一类长度在 18～25 个核苷酸的非编码小分子 RNA，在转录后水平调控基因表达，其表达具有高保守性、时序性和组织特异性，相比 mRNA 更适合进行体液（斑）的鉴定。之前常用于研究的方法为实时定量 PCR 和生物芯片技术等，但仅局限于获取已知序列信息的 miRNA。而 SGS 平台可以一次性获得数百万条 miRNA 序列信息，能够快速鉴定出不同组织、不同发育阶段甚至不同疾病状态下 miRNA 及其表达差异，给法医学和遗传医学等提供了有力的解决工具。本实验室目前基于 Ion PGM 平台就血液和唾液样本中 miRNA 检测给出了一套成熟的检测流程。

六、二代测序技术对多种遗传标记的联合检测

对多种遗传标记的联合检测是 SGS 技术的优势之一。目前 Illumina 公司已经针对常见遗传标记（SNP 和 STR）进行了整合试剂盒的开发及测试（ForenSeq DNA Signature Prep）。

目前将核 DNA 水平的遗传标记与 mtDNA 或 RNA 遗传标记整合在一个 panel 中尚不可行，主要是由于拷贝数差异过大。针对不同的检测目标区域选用不同的建库手段，然后将文库混合进行后续检测则可以实现这一目标。Zubakov 等采用 Ampliseq 技术对 9 个常染色体 *STR* 基因座和 12 个 mRNA 标记分别构建文库，单独进行测序和在同一张芯片进行测序的结果相一致。其次，将这些不同水平的遗传标记整合在一起，对于实际案件工作是否具有可行性及必要性，目前尚无定论。主要原因在于大部分案件中其实并不需要 mtDNA 或 RNA 水平信息，而整合后这两类遗传标记在测序 panel 中必将占用一定的测序空间，使得每次测序反应中所能容纳的样本数减少，导致检测成本相对增加。先祖信息 SNP 或表型特征 SNP 是否纳入也面临同样的处境。因此，针对不同的案件类型，

灵活进行位点定制 panel，即在必需检测遗传标记基础上自由选择加入其他种类遗传标记，这种方式或许具有更大的实践意义。

七、二代测序技术在法医遗传学应用展望

SGS 技术的应用使法医遗传学进入了一个新的发展阶段，与传统的 PCR-CE 技术相比，它可以同时进行数百甚至数千个遗传标记的同时检测；与 Barcode 技术相结合，可以对多个样本并行检测；不借助之前的荧光标记系统，因而可以将文库构建片段设计得尽量短，对降解检材的分析能力大大提高；随着新等位基因的大量出现，系统效能大大增加；对序列内部碱基的深度读取，使得混合物分析能力大幅提高。基于这些优势，我们有理由相信这一技术未来在各个法医遗传学实验室进行应用是不可避免的趋势。但是，SGS 测序平台及相关试剂的成本、相关技术产品的推出及验证、分析软件的成熟化、与现有数据库的对接等因素都是决定该技术多久可以替代(或补充)成熟 PCR-CE 技术、多大比例的案件将会采用 SGS 技术平台进行检测的关键。同时，如何看待大数据测序中可能出现的伦理问题也是法医学者应用这一技术需要考虑的问题。

(李成涛　张素华)

参 考 文 献

陈晓瑞, 易少华, 杨丽萍, 等. 2007. 大鼠死后视网膜细胞 mRNA 降解与死亡时间的关系研究. 中国法医学杂志, 22(3): 169-172.

邓志辉, 吴国光, 程良红, 等. 2003. 13 个 STR 基因座在亲子鉴定案例中的基因突变观察. 中国法医学杂志, 18(3): 150-153.

叶懿, 吴谨, 罗海玻, 等. 2008. 线粒体 16S rRNA 和 Cytb 基因重合扩增进行种属鉴定. 法医学杂志, 24(4): 259-260.

侯一平, 吴谨, 李英碧, 等. 1999. Y 染色体特异短串联重复序列初步研究. 中华医学遗传学杂志, 16: 65-69.

李成涛, 郭宏, 赵珍敏, 等. 2008. 亲权鉴定中常用 STR 基因座的基因组学和遗传学分析. 法医学杂志, 24(3): 214-220.

梁赞姜, 汲坤, 王立军. 2006. 大鼠不同脏器 β-actin mRNA 稳定性差异的实验研究. 锦州医学院学报, 27(6): 8-10.

刘季, 宋贞柱, 谢润红, 等. 2007. 大鼠死后脑组织 RNA 降解与死亡时间推断的研究. 中国法医学杂志, 22(4): 226-228.

刘琼珊, 黄以兰, 车敏, 等. 2006. 短串联重复序列位点的突变观察与分析. 法医学杂志, 129(7): 430-432.

刘秋玲, 吕德坚, 陆惠玲, 等. 2004. 12 个 Y-STR 基因座单倍型及其应用. 中国法医学杂志, 19(增刊): 28-29.

骆宏, 陆惠玲, 周新晨, 等. 2008. 扩增 12S rRNA 基因鉴定生物检材种属. 法医学杂志, 24(3): 185-188.

石美森, 李英碧, 于晓军. 2006. Y-STR 四色荧光复合扩增系统的建立及其应用. 中国法医学杂志, 21(1): 17-21.

王闯, 杨志惠, 梁伟波, 等. 2006. 复合扩增 mtDNA HVI、HVII 和 cytb 片段在法医学种属鉴定中的价值. 四川大学学报(医学版), 37(5): 787-789.

肖俊辉, 陈玉川, 王江峰, 等. 2005. 根据 mRNA 稳定性推断死亡时间的研究. 法医学杂志, 21(1): 19-20.

薛天羽. 2010. 精斑特异性 mRNA 及 microRNA 标记的研究. 广州: 中山大学硕士学位论文.

姚亚楠, 陆惠玲, 陈森, 等. 2007. 人基质金属蛋白酶-11 多克隆抗体的制备及其法医学意义. 中国法医学杂志, 22(5): 305-310.

叶懿, 吴谨, 罗海玻, 等. 2008. 线粒体 16S rRNA 和 Cytb 基因复合扩增进行种属鉴定.

庾蕾, 李建金, 伍新尧, 等. 2002. 三个短串联重复序列位点的等位基因遗传变异研究. 中华医学遗传学杂志, 19(4): 308-312.

赵东, 王保捷, 丁梅, 等. 2003. 中国汉族及日本群体 7 个 Y-STR 位点及单倍型的遗传多态性和群体差异. 法医学杂志, 19(3): 143-148.

赵珍敏, 柳燕, 林源. 2007. Identifiler™ 系统在亲子鉴定中的突变观察和分析. 法医学杂志, 23(4): 290-294.

郑晶, 陆惠玲, 刘加军, 等. 2006. 人MMP-11原核表达载体pGEX-5X-3/MMP-11的构建及其融合蛋白的表达和纯化. 热带医学杂志, 6 (3): 231-235.

朱方成, 郑光美, 任亮, 等. 2006. 基于mRNA稳定性推断死亡时间的研究. 解放军医学杂志, 31 (5): 453-454.

Amorim A, Pereira L. 2005. Pros and cons in the use of SNPs in forensic kinship investigation: A comparative analysis with STRs. Forensic Sci Int, 150:17-21.

Anderson S, Bankier AT, Barrell BG, et al. 1981. Sequence and organization of the human mitochondrial genome. Nature, 290, 457-465.

Andrews RM, Kubacka I, Chinnery PF, et al. 1999. Reanalysis and revision of the Cambridge Reference Sequence for human mitochondrial DNA. Nature Genetics, 23: 147.

Bandelt HJ, Richards M, Macaulay V. 2006. Human mitochondrial DNA and the evolution of homo sapiens. Berlin-Heidelberg: Springer-Verlag Press.

Bauer M, Patzelt D. 2002. Evaluation of mRNA markers for the identification of menstrual blood. J Forensic Sci, 47 (60): 1278-1282.

Bauer M. 1999. Detection of epithelial cells in dried blood stains by reverse transcriptase- polimerase chain reaction. J Forensic Sci,44 (6):1232-1236.

Becker D, Rodig H, Augustin C, et al. 2008. Population genetic evaluation of eight X-chromosomal short tandem repeat loci using Mentype Argus X-8 PCR amplification kit. Forensic Sci Int Genet, 2:69-74.

Bodenteich A, Mitchell LG, Polymeropoulos MH, et al. 1992. Dinucleotide repeat in the human mitochondrial D-loop. Human Molecular Genetics, 1: 140.

Børsting C, Fordyce SL, Olofsson J, et al. 2014. Evaluation of the Ion Torrent™ HID SNP 169-plex: A SNP typing assay developed for human identification by second generation sequencing . Forensic Sci Int Genet, 12: 144-154.

Børsting C, Morling N. 2015. Next generation sequencing and its applications in forensic genetics . Forensic Sci Int Genet, 18: 78-89.

Branicki W, Kupiec T, Pawlowski R. 2003. Validation of cytochrome b sequence analysis as a method of species identification.J Forensic Sci, 48 (1): 83-87.

Brenner CH. 2010. Fundamental problem of forensic mathematics—the evidential value of a rare haplotype. Forensic Science International: Genetics, 4: 281-291.

Brookes AJ. 1999. The essence of SNPs .Gene, 234:177-186.

Budowle B, Moretti TR, Niezgoda SJ, et al. 1998. CODIS and PCR- based short tandem repeat loci: Law enforcement tools. In: Second European Symposium on Human Identification . Promega Corporation, Madison, Wisconsin: 73-88.

Budowle B, Polanskey D, Fisher CL, et al. 2010. Automated alignment and nomenclature for consistent treatment of polymorphisms in the human mitochondrial DNA control region. Journal of Forensic Sciences, 55: 1190-1195.

Butler JM, Coble MD. 2006. Y-Chromosome and mitochondrial DNA workshop. Available at http://www.cstl.nist.gov/biotech/ strbase/ YmtDNAworkshop.htm.

Butler JM, Levin BC. 1998. Forensic applications of mitochondrial DNA. Trends in Biotechnology, 16: 158-162.

Butler JM. 2003. Recent development in Y-short tandem repeat and Y-single nucleotide polymorphism analysis. Forensic Sci Rev, 15: 91-114.

Churchill JD, Chang J, Ge J, et al. 2015. Blind study evaluation illustrates utility of the Ion PGM™ system for use in human identity DNA typing . Croat Med J, 56 (3): 218-229.

Churchill JD, Schmedes SE, King JL, et al. 2015. Evaluation of the Illumina® Beta Version ForenSeq™ DNA Signature Prep Kit for use in genetic profiling .Forensic Sci Int Genet, 20: 20-29.

Coble MD, Loreille OM, Wadhams MJ, et al. 2009. Mystery solved: The identification of the two missing Romanov children using DNA analysis. PLoS ONE, 4: e4838.

Collins PJ, Hennessy LK, Leibelt CS, et al. 2004. Developmental validation of a single- tube amplification of the 13 CODIS STR loci, D2S1338, D19S433, and amelogenin: the AmpFlSTR Identifiler PCR Amplification Kit. J Forensic Sci, 49(6): 1265-1277.

Eduardoff M, Santos C, de la Puente M, et al. 2015. Inter-laboratory evaluation of SNP-based forensic identification by massively parallel sequencing using the Ion PGM™. Forensic Sci Int Genet, 17: 110-121.

Edwards A, Civitello A, Hammond HA, et al. 1991.DNA typing and genetic mapping with trimeric and tetrameric tandem repeats. Am J Hum Genet, 49(4): 746-756.

Edwards A, Hammond HA, Jin L, et al. 1992. Genetic variation at five trimeric and tetrameric tandem repeat loci in four human population groups. Genomics, 12(2): 241-253.

Fordyce SL, Mogensen HS, Børsting C, et al. 2015.Second-generation sequencing of forensic STRs using the Ion Torrent™ HID STR 10-plex and the Ion PGM™. Forensic Sci Int Genet, 14: 132-140.

Frudakis T, Thomas M, Gaskin Z, et al. 2003. Sequences associated with human iris pigmentation.Genetics, 165(4):2071-2083.

Frudakis T, Venkateswarlu K, Thomas MJ, et al. 2003.A classifier for the SNP-based inference of ancestry. Journal of Forensic Science,48(4):771-782.

Gelardi C, Rockenbauer E, Dalsgaard S, et al. 2014. Second generation sequencing of three STRs D3S1358, D12S391 and D21S11 in Danes and a new nomenclature for sequenced STR alleles. Forensic Sci Int Genet, 12: 38-41.

Gill P, Ivanov PL, Kimpton C, et al. 1994. Identification of the remains of the Romano family by DNA analysis. Nature Genetics, 6: 130-135.

Gill P, Kimpton C, Ailston-Greiner R, et al. 1995. Establishing the identity of Anna Anderson Manahan. Nature Genetics, 9: 9-10.

Gill P, Werrett DJ, Budowle B,et al. 2004. An assessment of whether SNPs will replace STRs in national DNA databases-joint considerations of the DNA working group of the European Network of Forensic Science Institutes (ENFSI) and the Scientific Working Group on DNA Analysis Methods (SWGDAM). Sci Justice, 44: 51-53.

Gill P. 2001. An assessment of the utility of single nucleotide polymorphisms (SNPs) for forensic purposes. Int J Legal Med ,114:204-210.

Grimes EA, Noake PJ, Dixon L, et al. 2001. Sequence polymorphism in the human melanocortin 1 receptor gene as an indicator of the red hair phenotype. Forensic Sci Int, 122(2-3):124-129.

Gusmao L, Butler JM, Carracedo A, et al. 2006. DNA commission of the international society of forensic genetics (ISFG): an update of the recommendations on the use of Y-STRs in forensic analysis. Forensic Sci Int, 157: 187-197.

Hall TA, Budowle B, Jiang Y, et al. 2005. Base composition analysis of human mitochondrial DNA using electrospray ionization mass spectrometry: A novel tool for the identification and differentiation of humans. Analytical Biochemistry, 344: 53-69.

Hall TA, Sannes-Lowery KA, McCurdy LD, et al. 2009. Base composition profiling of human mitochondrial DNA using polymerase chain reaction and direct automated electrospray ionization mass spectrometry. Analytical Chemistry, 81: 7515-7526.

Head SR, Komori HK, LaMere SA, et al. 2014. Library construction for next-generation sequencing: overviews and challenges. Biotechniques, 56(2): 61-64, 66, 68.

Hebert PD, Ratnasingham S, deWaard JR. 2003. Barcoding animal life: cytochrome c oxidase subunit 1 divergences among closely related species. Proc Biol Sci, 270 Suppl 1: S96-99.

Hsieh HM, Chiang HL, Tsai LC, et al. 2001. Cytochrome b gene for species identification of the conservation animals. Forensic Sci Int, 122(1): 7-18.

Hsieh HM, Huang LH, Tsai LC, et al. 2006. Species identification of Kachuga tecta using the cytochrome b gene.J Forensic Sci, 51(1): 52-56.

Inoue H, Kimura A, Tuji T. 2002. Degradation profile of mRNA in a dead rat body:basic semi-quantification study. Forensic Sci Int, 130(223): 127-132.

Irwin DM, Kocher TD, Wilson AC.1991. Evolution of the cytochrome b gene of mammals. J Mol Evol,32(2): 128-144.

Ivanov PL, Wadhams MJ, Roby RK, et al. 1996. Mitochondrial DNA sequence heteroplasmy in the Grand Duke of Russia Georgij Romanov establishes the authenticity of the remains of Tsar Nicholas II. Nature Genetics, 12: 417-420.

Jarman PG, Fentress SL, Katz DE, et al. 2009. Mitochondrial DNA validation in a state laboratory. Journal of Forensic Sciences, 54: 95-102.

JobingM A,TylerSmith C. 1995. Fathers and sons: theY chro-mosome and human evotion. Trends Genet, 11: 449-456.

Johnson LA, Ferris JA. 2002. Analysis of postmortem DNA degradation by single cell gel electrophoresis . Forensic Sci Int, 126(1): 43-47.

Just RS, Loreills OM, Molto JE, et al. 2011. Titanic's unknown child: the critical role of the mitochondrial DNA coding region in a reidentification effort. Forensic Science International: Genetics, 5: 231-235.

Kimpton C, Fisher D, Watson S, et al. 1994. Evaluation of an automated DNA profiling system employing multiplex amplification of four tetrameric STR loci. Int J Legal Med, 106(6): 302-311.

Kimpton C, Oldroyd NJ, Watson SK, et al. 1996. Validation of highly discriminating multiplex short tandem repeat amplification systems for individual identification. Electrophoresis, 17(8): 1283-1293.

Kocher TD, Thomas WK, Meyer A,et al. 1989. Dynamics of mitochondrial DNA evolution in animals: amplification and sequencing with conserved primers. Proc Natl Acad Sci USA, 86(16): 6196-6200.

Krenke BE, Tereba A, Anderson SJ. et al. 2002. Validation of a 16 locus fluorescent multiplex system. J Forensic Sci, 47(4): 773-785.

Lee JC, Tsai LC, Huang MT. 2008. A novel strategy for avian species identification by cytochrome b gene. Electrophoresis, 11: 2413-2418.

Leopoldino A M, Pena S D, et al. 2002. The mutational spectrum of human autosomal tetranucleotide microsatellite. Human Mutation, 21: 71-78.

Li CT, Li L, Zhao ZM, et al. 2009. Genetic polymorphism of 17 STR loci for forensic use in Chinese population from Shanghai in East China . Forensic Sci Int, Genet 3: e117-e118.

Linacre A, Gusmão L, Hecht W, et al. 2011. ISFG: Recommendations regarding the use of non-human (animal) DNA in forensic genetic investigations. Forensic Sci Int Genet, 5(5): 501.

Marchuk L, Sciore P, Reno C, et al. 1998. Postmortem stability of total RNA isolated from rabbit ligament, tendon and cartilage. Biochim Biophys Acta, 1379(2): 171-177.

Mikkelsen M, Rockenbauer E, Wächter A, et al. 2009. Application of full mitochondrial genome sequencing using 454 GS FLX pyrosequencing. Forensic Science International: Genetics, 2: 518-519.

Mosquera-Miguel A, Alvarez-Iqiesias V, Cerezo M, et al. 2009. Testing the performance of mtSNP minisequencing in forensic samples. Forensic Science International Genetics, 3: 261-264.

Narkuti V, Vellanki RN, Gandhi KP, et al. 2007. Microsatellite mutation in the maternally/ paternally transmitted D18S51 locus: two cases of allele mismatch in the child. Clin Chim Acta, 381: 171-175.

Nievergelt CM, Maihofer AX, Shekhtman T, et al. 2013. Inference of human continental origin and admixture proportions using a highly discriminative ancestry informative 41-SNP panel . Investig Genet, 4(1): 13.

Pakstis AJ, Speed WC, Fang R, et al. 2010. SNPs for a universal individual identification panel . Hum Genet, 127(3): 315-324.

Parson W, Parsons TJ, Scheithauer R, et al. 1998. Population data for 101 Austrian Caucasian mitochondrial DNA d-loop sequences: application of mtDNA sequence analysis to a forensic case . Int J Legal Med, 111(3): 124-132.

Parson W, Pegoraro K, Niederstätter H, et al. 2000. Species identification by means of the cytochrome b gene. Int J Legal Med, 114(1-2): 23-28.

Prinz M, Bol K, Baum H, et al. 1997. Multiplexing of Y chromosome specific STRs and performance for mixed sample. Forensic Sci Int, 85: 209-218.

Redd AJ, Agellon AB, Kearney VA. 2002. Forensic value of 14 novel STRs on the human Y chromosome. Forensic Sci Int, 130: 97-111.

Robino C, Giolitti A, Gino S, et al. 2006. Development of two multiplex PCR systems for the analysis of 12 X-chromosomal STR loci in a northwestern Italian population sample. Int J Legal Med , 120:315-318.

Rodriguez M A, Garcia T, Gonzalez I. 2003. Identification of Goose, Mule Duck, Chicken, Turkey, and Swine in Foie Gras by Species specific Polymerase Chain Reaction. J Agriculture and Food Chemistry, 51: 1524-1529.

Rowold DJ, Herrera RJ. 2003. Inferring recent human phylogenies using forensic STR technology. Forensic Sci Int, 133(3):260-265.

Schneider PM, Seo Y, Rittner C. 1999. Forensic mtDNA hair analysis excludes a dog from having caused a traffic accident . Int J Legal Med, 112(5): 315-316.

Szibor R, Hering S, Kuhlisch E, et al. 2005. Haplotyping of STR cluster DXS6801–DXS6809– DXS6789 on Xq21 provides a powerful tool for kinship testing. Int J Legal Med, 119:363-369.

Szibor R, Krawczak M, Hering S, et al. 2003. Use of X-linked markers for forensic purposes. Int J Legal Med ,117:67-74.

Szibor R. 2007. X-chromosomal markers: past, present and future. Forensic Sci Int Genet, 1:93-99.

Trotter SA, BrillL B, Bennett JP. 2002. Stability of gene exp ression in postmortem brain revealed by cDNA gene array analysis. Brain Res, 942(1-2): 120-123.

Turrina S, Atzei R, Filippini G, et al. 2007. Development and forensic validation of a new multiplex PCR assay with 12 X chromosomal short tandem repeats. Forensic Sci Int Genet, 1 (2):201-204.

Wang Z, Zhou D, Cao Y, et al. 2015.Characterization of microRNA expression profiles in blood and saliva using the Ion Personal Genome Machine®System (Ion PGM™ System) . Forensic Sci Int Genet, 20: 140-146.

Werrett DJ. 1997. The national DNA database. Forensic Sci Int, 88(1): 33-42.

Wong KL, Wang J, But PP, et al. 2004. Application of cytochrome b DNA sequences for the authentication of endangered snake species. Forensic Sci Int, 139(1): 49-55.

Yasojima K, McGeer EG, McGeer PL. 2001. High stability of mRNAs postmortem and protocols for their assessment by RT-PCR. Brain Res Protoc, 8(3): 212-218.

Zeng X, King J, Hermanson S, et al. 2015. An evaluation of the PowerSeq™ Auto System: A multiplex short tandem repeat marker kit compatible with massively parallel sequencing . Forensic Sci Int Genet, 19: 172-179.

Zubakov D, Kokmeijer I, Ralf A, et al. 2015.Towards simultaneous individual and tissue identification: A proof-of-principle study on parallel sequencing of STRs, amelogenin, and mRNAs with the Ion Torrent PGM. Forensic Sci Int Genet, 17: 122-128.

第十一章

基因组稳定性与健康

人类整个生命历程中，面临着自身和外界多种环境因素的影响。有害环境因素在一定条件下可与基因组相互作用，使基因组结构遭受损伤、某些基因的修饰与表达模式发生异常，导致基因组功能状态的改变，从而干扰正常生命过程。环境应答基因的多态性还驱使不同个体对环境的反响及健康效应出现差异。因此，基因组损伤、机体环境应答遗传基础的异常，均是引起细胞、器官、组织功能异常的重要基础病因之一。

基因组损伤既可来源于亲代的遗传，也可因年龄的增长，不良环境因素如紫外线、辐射、遗传毒性化学物质暴露，细胞氧化还原反应失衡，营养不当摄入，心理压力和不良生活习惯等因素而获得。基因组损伤可体现在细胞繁殖与调控、DNA 损伤感应与修复、信号转导、细胞衰老与死亡、非编码或寄生 DNA 活动、癌基因和抑癌基因结构与表达等各种遗传学和生物学过程异常。基因组损伤意味着功能基因陷入不良工作环境，也提示基因以外的其他遗传成分的稳定性下降。无论基因组损伤来源如何，均可产生一系列负面健康效应，流行病学已经有明确的证据，基因组损伤的提升，预示着 10～15 年后的癌症高风险，还可导致儿童自闭症、神经系统发育缺陷、智力发育障碍、免疫缺陷、心脑血管疾病、高血压、阿尔茨海默症、帕金森病、糖尿病、骨质疏松等退行性疾病风险上升。解析基因组损伤的诱因，构建干预和矫正基因组损伤策略，是预防或延缓各种发育、退行性疾病和肿瘤的重要手段。

人类基因组计划的完成和后基因组时代的不断拓展延伸、多领域技术网络的完善，为解开人类健康的重重疑惑、阐明退行性和复杂疾病的遗传基础与环境因素的权重及其相互作用机制提供了前所未有的机遇，人们越来越深刻地认识到遗传与环境因素的相互作用是影响疾病风险的重要环节。某些器官发育异常、肿瘤、哮喘、糖尿病、心血管病和神经退行性疾病都是不同方式的遗传与环境共同作用的结局。因此，从结构与功能上充分认识不同个体环境相关疾病的遗传易感性，寻找易感基因，探索内外源环境因素对DNA 代谢的影响模式，是医学分子遗传学和现代医学共同面临的挑战。

第一节 环境基因组计划与环境基因组学

一、环境基因组计划概述

随着人类基因组计划的顺利完成，一系列基因组的功能研究计划不断向前推进。结构基因组学研究成果已经大量渗入后基因组时代，推进了诸如蛋白质组学、转录组学、代谢组学、肿瘤基因组学、环境基因组学、营养基因组学、生态基因组学、生物信息学等以基因组功能注释为核心的学科领域的发展。其中，人体对不同环境暴露的响应及其健康结局，成为备受关注的重要领域，也是精准医学的切入点。

人类基因组计划提示，不同个体基因组间仅存在约 0.1% 的差异，这种差异是个体间在相同环境暴露下产生不同生物学和健康效应的基础，环境暴露是否影响疾病风险，取决于机体先天的环境响应机制及其效率。环境应答基因的多态性使得一些个体在环境因素胁迫下，暴露出遗传脆弱点并导致环境-基因相关疾患的易患性提高。为更好地理解不同个体对环境因素易感性的差异及这些易感性随着时间迁移而产生的变更，美国国立环境卫生科学研究所 (National Institute of Environmental Health Sciences, NIEHS) 于 1997 年启动了环境基因组计划 (Environmental Genome Project, EGP)，该计划是一个聚焦于美国人群环境暴露、不同个体基因序列变异和疾病风险关系的多学科合作计划。EGP 通过识别对环境暴露相关疾病风险起决定作用的环境应答基因及其多态性，加速疾病病因学中复杂的遗传-环境相互作用的流行病学研究，重点探寻那些可能影响环境暴露健康结局的基因，其终极目标是识别个体间遗传变异的特异性或多态性对环境相关疾病风险的贡献，以构建个性化的规避有害环境之策略，推进人类健康管理；同时在改进分析手段、优化设计、完善样本库的基础上，探讨环境应答基因多态性在伦理、法律和社会学等领域的意义。EGP 所涉及的遗传-环境互作相关疾病主要包括癌症、呼吸系统疾病、退行性神经系统疾病、发育障碍、生殖系统疾病和自身免疫病等。

EGP 的研究重点集中于细胞周期控制、DNA 修复、药物代谢、凋亡、氧化胁迫、分化、信号转导、医学和生物学相关重要途径的环境应答基因的变异。这些基因是人体对环境变化产生各种响应的主要遗传基础，它们与环境互作引起的疾病主要如肿瘤、哮喘、糖尿病、心血管疾病、帕金森病等。有鉴于相关基因外显率通常较低、难以通过经典的连锁分析来识别，EGP 利用基因组遗传变异最丰富的标志——SNP 的识别为突破口，解析环境应答基因的多态性及其功能。目前，由 NIEHS 实施的 SNP 一期项目已经完成，围绕着上述重点途径和基因的启动子、内含子及外显子区，开展了候选基因序列变化分析，分别在 90 个美国人样本、95 个不同种族的个体中完成了 647 个环境应答基因的测序，发现了 92 486 个新的 SNP。在环境应答基因再测序的基础上，启动并建立了基于互联网的 GeneSNP 数据库，这是 EGP 的标志性成就。随后，NIEHS 开展了以外显子组测序为主的二期项目，相应的数据被储存于"NIEHS Exome Variant Server"。

二、若干复杂疾病的遗传-环境因素互作

随着 EGP 研究的不断深入，针对环境应答基因的研究范围不断拓展，覆盖了免疫与炎症、营养、氧化胁迫、膜泵、药物抗性等学科领域。基因和环境因素的相互作用及健康结局，已经成为精准医疗不可或缺的研究领域，其借助病例-对照研究、队列研究、全基因组关联分析 (GWAS)、遗传风险评分 (GRS) 和二代测序等综合技术系统，为解析并评价遗传易感位点与特异环境风险因素的作用及其机制、揭示疾病的生物学机制、构建个性化的疾病治疗手段提供了极好的机遇。随着研究的进展，新的数据库也不断应运而生，比较毒理基因组学数据库 (Comparative Toxicogenomics Database, CTD) 和西雅图 SNP 数

据库（SeattleSNPs Database）就是其中比较重要的两个公共信息资源。

CTD 是由 NIEHS 赞助的公共数据库，其以进一步理解环境暴露如何影响健康为宗旨，提供化学物质-基因/蛋白相互作用、化学物质-疾病及基因-疾病关联的信息。根据功能和代谢途径对相关数据进行了整合处理，以便研究者对环境影响下的疾病机制开展进一步探索。CTD 还针对暴露组的数据及化学物质-表型之间关系进行了审核认定，以识别因环境暴露引起"未病"（pre-disease）的生物标记，对于疾病的预防和治未病提供了大量科学依据。

截至 2017 年 5 月，CTD 针对 12 301 个化合物与 43 298 个基因，完成了 1 580 884 例化学物质-基因相互作用审核认定；针对 8194 个基因和 5015 个疾病，建立并审定了 34 646 例基因-疾病的关联，并以此为基础推断假设了 21 070 743 例基因-疾病的关联；针对 9257 个化学物质和 3150 种疾病，审定了 206 059 例化学物质-疾病关联，并推断出 2 002 401 例化学物质-疾病关联（图 11-1）。

Chemical-gene interactions(curated)	1 580 884
Unique chemicals	12 301
Unique genes	43 298
Unique organisms	570
Gene-disease associations	21 105 389
Curated[1]	34 646
Unique genes	8 194
Unique diseases	5 014
Inferred[2]	21 070 743
Unique genes	42 287
Unique diseases	3 101
Chemical-disease associations	2 208 460
Curated[1]	206 059
Unique chemicals	9 257
Unique diseases	3 150
Inferred[2]	2 002 401
Unique chemicals	12 030
Unique diseases	4 336
Chemical-GO associations(enriched)	4 935 405
Chemical-pathway associations(enriched)	323 207
Disease-pathway associations(inferred)	61 422
Gene-gene interactions	388 587
Gene-GO annotations	1 217 852
Gene-pathway annotations	71 205
GO-disease associations(inferred)	841 158
Chemicals with curated data	15 137
Diseases with curated data	6 421
Via OMIM curation	3 377
Genes with curated data	44 311
Via OMIM curation	3 376
Curated references	120 643

图 11-1　CTD 建立的化学物质-基因相互作用、基因-疾病关联和化学物质-疾病关联数据库
（http://ctdbase.org/about/dataStatus.go）

SeattleSNPS 数据库是美国国立心肺与血液研究所（National Heart Lung and Blood Institute）资助的一项基因组应用项目（Programs for Genomic Applications, PGA），该项目以识别人类炎症反应途径中候选基因 SNP 为主要目标。到目前为止，相应的数据包含了 24 例非裔美国人和 23 例欧洲个体的样本，共测序了与心血管疾病和炎症反应相关的 327 个基因，发现 38 200 个新的 SNP（http://pga.gs.washington.edu/）。

遗传变异是有机体差异响应环境的重要因素，且个体的基因型效应又会被环境、膳食等因素所修饰。20 世纪后半叶，某些慢性疾病在工业化国家的流行就可能是公共卫生改善后生命周期延长及不断增加的环境毒物暴露的结果。对这些问题的关注促进了全球性探索遗传-环境相互作用及其健康结局的研究，并产生了大量数据和结果。这里仅就几个典型例子进行简单阐述。

（一）自闭症中的遗传-环境相互作用

自闭症（autism），也称为自闭症谱系障碍（ASD），是一种在病因学和生物学上均具有高度异质性、受遗传和环境影响的神经生物学行为异常，主要表现为不同程度的语言发育障碍、人际交往障碍、兴趣狭窄和行为方式刻板，通常可在儿童早期诊断。ASD 常伴随癫痫、睡眠障碍、胃肠道和免疫等多系统疾病，可影响患者终身。近年来，ASD 的发病率处于上升趋势，但至今未揭示其确切的病因。近期发现，ASD 患者存在一些罕见或新生的基因突变，遗传和环境因素的相互作用在疾病的发生中发挥着错综复杂的作用。通过染色体微阵列和外显子组 NGS 的解析，已发现 10%～20%的 ASD 个体携带疾病相关的新生突变，有鉴于 ASD 遗传诱因涉及数百个基因，且具有高度异质性，因此，具有相同类型突变的 ASD 个体不超过 1%。

ASD、结节性硬化症和 Rett 综合征通常在遗传和疾病特征上有类同之处。结节性硬化症和 Rett 综合征常出现 *TSC1*（hamartin）、*TSC2*（tuberin）基因突变，且在颞叶、额叶、枕叶皮质及小脑部分出现异常。25%～50%的结节性硬化患儿具有 ASD 症状，在携带 *TSC* 突变的 ASD 患者中，其白质病变与病情严重程度相关；一些 ASD 患者携带突变的 *CNTNAP2* 基因，其变异与神经元网络连接模式、纹状体分化和语言发育相关。

妊娠期母体免疫系统特异性与一部分 ASD 发生相关，12% ASD 患儿的母亲，含有特异的 37/73kDa 的 IgG 抗体，其与胎儿 37kDa 和 73kDa 脑蛋白反应，可导致胎儿额叶选择性扩大，灰质和白质受到不同程度的影响；孕期糖尿病、高血压和肥胖等代谢异常，孕育 ASD 患儿比例也显著高于对照；C-反应蛋白（CRP）是血浆中病毒和细菌急性感染的标志性蛋白，孕早期女性 CRP 升高与子代罹患 ASD 风险相关。

Schmidt 等在病例-对照的群体研究中发现，孕期的营养因素-基因相互作用与儿童 ASD 有一定关联，他们分析了母亲孕前及孕中的维生素摄入状况、亲子一碳单位代谢的遗传变异（*MTHFR*、*COMT*、*MTRR*、*BHMT*、*FOLR2*、*CBS* 及 *TCN2*）与营养因素相互作用的效应。研究发现，孕妇在孕前三个月和孕早期摄入维生素不足，后代罹患 ASD 的风险高于常规摄入维生素的孕妇（OR=0.62）；在母亲具有 *MTHFR 677 TT*、*CBS rs234715 GT/TT*，胎儿具有 *COMT 472 AA* 基因型的情况下，母亲若未曾服用孕妇维生素，后代罹患 ASD 的风险可显著提高（OR 分别是 4.5、2.6 及 7.2）。对于叶酸代谢效率低的个体，增加孕期叶酸摄入可降低 ASD 风险。

ASD 的发生还与周围生活环境因素相关，出生时居住在高速公路 304.8m 以内的儿童，患 ASD 的概率是正常人群的两倍。在严重空气污染情况下，携带多态性受体酪氨酸激酶基因 *MET*(rs1858830CC)的个体，ASD 的罹患风险显著高于 *CG/GG* 基因型。

(二)自身免疫性疾病的遗传-环境因素

免疫系统是保护机体免受微生物和外源物感染侵袭的复杂网络系统，其核心能力是识别异己。自身免疫性疾病是一类复杂的、病因不明的疾病，免疫系统产生攻击自身健康细胞、组织和器官的抗体，在自身组织细胞引起各种炎症反应。当免疫系统的识别功能出现异常，加之控制自身免疫反应性的调解性 T 细胞丧失免疫系统协调功能时，就可导致自身免疫性疾病。目前已发现 80 多种自身免疫疾病，这类疾病可以影响全身任何部位，多数慢性且难以治愈，因而引起大量的公众健康问题。类风湿关节炎、红斑狼疮、Ⅰ型糖尿病、多发性硬化症等是典型的自身免疫性疾病。迄今为止，人们对自身免疫性疾病的病因和发生机制的理解非常局限，遗传与环境因素的相互作用是目前公认的致病途径。

具有免疫功能的大量基因紧密连锁在一定区域，不仅 *HLA I*、*HLA II* 和 *HLA III* 基因，尚包括补体 *C2*、*C4*、*TAP1* 和 *TAP2*，以及 *TNFα* 和 *TNFβ* 基因，这些基因通常连锁传递，表现连锁不平衡，使得某些可能的风险单倍型与疾病的关联性出现误判。例如，*TNFα*-308 变异与超表达相关，其经常出现在 *HLA-B8\C4A*QO* 和 *HLA-DR3* 的单倍域中，使得每一个变异都类似真正的风险因素，但到目前为止，这些内容还缺乏更深入的研究，更多的工作还仅限于单基因及其组合的遗传变异与疾病易感性的关联研究。

与自身免疫性疾病相关的环境因素通常包括化学、物理和生物因素三大类，如硅、石棉、金属、杀虫剂、工业化合物、各种溶剂和化妆品等化学因素；离子辐射、紫外照射及电磁场等物理因素；感染、膳食污染、霉菌毒素等生物因素。许多涉及挖掘、采矿、建筑、水泥制造等工矿企业的环境释放物如二氧化硅暴露，与抗中性粒细胞胞质抗体(ANCA)相关疾病的风险增加有关，如 ANCA 阳性的幼年型类风湿性关节炎、小儿肺出血-肾炎综合征、系统性血管炎所致神经损害等疾病。本质上讲，硅可辅佐 T 细胞启动自身免疫性疾病。

硅晶体暴露通常与石棉暴露共同发生，当把风湿性关节炎、系统性红斑狼疮和系统性硬化症合并考虑，石棉暴露与这些疾病发病风险合并 OR 值为 2.1。

1. 类风湿关节炎

类风湿关节炎(rheumatoid arthritis, RA)是一类复杂的环境暴露与个体遗传易感性相互作用引起的自身免疫性疾病，免疫系统通过攻击关节、诱发炎性滑膜炎的系统性疾病，表现为手、足小关节的多关节、对称性、侵袭性关节炎症，以关节疼痛、僵硬和肿胀，运动和功能退化为主要标志。遗传因素在该疾病风险、烈度及进展中发挥重要作用。

人类 6 号染色体上的共同抗原决定基和主要组织相容性抗原 MHC 的高度变异是潜在的 RA 遗传易感因子。*HLA* 多态形式 *HLA-DRB1*、*HLA-DPB1* 和 *HLA-B* 与 RA 高度相关。Raychaudhuri 等发现了 16 个 *HLA-DRB1* 单倍型、2 个 *HLA-B* 单倍型和 2 个 *HLA-DPB1* 单倍型与 RA 高风险相关；5 个位于 HLA 肽链结合沟的氨基酸变异与 RA 有紧密的关系（HLA-DRβ$_1$，第 11、71 和 74 个氨基酸；HLA-B 第 9 位及 HLA-DPβ$_1$ 第 9 位的氨基酸，HLA-DRβ$_1$ 分子的第 11 位和第 13 位的氨基酸变异是 ACPA-阳性 RA 的强风险因子）。

HLA-DRB1 共同易感性表位*0401* 和*0404* 基因型与 RA 风险的 OR 值接近 4，与 *DRB1* 共同表位对应的特殊氨基酸可结合于 HLA-DRβ1 的肽链结合沟，提高 RA 遗传风险；*HLA-DRB*0101* 和 *HLA-DRB*1402* 与 RA 也有显著的相关性，90%以上的 RA 患者至少出现其中一种变异。

还有研究证明，具有 *DR4* 等位基因的个体罹患 RA 的风险显著高于其他人群，70%的 RA 患者携带 *HLA-DR4*，而对照中仅 30%；在某些 HLA-DR4、HLA-DR14 和 HLA-DR1β 链的高变区的 QKRAA 氨基酸序列与 RA 高度相关。

近年来研究还证明了 *HLA-E01:01/01:01* 基因型与 RA 的风险降低有关，而 *HLA-E 01:03* 基因型则使疾病缓解概率降低，

全基因组关联分析还发现 100 余个非 HLA SNP 与 RA 相关，尤其 *PTPN22*、*TNFAIP3* 和 *TYK2* 均对 RA 的风险有所贡献；*MAP2K4* 的 rs10468473 位点与 HLA-DRB1 具有共同抗原决定基，因此可提高 ACPA-阳性 RA 的风险。目前认为，HLA 共同抗原决定基目前只代表了 RA 12%的遗传变异，而其他非 HLA 位点对 RA 的遗传贡献约 4%，大多数 RA 的遗传因素尚未揭晓。

吸烟是 RA 发生的重要风险因子，而且具有明显的正相关时间效应，香烟烟雾通过和 RA 共同表位等位基因的相互作用而提高 RA 易患性；纺织粉尘也可以增加 ACPA-阳性和阴性的 RA 风险。总体而言，香烟烟雾占据了 RA 风险的 25%、ACPA-阳性 RA 风险的 35%；硅暴露、女性生育、超重也是 RA 正相关风险因素；而适当饮酒利于降低 RA 风险。

肺可能是 RA 发病的起始位点，间质性肺病（interstitial lung disease）就是众所周知的非关节性 RA。吸烟及其他导致炎症的损伤可诱发黏膜的自身免疫和瓜氨酸化，从而导致机体响应这些抗原而产生多样化的 ACPA，构成疾病发生的临床前病因。*HLA-DRB1* 与香烟烟雾之间的相互作用对于血清阳性的 RA 风险具有显著贡献。大量吸烟与 *HLA-DRB1* 基因共存使得 RA 风险提高 23 倍。*GSTT1* 及 *HMOX1* 基因的多态性可干扰香烟烟雾代谢而提高 RA 易感性。

尽管遗传因素在 RA 的风险中占重要地位，但免疫细胞的表观调控可能是自身免疫性疾病发生发展的重要环节。RA 的同卵双生子共患率仅为 12%～15%，异卵双生子或其他一级亲属为 2%～5%，提示基因并非 RA 遗传的唯一因素。事实上，表观遗传学机制在其中也发挥着重要作用。

Julià 等在三个队列的 B 细胞中进行了 RA 的表观基因组关联分析（EWAS），在 RA 患者中发现 64 个 CpG 位点，6 个生物学途径均出现差异性甲基化；在一个独立的队列中证实了位于 8 个基因（*CD1C*、*TNFSF10*、*PARVG*、*NID1*、*DHRS12*、*ITPK1*、*ACSF3* 及 *TNFRSF13C*）和 2 个基因间隔区内的 10 个 CpG 位点甲基化状态与 RA 相关。

2. 系统性红斑狼疮

系统性红斑狼疮(systemic lupus erythematosus, SLE)是一个累及身体多系统多器官的自身免疫性炎症性结缔组织病，多发于女性，近年来发病率和死亡率都在不断攀升。

一般认为，SLE 是一个集遗传、环境、雌激素等各种因素为一体出现的疾病，患者 T 淋巴细胞减少、抑制性 T 细胞功能降低、B 细胞过度增生，大量自身抗体与相应的自身抗原结合形成免疫复合物，沉积在皮肤、关节、小血管、肾小球等部位，导致黏膜、皮肤、关节、肾脏、肺、神经系统和机体其他部位损伤。

遗传因素对 SLE 易感性有显著影响，10%的 SLE 具有家族史，同卵双生子 SLE 共患率为 40%，而异卵双生子则仅 4%。与类风湿性关节炎和其他自身免疫性疾病类似，*HLA* 基因在 SLE 易感性中具有核心作用，*HLA-DRBl*03:01* 和 *15:01* 单倍型均为 SLE 的强风险因子，GWAS 已揭示了 40 个遗传易感位点，涉及 DNA 降解和细胞碎片化、Toll 样受体、免疫复合物清除、干扰素、NF-κB 通路、B 细胞/T 细胞/单核细胞/中性白细胞调节等环节；DNA 修复基因如 *ATG5*、*TREX1* 及 *DNASE1* 与 SLE 中广泛存在抗核抗体有关；基因间相互作用对 SLE 风险有一定关联，SLE 患者中发现 *CTLA4*、*IRF5*、*ITGAM* 与 *HLA-DRB1* 之间、*PDCD1* 和 *IL21* 之间都存在相互作用。

Cai 等近期在中国汉族的 415 个 SLE 患者和 415 例对照中分析了 6 个基因的 14 个 SNP，发现 *TMEM39A* 的 rs12493175 CT 和 CT+TT 基因型、rs13062955 AC 及 AC+AA 基因型能显著降低 SLE 的风险，SLE 患者的 *TMEM39A* 的 CGTA 单倍型频率显著低于正常人群。

表观遗传改变对于 SLE 也是重要的风险因子，Kit San Yeung 利用全基因组甲基化芯片，在一个中国人群中比较了 12 名女性 SLE 患者和 10 名对照白细胞 CpG 位点，结果在 25 个基因内的 36 个 CpG 位点出现甲基化差异性丧失，在 7 个基因里，8 个 CpG 位点获得差异性甲基化。42%的低甲基化位点都位于 CpG 岛岸，提示这些位点相关基因的功能重要性，其中 4 个与Ⅰ型干扰素途径相关的基因(*MX1*、*IFI44L*、*NLRC5* 及 *PLSCR1*)在病例-对照的队列分析中表现了 mRNA 表达的提升。

抽烟和紫外辐射可能是 SLE 风险的环境因素，已确认 UVB 是 SLE 恶化的原因，其可能的机制是引起凋亡和细胞碎片清除异常。EB4 病毒也可能是诱发 SEL 的环境因素之一。SLE 患者的 EB 病毒载量通常高于常人，并且具有 EB 病毒的抗原拟态。但是 EB 病毒对 SEL 风险的影响机制还有待进一步研究；激素和生殖的影响也可能构成了女性易患 SEL 的微环境。

美国南卡罗来纳州的人群研究发现，*GSTM1* null 纯合子且具有 2 年以上职业性阳光暴露史的女性罹患 SEL 的风险较其他情形提高 3 倍。日本的一项病例-对照研究发现女性吸烟且为 NAT2 慢代谢型个体的 SEL 风险较不吸烟且 NAT2 快代谢型个体高 6 倍，提示香烟中的氧化剂代谢与 SEL 风险具有一定的相关性。尽管目前还缺乏特异的病原体与遗传因素相互作用的确凿证据，但微生物感染可启动个体的遗传易感因素、引起免疫反应异常是不争的事实。Toll-样受体基因 *IRF5* 及 *TLR7* 就可能与微生物感染引起的人体自身免疫反应有关；EB 病毒感染与遗传因素相互作用，可影响宿主，通过启动免疫级联反应而引发 SLE。

(三)石棉暴露-遗传互作与肺疾患

石棉(asbestos)是重要的非金属矿物原料,广泛应用于建筑、交通、冶金、机械、化工及国防尖端技术等领域。当含石棉材料发生破损时,细小的纤维会释放到空气中,人体吸入后将产生物理损伤和细胞毒性,进而可导致石棉肺。相当一部分肺癌与机体过去暴露在石棉污染环境中有关。石棉的致癌效应有若干可能机制,其中由氧自由基和活性氧基团引起的氧化胁迫诱发的炎症细胞活化发挥着关键作用。氧化胁迫可以被体内的抗氧化反应分子如谷胱甘肽(GSH)所阻碍,该化合物或其编码基因的缺失与肺功能降低、各种肺疾病的风险提高相关。早期的研究发现,在谷胱甘肽硫转移酶基因 *GSTM1* null时,石棉暴露使肺石棉沉滞症的发病风险增加,50%的高加索个体缺乏这样的酶,因而对石棉暴露引起的氧化胁迫的抵抗能力降低,受累个体容易产生各种炎症、肺组织疤痕及肺纤维化,随后出现呼吸困难。石棉沉滞症是恶性间质瘤的重要诱发因素。

锰过氧化物歧化酶(MnSOD)是哺乳动物组织内最重要的抗氧化酶,其在抵抗活性氧基团和抑制上皮细胞肿瘤等方面发挥着重要作用,MnSOD 在线粒体催化氧自由基的歧化反应。该酶在正常间皮组织中几乎无活性,但经石棉暴露和炎性因子所诱导,其在恶性间质瘤中活性显著提高。MnSOD 转染后引起转化细胞对氧化物、细胞因子、石棉纤维及细胞毒性药物的抗性增加;该酶缺陷导致氧化敏感性和细胞凋亡能力增加。最常见的 MnSOD 多态性是其编码基因 *SOD2* 第 16 个密码从缬氨酸错义突变为丙氨酸(SOD2 V16A),突变导致酶次级结构改变,当该位点突变为纯合子 *SOD2*(*Ala/Ala*),恶性间质瘤的 OR 显著增加,即便在低水平的石棉暴露时也具有高风险。无论石棉暴露剂量高低,*GSTM1* null 和 *MnSOD Ala/Ala* 联合基因型均显著增加恶性间质瘤风险。研究提示氧化胁迫及细胞抗氧化系统的效能降低是构成恶性间质瘤的重要病因。

(四)慢性铍中毒与遗传易感性

人类6号染色体基因编码的主要组织相容性复合物(MHC)或人类白细胞抗原(HLA)是一类无机和有机化合物如铍、金、酸酐、异氰酸盐等诱发疾病的重要遗传决定因素。*HLA* 是特异环境抗原或过敏原引起的免疫性与过敏性肺部疾患的候选基因。

铍(berylliosis)是一种坚硬、轻质量的金属,其发生并反射中子、导电,是对人类毒性最高的几种金属之一,无论暴露水平高低,都易引起免疫反应,即铍致敏、急慢性铍疾病。作为一种半抗原,其可能通过直接结合在人类白细胞抗原-DP(HLA-DP)分子而改变 HLA 免疫反应。慢性铍疾病是铍暴露诱发的一种免疫应答性、系统性肉芽瘤肺疾患,往往在暴露数月至数十年发病。对职业暴露人员进行横断研究发现 10%以上的个体被铍致敏,其中 4%发展为慢性铍疾病。该疾病经长时间潜伏期后,有 1/3 的个体逐渐出现呼吸障碍并最终发展为呼吸衰竭。从细胞水平看,铍暴露者下呼吸道常有铍活化的 $CD4^+T$ 细胞和巨噬细胞的积累并形成肺炎性肉芽肿,在免疫致敏阶段,HLA-DP 分子负责致病性 $CD4^+T$ 细胞提呈铍抗原。早期研究证实慢性铍疾病易感性与 HLA-DP β 链基因编码区第 69 位氨基酸多态性高度相关,在该位点携带谷氨酸密码的铍暴露史的个体

— 211 —

(*HLA-DPβ1*E69*)中，患病风险增加 8 倍，因此 *HLA-DPβ1*E69* 增加被暴露个体慢性铍疾病风险。

近期研究发现，*HLA-DPβ1*E69* 位点还存在 40 个与慢性铍疾病易感性相关的单倍型变异，它们与慢性铍疾病具有从低到高的相关性，如 *HLA-DPB1*0201* 和 *HLA-DPB1*1901* 基因型使疾病风险增加 3 倍、*HLA-DPB1*1701* 提高 10 倍以上。研究还发现与 HLA-DP 表面电荷变化有关的特异遗传变异与慢性铍疾病间具有各种不同的关联，当各基因位点组合后，HLA-DP 负电荷进一步增大，慢性铍疾病的风险更高。

(五)硅肺病(矽肺)的遗传易感性

硅肺病(矽肺，silicosis)是一种严重的纤维增生性肺尘症，多因长期吸入含有结晶二氧化硅的粉尘所致。矽肺以炎症和肺部出现广泛的结节性纤维化损伤为标志，严重影响肺功能甚至丧失劳动力。二氧化硅颗粒进入肺部被巨噬细胞吞入，后者释放 TNF-α、IL-Ⅰ和其他细胞因子而引发炎症，刺激纤维原细胞繁殖并包裹硅尘颗粒产生胶原，导致纤维化和结节形成。尽管目前尚缺乏疾病早期的生物学标记，但无论连续或者间断性暴露，炎症前细胞因子 TNF-α 和 IL-Ⅰ对于疾病的发生发展和纤维化均具有重要的作用。

Castranova、Zhai 和 Yucesoy 等多个实验室的工作发现 *TNF-α* 基因-308SNP 是中度和重度矽肺发生的危险因子，约 50%的肺尘症患者具有该基因型；*TNF-α* 的-238SNP 则是重度矽肺的高风险因子；中度和重度矽肺的煤矿工人中 IL-Ⅰ*RA* 基因+2018 位点变异频率增加，暗示该疾病的发生与 IL-Ⅰ*RA* 基因(+2018)的变异相关。*IL-Ⅰ-RA*(+2018)和 *TNF-α*(-308)联合基因型使得重型矽肺风险增加 2 倍以上。

(六)ACE 基因多态性和绿茶多酚与乳腺癌易感性

实验及流行病学资料提示绿茶多酚(green tea polyphenol)对于乳腺癌发生具有防范效应。洛杉矶一项病例-对照实验证实，常规饮绿茶的华人女性乳腺癌风险比不饮茶的个体低 40%。绿茶多酚的抗氧化效应可能在肿瘤发生中发挥一定的阻滞作用，但这种保护效应的机制目前尚不清楚。

流行病学证据提示血管紧张素Ⅱ(angiotensin Ⅱ)对于乳腺癌发生具有重要促进作用，离体实验发现绿茶多酚可抑制血管紧张素Ⅱ诱导的活性氧自由基生成，因此绿茶多酚也可能有助于机体抵抗血管紧张素Ⅱ的氧胁迫功能。血管紧张素Ⅱ是在血管紧张素转换酶(angiotensin-converting enzyme，ACE)作用下从无活性的血管紧张素Ⅰ转化而来的。*ACE* 位于 17q23，在第 16 内含子中存在 287bp 的插入(I)或缺失(D)多态性。研究发现具有低 ACE 活力的女性(*ACE D I / II*)患乳腺癌的风险低于那些具有高 ACE 活力的基因型(*ACE DD*)的女性。Yuan 等采用病例对照研究，在新加坡华人群体中探讨绿茶多酚是否可通过抑制血管紧张素Ⅱ的机制间接抑制 ACE 活性，从而对高 ACE 活性个体发挥保护效应。研究发现 *ACE A240T*(*AT* 或 *AA*)与 *ID* 或 *II* 的联合基因型为低活力基因型，相关个体比携带高活力基因型的个体(*TT-DD* 联合基因型)乳腺癌风险下降大约 50%。在低 ACE 活力的女性中，绿茶饮用频次(0～6 次/天及以上)与乳腺癌风险无关，而携带高活性 *ACE* 基因型的妇女摄入绿茶平均次数与乳腺癌风险呈负相关。结果提示，在评估绿茶摄入量与乳腺癌发病风险关系中，应考虑 *ACE* 基因 *A-240T* 和 *I/D* 多态性。

(七)非综合征性唇腭裂中的遗传-环境相互作用

非综合征性唇腭裂(nonsyndromic cleft palate, CP)是指单纯性口、鼻腔裂开，不伴有颌面部和身体其他部位畸形的出生缺陷，该疾病病因复杂且为高异质性，包括遗传及环境等风险因素。

Beaty 等通过病例-双亲样本 GWAS 分析、基于家族的 SNP 关联测试、女性抽烟、嗜酒及补充多种维生素等环境因素评价手段，探索了遗传与环境对 CP 的权重。研究发现，当仅考虑遗传因素时，在病例-双亲样本 GWAS 分析中没有发现与 CP 相关联的有价值 SNP；而同时考虑基因-环境(G×E)相互作用时，已在全基因组的若干基因里找到有意义的 CP 标记：受孕前后 3 个月女性饮酒情况下，9 号染色体上 *MLLT3* 和 *SMC2* 上多个 SNP 能够提升 CP 风险；在女性吸烟情况下，12 号染色体上的 *TBK1* 和 18 号染色体上的 *ZNF236* 也出现多个与 CP 风险增加相关的 SNP；对于补充多种维生素的情形，8 号染色体 *BAALC* 上所发现的 SNP 能够降低 CP 风险。这些结果提示，对于复杂和异质性疾病，了解遗传因素对疾病风险的影响，有必要采用基于 G×E 相互作用的 GWAS 手段。

迄今为止，GWAS 是确定复杂疾病易感基因/位点的有效策略，通过 GWAS 分析，已经确定了许多新的易感基因及其特定的生物学通路。截止到 2016 年 5 月，全球已开展的 GWAS 研究共有 2437 项，确定了 16 617 种疾病相关的 SNP，为精准医学和复杂疾病的个性临床管理奠定了科学基础。但是，精确定位的易感位点和基因的功能、确认 SNP 与复杂疾病的致病分子机制，还需要大量的研究。

在大多数 GWAS 分析中，环境因素及其与关键遗传位点相互作用的可能性尚缺乏有效的研究手段。为满足建立数据协调中心、基因分型中心和研究者的需求，2006 年以来，以 NIH 为主的基因-环境关联研究联盟(The Gene, Environment Association Studies Consortium，GENEVA，https://www.genome.gov/27541319/ gene-environment-association-studes-geneva/)，在识别 GWAS 提出的复杂疾病和性状相关的遗传变异、与环境暴露相关的基因-性状变异等层面开展了大量工作，对于实现复杂疾病病因学的理解、寻找可能的干预机会具有重要意义。

第二节　营养遗传学和营养基因组学

基因组损伤是某些系统发育异常、退行性疾病、衰老和肿瘤的重要风险因子。有鉴于膳食中含有维护 DNA 代谢、DNA 损伤修复相关的辅酶和辅助因子，探讨膳食微营养素的摄取、在机体内的代谢多态性及其对基因组稳定性的影响，成为新时代营养学和医学遗传学的重要领域。营养基因组学(nutrigenomics)及营养遗传学(nutrigenetics)是该领域一个重要的新兴学科群。营养基因组学探讨营养组分及生物活性食物组分如何影响基因表达并维护基因组的完整性；营养遗传学则研究遗传变异对膳食干预的响应。这两门学科围绕着群体或遗传亚群中各种营养素的过剩或缺乏的现状评价、特殊营养物质失衡在基因组/转录组/蛋白组/代谢水平的生物学和医学效应、营养物的遗传响应及健康结局的综合诊断系统的构建开展研究。

伴随着各种高通量的"组学"技术的引入，人们可更好地理解基于基因型的营养-基因相互作用的信息，消除不当营养因素，探寻引起基因剂量和表达改变的诱因，从而构建最大程度利好健康、防范疾病的个性化营养策略。

营养和多种营养组合的营养组(nutriomes)的健康效应取决于机体摄取、代谢营养分子的遗传变异，也涉及相关酶及其营养辅助因子或代谢物之间的相互作用。我国乃至国际上，现行的微量营养素推荐日摄取量(recommended dietary allowance, RDA)通常是依据预防微量营养素缺乏直接相关的疾病而制定，如叶酸预防贫血、补充维生素 C 预防坏血病等。营养基因组学大量成果揭示，现行 RDA 标准通常无法满足预防基因组损伤的营养需要。

人体营养干预和淋巴细胞离体实验研究提示，维生素 C、维生素 E、Cu、Zn 和多酚有助于防范 DNA 氧化损伤；叶酸、维生素 B_{12}、Zn、Mg 可维护 DNA 合成与基因表达的真实性及准确性；Zn、烟酸、叶酸有助于 DNA 损伤修复；甲基化合物、维生素 D、维生素 A 有助于调控基因正常表达；甲基化合物、维生素 A 和 Mg 能够维持染色体的正常分离；烟酸可通过聚腺苷二磷酸核糖聚合酶(PARP)维持端粒长度；烟酸、Zn、维生素 E、维生素 D、维生素 C、维生素 A、维生素 K_2 可维持细胞的正常凋亡与坏死机制；在离体培养条件下的叶酸浓度降至 12nmol/L 时，人淋巴细胞基因组损伤显著增加，相当于 0.2Gy 的 X 射线辐射，超过年允许安全范围 10 倍以上。

一、膳食因素-遗传互作与健康效应

麸质过敏性肠病(coeliac disease，乳糜泻)是一种具有家族性遗传特性的、需要个性化膳食营养的病例，其病因是机体不耐受含有麸质的食物，易感人群在进食麸质后可发生系统性自身免疫病，导致肠道严重炎症，出现结肠绒毛的改变。该疾病的治疗只能通过严格控制膳食来实现。目前认为 *HLA-DQ*[*DQ2* 和(或)*DQ8*]基因的变异使得肠胃道对麦麸过敏性反应的风险增加。

FTO 是一个与脂肪量和肥胖相关的基因，其第 1 内含子 *rs9939609* 位点导致相关个体的肥胖和 2 型糖尿病的风险增加，在不限食的情况下，携带该突变的儿童比其他儿童摄入更多的卡路里。*rs9939609* 突变对机体肥胖和疾病的贡献同时受体育锻炼的修饰，在缺乏锻炼的个体产生的负效应显著增加。*rs9939609* 突变对于食物供给丰富、缺乏运动的个体而言是肥胖的遗传易感因子。

异硫氰酸盐具有不同程度的抗癌作用，人体内的异硫氰酸盐主要通过摄入十字花科蔬菜获得，十字花科蔬菜中含有 20 余种异硫氰酸盐。*GSTM1* 或 *GSTT1* 多态性信息有助于帮助人们确定消减胃癌风险所需的异硫氰酸盐剂量，*GSTT1* null 个体相对于其他基因型携带者需要更少的异硫氰酸盐。*CYP450* 多态性可帮助人们预测哪些个体需要限制肉类摄入以降低结肠癌风险。过氧化物酶体增殖物激活受体 δ 基因 *PPAR 789CT* 可能帮助人们预测自身摄入鱼类的健康利弊；维生素 D 受体 *VDR* 基因 *Fok1* 多态性与钙稳态之间具有密不可分的联系，携带 *Fok1f* 的个体对维生素 D 的响应弱于 *Fok1* F 个体，其骨钙含量下降并伴有结肠癌风险上升，然而维生素 D 影响下的钙沉积与癌症风险之间的关联尚待解析。目前类似研究虽然揭示了营养遗传学、膳食和疾病风险之间的关系，但是相关证据、机制还需要大量的研究。只有将重要的遗传变异和特定的生物学过程联系起来，营养遗传学和营养基因组学才会具有真实的社会意义。

USDA Mypyramid 膳食工具（http://www.foodpyramid.com/mypyramid/）的开发有力地促进了公众对营养学的认识及对个体膳食需求量的策划，也在一定程度上为营养遗传学和营养基因组学的应用发展提供基础数据。

二、维生素 C 与基因组稳定性

生物体内产生的过量自由基和活性氧物质是导致衰老和肿瘤的主要病理因素。细胞内的 H_2O_2 可产生高活力的羟自由基（hydroxyl radical，·OH），电离辐射也可引起体内产生·OH，该基团加合在 DNA 的鸟嘌呤残基上，形成 8-羟基-7,8,二氢鸟嘌呤（8-hydroxy-7,8-dihydroguanine，8-oxodG），继而被氧化为 8-羟基脱氧鸟嘌呤（8-hydroxy-2`deoxy-guanosine，8-OHdG）。这些氧化胁迫是 DNA 损伤、染色体畸变、端粒缩短等一系列遗传毒性事件的诱因。

维生素 C 是生物体内最天然的抗氧化剂之一，在体内以抗坏血酸盐的形式存在，是一系列酶必需的辅助因子，血浆生理浓度一般为 20~90μmol/L。维生素 C 通过影响微粒体羟化酶、与氧自由基反应而参与外源物的生物转化，其具有提高细胞色素 P450 活力、增加外源物的水溶性从而促进排泄的功效。大量分子流行病学实验证明维生素 C 影响遗传稳定性，主要体现在抗氧化损伤、降低机体对致癌剂和诱变剂的敏感性、提高机体 DNA 损伤修复能力。

Sram 等对维生素 C 防范遗传损伤的工作进行了比较全面的阐述，对近百例正常中老年志愿者以每日 1g 维生素 C 连续干预 12 个月，受试者血浆维生素 C 浓度比对照增加 5 倍以上，染色体畸变率与对照无明显差异，但是血浆和淋巴细胞里的脂过氧化反应降低；摄入高剂量维生素 C 有利于机体对苯、对二氨基联苯、氯仿、硝酸盐、亚硝胺、多环芳烃和多氯联苯等诱变剂及致癌剂的代谢排泄；对于多环芳烃等诱变剂职业暴露的群体，维生素 C 血浆浓度高于 50μmol/L 时，染色体易位和 DNA 加合物频率显著低于摄入不足的个体。

在细胞正常代谢和环境因素的影响下，细胞内源性产生或接触外界 H_2O_2、·OH 等活性氧基团。活性氧参与细胞的正常代谢，但失衡则引起 DNA 损伤，造成基因突变。现在普遍认为活性氧是突变、癌变和衰老的促进因子。大多数氧化损伤可以被修复，但是一些低稳态的氧化修饰碱基则可留在 DNA 分子内。8-OHdG 就是一种具有诱变潜能的氧化碱基，其含量标志着 DNA 氧化损伤水平。高剂量摄入维生素 C 可能增加机体抗氧化效率，减少机体的氧化损伤并防范相关的病理改变。Gackowski 等探索了淋巴细胞中 8-OHdG 含量和血浆维生素 C 浓度的关系，志愿者每天摄入维生素 C 500mg，服用 12~36 个月，无论尿液里排出或淋巴细胞 DNA 的 8-OHdG 水平都没有显著改变；但 Cooke 等以同样的干预方法开展研究，6 周后发现单核细胞 DNA、血清和尿液中排出的 8-OHdG 含量显著下降，提示维生素 C 的高摄入有利于 DNA 和核苷酸库中的氧化损伤修复。Rossner 等研究了公交车驾驶员 8-OHdG 尿排泄量与空气污染的关系，发现 $PM_{2.5}$ 和 B[a]P

暴露都使氧化损伤提高，且维生素 C 摄入量与 8-OHdG 无关。然而他们比较高污染和低污染城市工人和警察的氧化损伤时，却发现 8-OHdG 尿排泄量与血浆维生素 C 浓度呈负相关，提示维生素 C 高摄入有利于 PM$_{2.5}$ 污染导致的 8-OHdG 水平即氧化损伤下降。上述研究提示，维生素 C 对基因组的保护效能并非一成不变，其与不同个体的遗传背景差异、有害物质暴露的种类和强度相关。

三、维生素 E 与基因组稳定性

人体具有复杂的抗氧化酶系，如过氧化物歧化酶、谷胱甘肽过氧化物酶等，它们阻断包括活性氧在内的活性基团反应通道的开启，人体同时拥有一系列非酶抗氧化物如谷胱甘肽、维生素 E 和维生素 C 等。维生素 E 能清除活性氧基团在生物膜脂质分子上形成的过氧化物，抑制它们的致癌和致突性。研究证明，维生素 E 通过干扰膜结合的 NADPH 氧化酶复合物组装而直接减少活性氧的产生，其还可以通过提高免疫监视、影响与细胞繁殖和凋亡有关的信号通路而防范肿瘤形成。

端粒是染色体上对活性氧含量异常敏感的区段，氧化胁迫在端粒区域形成 8-oxodG 的水平高于其他区域。Shen 等发现人体摄入维生素 E 和维生素 C 等抗氧化剂不足，可导致女性端粒缩短、乳腺癌风险中度升高。

原癌基因 c-myc 过表达能够使有丝分裂信号通路处于活动状况，Factor 等利用转基因小鼠探讨了该基因过表达后小鼠肝细胞染色体损伤及维生素 E 对损伤的影响，发现维生素 E 能够防范肝组织免于氧化胁迫且抑制原癌基因 c-myc 的功能。在小鼠饲料中添加维生素 E，氧自由基产生量明显降低，肝细胞染色体及线粒体 DNA 的稳定性也得以提高。研究提示，c-myc 过表达产生的活性氧基团是模式动物的主要内源致癌物，补充维生素 E 可能抑制肝癌的发生。

维生素 E 主要包括三烯生育醇(tocotrienol)和生育醇(tocopherol)两种类型，前者抗肿瘤和诱发细胞凋亡能力强于后者。Constantinou 等分析了 2 种维生素 E 异型体(α 和 δ 三烯生育醇)和 4 种合成的维生素 E 衍生物在前列腺癌细胞株 AR$^-$(DU145 及 PC-3)和 AR$^+$(LNCaP)诱发凋亡的情况，结果发现 δ 三烯生育醇及一个维生素 E 合成衍生物 (α-tocopheryl polyethylene glycol succinate) 都可启动不依赖 caspase 的 DNA 损伤后细胞凋亡途径。Chen 等发现维生素 E 通过细胞色素 c 介导的 caspase 凋亡调节作用，不仅能有效地减少小鼠被动吸烟引起的肺癌发生，还能在小鼠原代培养的胚胎肺细胞中以剂量-时间效应模式抑制甚至逆转烟草抽提物的细胞毒性效应。作为重要的抗氧化剂，维生素 E 在抗击氧化胁迫、调节细胞凋亡等方面具有显著的作用，因而对于遗传物质的保护也具有不可忽视的功能。

四、锌对基因组稳定性的作用

锌(Zn)是生物体 100 余个蛋白质的必需组分，如铜/锌超氧化物歧化酶，其功能涉及广泛的生物学过程如细胞繁殖、免疫和防范氧化损伤。Zn 可调节细胞对氧化胁迫的响应、DNA 损伤修复、细胞周期与凋亡等过程。

Zn 的生理浓度为 2～15μmol/L，Zn 缺乏可影响机体最重要的肿瘤抑制蛋白 p53 的功能，从而影响 DNA 损伤修复和细胞凋亡。p53 蛋白为含有若干活性半胱氨酸的锌结合蛋白，其生化特性依赖于金属的氧化还原反应。p53 特异性地与 DNA 结合，调节 DNA 损伤后的修复、细胞周期进程、繁殖、分化和凋亡。p53 可以诱导细胞进入 G_1 期，允许细胞在 DNA 复制和核分裂前进行适当的 DNA 修复。在低 Zn 培养条件下，p53 表达上调非常明显，提示 Zn 缺乏可能诱发细胞对 DNA 损伤的响应。在 Zn 缺乏状态下，p53 被氧化和异常调控，但其仍然可诱发 p53 介导的细胞凋亡相关基因表达，提示低浓度 Zn 可能以两个不同方式影响 p53 依赖的凋亡途径，即转录调控凋亡相关基因或者直接与 Bcl-2/Bax 相互作用并引起 caspase 凋亡级联反应。

Sharif 等探讨了硫酸锌($ZnSO_4$)和肌肽锌(ZnC)对人淋巴母细胞样细胞系 WIL2-NS 繁殖状况的影响，发现 Zn 缺乏状态下凋亡、坏死和基因组损伤水平显著增加，而当培养基中任何一个锌化合物浓度增加到 4～16μmol/L 时，基因组损伤和细胞损伤都显著下降，提示了基因组稳定的适宜 Zn 浓度范畴。研究同时还发现 1.0Gy γ 辐射暴露前以 4～32μmol/L 的 Zn 干预，细胞的抗辐射能力较之无 Zn 组显著升高。高浓度 Zn(32～100μmol/L)或 Zn 缺乏(≤0.4μmol/L)都可能引起严重的细胞和遗传毒性。

哺乳动物的复制蛋白 A(RPA)是一个锌指蛋白，为重要的单链结合蛋白，在 DNA 复制和错配修复中发挥着必不可少的作用。RPA 最大的亚单位含 Zn 指基序，该结构位于结合单链 DNA 或形成 RPA 复合物的关键域。研究证明，RPA 的 DNA 结合活性是通过锌指结构域的氧化还原反应来调节的。

真核生物 DNA 的碱基切除修复(base excision repair，BER)和核苷酸切除修复(nucleotide excision repair，NER)的功能发挥都与锌指结构和锌结合蛋白相关。在 BER 过程中，内切核酸酶Ⅳ是一个重要的 DNA 修复酶，其通过在 DNA 主干切除无嘌呤碱基而启动 DNA 的修复。用高分辨数据建模和多波长不规则衍射分析发现，核酸内切酶Ⅳ包含三个 Zn^{2+}，它们直接参与磷酸二酯键的切割；*OGG1* 编码的 DNA 结合与修复酶是 BER 通路中另一个锌指蛋白，其对 8-OHdG 发挥着糖苷酶和裂解酶的作用。在 NER 过程中，最重要的 DNA 结合蛋白是 A 型人类着色性干皮病的 C-4 型锌指蛋白 XPA，该蛋白虽然没有催化特性，但是其锌指基序可识别并结合在出现损伤的 DNA 单链上，同时募集包括 RPA 在内的其他蛋白参与损伤修复。

除 BER、NER 修复系统，与 DNA 修复相关的另一个锌指蛋白是多聚 ADP-核糖聚合酶[poly(ADP-ribose)polymerase，PARP]。PARP 是一个多功能蛋白质翻译后修饰酶，能对许多核蛋白进行聚腺苷二磷酸核糖基化，其介导细胞对 DNA 链断裂的响应，是 DNA 分子断裂的感受器之一，通过识别 DNA 结构损伤而被激活，是细胞凋亡核心成员 caspase 的切割底物，PARP 被剪切是细胞凋亡和 caspase 3 激活的标志。PARP 参与真核细胞对环境与遗传毒物的应答与处理，在维持基因组稳定性上发挥着重要作用。PARP 缺陷使细胞的 DNA 修复能力急剧下降，对 DNA 损伤剂敏感度升高。

DNA 特异位点上的金属离子氧化还原作用可产生·OH，故金属离子氧化还原作用与 DNA 损伤有关。研究发现，随着细胞内 Zn 水平的上升，核蛋白中更多的 Fe 离子被替换，可能减少由·OH 引起的 DNA 损伤；在人成纤维细胞和成黑色素细胞中，Zn 还可以显著降低具有致癌性的镉和钒的遗传毒性效应；有研究指出，几种重金属的致癌效应是因为它们替换转录因子锌指结构中的 Zn 并在它们与 DNA 的结合部位释放氧自由基；雌激素受体转录因子中的 Zn 一旦被 Fe 所替代，在 H_2O_2 存在下，将产生高活力氧自由基。可见 Zn 对于 DNA 稳定性的重要性。

五、叶酸缺乏与基因组稳定性的关系

一碳单位(one-carbon unit)是合成嘌呤与嘧啶、甲基基团转移之必需，一碳单位代谢在 DNA 合成与 DNA 甲基化过程中发挥着关键作用，是遗传学与表观遗传学过程交谈(crosstalking) 的关键部位。该代谢的紊乱和障碍可导致 DNA 和染色体断裂、甲基化与基因表达异常等遗传学和表观遗传学变异，使得基因组的稳定性下降，成为许多遗传-环境相关疾病的重要病因。

叶酸(folate)是一类能够提供各种一碳单位衍生物的重要水溶性 B 族维生素，其代谢通路涉及的一碳单位反应包括两个主要分支：第一条为嘌呤、胸腺嘧啶的从头合成途径，叶酸缺乏导致 dUMP/dTTP 比例升高，尿嘧啶核苷积累并代替胸腺嘧啶掺入 DNA，导致碱基序列和转录产物的改变，随后产生无碱基位点、DNA 单/双链断裂乃至染色体畸变、基因扩增等遗传损伤；第二条分支是以 5-甲基四氢叶酸(5-methyltetrahydrofolate) 为甲基供体，将同型半胱氨酸转化为甲硫氨酸(methionine，Met)，随即合成高度活化的甲基供体——S-腺苷甲硫氨酸(S-adenosylmethionine, SAM) (图 11-2)，SAM 在细胞内甲基化反应中发挥着不可替代的作用。叶酸缺乏引起 SAM 合成不足或 SAM 合成通路运行异常，可引起全基因组甲基化程度和 DNA 特异位点的甲基化模式、基因组印记改变，导致基因表达、染色质构型与染色体分离异常等表观遗传毒性事件(图 11-3)。

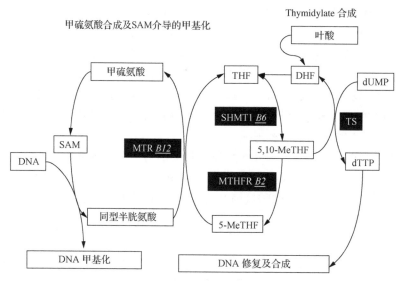

图 11-2　叶酸代谢主要途径(引自 Fenech, 2011)
B2, 核黄素; B6, 维生素 B6; B12, 维生素 B12; SAM, S-腺苷甲硫氨酸

叶酸缺乏的另一代谢异常是同型半胱氨酸的累积，该情形与心血管疾病、认知能力的削弱及阿尔茨海默病疾病的风险上升相关。

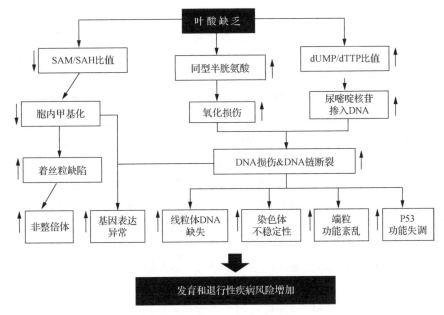

图 11-3　叶酸缺乏引起基因组稳定性下降的主要途径(引自 Fenech，2011)

向下箭头表示降低，向上箭头表示上升

DNA 准确复制及损伤修复是健康发育和正常衰老的基础环节，基因组及表基因组的损伤，不仅仅是外源物理化学因素作用的结果，同时与机体获得性 DNA 损伤修复能力紧密相关。当基因组的损伤超过细胞的 DNA 修复能力时，遗传结构及基因表达可能发生质的改变，从而诱发细胞功能、生理和发育的严重缺陷，最终导致衰老的加速和机体更新潜力的丧失，肿瘤、免疫异常、心血管和神经退行性疾病风险提高。

与基因组稳定性维持相关的许多蛋白酶如 DNA 聚合酶、甲基转移酶和 DNA 修复基因存在多态性，但若能提供适宜的辅助因子和底物，其产物生成往往可以进入正轨并发挥正常功能。叶酸就是这样一类在基因组稳定性上发挥重要功能的微营养素。

叶酸代谢涉及一系列与 DNA 合成、损伤修复、甲基化有关的酶和微营养素，各种代谢酶的多态性、不同微营养素的摄取与代谢都以不同方式影响或修饰叶酸的代谢。大量研究不断证实了微核率与血清叶酸、红细胞叶酸及维生素 B_{12} 浓度呈负相关，对那些淋巴细胞微核率高于平均值的个体给予叶酸及维生素 B_{12} 补充可使其微核率下降。在人类干预试验中发现，当血浆维生素 B_{12} 浓度高于 300pmol/L、叶酸浓度高于 34nmol/L、红细胞叶酸浓度大于 700nmol/L、血浆同型半胱氨酸低于 7.5μmol/L 时，DNA 低甲基化、染色体断裂、碱基错误掺入及微核率都会得到不同程度的矫正，当叶酸和维生素 B_{12} 的日摄取量分别为 700μg 和 7μg 时，也出现同样的效应；此外，核黄素、维生素 B_6、胆碱、甲硫氨酸都是叶酸代谢过程中的重要辅酶或甲基化合物，在叶酸的正常代谢和基因组稳定性方面具有不可忽略的作用。叶酸代谢过程中，与 DNA 合成和甲基化的平衡高度相关的亚甲基四氢叶酸还原酶(MTHFR)多态性也与基因组稳定性有密切的关系。

1. 叶酸缺乏与脑疾患

胚胎神经管缺陷、儿童成神经细胞瘤（neuroblastoma）、阿尔茨海默病和帕金森病等脑疾患是人类健康和生活质量的大敌。现行研究提示，脑的发育和功能都与叶酸有千丝万缕的联系，叶酸对于控制脑发育基因正常表达、预防正常细胞恶性转化具有重要作用，其机制与叶酸在 DNA 合成和甲基化过程中的核心作用及其外延功能紧密相关。

Tau 蛋白是一种分布在中枢神经系统的低分子质量含磷糖蛋白，其与神经轴突内微管结合，可诱导并促进微管蛋白聚合、维护微管功能。叶酸缺乏可在人类成神经细胞瘤增加由同型半胱氨酸诱发的钙流入（calcium influx）、抑制磷酸酶的活性。过量的钙流入可提高基因组损伤，而磷酸酶活性抑制可使 Tau 高磷酸化，从而失去对微管的稳定作用，导致神经纤维退化、神经功能失调。研究进一步证明，在哺乳动物器官发生阶段，某些蛋白质的磷酸化可调节细胞受损后，凋亡与 DNA 损伤修复之间的选择，磷酸酶功能抑制可削弱 DNA 损伤信号介导的修复途径。例如，γH2AX 去磷酸化水平降低可抑制细胞对 DNA 损伤的响应，加剧叶酸缺乏所引起的直接 DNA 损伤，补充 S-腺苷甲硫氨酸可以阻止磷酸化酶功能的抑制。

TRF1 和 TRF2 是保持端粒结构稳定的关键蛋白，在脑衰老过程中和氧化胁迫下，它们的功能逐渐缺失；叶酸缺乏所导致的尿嘧啶掺入若发生在端粒 TTTAGG 顺序，不仅可诱发端粒缩短，还可损害 TRF2 在神经分化过程中的调节作用。

近来的研究提示，脑组织 DNA 氧化损伤是阿尔茨海默病的特征之一，这种损伤随疾病进程而加剧，氧化胁迫还可损伤与突触可塑性、囊泡转运、线粒体功能相关的重要控制基因的启动子，成为改变成人大脑皮质基因表达的主要因素。因此，在出现早期脑衰的成人补充适宜的叶酸来防护易感基因启动子的氧化损伤是一个重要的、延缓大脑衰老的营养干预策略。在叶酸/甲基供给缺乏的大鼠脑组织中，8-OHdG 为代表的氧化 DNA 损伤、DNA 单链断裂和凋亡的频率明显上升也提示叶酸及其相关甲基类化合物对于脑组织 DNA 的损伤具有防范效应。

胞外淀粉样 β 蛋白（Ab4 2）沉积是阿尔茨海默病的致病因子之一。在叶酸缺乏情况下培养海马细胞，细胞对 Ab4 2 沉积的遗传毒性敏感性升高；淀粉样前体蛋白突变是产生过量 Ab4 2 的原因之一，在长期低叶酸饲养条件下，携带该突变的转基因小鼠表现了较高的 DNA 损伤、海马神经退化、阿尔茨海默病易感性提高。

自闭症是一个复杂的神经系统发育异常疾病。近来的证据提示，一些具有自闭症的患儿通常具有异常的叶酸-甲硫氨酸代谢。干预研究证明，对三岁以下的自闭症患儿补充叶酸类微营养素对于相关行为具有一定改善作用，但在临床上是否具有实效尚需进一步评估分析。

mtDNA 及细胞核 DNA 损伤是脑衰老加速的重要原因，线粒体的产能、调控钙离子代谢的稳态和凋亡等功能，对于神经细胞的生存具有至关重要的作用。叶酸缺乏提升 mtDNA 缺失频率、影响线粒体的形成和含量。对年轻大鼠饲以 4 周的无叶酸食物，动物脑组织中 mtDNA 4834 缺失显著增加并与血浆叶酸和红细胞叶酸浓度呈负相关，心脏、肝脏组织中线粒体含量显著下降，淋巴细胞中的 mtDNA 缺失增加 3～4 倍。显然，叶酸具有维护线粒体和核基因组稳定性的功能。然而，尽管补充叶酸或甲基类微营养素可以矫正叶酸或相关代谢物缺乏，目前仍有很多不解之谜，DNA 损伤引起的脑衰老是否可通过叶酸对损伤的矫正作用而得到逆转？叶酸缺乏对脑组织 DNA 损伤效应是否受叶酸代谢相关基因多态性的修饰？这些问题还需要大量的研究和探索。

2. 叶酸缺乏与染色体不分离

非整倍体(aneuploidy)即二倍体或单倍体细胞中的染色体数目丢失或额外增加一条至若干条的细胞或者个体，通常由于着丝点-微管附着错误、纺锤体组装检查点功能与纺锤体结构异常等诸多有丝分裂错误而诱发的同源染色体或姐妹染色单体异常分离。非整倍体的产生使得基因组稳定性、细胞的保真性下降，组织的特异性建构丧失，是一个与发育缺陷和肿瘤风险高度相关的遗传异常。非整倍体在肿瘤启动和进展上发挥着至关重要的作用，大多数实体瘤都具有非整倍性，人类非整倍性肿瘤染色体数目通常为 40~60。然而，很多非整倍性肿瘤所具有的非整倍体的类型缺乏共性，肿瘤和非整倍体的因果关系至今仍然是一个未解的难题。

着丝粒部位染色质的稳定性可能依赖于特异的着丝粒区域甲基化，以及这些区域 DNA 与特殊的甲基敏感性蛋白结合以形成高度有序的 DNA 构象，从而保证着丝点的组装。有研究指出，叶酸缺乏或代谢异常可能使近着丝粒区异染色质区 DNA 低甲基化，引起着丝粒结构异常而导致染色体不分离。

人类乳腺癌和白血病风险往往与叶酸缺乏相关，这些肿瘤常表现 17 号和 21 号染色体非整倍性。Wang 等探索了叶酸缺乏与人淋巴细胞中 17 号和 21 号染色体非整倍体的关联，研究发现，在胞质分裂阻断的双核细胞和单核细胞中，2 个受检染色体非整倍体发生频率与叶酸浓度呈负相关。12nmol/L 的叶酸浓度下，17 号染色体非整倍体比 120nmol/L 时增加 26%，而 21 号染色体增加 35%；多种恶性肿瘤都出现 8 号染色体拷贝数改变，该染色体非整倍体可能是获得性珠光瘤的预兆，也是乳腺癌发生的早期事件，8 号染色体三体与乳腺癌的恶性程度、原位乳腺癌转变为浸润性癌相关，早期和晚期卵巢癌都呈现高频率的 8 号染色体三体，在白血病和急性髓细胞样白血病中也常见该染色体三体的情形。Ni 等的研究证实了叶酸缺乏是 8 号染色体非整倍体的诱发因素。上述工作提示叶酸缺乏是肿瘤中常见染色体非整倍体发生的风险因子。

唐氏综合征(21 三体综合征)是一个由于二倍体细胞里存在三个 21 号染色体拷贝所引起的遗传病，起因于减数分裂期间 21 号染色体不分离，是小儿最为常见的由常染色体数目畸变所导致的出生缺陷，我国活产唐氏综合征婴儿发生率约为 0.5‰。95%的唐氏综合征是因母亲卵母细胞 21 号染色体在第一次减数分裂时不分离所引起，父源的情形只占 5%。21 号染色体不分离的诱因至今不明，女性怀孕时年龄超过 35 周岁是一个重要的危险因子，然而也发现许多唐氏综合征患儿的母亲怀孕时并没有超过 35 周岁，这些女性自身染色体不分离的遗传易感性偏高；母亲的叶酸摄入和代谢状况可能也影响唐氏综合征发生的风险，叶酸代谢过程中与 DNA 合成和甲基化平衡相关的亚甲基四氢叶酸还原酶基因 *MTHFR* 多态性一直以来都被认为是唐氏综合征患儿发生的风险因子；近来还有研究证实，减数分裂联会期间特异 CpG 位点的甲基化可抑制染色体交叉和重组，而这种抑制效应可能构成 21 号染色体不分离的主要原因。唐氏综合征个体中，21 号染色体上与叶酸代谢相关的若干基因出现高表达，可能导致唐氏综合征的胎儿对叶酸的需求量或利用率提高，因此，母体孕期的叶酸摄入可能与三体胎儿存活到出生相关。母体叶酸代谢基因如 *MTHFR* 和其他基因相互作用可以不同的方式影响唐氏综合征胎儿发生风险。已有研究提示，母体 *MTHFR*(80G>A)与还原型叶酸转运蛋白基因 *RFC1* 的组合可能降低唐氏综合征的风险；*MTHFR* 多态性与叶酸代谢途径中的胸腺嘧啶合成酶 TYMS、甲硫氨酸合成酶 MTR 的相互作用是年轻女性 21 号染色体不分离的风险因子。因此，在叶酸代谢、表观遗传修饰、染色体重组及唐氏综合征之间的确存在一定程度的关联，但是还有很多不解之谜。总体来讲，唐氏综合征患儿的发生，和染色体不分离一样，归属于多因子性状，具有明显的异质性，可受遗传因素(如母亲多基因作用、减数分裂染色体联会重组异常、胚胎叶酸代谢基因和染色体突变)、环境因素(孕妇年龄甚至外祖母当初怀孕时的膳食)、表观修饰如 DNA 甲基化和其他随机事件的影响，需要更深入理解每一种因素对疾病的贡献及其机制。

3. 叶酸缺乏与 DNA 损伤和肿瘤发生

人类淋巴细胞在叶酸缺乏干预条件下，染色体上的脆性位点、染色体断裂、微核、核质桥及核芽都得以表达。叶酸浓度与上述遗传损伤的生物标记出现呈负相关，染色体损伤在叶酸 12nmol/L 时降至最低。叶酸缺乏(20nmol/L)相关的 DNA 损伤相当于 1Gy 离子辐射，该剂量具有致癌性，是人体年允许暴露上限的 50 倍。辐射和叶酸缺乏不仅引起 DNA 断裂，也活化 DNA 损伤修复基因的表达。前者活化切除修复和 DNA 双链断裂修复基因并抑制线粒体 DNA 编码的基因表达，叶酸缺乏则活化碱基和核苷酸切除修复。这些结果提示叶酸缺乏对 DNA 造成的损伤堪与致癌剂相比。

大量的活体实验同样证明了叶酸在防范遗传损伤上的作用。Everson 等分析了一名 Crohn's 病患者体内叶酸含量、DNA 损伤并进行了叶酸干预实验，发现该个体红细胞微核达 67‰，血清叶酸处于极低状态(1.9ng/mL；正常范围>2.5ng/mL)，红细胞叶酸含量也极低(70ng/mL；正常范围>225ng/mL)。当每天补充 25mg 叶酸、为期 25 天后，其微核率降至 12‰，血清叶酸和红细胞叶酸分别上升至 20ng/mL 和 1089ng/mL；对吸烟和非吸烟的人群进行横断面研究，发现体内叶酸含量与染色体畸变率呈显著的负相关；对绝经后妇女进行叶酸缺乏和充足干预研究，干预周期包括 56μg/d 为期 5 周、111μg/d 为期 4 周、280μg/d 为期 20 天，发现叶酸缺乏时淋巴细胞和口腔细胞的微核率增加，DNA 甲基化水平降低、dUTP/dTTP 比例增加；在给予充足叶酸后相关遗传损伤下降。Fenech 等以胞质分裂阻断微核分析，系统地研究了 DNA 损伤和体内叶酸状况的关系，在 64 名 50～70 岁健康男性中，23%的个体血清叶酸低于 6.8nmol/L，16%的个体红细胞叶酸低于 317nmol/L，4.7%的个体表现维生素 B_{12} 缺乏(<150pmol/L)，37%的个体血浆同型半胱氨酸高于 10μmol/L。该群体 56%的个体叶酸、维生素 B_{12} 和同型半胱氨酸浓度异常，他们的微核率比血清高叶酸和高维生素 B_{12}、低同型半胱氨酸的个体显著增加。在澳大利亚人群中随机进行叶酸和维生素 B_{12} 双盲干预研究，膳食干预中含 700μg/d 叶酸和 7μg/d 维生素 B_{12}，为期 3 个月后以 2000μg/d 叶酸及 2μg/d 维生素 B_{12} 进一步干预 3 个月，在微营养

素干预组，受试初期微核率处于受试群体前 50%的个体损伤下降 25.4%。针对叶酸的一碳单位角色和 DNA 甲基化功能，许多研究聚焦于叶酸摄取对淋巴细胞、结肠等组织的表观修饰效应影响。Jacob 等发现在维持 9 周的低叶酸(56～111μg/d)膳食后，绝经后妇女均体现 DNA 低甲基化，在随后 3 周高叶酸(286～516μg/d)干预后，DNA 甲基化水平随即上升。结肠癌患者外观正常的直肠黏膜 DNA 甲基化水平显著低于正常对照，为期 6个月补充 10mg/d 叶酸使得甲基化水平增加 15 倍。尽管上述结果仅是叶酸缺乏与 DNA损伤和 DNA 甲基化研究的一个局部体现，但已经证实了叶酸对于肿瘤易感性的影响。

鉴于叶酸缺乏导致 DNA 甲基化模式改变、DNA 链和染色体断裂、基因扩增等一系列遗传与表观遗传毒性事件，所以普遍认为叶酸缺乏提高了肿瘤发生的风险。叶酸对结肠癌、肺癌、胰腺癌、口腔和咽癌、食道癌、胃癌、子宫颈癌、成神经细胞瘤、白血病具有明显的防范作用。许多研究证实，叶酸缺乏可以导致抗乳腺癌蛋白(BCRP/ABCG$_2$)表达特性丧失，使得乳腺癌发病风险显著提高。叶酸缺乏导致 SAM 库存减少，从而降低整体 DNA 的甲基化水平，众多学者在子宫内膜癌、卵巢癌、食管癌、结肠癌、肺癌等肿瘤组织中均发现肿瘤相关基因(如错配修复基因 hMLHI 和 hMSH2)启动子区域 CpG 岛甲基化，这些基因启动子甲基化可能导致该基因转沉默，进而引起癌症的发生。结直肠癌 DNA 的甲基化水平明显低于腺瘤 DNA，在同一个体中，表面正常的结肠黏膜 DNA的甲基化状态比结肠直肠癌 DNA 的甲基化程度高；为切除了结肠腺瘤或结肠癌的个体补充叶酸可以使受试者正常组织的低甲基化状态得以纠正、黏膜细胞增生得到抑制。尽管低叶酸被普遍认为是结肠癌变最重要的诱因，但是，动物学试验不仅证实了耗竭是结肠肿瘤形成的诱因，同时还发现叶酸水准的提高对结肠黏膜已经形成的微小肿瘤病灶则具有促进作用，提示叶酸对于结肠癌的发生可能具有双向作用。Duthie 等结合蛋白质组学和生物化学的手段识别叶酸缺乏所影响的人类结肠上皮细胞的蛋白质和代谢途径，发现叶酸差别性地改变与繁殖相关的蛋白质(如 PCNA)、DNA 修复(如 XRCC5 和 MSH2)、凋亡(如 BAG 家族的分子伴侣蛋白 DIABLO 和 porin)、细胞骨架组织(如 actin、ezrin 和elfin)的活性及其表达，并影响与恶性转化相关的蛋白质如 COMT 和 Nit2 的表达。因此，叶酸对于肿瘤启动、进展的影响还需要进一步的解析。

六、维生素 D 缺乏与基因组稳定性的关系

大量流行病学和社会生态学研究提示维生素 D 能够降低诸多慢性疾病如骨折、自身免疫性疾病、Ⅱ型糖尿病、脑血管疾病和癌症的风险。维生素 D 有两个主要的生理形式，即维生素 D$_3$(cholecalciferol)和维生素 D$_2$(ergocalciferol)。维生素 D$_3$ 是人类皮肤在日光UVB(290～320nm)作用下，通过 7-dehydrocholestero 在细胞膜合成的；维生素 D$_2$ 是在UVB 暴露下由植物和酵母产生的。维生素 D$_2$ 和维生素 D$_3$ 在人体内都无生物活性，它们被摄入血循环后与血浆中的维生素 D 结合蛋白(DBP)相结合，然后被转运、储存。维生素 D 必须经过羟化作用方能发挥生物效应，在肝和线粒体中的 25-羟化酶作用下生成活性较低的 25-羟维生素 D(25-OHD)，其在近端肾小管上皮细胞线粒体中的 1-α 羟化酶的作用下再次羟化，生成 1,25 二羟维生素 D$_3$[1α,25-dihydroxyvitamin D$_3$，1,25(OH)$_2$D$_3$；1,25(OH)$_2$D；calcitriol]。

维生素 D 在生理浓度下，能够防范蛋白质和细胞膜的氧化损伤，其在 $20 \sim 50 nmol/L$ 的浓度范围内，可以诱发大多数肿瘤细胞的凋亡、稳定染色体结构、防止由外源或内源因素引起的 DNA 双链断裂。在不同元件构成的各种遗传学线路（genetic circuit）下，$1,25(OH)_2D$ 调节不同的基因表达，与钙通道开放相关的肠内钙转运，肝脏、肾脏和甲状旁腺上的磷脂代谢，癌基因、多胺、淋巴因子、钙结合蛋白的生物合成等。在由 $1,25(OH)_2D$ 调节遗传线路综合分析中，发现这些因素与 DNA 复制和分化的开关有联系。

DNA 双链断裂修复过程中的重要蛋白 53BP1 缺乏与基因组不稳定性和肿瘤发生相关，Gonzalez-Suarez 证明了维生素 D 能通过对组织蛋白酶 L（cathepsin L）的抑制作用稳定 53BP1 蛋白并启动 DNA 双链断裂修复。Wang 就维生素 D 与人类健康和疾病的关联，尤其维生素 D 与癌症的关系进行了阐述，在病例-对照研究中发现，阳光照射和维生素 D 摄入对非霍奇金淋巴瘤（non-Hodgkin's lymphoma, NHL）有一定的预防作用，在覆盖美国、欧洲和澳大利亚并涉及 8243 个病例、9697 例对照的 10 个病例-对照研究中，合并数据分析发现，NHL 发生的风险随着阳光照射的增加而降低；在医院的病例（190 例）-对照（484 例）研究中，NHL 风险因摄入维生素 D、多烯脂肪酸（PUFA）和亚油酸（linoleic acid）而下降。维生素 D 和 Ca 在代谢上相互关联，流行病学研究发现这两种微营养素对于乳腺癌的发生发挥着一定的作用，乳腺组织中具有维生素 D 受体，$1,25(OH)_2D$ 在乳腺癌细胞中具有抗增殖和倾向分化等逆转癌变的功效。在德国的一项基于群体的病例-对照研究中也发现，维生素 D 摄入量与乳腺癌风险呈负相关。维生素 D 与结直肠癌之间具有负相关关系，挪威的一项研究指出，在确诊结肠癌的 12 823 例男性和 14 922 例女性中，存活超过 18 个月的个体在诊断初期具有较高的血清 $25(OH)D_3$ 水平；在一项对 34 702 例绝经后美国妇女进行随访 9 年的队列研究中，发现 Ca 及维生素 D 摄入量与直肠癌风险呈负相关。尽管维生素 D 具有抗肿瘤和多种疾病的效能，但是相关的机制还不清晰，尤其维生素 D 与基因组之间的相互作用及其直接的关联还有待进一步研究。

七、铁缺乏与基因组稳定性的关系

铁（Fe）是细胞氧化还原反应系统里的一个重要构成，研究指出 Fe 缺乏或过量都能诱发线粒体 DNA 损伤。Fe 缺乏诱发 DNA 损伤的机制可能是使 DNA 损伤和修复相关的酶缺陷，如过氧化氢酶的缺损、P450 代谢系统抑制、氧化磷酸化能量代谢系统失衡等现象就与机体 Fe（血红蛋白）含量相关，Fe 缺乏和贫血症增加肿瘤发生的风险，尤其是消化道肿瘤。

Fe 转运相关的基因突变与 Fe 缺乏和贫血相关。小鼠肠铁转运蛋白基因 *Nramp2* 错义突变可导致小红细胞性贫血，该基因隐性突变亦可引起大鼠 Fe 缺乏。线粒体上的铁转运蛋白基因 *ABC7* 突变是一种与共济失调相关的 X-连锁性贫血的遗传基础。

根据流行病学的资料，Fe 的摄入及消化道肿瘤风险呈 "U" 形的剂量-效应关系。Pra 等阐述了队列研究中染色体 DNA 损伤与 Fe 摄入水平的关系，也发现了这种 "U" 形的剂量-效应关系。在 5mg/d Fe 摄入状态下，DNA 损伤最高；在 $10 \sim 15 mg/d$ 时，损伤下降并致最低，随着 Fe 摄入量的进一步增加，损伤开始回升。因此，Fe 摄入量为 15mg/d 时，有利于基因组的稳定。该剂量水平是对现行初潮前期女性和成年男性推荐量的 2 倍。

Fe 在机体内将一个电子转移给 O_2，产生 O_2^-，随即形成 H_2O_2，H_2O_2 继续与 Fe 反应，产生强氧化剂·OH 基团。O_2^- 可以高选择性地与含有 4Fe-4S 簇结构的铁蛋白反应，从而又使 H_2O_2 和游离 Fe 的水平上升，二者发生反应，进一步产生·OH。显然，细胞内 Fe 含量过高可导致氧化胁迫有关的遗传毒性，损伤蛋白质、脂质和 DNA，从而提高肿瘤发生风险。已有研究发现，Fe 可在哺乳动物细胞株中，介导若干种 DNA 损伤产生，如 SCE 频率升高、H_2O_2 诱发的细胞转化；人体 Fe 代谢的失衡还可以增加血色素沉着病 (hemochromatosis) 等肿瘤的风险，并与 Friedreich 运动性共济失调、Hallervorden-Spatz 综合征及先天性运铁蛋白不足等疾病有关；Fe 在脑内的积累还与帕金森病、阿尔海默兹症等神经退行性疾病相关。

综上所述，Fe 对于所有生物的生长和健康几乎都是必不可少的元素，其过量和不足都具有不良健康效应。

八、镁缺乏与基因组稳定性的关系

镁(Mg)涉及细胞中所有的基础代谢途径。Mg 的阳离子与 DNA 结合可减少 DNA 的负电，从而稳定 DNA；Mg 在对抗氧化胁迫、防范 DNA 氧化损伤方面具有积极的作用，是维持基因组稳定的重要因素。Mg 在生理浓度下，没有遗传毒性。在 Ames 实验和 CHO 细胞中，20mmol/L 的 Mg 无突变与染色体结构畸变效应；在 40mmol/L 时，CHO 细胞出现染色单体的裂隙、断裂、DNA-蛋白质交联和细胞转化等现象，但其主要诱因可能是离子状态失衡而不是 Mg 本身的毒性作用。在离体状况下，维持 DNA 修复过程的最适 Mg 浓度为 4.5～7mmol/L，当 Mg 浓度缺乏或者高于 18mmol/L 时，可引起损伤切除修复的完全抑制。

Mg 是若干种 DNA 损伤修复途径的辅助因子，核苷酸切除修复、碱基切除修复和错配修复酶系都需要 Mg 的参与。核苷酸切除修复过程至少需要 20 种不同的蛋白质和酶，Mg 是所有这些过程中的辅助因子。DNA 错配修复途径通过纠正碱基之间的异常配对而稳定基因组。在原核生物中，由 MutS 识别错配、MutL 启动随后的甲基介导的损伤修复，MutL 需要与 ATP 结合发挥活性，Mg 缺乏导致 MutL-ATP 的联合被抑制，因而 Mg 对于保证 MutL 发挥作用是必不可少的；在生殖细胞减数分裂联会与染色体交换、各种遗传毒性物导致的 DNA 双链断裂修复过程中的同源重组反应，也需要 Mg 参与。

Mg 对肿瘤发生与发展的影响较为复杂，对肿瘤早期发生有一定的防护作用。以含 2% $MgCl_2$ 的食物长期饲喂小鼠，没有肿瘤发生，而 Mg 缺乏的食物导致雌性大鼠和胚胎组织染色体畸变率增加，甲状腺肿瘤和白血病的发生率提高；Mg 可以防止镍和铅等毒性金属在小鼠诱发的肺部肿瘤，将碳酸镁和强致癌剂 NiS_2 一道注射大鼠肾脏外皮，局部肿瘤和肾脏肿瘤形成都得到强烈抑制；食物中的 Mg 对于 3-甲基胆蒽诱发的纤维肉瘤有抑制作用；越来越多的证据提示，Mg 摄入低水平使全身性炎症(systemic inflammation)发病风险提高，高水平的全身性炎症和炎症易发的倾向显著增加肺癌风险。Mahabir 等在肺癌病例(1139 例)-对照(1210 例)研究中发现，低膳食 Mg 摄入的个体较高摄入个体而言，DNA 损伤修复能力较弱、肺癌风险增加，在 Mg 低摄入和 DNA 修复能力削弱情形下，肺癌风险 OR 值为 2.36。

鉴于 Mg 在机体内各种生理生化过程中都发挥着重要作用，其与基因的相互作用及健康结局还需要进一步的研究。

九、铜与基因组稳定性的关系

铜(Cu)是生物体许多关键性酶如细胞色素 c 氧化酶、Cu/Zn 过氧化物歧化酶、赖氨酰氧化酶、多巴胺单氧化酶、肽基胺酰单氧化酶的辅助因子。适量的 Cu 对于机体的正常生理生化活动是必需的。临床研究指出大多数成人每日可从饮食中获取 1mg Cu，1~3mg 的日摄取量为安全水准。生物体过多的 Cu 可通过胆汁、胃肠道排除。

Cu 在体内以多种形式和浓度存在。血浆 Cu 中，铜蓝蛋白中的 Cu 占 65%，白蛋白中的 Cu 约占 18%，反式铜蛋白的 Cu 约 9%。Cu 与 Fe 一样，属于具有致癌倾向的、易于发生氧化还原反应的金属，机体和细胞含过量的 Cu，游离 Cu 和某些 Cu 化合物就可能为分子氧提供电子，导致活性氧自由基生成增加，引起 DNA 损伤并启动肿瘤血管生成，很多证据提示某些 Cu 复合物尤其含 Cu(Ⅰ)的化合物催化自由基形成，次氨基三乙酸铜诱发 DNA 氧化损伤形成 8-羟基鸟嘌呤也促进肿瘤的发展。

Cu 螯合剂如青霉胺(penicillamine)、四硫钼酸盐(tetrathiomolybdate)可清除过量的 Cu，从而防范 Cu 的致癌性。青霉胺-Cu 复合物可清除机体过量 Cu 但对自由基无影响；Cu/Zn 过氧化物歧化酶可防范 Cu 引起的氧化损伤，乙酰水杨酸铜具有过氧化物歧化酶活性，可减弱过氧化物的作用。白藜芦醇(resveratrol)是一种多酚化合物，与其他多酚类相似，对化学致癌剂引起的癌变效应具有防范作用。多酚上的羟基基团与自由基结合形成更稳定的化合物，它们可与 Cu(Ⅱ)和 Fe(Ⅱ)聚为复合物，继而抑制黄嘌呤氧化酶等酶活和自由基形成。鉴于白藜芦醇是天然化合物并且具有强抗氧化性质，Bobrowska 等以白藜芦醇作为 Cu 螯合剂，用大鼠研究白藜芦醇和 Cu 对乳腺肿瘤发生的综合影响。研究发现，与对照比较，饲喂 Cu(Ⅱ)或者 Cu(Ⅱ)-白藜芦醇的受试组肿瘤发生提前、肿瘤细胞内微卫星 *D3Mgh9* 杂合性丧失，在 Cu(Ⅱ)-白藜芦醇组还出现肝脏的微卫星 DNA *D1Mgh6* 遗传稳定性下降。许多研究都提示白藜芦醇在 Cu(Ⅱ)存在下，可强化由 H_2O_2/Cu(Ⅱ)诱发的 DNA 损伤。由于肿瘤细胞累积了大量的 Cu，并结合在细胞核上，利用白藜芦醇/Cu(Ⅱ)复合物与 DNA 结合后剥夺内源 Cu，有可能导致肿瘤细胞的 DNA 断裂和凋亡。但这一点尚未得到实验证实。

躁郁症(bipolar disorder)是一种周期性抑郁和躁狂的精神性疾病，可引起严重的神经心理学损伤，是重要的自杀行为风险因子。近来的研究发现氧化胁迫是重要病因之一，患者大部分脑组织里 Cu、Fe 都显著升高，提示氧化还原反应水平较高。

十、硒缺乏与基因组稳定性的关系

硒(Se)是人类的一种必需微营养素，参与构成罕见的氨基酸如硒代半胱氨酸(Se-Cys)和硒代甲硫氨酸(Se-Met)，是谷胱甘肽过氧化物酶、某些硫氧还蛋白还原酶的辅助因子，参与抗氧化作用。当机体 Se 含量低时，细胞不能合成硒蛋白，诸如与硒转运相关的硒蛋白 P、具有抗氧化效应的谷胱甘肽过氧化物酶/硫氧还蛋白还原酶、具有抗炎症效应的硒蛋白 S 等，从而使一系列硒相关的生理功能受到抑制。在培养基、动物及人类膳食中补充中等水平的含 Se 化合物，能够防范 DNA 加合物、染色体断裂和非整倍体的产生，同时对线粒体、端粒长度与功能都有一定的保护效应。硒化合物还通过调节 DNA 甲基化与抑制组蛋白去乙酰化而影响基因表达。

生物体内源活性氧基团(ROS)有各种不同的类型，最初是有氧代谢产生的，ROS 在体内的稳态失常、尤其异常升高可损伤 DNA 并成为其他生物分子的氧化剂，人类膳食中存在一些促氧化剂如脂过氧化物、醛等。大约 30% 以上的硒蛋白具有抗氧化功能，其作用机制是降低过氧化氢含量，减少 ROS 对生物的损伤效应。

在细胞培养、动物研究和人类观察研究中发现，多种形式的 Se 都表现了对抗遗传毒性和表观遗传毒性的作用。大鼠的胃窦黏膜上皮对非整倍体发生易感性较高，该事件与 MNNG 诱发胃癌发生相关，研究者用富含 Se 的植物饲喂动物 17 周后，分析黏膜上皮非整倍体和胃癌发生情况，发现富硒的花椰菜、红甘蓝、绿甘蓝及大蒜都具有较高的胃癌预防效应。在没有基因型改变的情况下，表观遗传改变能够导致可遗传的表型变异，这种至关重要的基因表达调节机制之一就是 DNA 的甲基化。肿瘤细胞和正常细胞的基因表达谱差异也往往是甲基化修饰的结果。不同的 Se 化合物可以直接影响表观遗传学过程。亚硒酸盐(selenite)可以使前列腺癌细胞株 LNCaP 中沉默的谷胱甘肽硫转移酶 GSTP1 基因启动子去甲基化并重新表达，同时降低甲基转移酶 mRNA 水平和组蛋白去乙酰化水平，H3-Lys 9 乙酰化水平上升和甲基化水平下降，这些研究提示 Se 可以表观调节 DNA 和组蛋白活性，活化某些被甲基化沉默的基因。

机体 Se 低水平的人群前列腺、乳腺、肺和结肠癌发生的风险较 Se 摄入正常的群体高，人类某些肿瘤的风险提高与 Se 摄入不足有关。在队列研究中，Se 摄取量在最高 1/4 的男性患前列腺癌的 OR 值仅为摄取量处于最低 1/4 个体的一半；在巢式病例对照研究中，血清硒含量与卵巢癌风险下降相关联；子宫颈癌患者死亡率与血清中 Se 含量水平呈负相关。同一浓度 Se 在机体不同部位引起的基因组稳定性的变化较大，提示 Se 对不同部位的肿瘤发生效应各异。巴特氏食道症(Barrett's oesophagus)患者具有较高的食道腺癌风险，血清 Se 被用来作为这些患者肿瘤发展的标志，相对于血清 Se 处于最低 1/4 的个体，受试个体血清 Se 浓度位于前 3/4 以上(>1.5μmol/L)时，Se 浓度与消化道异常结构和非整倍体的发生呈负相关，$p53$ 杂合性丧失的风险也降低；然而血清 Se 水平却与 $p16$ 的杂合性丧失无关。虽然用富硒酵母在人类干预发现对前列腺癌发生有防范效应，但是更多的研究没有得到肯定的结果。补充 Se 是否能够普遍性地降低癌发风险到目前为止还存在疑问。

Lee 等用随机效应 Meta 分析探讨 Se 干预与肿瘤的关系，共收集了 9 个随机对照试验数据，涉及 152 538 例参与者，其中 32 110 例补充抗氧化剂，120 428 例为安慰剂组，结果发现单独补充 Se 对癌症发生总体上具有预防效应(RR=0.76)，在低血清 Se(<125.6ng/mL)群体中，补充 Se 的预防效应更为明显(RR=0.64)，在癌症高风险群体中亦然(RR=0.68)。因此，目前仍然支持在低血清 Se、高癌症风险人群，适量补充 Se 有利于肿瘤预防的观点。

不同形式的硒对肿瘤发动阶段表现的抑制特性不尽相同，如亚硒酸盐抑制肿瘤激发剂二甲基苯蒽(DMBA)在雌性大鼠乳腺的致癌效应，食物中的 1,4 亚苯基双亚甲基氰硒盐（p-XSC）可显著地抑制乳腺组织中 DMBA-DNA 的结合，p-XSC 的类似物 o-XSC、m-XSC 对 DMBA-DNA 结合也有抑制作用，它们可能均通过Ⅰ相、Ⅱ相酶发生作用；4-甲基亚硝胺-吡啶-丁酮（NNK）是烟草中诱发肺癌的代表性亚硝胺，其在雄性小鼠中诱发 O_6-甲基化鸟嘌呤和7-甲基鸟嘌呤，p-XSC 和亚硒酸盐都可抑制这些修饰碱基的形成；3,2′-二甲基-4-氨基联苯（DMAB）是一种结肠致癌剂，亚硒酸盐、硒酸盐均在大鼠结肠抑制 DMAB-DNA 加合物形成，但硒代甲硫氨酸则反而使加合物水平提高。

尽管在各种实验系统和模式生物中，硒或硒蛋白都表现了大量的正面健康效应，但一些人类临床案例提示该微营养素也存在负面效应。Se 的 RDA 为 50～70μg，100～200μg 的 Se 可抑制遗传损伤和某些肿瘤发生，但是过量的硒摄入可能反而引起氧化损伤。Se 摄入量与其负面效应呈"U"形关系。目前硒建议摄取量因地、因年龄而异，如美国婴儿为 15～40μg/d，成人 55～400μg/d，孕妇和哺乳期个体高于其他人群。欧美国家人群每日从膳食中可获取的 Se 为 77～191μg。我国城市人口中有 70%膳食硒摄入量达不到标准，这个比例在农村人口中更高（79%），从膳食中可获取的 Se 仅 28～40μg/d。Se 的合理摄入量取决于谷胱甘肽超氧化物酶和其他酶对 Se 的需求、相关个体基因型等因素。探索各种 Se 化合物对基因组稳定性的保护机制及所需 Se 的水平是未来营养基因组学的重要任务。

十一、白藜芦醇与基因组稳定性的关系

白藜芦醇（resveratrol，RSV），学名 3,4′,5-三羟基芪（3,4′,5-trihydroxystilbene），是一种天然多酚类化合物，因在植物白藜芦（*Veratrum grandiflorum*）的根中首次被分离而得名。RSV 还存在于诸如葡萄、虎杖和花生等多种植物中。蚕茧草（*Polygonum japonicum*）是目前已知 RSV 含量最高的植物。

天然存在的 RSV 包括顺式和反式异构体，反式结构具有更高的生物活性。大量的体外细胞实验和体内动物模型研究表明，RSV 对机体多器脏具有健康促进效应。例如，RSV 可有效地增加血管内皮细胞内一氧化氮的活性，从而抗动脉粥样硬化、改善心力衰竭、减缓心肌肥大、抑制心血管钙化、促进细胞分化及预防药物诱发的心脏毒性；RSV 还可减缓脂肪在肝脏中的堆积、预防肝纤维化、抵御铁过载、降低药物和酒精的毒性、减轻代谢紊乱；同时具有预防神经元损伤、改善认知能力、促进学习和记忆能力、减轻因低氧引起的神经毒性及促进大脑缺血耐受性的作用。

大量的体外实验揭示了 RSV 在不同组织来源的正常细胞中均具有抗基因组损伤的作用。例如，RSV 可以降低人淋巴细胞中因丝裂霉素 C、双环氧丁烷、棒曲霉素、黄曲霉素 B_1、H_2O_2、电离辐射、甲醇和8-羟基脱氧鸟苷（8-OH-dG）造成的各种类型的染色体损伤；在人早幼粒细胞 HL-60 中，可以降低硝基喹啉-1-氧化物和丝裂霉素 C 诱发的微核；在人中性粒细胞中降低 TPA（12-*O*-tetradecanoyl-phorbol-13-acetate）引起的 DNA 损伤；RSV 还可以降低原代人腹膜间皮细胞及人成纤维细胞株 MRC5 DNA 断裂和 8-OH-dG 发生。RSV 还可减缓多环芳香烃和儿茶素雌激素对人乳腺细胞 MCF-10Λ 诱发 DNA 断裂、减弱 MNNG（*N*-methyl-*N*′-nitro-*N*-nitrosoguanidin）和 H_2O_2 对小鼠成纤维细胞及乳腺上皮细胞所造成的 DNA 损伤。

大量的体内动物模型试验也证实了 RSV 对基因组损伤的拮抗作用。例如，RSV 可以降低 $Csb^{m/m}Ogg1^{-/-}$ 小鼠细胞 DNA 中 8-氧鸟嘌呤(8-oxoG)的发生频率，降低小鼠肾细胞中因砷诱发产生的 8-OH-dG，抵御小鼠骨髓细胞因电离辐射、阿霉素、顺铂、丝裂霉素 C、双环氧丁烷、甲磺酸甲酯、甲苄肼诱发的染色体损伤。

RSV 对基因组损伤的防范作用机制可能与其主导激活细胞内一系列与 DNA 损伤修复通路相关。RSV 可以激活修复异常碱基的 DNA 糖苷酶 1(hOgg1)和碱基切除修复系统，也可激活 ATM/ATR-依赖的 DNA 损伤通路，从而活化依赖 Nbs1 和 p53 的 DNA 双链断裂修复通路。

尽管 RSV 对多种遗传毒物的遗传损伤效应具有明显的预防作用，但一些研究结果提示 RSV 在一定条件下也可以表现遗传毒性，其可能的分子机制与其抑制了拓扑异构酶 II 和组蛋白去乙酰化酶活性有一定关联，也与 RSV 的施用浓度有关。$0.1\sim10\mu mol/L$ RSV 可以有效地降低甲醇对原代小鼠星形胶质细胞的 DNA 损伤，而 $50\sim100\mu mol/L$ RSV 则增加甲醇诱发的 DNA 损伤。RSV 在某些体外实验中表现出的促基因组不稳定性效应，目前尚未得到体内实验的证实，在 2000mg/kg 体重/d 的剂量下，RSV 并未引起小鼠骨髓细胞微核率显著增加。因此，人们推断 RSV 体外诱发基因组损伤可能与 pH、氧浓度及渗透压的变化相关，也不排除在体内的生物利用率和可施用剂量有限的可能性。对 RSV 的遗传毒理学、药代动力学、药效动力学的深入研究和临床实验的开展，是推动其真实走进健康防范领域的重要环节。

第三节 端粒与基因组稳定

线性染色体 DNA 复制时，新合成的子链 5′端 RNA 引物被切除，使得子链变短，因此每经历一次有丝分裂，就可能引起染色体 DNA 缩短；末端缩短的染色体还具有类似 DNA 双链断裂的特性，容易被 DNA 损伤应答系统错误修复而形成染色体末端融合。无论是染色体末端的缩短、还是染色体末端融合，都是潜在的细胞衰老和癌变的诱因。

端粒(telomere)是基因组中一个具有特殊意义的关键区域，是真核生物线性染色体末端的保护性核蛋白结构。人类染色体端粒由 4～15kb 的 TTAGGG 短串联重复与六蛋白复合体 Shelterin 构成，形成防止端粒被损坏的"端粒帽"，防范染色体末端的异常改变，维持染色体完整性。

一、端粒结构及其复制机制

端粒由碱基数目多变的重复序列(双链 DNA 区)和一个富含 G 的 3′端悬突(单链 DNA 区)组成，3′单链悬突插入到同源双链 DNA 区形成 T 环(T-loop)，并在其中再配对形成 D 环(D-loop)。最终，端粒 DNA 会形成一个 D-环-T-环的套索样结构，有效掩盖染色体末端 DNA 双链断裂的结构，避免被 DNA 损伤修复机制识别。端粒 DNA 还可形成 G-四联体的高级结构以维护端粒功能。G-四联体、T-环和 D-环构成染色体末端免遭核酸酶侵袭与修复的综合系统(图 11-4)。

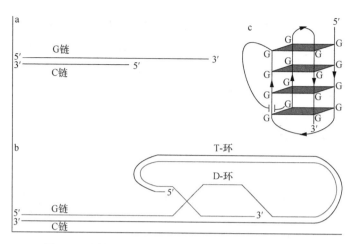

图 11-4　端粒的结构（引自 Nandakumar et al., 2013）

　　端粒相关蛋白复合物 Shelterin 由 6 种核心蛋白组成：端粒结合蛋白 1 和 2(TRF1、TRF2)，TRF1 相互作用蛋白 2(TIN2)，TRF2 相互作用蛋白 1(RAP1)，端粒保护蛋白 1(POT1)，POT1 结合蛋白 1(TPP1)。Shelterin 复合物可抑制包括 ATM 和 ATR 信号转导、经典非同源末端连接(NHEJ)、替代性 NHEJ、同源重组和碱基切除等 DNA 损伤信号通路，以保护染色体末端端粒结构远离具有修复作用的 DNA 核酸酶。Shelterin 在维持端粒长度、保护 DNA 修复机制及调节端粒的级联信号中发挥重要作用。D-环-T-环的套索样结构与 Shelterin 结合，保证了端粒结构的稳定和功能的完整。

　　邻接端粒重复序列的一段染色体结构被称为亚端粒(subtelomere)，其保守性不如端粒，在不同染色体中是可变的，长度从<10kb 到>300kb；亚端粒序列富含 GC，不同染色体 CpG 数及亚端粒甲基化的程度不尽相同。亚端粒组件复杂，包含基因组其他序列的串联重复、TTAGGG 样重复序列区、反转录转座子样元件等。亚端粒区低甲基化可导致端粒异常延伸。过去认为，由于端粒区高度保守的浓缩染色质状态，端粒区附近的基因多被转录沉默，称为端粒位置效应。然而，最近的证据表明端粒可以被 RNA POLII 转录，合成含端粒重复序列的 lncRNA，称为含端粒重复 RNA(telomeric repeat-containing RNA, TERRA)。TERRA 在端粒生物学中的作用举足轻重，它可参与端粒异染色质的形成、染色体末端成帽、端粒复制并调控端粒内稳态。

二、端粒与基因组稳定

　　人染色体的端粒总长度为 4～15kb，在大多数正常的体细胞中，染色体的不完全复制特性使得端粒 DNA 随每次细胞分裂损失 50～100bp。因而，端粒长度随细胞分裂逐渐缩短。一旦端粒缩短到临界长度而威胁到其末端维护作用时，衰老信号释放，细胞进入生长阻滞和复制衰老状态。当细胞逃逸复制衰老期而继续分裂，端粒会持续缩短，触发细胞危机，端粒特异的 DNA 损伤应答启动，导致染色体末端融合、染色体断裂-融合-桥循环，染色体结构和数量发生改变，最终发生各种类型的染色体不稳定事件，基因组稳定性和完整性遭到破坏，细胞死亡或发生癌症。

基于染色体末端不完全复制使端粒随细胞分裂而逐渐缩短，氧化损伤导致端粒缩短，端粒缩短到临界可启动细胞衰老等生物学现象。端粒的结构与功能维护已成为衰老生物学的研究热点。

端粒维护机制主要包括端粒酶(telomerase)和替代性端粒延长(alternative lengthening of telomere, ALT)机制。

1. 端粒酶与端粒维护

端粒酶在端粒维护和癌症生物学中起关键作用。端粒酶由核糖核蛋白复合物组成，是一个携带端粒合成 RNA 模板的反转录酶，能在基因组 DNA 复制过程中，特异合成串联序列 TTAGGG 添加到染色体 3′端，维持端粒长度的稳定，使端粒逃避染色体不稳定事件及复制衰老。

端粒酶由端粒酶反转录酶亚基(telomerase reverse transcriptase, TERT)和端粒酶 RNA 亚基(telomerase RNA component, TERC)组成。TERC 是单链 RNA，在端粒酶阳性细胞中处于高转录水平。TERT 以 TERC 为模板，互补合成端粒序列以延长端粒。作为端粒酶全酶的核心催化亚基，人端粒酶 TERT 亚基(hTERT)能特异合成端粒 DNA，有效的维护染色体的完整和功能稳定，同时，hTERT 也是端粒酶的限制亚基。在大多数正常细胞中 hTERT 转录被抑制，而在永生化过程中 hTERT 能被重激活或表达上调。端粒酶在高度增殖的细胞中特异表达，如生殖细胞、颗粒细胞、早期胚胎细胞、干细胞、活化的淋巴细胞、造血细胞、表皮细胞和永生的癌细胞。

端粒酶活性与 hTERT 表达亦受甲基化调控。*hTERT* 启动子上 CpG 岛在许多端粒酶阳性的肿瘤中处于高甲基化状态，而在端粒酶阴性的正常组织中为低甲基化状态；*hTERT* 启动子还富含转录因子结合位点，对于 hTERT 转录应答、生理学改变和肿瘤发生十分重要；*hTERT* 启动子的 SNP 与其转录活性密切相关，全基因组关联分析(GWAS)证实了与癌症相关的 *hTERT* 基因 SNP 位点(图 11-5)。

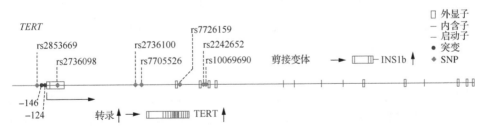

图 11-5　TERT 相关的 SNP 位点(引自 Maida et al., 2015)

端粒酶的表达上调与近 90% 的癌症相关，是允许细胞走向无限增殖的必要条件。相较而言，70%～90% 的癌细胞能稳定表达端粒酶，因此，端粒酶是癌症治疗中极具潜力的分子靶点。许多靶向端粒酶的药物在临床试验中已经尝试肿瘤治疗。例如，BIBR1532 能选择性干扰端粒酶的持续合成能力；GRN163L 是一个脂质修饰的 13 聚体寡核苷酸，可与 TERC 模板区完全互补并与 TERT 相互作用以阻止端粒酶到达端粒区，导致端粒缩短，同时也抑制端粒酶活性。

2. 替代性端粒延长机制

替代性端粒延长机制(alternative lengthening of telomere, ALT)，又称重组依赖机制。在极少的体细胞、胚细胞和 10%～15%的肿瘤中，端粒长度调控主要通过 ALT。ALT 延长端粒主要通过端粒姐妹染色单体交换(T-SCE)及 DNA 复制完成。ALT 途径需要 MRN、SMC5/6 和 BLM 等具有 DNA 修复功能的蛋白质通过重组维持端粒长度。

在永生化细胞中，DNA 不完全复制引起的端粒序列缩短和端粒维护机制延伸端粒这两个过程，可始终保持平衡，从而保证细胞的无限增殖。当端粒酶被抑制后，癌细胞倾向激活 ALT 途径。但是，细胞癌化过程中如何选择端粒维护机制还不得而知。了解端粒酶和 ALT 过程如何保证细胞在危机期的生存机制，对制定抗衰、降低退行性疾病风险、肿瘤预防的策略非常重要。

最新研究发现，端粒锌指相关蛋白(telomeric zinc finger-associated protein，TZAP)也可参与端粒长度的调控。TZAP 可以快速募集到 Shelterin 复合物减少的长端粒区，并依赖其末端三个锌指结构域特异性与端粒双链 DNA 结合，触发端粒修剪(telomere trimming)，引起端粒序列的快速删除；而高表达的端粒结合蛋白 TRF2 会取代 TZAP 的结合位置，端粒缩短停止。这是细胞阻止异常长端粒累积的一种机制。TZAP 结合长端粒开启并触发端粒修剪，设定了细胞端粒长度的上限，调控了端粒的延伸。

三、营养与端粒

端粒长度的稳态维护是一个复杂的过程，包括 *hTERC* 和 *hTERT* 基因的扩增、*hTERC* 和 *hTERT* 的转录及表观调控、*hTERT* 的替代性剪接、其他端粒酶重要组分和亚基的转录后调控、端粒酶复合物的活性调节、其他复合物的转位、细胞周期调控因子及端粒蛋白之间的相互作用等。无论端粒的异常缩短或延长，都能够促进肿瘤发生；最佳的端粒长度与功能让细胞在增殖、衰老、凋亡过程中平衡。

大量研究指出，机体营养状况及膳食因素对端粒长度有多种不同机制的影响。维生素、矿物质及多酚等营养物质通常以细胞重要辅酶、必需微营养物质及抗氧化角色，直接或间接参与端粒长度的调节。

1. 叶酸

叶酸(folate)是细胞内一碳单位代谢的重要甲基供体，对 DNA 甲基化、DNA 的正常合成及修复至关重要，在维护基因组稳定性方面起关键作用。叶酸缺乏时，dUMP 增多而 dTMP 合成不足，该事件不仅减少胞内胸腺嘧啶合成而影响端粒 DNA 的正常复制，且导致尿嘧啶核苷大量错误掺入富含 G 的端粒区并引发 DNA 切除修复，TRF1/2 蛋白结合减少，端粒脱帽，成为端粒缩短或端粒序列重组后端粒异常增长的诱因。适当浓度的叶酸能够从 DNA 复制的高保真层面维护端粒长度。

端粒和亚端粒区的 DNA 甲基化状态是影响端粒结构与功能的重要表观遗传学因素。叶酸作为重要甲基供体，其供给水平通过影响富含 GC 的亚端粒区、端粒区及端粒酶的甲基化状态而干预端粒长度、端粒酶表达和端粒序列间的重组。叶酸缺乏引起的全基因组低甲基化状态可引起端粒重组增多及端粒区监管甲基化程度减弱，包括：减弱亚端粒区甲基化，降低端粒酶关键位点甲基化程度从而减弱端粒酶活性，减少 Shelterin 复合物与端粒区结合等，导致端粒不稳定延长。叶酸充足状态有助于维护正常 DNA 甲基化、基因表达模式和端粒长度。

2. 维生素 B_{12}

同型半胱氨酸(Hcy)是叶酸/甲硫氨酸(Met)代谢途径的中间产物，在甲基化合物形成过程中担任重要角色；同时，Hcy 在血浆里极易被氧化形成同型胱氨酸/同型半胱氨酸硫内酯等化合物，并伴随超氧离子和过氧化氢产生，从而介导氧化胁迫和炎症反应，成为神经退行性疾病、冠状动脉、脑血管和静脉血栓等疾病的独立风险因子。Hcy 在体内接受 5-甲基四氢叶酸的甲基进入 Met 合成途径，进而合成细胞的主要甲基供体 S-腺苷甲硫氨酸(SAM)。

甲硫氨酸合成酶(MS)催化 Hcy 合成 Met，维生素 B_{12} 作为 MS 辅酶，在细胞内甲基反应、一碳单位代谢过程中具有不可或缺的配角作用。MS-维生素 B_{12} 通过利用底物 Hcy、降低 Hcy 氧化胁迫和炎症反应，减少对氧化胁迫非常敏感的端粒区 DNA 受氧离子的攻击或维持胞内 SAM 前体的正常合成，维护端粒相关甲基化的稳定，从不同层面，多方位地影响基因组稳定性、DNA 甲基化、端粒长度及相关基因的表达。

3. 维生素 C 和维生素 E

维生素 C 作为细胞内重要辅酶，参与体内氧化还原过程及体内糖代谢过程，具有极强的抗氧化活性和抗炎特性；维生素 E(vitamin E)属于脂溶性维生素，其水解产物为生育酚，是细胞内最主要的抗氧化剂之一，可抗自由基氧化、抑制血小板聚集从而降低心肌梗死和脑梗塞的危险性。与基因组 DNA 相比，富含 G 的端粒序列不仅是急性氧化损伤的潜在靶标，而且因端粒结合蛋白的保护作用，端粒 DNA 具有相对低效的 DNA 修复能力，氧化损伤后的端粒会在细胞周期和随后的复制衰老期间加快缩短速率。体外实验发现，通过向培养基中加入类似生理浓度的维生素 C 或维生素 E，二者卓越的抗氧化活性和清除 ROS(reactive oxygen species)的超强能力，可降低胞内氧化胁迫，限制端粒 DNA 因氧离子攻击而产生损伤的程度，减缓端粒缩短，延缓细胞衰老。

4. 维生素 D

维生素D(vitamin D)为固醇类衍生物，其主要生理功能是促进小肠对钙的吸收，其代谢活性物促进肾小管重吸收磷和钙，维持或调节人体血浆钙和磷的正常浓度。维生素 D 缺乏时，人对钙、磷的吸收能力下降，钙磷不能在骨组织内沉积，成骨作用受阻。在体内，维生素 D 血浆浓度与炎性标志物 C-反应蛋白(C-reaction protein, CRP)之间呈显著负相关，维生素 D 具有潜在抗炎特性。研究发现，血清中维生素 D 的浓度与女性外周血白细胞的端粒长度呈正相关，维生素 D 可能通过抗炎和抗增殖性质限制了细胞活动，从而潜在地降低了细胞增殖引起的端粒长度磨损，同时也降低了胞内氧离子对端粒 DNA 的氧化损伤。

5. 镁

镁(magnesium)不仅是构成人体骨骼及牙齿的重要成分，同时作为辅酶因子参与人体300多种生化反应，是DNA复制、DNA修复和RNA合成有关酶的重要辅助因子。镁缺乏可导致骨骼失去羟基磷灰石结晶结构、诱发骨质疏松；镁离子的生物利用度减少对基因组完整性具有负面影响，镁离子的缺乏会降低DNA修复能力并诱导染色体异常。研究证实，膳食镁摄入量与人体端粒长度呈正相关，镁缺乏时氧化应激水平、炎症标志物CRP增高，端粒缩短。因此，镁离子可能通过氧化应激和炎症反应，间接影响端粒长度。

6. 锌

锌(zinc)是人体必需的微量元素之一，在人体生长发育、生殖遗传、免疫、内分泌等重要生理过程中起着极其重要的作用。锌是人体200多种酶的组成部分，涉及氧化还原酶类、转移酶类、水解酶类、裂解酶类、异构酶类和合成酶类等，DNA聚合酶、RNA聚合酶和反转录酶都是锌依赖性酶。研究发现，锌缺乏会引起染色体融合发生，基因组稳定性下降。锌离子和金属硫蛋白(锌结合蛋白)浓度的降低与外周血细胞端粒缩短相关，而在培养基中加入锌离子可增加端粒酶的活性，维持端粒长度。锌在氧化应激中也具有保护作用，膳食锌缺乏与氧化损伤有关，补充适量的锌可以减少氧化胁迫和炎症反应，并降低感染的发生率。因此，锌离子可能通过基因组稳定性、端粒酶活性、DNA完整性、氧化应激等层面来影响端粒长度。

7. ω-3脂肪酸

ω-3脂肪酸为一组多元不饱和脂肪酸，常见于深海鱼类，主要有效成分是二十碳五烯酸(EPA)和二十二碳六烯酸(DHA)。EPA和DHA具有舒张血管、抗血小板聚集和抗血栓作用，可用于高脂蛋白血症、动脉粥样硬化、冠心病等心血管疾病。研究显示，EPA、DHA的血浆浓度与端粒长度呈正相关。ω-3脂肪酸可能通过抗炎和抗氧化特性减少细胞DNA氧化损伤，防范端粒磨损。小鼠研究中发现，富含ω-3脂肪酸的饮食会增强动物超氧化物歧化酶、过氧化氢酶和谷胱甘肽过氧化物酶的活性，并延长小鼠寿命。此外，ω-3脂肪酸还可通过维持端粒酶活性来维护端粒长度。体外研究发现，EPA和DHA可抑制端粒酶活性减少和端粒酶水平的降低，每天补充ω-3脂肪酸与端粒酶活性显著增加相关。

综上，端粒的稳定性受遗传和环境的共同控制，其长度的特异性与细胞类型、细胞周期、所在组织和器官相关。端粒长度和稳定性受遗传因素、各种营养物质摄取与代谢、表观遗传修饰、氧化代谢、环境暴露及生活方式等多因素的影响。相对而言，补充复合维生素较单一维生素对端粒维护更为有效。健康生活方式如耐力训练、富含果蔬和谷物纤维的饮食、较低身体质量指数、深思、良好睡眠质量等都可减缓端粒缩短，有效维护基因组稳定，降低疾病发生风险。不良膳食习惯如高脂肪和过度加工肉类大量摄入，果蔬、纤维及抗氧化食物摄入不足，睡眠不足，大量吸烟，缺乏运动，大量饮酒等都能加快端粒的缩短，从而提高退行性疾病的风险。

（汪　旭　薛京伦　何冬旭　倪　娟　王　晗　郭锡汉）

参 考 文 献

Athar M, Back JH, Kopelovich L. 2009. Multiple molecular targets of resveratrol: Anti-carcinogenic mechanisms. Arch Biochem Biophys, 486: 95-102.

Athar M, Back JH, Tang X. 2007. Resveratrol: a review of preclinical studies for human cancer prevention. Toxicol Appl Pharmacol, 224: 274-283.

BassoE, Regazzo G, Fiore M. 2016. Resveratrol affects DNA damage induced by ionizing radiation in human lymphocytes *in vitro*. Mutat Res Genet Toxicol Environ Mutagen, 806: 40-46.

Beaty TH, Ruczinski I, Murray JC. 2011. Evidence for gene-environment interaction in a genome wide study of nonsyndromic cleft palate. Genet Epidemiol, 35:469-478.

Bellucci E, Terenzi R, La Paglia GMC, et al. 2016. One year in review 2016: pathogenesis of rheumatoid arthritis. Clin Exp Rheumatol, 34 :793-801.

Bobrowska B, Skrajnowska D, Tokarz A. 2011. Effect of Cu supplementation on genomic instability in chemically-induced mammary carcinogenesis in the rat. J Biomed Sci, 18: 95.

Bookman EB, McAllister K, Gillanders E. 2011. Gene-environment interplay in common complex diseases: forging an integrative model-recommendations from an NIH workshop. Genet Epidemiol, 35: 217-225.

Bull CF, Fenech M. 2008. Genome-health nutrigenomics and nutrigenetics: nutritional requirements or 'nutriomes' for chromosomal stability and telomere maintenance at the individual level. Proc Nutr Soc, 67: 146-156.

Bull CF, Mayrhofer G, O'Callaghan NJ. 2014. Folate deficiency induces dysfunctional long and short telomeres; both states are associated with hypomethylation and DNA damage in human WIL2-NS cells. Cancer Prevention Research, 7: 128-138.

Cai XZ, Huang WY, Liu XD. 2017. Association of novel polymorphisms in TMEM39A gene with systemic lupus erythematosus in a Chinese Han population BMC Medical Genetics, 18: 43-48.

Castranova V, Vallyathan V. 2000. Silicosis and coal workers' pneumoconiosis. Environ.Health Perspect, 108 :675-684.

Chatterjee M. 2001.Vitamin D and genomic stability. Mutat Res, 475: 69-87.

Chen ZL, Tao J, Yang J. 2011. Vitamin E modulates cigarette smoke extract-induced cell apoptosis in mouse embryonic cells. Int J Biol Sci, 7: 927-936.

Claycombe KJ, Meydani SN. 2001. Vitamin E and genome stability. Mutat Res, 475: 37-44.

Comparative Toxicogenomics Database. http://ctdbase.org/about/dataStatus.go

Constantinou C, Neophytou CM, Vraka P. 2011. Induction of DNA damage and caspase-independent programmed cell death by vitamin E. Nutr Cancer, 64:136-152.

Cook PJ, Ju BG, Telese F. 2009. Tyrosine dephosphorylation of H2AX modulates apoptosis and survival decisions. Nature, 458: 591-596.

Cooke MS, Evans MD, Podmore ID. 1998. Novel repair action of vitamin C upon *in vivo* oxidative DNA damage. FEBS Lett, 363: 363-367.

Cornelis MC, Agrawal A, Cole JW. 2010. The gene, maximizing the knowledge obtained from GWAS by collaboration across studies of multiple conditions. Genet Epidemiol, 34: 364-372.

De Freitas JM, Meneghini R. 2001. Iron and its sensitive balance in the cell. Mutat Res, 475:153-159.

Duthie SJ, Mavrommatis Y, Rucklidge G. 2008. The response of human colonocytes to folate deficiency *in vitro*: functional and proteomic analyses. J Proteome Res, 7: 3254-3266.

El-Bayoumy K. 2001. The protective role of selenium on genetic damage and on cancer. Mutat Res, 475 :123-139.

Eren MK, Kilincli A, Eren Ö. 2015. Resveratrol induced premature senescence is associated with DNA damage mediated SIRT1 and SIRT2 down-regulation. PLoS One,10: e0124837.

Factor VM, Laskowska D, Jensen MR. 2000. Vitamin E reduces chromosomal damage and inhibits hepatic tumor formation in a transgenic mouse model. PNAS, 97: 2196-2201.

Fenech M, El-Sohemy A, Cahill L, et al.2011. Nutrigenetics and nutrigenomics: viewpoints on the current status and applications in nutrition research and practice. J Nutrigenet Nutrigenomics,4: 69-89.

Fenech M. 2001. The role of folic acid and vitamin B$_{12}$ in genomic stability of human cells. Mutat Res, 475: 57-67.

Fenech M. 2005. The Genome Health Clinic and Genome Health Nutrigenomics Concepts: Diagnosis and nutritional treatment of genome and epigenome damage on an individual basis. Mutagenesis, 20: 255-269.

Fenech M. 2008. Genome health nutrigenomics and nutrigenetics-diagnosis and nutritional treatment of genome damage on an individual basis. Food Chem Toxicol, 46: 1365-1370.

Fenech M. 2012. Folate (vitamin B$_9$) and vitamin B$_{12}$ and their function in the maintenance of nuclear and mitochondrial genome integrity. Mutat Res, 733: 21-33.

Fenech MF. 2010. DNA damage and the aging brain. Mech Ageing Dev, 131: 236-241.

Ferguson LR, Karunasinghe N, Zhu S. 2012. Selenium and its' role in the maintenance of genomic stability. Mutat Res, 733: 100-110.

Firestein GS, McInnes IB. 2017. Immunopathogenesis of rheumatoid arthritis. Immunity, 46 :183-196.

Gatz SA, Keimling M, Baumann C. 2008. Resveratrol modulates DNA double-strand break repair pathways in an ATM/ATR-p53-and-Nbs1-dependent manner. Carcinogenesis, 29: 519-527.

Gocha ARS, Harris J, Groden J. 2013. Alternative mechanisms of telomere lengthening: permissive mutations, DNA repair proteins and tumorigenic progression. Mutat Res, 743:142-150.

Gonzalez-Suarez I, Redwood AB, Grotsky DA. 2011. A new pathway that regulates 53BP1 stability implicates cathepsin L and vitamin D in DNA repair. EMBO J, 30: 3383-3396.

Guo XH, Xue JL, Wang X, et al. 2013. Phyllanthus emblica L. fruit extract induces chromosomal instability and suppresses necrosis in human colon cancer cells. Int J Vitam Nutr Res, 83:271-280.

GWAS Catalog. The NHGRI-EBI Catalog of published genome-wide association studies http://www.ebi.ac.uk/gwas/

Halliwell B. 2001.Vitamin C and genomic stability. Mutat Res, 475 :29-35.

Hartwig A. 2001. Role of magnesium in genomic stability. Mutat Res, 475 :113-121.

Jeste SS , Geschwind DH. 2014. Disentangling the heterogeneity of autism spectrum disorder through genetic findings. Nat Rev Neurol, 10 :74-81.

Julià A, Absher D, López-Lasanta M, et al. 2017. Epigenome-wide association study of rheumatoid arthritis identifies differentially methylated loci in B cells. Hum Mol Genet. [Epub ahead of print]

Julin B, Shui IM, Prescott J. 2015. Plasma vitamin D biomarkers and leukocyte telomere length in men. European Journal of Nutrition, 56 (2017): 501-508.

Lee EH, Myung SK, Jeon YJ. 2011. Effects of selenium supplements on cancer prevention: meta-analysis of randomized controlled trials. Nutr Cancer, 63: 1185-1195.

Li C, Ni J, Wang X, et al. 2017. Response of MiRNA-22-3p and MiRNA-149-5p to folate deficiency and the differential regulation of MTHFR expression in normal and cancerous human hepatocytes. PLoS One, 12 :e0168049.

Li JSZ, Fuste JM, Simavorian T. 2017. TZAP: A telomere-associated protein involved in telomere length control. Science, 355:638-641.

Linder MC. 2001. Copper and genomic stability in mammals. Mutat Res, 475 :141-152.

Liu JJ, Prescott J, Giovannucci E. 2013. One-carbon metabolism factors and leukocyte telomere length. The American Journal of Clinical Nutrition, 97 :794-799.

Mahabir S, Wei Q, Barrera SL. 2008. Dietary magnesium and DNA repair capacity as risk factors for lung cancer. Carcinogenesis, 29 :949-956.

Maida Y, Masutomi K. 2015. Telomerase reverse transcriptase moonlights: therapeutic targets beyond telomerase. Cancer Science, 106 :1486-1492.

Main PA, Angley MT, Thomas P. 2010. Folate and methionine metabolism in autism: a systematic review. Am J Clin Nutr, 91 :1598-1620.

Mattingly CJ, Colby GT, Rosenstein MC. 2004. Promoting comparative molecular studies in environmental health research: an overview of the comparative toxicogenomics database (CTD). Pharmacogenomics J, 4: 5-8.

McCleskey TM, Buchner V, Field RW. 2009. Recent advances in understanding the biomolecular basis of chronic beryllium disease: a review. Rev Environ Health, 24 :75-115.

Migliore L, Migheli F, Coppede F. 2009. Susceptibility to aneuploidy in young mothers of Down syndrome children. Scientific World Journal, 9: 1052-1060.

Miller FW, Alfredsson L, Costenbader KH, et al. 2012. Epidemiology of environmental exposures and human autoimmune diseases: Findings from a National Institute of Environmental Health Sciences Expert Panel Workshop. J Autoimmun, 39 :259-271.

Nandakumar J, Cech TR. 2013. Finding the end: recruitment of telomerase to telomeres. Nature Reviews Molecular Cell Biology, 14: 69-82.

Ni J, Liang ZQ, Wang X, et al. 2012. A Decreased micronucleus frequency in human lymphocytes after folate and vitamin B_{12} intervention:a preliminary study in a Yunnan Population Int. J Vitam Nutr Res, 82: 374-382.

Ni J, Lu L, Fenech M, et al. 2010. Folate deficiency in human peripheral blood lymphocytes induces chromosome 8 aneuploidy but this effect is not modified by riboflavin. Environ Mol Mutagen, 51 :15-22.

Ni J, Xue JL, Wang X, et al. 2017. Association between the MTHFR C677T polymorphism, blood folate and vitamin B12 deficiency, and elevated serum total homocysteine in healthy individuals in Yunnan Province, China. Journal of the Chinese Medical Association, 80:147-153.

NIEHS Exome Variant Server. http://evs.gs.washington.edu/EVS/

NIEHS. Environmental Genome Project, National Institute of Environmental Health Sciences; 2004. http://www.niehs.nih.gov/research/supported/programs/egp/.

Nordahl CW, Braunschweig D, Iosif AM, et al. 2013. Maternal autoantibodies are associated with abnormal brain enlargement in a subgroup of children with autism spectrum disorder. Brain Behav Immun, 30: 61-65.

O'Callaghan N, Parletta N, Milte CM, et al. 2014. Telomere shortening in elderly individuals with mild cognitive impairment may be attenuated with Ω-3 fatty acid supplementation: a randomized controlled pilot study. Nutrition, 30: 489-491.

Ornish D, Lin J, Chan JM, et al. 2013. Effect of comprehensive lifestyle changes on telomerase activity and telomere length in men with biopsy-proven low-risk prostate cancer: 5-year follow-up of a descriptive pilot study. The Lancet Oncology, 14:1112-1120.

Papoutsis AJ, Lamore SD, Wondrak GT, et al. 2010. Resveratrol prevents epigenetic silencing of BRCA-1 by the aromatic hydrocarbon receptor in human breast cancer cells. J Nutr, 140: 1607-1614.

Pra D, Bortoluzzi A, Muller LL. 2011. Iron intake, red cell indicators of iron status, and DNA damage in young subjects. Nutrition, 27 : 293-297.

Pra D, Rech Franke SI, Pegas Henriques JA. 2009. A possible link between iron deficiency and gastrointestinal carcinogenesis. Nutr Cancer, 61: 415-426.

Program for Genomic Applications. SeattleSNPs: http://pga.gs.washington.edu /summary_ data.html

Raychaudhuri S, Sandor C, Stahl EA, et al. 2012. Five amino acids in three HLA proteins explain most of the association between MHC and seropositive rheumatoid arthritis Nat Genet, 44: 291-296 .

Robb EL, Page MM, Wiens BE. 2008. Molecular mechanisms of oxidative stress resistance induced by resveratrol: Specific and progressive induction of MnSOD. Biochem Biophys Res Commun, 367 :406-412.

Schmidt RJ, Hansen RL, Hartiala J, et al. 2011. Prenatal vitamins, one-carbon metabolism gene variants, and risk for autism. Epidemiology, 22: 476-485.

Schmidt RJ, Tancredi DJ, Ozonoff S, et al. 2012. Maternal periconceptional folic acid intake and risk of autism spectrum disorders and developmental delay in the CHARGE (CHildhood Autism Risks from Genetics and Environment) case-control study. Am J Clin Nutr, 96: 80-89.

Scragg R. 2011. Vitamin D and public health: an overview of recent research on common diseases and mortality in adulthood. Public Health Nutr, 14: 1515-1532.

SeattleSNPs. http://pga.gs.washington.edu/

Sebastià N, Almonacid M, Villaescusa JI, et al. 2013. Radioprotective activity and cytogenetic effect of resveratrol in human lymphocytes: An in vitro evaluation. Food Chem Toxicol, 51: 391-395.

Sen A, Marsche G, Freudenberger P, et al. 2014. Association between higher plasma lutein, zeaxanthin, and vitamin C concentrations and longer telomere length: results of the Austrian Stroke Prevention Study. Journal of the American Geriatrics Society, 62:222-229.

Sgambato A, Ardito R, Faraglia B, et al. 2001. Resveratrol, a natural phenolic compound, inhibits cell proliferation and prevents oxidative DNA damage. Mutat Res, 496 :171-180.

Sharif R, Thomas P, Zalewski P, et al. 2012. The role of zinc in genomic stability. Mutat Res, 733:111-121.

Shen J, Gammon MD, Terry MB. 2009. Telomere length, oxidative damage, antioxidants and breast cancer risk. Int J Cancer, 124: 1637-1643.

Sparks JA , Costenbader KH. 2014. Genetics, environment，and gene-environment interactions in the development of systemic rheumatic diseases . Rheum Dis Clin North Am, 40: 637-657.

Sram RJ, Binkova B, Rossner P. 2012 . Vitamin C for DNA damage prevention. Mutat Res, 733: 39-49.

Traversi G, Fiore M, Leone S, et al. 2016. Resveratrol and its methoxy-derivatives as modulators of DNA damage induced by ionising radiation. Mutagenesis, 31: 433-441.

van OB, El-Sohemy A, Hesketh J. 2010. The micronutrient genomics project: a community-driven knowledge base for micronutrient research. Genes Nutr, 5: 285-296.

Volpe A, Cesare P, Aimola P. 2011. Zinc opposes genotoxicity of cadmium and vanadium but not of lead. J Biol Regul Homeost Agents, 25 : 589-601.

Wang S. 2009. Epidemiology of vitamin D in health and disease. Nutr Res Rev, 22 : 188-203.

Wang X, Fenech M, Xue JL, et al. 2004. Folate deficiency induces aneuploidy in human lymphocytes in vitro-evidence using cytokinesis-blocked cells and probes specific for chromosomes 17 and 21. Mutat Res, 551 : 167-180.

Weaver BA, Cleveland DW. 2006. Does aneuploidy cause cancer? Curr Opin Cell Biol, 18: 658-667.

Weston A, Snyder J, McCanlies EC. 2005. Immunogenetic factors in beryllium sensitization and chronic beryllium disease. Mutat Res, 592 : 68-78.

Wilson SH, Olden K. 2004. The environmental genome project: phase I and beyond. Mol Interv, 4 : 147-156.

Yeung KS, Chung BH, Choufani S, et al. 2017. Genome-wide DNA methylation analysis of Chinese patients with systemic lupus erythematosus identified hypomethylation in genes related to the type I interferon pathway. PLoS ONE, 12: e0169553.

Yuan JM, Koh WP, Sun CL, et al. 2005. Green tea intake, ACE gene polymorphism and breast cancer risk among Chinese women in Singapore. Carcinogenesis, 26: 1389-1394.

Yucesoy B, Vallyathan V, Landsittel DP. 2001. Polymorphisms of the IL-1 gene complex in coal miners with silicosis. Am J Ind Med, 39 : 286-291.

Zhai R, Jetten M, Schins RP. 1998. Polymorphisms in the promoter of the tumor necrosis factor-alpha gene in coal miners. Am J Ind Med ,34 : 318-324.

Zielińska-Przyjemska M, Ignatowicz E , Krajka-Kuźniak V, et al. 2015. Effect of tannic acid, resveratrol and its derivatives, on oxidative damage and apoptosis in human neutrophils. Food Chem Toxicol, 84: 37-46.

第十二章

公共健康与个体基因组学

本章意在讨论如何利用基因组学水平上与疾病成因相关的新知识，寻找何种膳食、生活方式及心理社会策略能更有效地预防疾病、维护健康。现有证据表明膳食营养、生活方式、外在环境，以及心理社会因素对基因组完整性的影响是决定健康状况的重要因素。膳食营养通过提供 DNA 合成、DNA 修复，以及调控基因表达过程中必需的辅助因子和分子，在预防基因组病理变化中起着重要作用。然而，伴随年龄增长所出现的基因完整性下降不仅受营养失调影响，环境毒物暴露、不良生活方式及不利心理社会环境同样影响着基因组的完整性。DNA 完整性受损是发育异常及退行性疾病的基本病理因素。将上述各种风险因子与遗传易感性整合研究对于有效地阻止 DNA 完整性受损具有重要价值。因此，有必要在全球范围内实施一个综合的公共健康政策以提高人群的 DNA 健康水平，该政策以寻求富含基因组维护所需微营养食物、减少环境遗传毒物暴露，以及改善生活习惯和心理社会环境，提高基因组稳定性为最终目标。

近来，关于遗传与营养因素对基因表达和 DNA 完整性影响的认识空前增长。这些知识的正确整合有可能对减少非传染性疾病和退行性疾病的发生发展产生革命性影响。但是，如果滥用这些知识或者在没有充分正确地理解营养和遗传因素相互作用机制时，对群体或个人提供膳食建议，将可能造成意想不到的危害。营养–基因的相互作用仅是环境对基因组产生影响的一个侧面。心理应激、不良生活方式和过度暴露于物理、化学、遗传毒物中也是环境–基因相互作用影响基因组健康的重要方面。环境–遗传相互作用的研究与营养基因组学共同构成一个新兴的学科——公共健康基因组学(public health genomics)。我们目前在掌握这些关键且复杂的知识方面还有很多理解和认知上的空白。因此，坚持不懈地探讨怎样合理利用基因组学知识来改善、促进人类健康状况将是公共健康的一个重要领域。

第一节　暴露组、营养组和基因组的多样性

暴露组(exposomes)、营养组(nutriomes)和基因组(genomes)地理及文化的多样性，以及相关的膳食习惯、生活方式、生理和心理环境都会影响到相关人群的基因组、表观基因组(Laland et al., 2010)。食品的安全和性能的差异凸显了在基因组水平定义维护最佳健康状态的最低营养需求的必要性(Rosenberg,2008; Ames,2006; Kaput et al,2005)。到 2050 年，世界人口预计将从 25 亿持续增长到 95 亿，而食物短缺且成本增加将持续上升。这就要求我们探寻多样化、简约的膳食模式以养活更多的人，并维护安好状态(Godfray et al., 2010)。基于对食物和膳食营养程度的认识，更好地了解食物和膳食模式的营养"适

应性"(nutritionalfitness)能够对解决目前提出的这一挑战作出重要贡献(Kim et al.，2015)。我们急需解决如下关键问题：

- 哪些食物的营养最为丰富？
- 这些食物中哪些最容易持续种植？
- 这些食物中哪些对地球环境影响最小？
- 这些食物哪些可有效储存？
- 为了满足最佳健康的最低营养需求，这些食物的适配值是多少？

Smedman 等(2010)提议食品分类应该优先考虑食品和饮料的营养程度及其生产的环境效应，以规划适宜的膳食模式。尽管这个模式并不完美，但是它为现在和未来提出了一个实用的方向，人们可以根据膳食对维持基因组和新陈代谢的营养价值及其对环境的影响去适当规划食品生产。

维护健康的最适膳食建议仍需进一步优化。最新的 WHO/FAO 报告建议，尤其是在发展中国家的人群，每人每天最少需要摄入 400g 的水果和蔬菜以预防如心脏病、癌症、糖尿病及肥胖等慢性疾病的发生，并预防和减轻微营养物质缺乏(Nishida et al.，2004)。然而，上述建议可能会产生一定误导，我们以叶酸为例来简单阐明这一可能产生的误导，见表 12-1。叶酸(folate)是维持基因组完整性和胚胎发育的重要微营养物质(Stover，2009；Fenech，2011)。表 12-1 中涉及 4 种重要类型的蔬果，个人嗜好会使个体每日最终摄入的叶酸量不同。当个人选择摄入高叶酸含量的食物(如豆类、绿叶蔬菜、十字花科蔬菜)时可满足建议中提到的每天摄入 400g 蔬果获得 400ng 叶酸含量的要求，但是如果喜欢食用根茎蔬菜或"水果"蔬菜的个体，每天则需要摄入 2.5kg 的此类蔬菜才可以达到叶酸摄入的要求水准，这显然不符合实际生活情况。同时，大部分"水果"蔬菜中的叶酸含量不到根茎蔬菜的一半。由此我们发现，仅规定每天食用 400g 蔬果的建议无论对提高个体健康水平还是获得营养最大效益都是不适宜的，我们急需的是根据食物的营养丰度和基于营养适应性确定的食物合理组合方式来制定更准确的膳食建议(Kim et al.，2015)。

表 12-1　蔬菜中的叶酸含量(DFE/100g，单位 μg)[*]

高叶酸含量(HF)蔬菜		低叶酸含量(LF)蔬菜	
豆类	绿叶或十字花科蔬菜	根茎蔬菜	"水果"蔬菜
红芸豆(130)	西兰花(93)	洋葱(16)	番茄(15)
绿豆(60)	甘蓝(60)	土豆(22)	南瓜(9)
鹰嘴豆(171)	卷心菜(43)	萝卜(9)	黄瓜(6)
扁豆(180)	莴苣菜(142)	欧洲萝卜(57)	辣椒(11)
豌豆(59)	菠菜(146)	瑞典甘蓝(21)	茄子(14)
青豆(50)	生菜(73)	胡萝卜(14)	橄榄(0)
平均(108)	平均(93)	平均(23)	平均(10)
平均(100)		平均(16)	

[*] 数据来源：美国农业部营养数据库(http://www.nal.usda.gov/fnic/foodcomp/search/)

DFE: dietary folate equivalent，膳食叶酸当量，括号中的为具体数值。

第二节　公共健康基因组学、营养遗传学和营养基因组学

人类对营养物质的需求取决于相关常量营养素(macro-nutrient)和微量营养素(micronutrient)的摄取及代谢相关遗传特征。随着对群体遗传结构了解的深入，我们有必要考虑与营养、生活方式及环境相关的公共健康基因组学原理(Voy, 2011; Burke et al., 2006; Wilkinson et al., 2011)，将基因组学知识应用到人口健康维护层面。

基因检测最大的公众健康价值在于识别遗传亚型或者个体后，借助人们接受的、经济并且实用的特殊干预，可控制这些个体的遗传疾病风险。这种方式是遗传性代谢疾病如苯丙酮尿症(phenylketonuria)、乳糜泻(celiac disease)筛查和有效治疗的基础(Mitchell et al., 2011; Hrdlickova et al., 2011)。某些基因检测如识别女性乳腺癌高风险的 *BRCA* 分型已成为临床检测的一部分，而特定营养需求和生活方式对降低这种风险的影响暂不明确(Beetstra et al., 2008; Papoutsis et al., 2010)。但是，如果证实某种特定饮食和生活习惯可以降低携带载脂蛋白(APOE)ε4 等位基因突变人群的轻度认知障碍甚至阿尔茨海默病(Alzheimer's disease, AD)的风险，*APOE* 基因型分析的公共健康价值将大为提高(Brown et al., 2011; Minihane et al., 2007)。目前越来越多的证据显示，与非携带者相比，APOE ε4 携带者可通过高维生素 B_{12} 和 ω-3 脂肪酸摄入来预防认知衰退的发生(Feng et al., 2009; Vogiatzoglou et al., 2013)。

基因检测信息的广泛应用，对疾病的防范、预防及早期诊断都具有重要影响(Yassine 2017; McBride, 2009)。尽管基因检测提示肺癌的风险升高未必会导致戒烟率增高(Fenech et al., 2011)，但遗传风险信息可能会促使人们参与预防性检查，如有结肠癌家族史的人会更主动地进行结肠癌风险基因检测(Smerecnik et al., 2011; Rees et al., 2008)。这里还需要考虑伦理问题，并不是每个人都想知道他们的遗传信息并且理解这其中的意义。此外，表观遗传变化引起的基因表达改变可能会干扰仅基于遗传信息的风险预测的准确性。只有在生物标记与健康风险之间具有明确关联时，才应当给出相应建议。

在人群和遗传亚群层面上的膳食建议仍需用现代生物学研究的工具来进行优化。尽管营养的遗传学基础及其生物学效应的认知在迅速增长，但是基因表达中表观调控的修饰作用及其对膳食建议的影响我们还知之甚少。传统的新陈代谢分析能充分理解营养因子对健康和疾病的影响，但有时代谢物本身可能就是疾病的症状。因此我们需要从基因组层面去理解疾病的成因，以评价特定个体或遗传亚群健康状态的变化。营养基因组工具(基因组学、表观遗传学、转录组学和蛋白质组学)的有效利用是达到上述目标的可行的、准确并且经济的方式。通过遗传学理解疾病易感性以及通过表观遗传学理解基因表达(Ruthotto et al., 2007)，是帮助我们制订更精确的公共健康建议的基础。针对遗传亚群或个人的建议需要基于有效、安全、和经济的生物指标，以保证所提供建议的有效性和无害性。

近来，一系列协调和适当地应用营养基因组学和营养遗传学知识的国际性合作正在进行中。营养基因组学计划起始于 2008 年，其初衷是在营养基因组学时代建立微量营养素研究知识数据库(McBride, 2009; Kussmann et al., 2010)。已成立的微营养素专家团队正

在努力确定微量营养的吸收和新陈代谢对基因功能变异的影响，并与生物信息学专家团队一起把这些信息整合起来，创建一个可供研究者和健康从业人员查询访问的生物信息网络。这些数据库和网络有助于帮助个体选择影响营养需求的相关遗传变异，识别相应的代谢物、蛋白质和基因组的生物标记，以便从生物利用度、生物效率和安全性的角度，依据细胞类型、剂量和生命不同阶段来确定个体和群体的最佳营养状态。这些新方法有助于构建全面有效的、以良好健康状态维护为目标的一种或多种微营养素干预策略。例如，最近一项研究比较阿尔茨海默病病例与正常对照的脑组织基因表达情况，发现 AD 中有 5 种重要代谢途径发生了基因表达的下调；掌握这些信息能够帮助我们设计靶向微营养素干预策略，精准调控新陈代谢，从而增加逆转这种破坏性疾病发展的几率（Van Ommen et al., 2010）。

微营养素基因组学项目（Micronutrient Genomics Project）（图 12-1）与其他相关的国际项目如欧洲微营养素建议（European Micronutrient Recommendations Aligned，EURRECA）项目和营养素生物标记物发展（Biomarkers of Nutrition for Development，BOND）项目有相似的战略和实施措施。EURRECA 项目已完成了对确定影响关键维生素和矿物质摄取、代谢的每个已知基因的常见单核苷酸多态性的评估（Stempler et al., 2014; Casgrain et al., 2010）；BOND 项目的目标是利用各种组学的发展动态，来重新定义和确认新的方法，以改善和验证与人类从受孕开始的生命早期 1000 天相关的每种微营养素含量达到最佳健康状态时的生物标记物（Fairweather-Tait, 2011）。这些项目的不断发展更新对实现个性化的营养建议及特定基因型人群的有效营养干预建议而言非常重要。

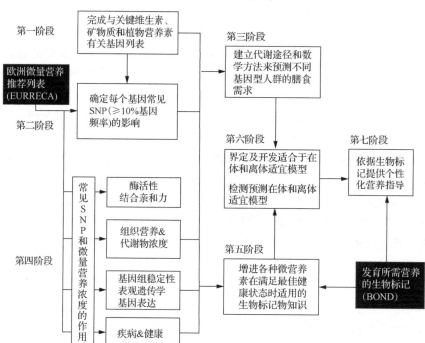

图 12-1　微量元素基因组学项目战略及其与 EURRECA 和 BOND 项目计划的关系

近期研究提示基因组不仅受到遗传和表观遗传的修饰，还存在一些其他的修饰方式，因而在营养-基因相互作用的理解上，我们所面临的挑战比预期要严峻得多。例如，有报道称人类从日常食物中摄取的RNA可参与人类基因表达修饰，而摄取的DNA会参与修饰肠道中的微生物基因组。日本的一项研究表明，当人类食用了藻类上的海洋细菌（marine bacteria），编码琼脂（agarases）和金属卟啉酶（prophyranases）的基因会从紫菜（Nori，一种经常食用的海带）中的 Zobellia 细菌基因组转移到人类肠组织中的拟杆菌属细菌（Bacteroides bacteria）基因组（Raiten et al., 2011）。此外，有研究发现食用大米后会导致大米的microRNA，特别是MIR168a转移到哺乳动物的血液中，这类microRNA易导致低密度脂蛋白LDL受体衔接蛋白1（LDL receptor adapter protein 1，LDLRAP1）的表达降低（Hehemann et al., 2010），从而引起低密度脂蛋白胆固醇增加，对心血管健康产生威胁。这些重要发现明确指出，人类摄取的食物所产生的效应远比我们想象的要复杂。此外，最近一项涉及800名志愿者的血糖反应研究中显示，在更准确地预测个体如何响应不同饮食干预方面，微生物菌群对人类健康的影响作用变得越来越显著和重要（Zhang et al., 2011）。

第三节　DNA损伤防范所需营养参考值

基因组损伤和与之相关的表观遗传变化对人类健康生长发育和衰老过程的影响越来越明显，而二者也是疾病防范中最基本的风险因素（Zeevi et al., 2015; Sinclair and Oberdoerffer, 2009; Fenech, 2010）。染色体DNA损伤水平及DNA低甲基化水平的升高是不育（infertility）、妊娠并发症（pregnancy complication）、发育缺陷（developmental defect）、心血管疾病（cardiovascular disease）、神经退行性疾病（neurodegenerative disease）和癌症等疾病的预兆（Ames, 2006; Zeevi et al., 2015; Sinclair and Oberdoerffer, 2009; Fenech, 2010）。我们需要对自身的遗传物质给予更多的关注，并采取有效、必要的措施来保护我们的基因组免受损伤。

我们目前已掌握较为扎实的技术，用来诊断和量化上皮组织和造血组织中碱基、基因和染色体层面的DNA损伤水平。这些原本是为研究环境诱变剂（environmental mutagen）对DNA损伤影响程度而发展起来的技术，现在也越来越多地运用到包括营养等生活方式因素对基因、基因-环境相互作用、DNA损伤的影响当中。这些技术包括染色体畸变（chromosome aberration）、微核（micronucleus）、DNA链断裂（DNA strand break）、DNA碱基加合（DNA base adduct）和DNA序列缺失（DNA sequence deletion）的检测，最近也已用这些技术验证了个体营养状况与疾病相关联（Sinclair and Oberdoerffer, 2009）。

微核是目前已知最有效的DNA损伤生物标志物之一，通过胞质分裂阻滞微核试验（cytokinesis-block micronucleus assay，CBMN）可以定量分析人外周血淋巴细胞微核率（Jackson and Bartek, 2009）。相关研究清楚表明，基因组损伤随年龄增长而显著增加。新生儿基因组损伤频率通常较低，但之后每10年损伤频率会有稳定升高（图12-2），尤其是青少年时期以后。这些观察到的结论可引发我们思考以下问题：

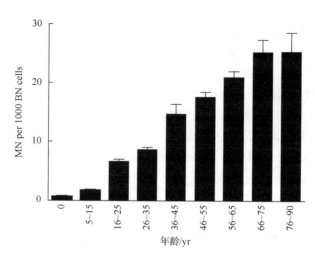

图 12-2　胞质分裂阻滞微核试验(CBMN)检测澳大利亚南部健康男性淋巴细胞的 DNA 损伤

每个年龄组中至少 15 个个体的(平均值±SE)；MN=微核(染色体断裂或损失的生物标记)；BN=双核细胞。在 CBMN 试验中，微核需要在一次分裂的细胞中进行评估，其通过用细胞松弛素 B 阻断胞质分裂后以双核外观鉴定

（1）DNA 损伤随年龄增长而增加这个事实是不可避免的么？

（2）随年龄增长而升高的 DNA 损伤是否与营养供给不当、不良生活方式、具有遗传毒性的物理/化学环境暴露、心理与社会压力增加相关？

（3）为尽量降低 DNA 损伤相关的疾病发生风险，允许的 DNA 损伤阈值应当是多少？

（4）鉴于 DNA 损伤与发育异常和退行性疾病发生风险成正相关，我们是否可以通过营造良好的环境来维持低于 DNA 损伤阈值的个体遗传损伤程度，从而降低因基因组完整性受损所增加的疾病风险？

膳食因素对维持基因组健康必不可少，过去的 10 年中，我们对这一观点的了解日益增加。表 12-2 总结了近年来相关研究的成果(Sinclair and Oberdoerffer,2009; Fenech,2007; Ferguson et al., 2004; Jacob,1999)。通过检测人淋巴细胞的微核频率，我们发现维生素 C、维生素 E、维生素 B12、叶酸、视黄醇、β-胡萝卜素、烟酸、钙、硒和锌的摄入不足与染色体损伤增加相关(Ames and Wakimoto,2002; Fenech et al., 2005; Fenech and Bonassi, 2011)。最近，大量研究把目光聚焦在膳食因素对端粒长度(telomere length)的影响上。迄今为止，大部分研究表明，叶酸、维生素 D、Ω-3 脂肪酸、谷类纤维及复合维生素的摄入与端粒长度呈现正相关；另一方面，过多地摄入不饱和脂肪酸和加工肉制品，以及高同型半胱氨酸血症、肥胖等会导致端粒缩短(Thomas et al., 2011; Bull et al., 2009; Xu et al., 2009; Richards et al., 2007; Farzaneh-Far et al., 2010; Cassidy et al., 2010; Nettleton et al., 2008; Dhillon et al., 2016; Bull and Fenech,2008; Buxton et al., 2011)。毫无疑问，较短的端粒容易增加基因组不稳定性并引起组织衰老速率加快，但越来越多证据表明，较长的端粒对基因组维护也不一定有益(Njajou et al., 2011; Shammas,2011)。尽管有研究表明较长端粒与降低心血管疾病和某几种癌症风险相关，然而，最近研究发现，外周血白细胞端粒增长会增加如淋巴瘤、肺癌等癌症发生的风险(Oeseburg et al., 2010; Shen et al., 2011)。

有证据表明，端粒增长可能是亚端粒区低甲基化的结果，或是端粒重复序列碱基损伤，导致调控端粒长度的端粒结合蛋白 TRF1 和 TRF2 结合减少(Dhillon et al., 2016; Lan et al., 2009)。这些结果提示，仅以端粒长度作为基因组稳定性的指标显然是不全面的，对端粒功能失调的诊断还需充分考虑其他信息，如端粒碱基损伤、端粒 DNA 链断裂及端粒末端融合等(Moores et al., 2011; Rai and Chang, 2011)。

表 12-2　特定微营养素缺乏对基因组稳定性的作用和影响实例

微量元素	对基因组稳定性的作用	缺乏的后果
维生素 C、维生素 E、抗氧化多酚类物质(如咖啡酸)	防止 DNA 和脂质的氧化	增加 DNA 链和染色体断裂水平, DNA 氧化损伤和过氧化脂质对 DNA 的加合
叶酸和维生素 B_2、B_6 及 B_{12}	维持 DNA 甲基化, 将 dUMP 合成为 dTMP, 提高叶酸循环效率	将尿嘧啶错误插入 DNA 中, 增加染色体的断裂和 DNA 的低甲基化
烟酸	是 DNA 剪切和重排、维持端粒长度所必需的多聚(ADP-核糖)聚合酶(PARP)的底物	增加未修复的 DNA 缺口的水平, 增加染色体断裂和重排, 提高对诱变剂的敏感性
锌	铜/锌超氧化物歧化酶、内切酶 IV、p53、Fapy 糖苷酶和锌指蛋白如 PARP 的一个必需的辅助因子。	增加 DNA 氧化、DNA 断裂, 提高染色体损伤率
铁	核苷酸还原酶与线粒体细胞色素的必要组成成分	降低 DNA 修复能力和增加线粒体 DNA 氧化损伤的倾向
镁	一系列 DNA 聚合酶的辅助因子, 核苷酸切除修复、碱基切除修复和错配修复的辅助因子, 微管聚合和染色体分离所必需	降低 DNA 复制的保真度和 DNA 修复能力, 导致染色体错误分离
锰	线粒体锰超氧化物歧化酶的组成部分之一	增加线粒体 DNA 超氧损害的易感性, 降低核 DNA 对辐射引起的损伤的抵抗力
钙	调节有丝分裂过程和染色体分离的辅助因子	有丝分裂功能障碍和染色体错误分离
硒	硒蛋白参与甲硫氨酸代谢和抗氧化代谢过程(如硒代蛋氨酸, 谷胱甘肽过氧化酶 I)	增加 DNA 的断裂, DNA 的氧化和诱发端粒缩短

未来十年内，除端粒外，另一个值得更多关注的遗传结构是线粒体基因组(mitochondrial genome)。当这一重要的母系遗传基因组发生缺失或点突变时，可引起诸多疾病，并加速机体衰老(Bodvarsdottir et al., 2011)。尽管年龄增长(Park and Larsson, 2011)和叶酸摄入不足(Wallace, 2010)与线粒体基因组出现大片段缺失相关，但研究也表明，复制压力可能是导致线粒体电子传递链参与蛋白缺陷、碱基序列突变的主要原因，这会最终导致 ATP 产量下降(Chou and Huang, 2009)。近年来改进的实时定量 PCR 技术、微阵列比较基因组杂交(array comparative genomic hybridisation，array CGH)、深度测序方法(deep sequencing method)等已为我们更深入研究营养和衰老对线粒体基因组的影响提供了更为准确的技术手段(Wallace, 2010; Larsson, 2010; Ameur et al., 2011)。

基于 DNA 损伤防范的推荐膳食日供给量(recommended dietary allowance，RDA)概念从首次提出到现在已有 16 年了(Douglas et al., 2011)。在这期间，我们发现基因组稳定性对营养供给，尤其是对 DNA 合成和修复起直接作用的营养物质供给十分敏感。因此，更优选的方法是基于 DNA 损伤防范的膳食参考值(dietary reference value，DRV)制订食谱，其不仅可满足维持最优基因组健康所要求的膳食最低需求，还保证了每种营养素在安全摄入量范围内，因为某些微营养素的过量摄入易引起遗传毒性。确定膳食防护 DNA 损伤的 DRV 路线图总结于图 12-3。

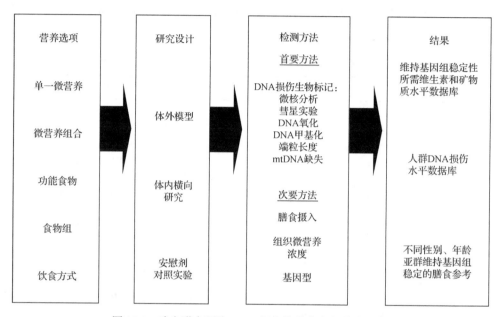

图 12-3　确定膳食预防 DNA 损伤的营养参考值路线图

优化基因组完整性的最适 DRV 也适用于那些微营养素摄入代谢缺陷、遗传缺陷的遗传亚群个体，或是 DNA 代谢相关的辅酶因特异 SNP 位点而改变对辅因子或底物亲和力的个体（如亚甲基四氢叶酸还原酶 MTHFR C677T 位点）。然而，我们对于基因-营养的相互作用及营养与基因组健康维护的关系研究仍处于起步阶段，而且遗传信息与表观遗传信息之间能否建立一个可靠的有预见性的适合模型，现在尚不明确。当然，我们已经取得了一些成就，至少叶酸-甲硫氨酸途径的模型已经成功（Fenech, 2001）。研究营养与基因组健康的另一条途径是用营养物质的阵列系统（代表不同的营养与代谢特点）来考察营养物质对基因组完整状况和细胞再生能力的影响，具体方法是将细胞培养在不同的微营养素组合培养基中进行干预，再检测细胞的各方面性能（Neuhouser et al., 2011）（图 12-4）。这个系统可以在不考虑个体的遗传背景差异条件下，制订出利于基因组完整性、细胞生长和功能完好的最优个性化营养组合方案。尽管这个系统还不确定运用到人体内后是否有效，但它可与另一个新领域碰撞出火花，即我们可从人体内取出细胞（如骨髓祖细胞、干细胞，或诱导后的多能干细胞），通过配制适合微营养素组合的培养液，培养生长出基因组健康、细胞活力旺盛的细胞后再回输到人体，达到如骨髓移植、神经紊乱治疗、胰岛素不足矫正等目的。

营养阵列——解析基因组维持的个性化营养需求的Rosetta Stone

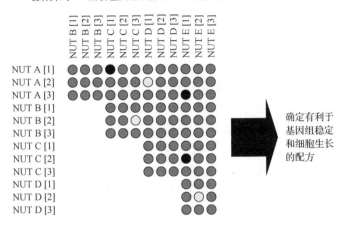

图 12-4　营养阵列——解析基因组维持的个性化营养需求的 Rosetta Stone 简单的营养阵列的理论实例

NUT 为单个或多种营养组合；A～E 为不同类型的营养组合；1～3 为剂量水平；不同的灰阶代表营养、剂量组合下观察到的细胞生长、活力和基因组稳定性的潜在变异指示。目标是确定个体的最佳营养组合方式

第四节　整合营养与生活方式、理化环境和心理社会环境对基因组影响的综合分析方法

成功营造一个可以保护基因组免受损伤的环境需要更为全面综合的方法而不仅是侧重于营养-基因组的互作上。这是因为：①维护基因组所必需的微营养素的不足会导致 DNA 对环境中遗传毒物敏感性增加（Fenech, 2010; McDorman et al., 2002）；②生活方式和心理因素也是影响基因组完整性的重要因素（Fenech et al., 2005; Teo and Fenech, 2008; Gidron et al., 2006）。最近一项利用 CBMN 技术了解生活方式对 DNA 损伤影响的研究显示，在一些生活习惯较健康的人群中，他们的淋巴细胞微核率明显偏低。这些人群每天睡眠时间在 7h 以上，工作时间在 9h 以下，每周至少有 2 天时间进行锻炼（Inoue et al., 2009）。保持良好或适度饮食平衡的人群也观察到类似微核率降低的效果产生。另一个可能影响基因组完整性的重要因素是个体生活经历。最近横断面研究（cross sectional study）表明，有严重残疾亲属和有恶劣童年经历的人群白细胞端粒长度会显著缩短（Huang et al., 2009; Entringer et al., 2011; O'Donovan et al., 2011）。究竟是心理压力影响了生活方式和营养摄入而造成基因组完整性受损，还是相应压力的应激激素代谢变化直接影响导致上述后果仍是一个悬而未决的问题。

最近在啮齿类动物的研究中发现，重新恢复端粒酶的活性可使衰老小鼠的组织退化发生逆转（Epel et al., 2004），因此探索改进生活方式与环境因素是否对人类能起到相似作用具有重要意义（Kroenke et al., 2011; Jaskelioff et al., 2011）。在许多前列腺癌的病例中，综合的膳食与生活方式的改善可使患者白细胞端粒酶活性增强，端粒长度增加（Cox and Mason, 2010）。这些生活方式的改善包括：低脂肪膳食（10%的脂肪热量），全面膳食，植食性膳食（多食用水果、蔬菜、未精加工的谷物、豆类，少食精制的米面）；每日补充豆类饮品；每日 3g 鱼油、100 个国际单位的维生素 E、200μg 硒和 2g 维生素 C；适当有氧运动（每天步行 30min，每周 6 天）；调解压力（做柔和的瑜伽伸展运动，呼吸、冥想、形成意象，进一步放松身体，每天 60min，每周 6 天），以及每周一次集体活动。相似端粒酶活性增强的结果也见于静修冥想练习和培养与人为善心态练习的人群中（Gladych et al., 2011）。这些静修参与者完成静修活动后端粒酶活性有了显著的增强（$p<0.05$），同时，他们的理解力、集中力和毅力都较活动之前有明显提高，神经过敏症状也有所减轻（$p<0.01$）。我们对肥胖人群的研究发现，在坚持了 12 周和 52 周的体重控制锻炼后，这些参与者的直肠组织端粒长度增加，但端粒酶表达没有明显上调（Ornish et al., 2013）。这个结果提示肥胖的矫正可能通过减少由氧化损伤引起的端粒缩短，或使端粒维护机制得以改善来增加端粒长度。以上生活方式改进措施极有可能是通过不同的途径影响了人类基因组完整性的维护机制，但还需要进一步的研究来获得对这些机制的综合了解。

讨　　论

综上所述，提高身心健康需要在基因组水平防范发育异常和退行性疾病风险。在接下来的几十年中，我们有必要把思维上升到另一个新的高度：为机体提供适宜的营养、尽可能规避环境遗传毒物暴露、修养身心，这三者同等重要，都应当包含到预防性方案中。目前，一些提升机体健康的重要策略已众所周知（如营养、锻炼和睡眠），然而提升心理健康（如创造力、毅力、自由意志、爱情、良好心态）的策略还需要人们更多地去挑战尝试，这是因为它们属于尚未成熟的精神病学和心理学科学领域，可信赖的方法也正在发展和确认当中（Jacobs et al., 2011; O'Callaghan et al., 2009; Thomas et al., 2010）。

因此，更进一步的、从基因组水平来提高健康质量的大众健康策略需要综合毒理基因组学、营养基因组学、生活方式基因组学和心理基因组学多个领域。随着人口老龄化趋势加强，当前用昂贵药物来提高发病者存活率的模式即使在经济良好的情况下也很难长久维持（Schultz-Larsen et al., 2007; Matarazzo, 1990），更好的选择是：设计从营养、生活方式到环境改善的一系列干预策略来维持个体良好的身心健康，并压缩患病时长（Stuart, 2008; Ademi et al., 2010）。有证据支持这一选择，如通过体育锻炼等生活方式改善，获得健康（Ademi et al., 2010; Fries, 2003）。至于改善其他因素如心理和营养状况，并尽量减少如遗传毒物暴露是否能够压缩患病时长仍然不能确定。但至少，以营养改善提升机体健康的策略正在逐渐变得清晰，根据遗传易感性的差异进行个性化营养干预也已成为一个可行的策略（McBride, 2009; Fries et al., 2011; Wang et al., 2002）。

最后，为了能够使这个综合的预防性策略成为现实，我们应当首先教育并培训一批新型的健康学专业人员或医师，他们可以综合运用营养学、环境学、生活方式和心理-社会基因组学的知识，给个人及社区传达、提供最优的健康学成果。

（执笔　Michael Fenech，翻译　王　晗，校对　潘雨堃）

Public Health and Personalised Genomics

Michael Fenech[*]

第十一章 公共健康与个体基因组学

Abstract

The aim of this review is to consider how new knowledge on the genomic causes of disease can be used to determine which diet, life-style, environmental and psycho-social strategies are likely to provide better outcomes for disease prevention and well-being. Current evidence indicates that the the impact of nutrition, life-style, environmental and psycho-social factors on genome integrity is particularly important to health outcomes. Nutrition plays an important role in prevention of genome pathology by providing the cofactors and molecules required for DNA synthesis, DNA repair and control of gene expression. However, loss of genome integrity with age is not only influenced by malnutrition but also exposure to environmental genotoxins, poor life-style choices and adverse psycho-social environments. A holistic approach that integrates knowledge of genetic susceptibility with all of the above risk factors is required to efficiently prevent loss of DNA integrity which is the fundamental cause of developmental and degenerative diseases. A comprehensive public health policy aimed at improving DNA integrity levels in populations should be implemented world-wide by increasing access to foods rich in genome-protective micronutrients, minimising exposure to environmental genotoxins and promotion of life-style habits and psycho-social environments associated with improved genome stability.

Introduction

We find ourselves in an exciting and unprecedented state of increasing knowledge in the fields of genetics and nutrition and their impact on gene expression and DNA integrity. The correct synthesis of this knowledge has the potential to create a revolution in mitigating the deleterious health effects of non-communicable developmental and degenerative diseases. On the other hand the misuse of such knowledge or the pretence that we properly or adequately understand the interactive effects of nutrition and genetics to provide reliable nutritional advice to genetic sub-groups or individuals can cause unexpected harm. Furthermore the significance of these opportunities needs to be tempered by the emerging evidence that nutrient-gene

* CSIRO Biosecurity and Health
  Genome Health and Personalised Nutrition Laboratory
  Address: PO Box 10041 Adelaide BC, SA, 5000, Australia
  Email address: michael.fenech@csiro.au
  Tel: 618 82982156
  Fax: 618 82988899

interaction is but one aspect of the impact of the environment on the genome. Other factors including psycho-socially stressed environments, inappropriate life-style factors and excessive exposure to physical and chemical genotoxins contribute significantly to environment-genome interactions that in their totality, together with nutritional genomics, form the bulk of the emerging discipline of public health genomics. Our mastery of these critical, but complex fields of knowledge, have the best chance of being realised if we first perceive clearly our ignorance i.e. the knowledge gaps. Our perseverance in learning how to properly harness knowledge from genomics science has great potential to improve health outcomes and our understanding of what appeared to be confusion only a while ago.

Great Diversity in Exposomes, Nutriomes and Genomes

There is now a better appreciation of the diversity between geographically and culturally diverse populations with respect to dietary patterns, life-styles, physical and psychological environments and the consequences this may have to their genomes/epigenomes (Laland et al., 2010). The disparity of food security and affordability highlights the need to define the minimal nutritional requirements for maintenance of optimal health at the fundamental genomic level (Rosenberg, 2008; Ames, 2006; Kaput et al., 2005). The world's population is anticipated to keep on increasing by 2.5 billion to 9.5 billion by 2050 but the shortage of food and the cost of buying food is increasing indicating that we require a different paradigm to meet the urgent need of feeding more people and feeding them better with less (Godfray et al., 2010). A better understanding of the nutritional "fitness" of foods and dietary patterns based on their nutrient density could make an important contribution to overcoming this challenge as proposed recently(Kim et al., 2015).The key questions that should be addressed urgently:

- Which foods are the most nutrient dense?
- Which of these are easiest to grow sustainably?
- Which of these have the least environmental impact on the planet?
- Which of these foods can be efficiently stored?
- Which is the minimum set of these foods to meet nutritional requirements for optimal health?

Smedman et al. proposed the classification of foods and beverages based on their nutrient density and the climate impact of their production to identify those food items that that should be prioritised for production and for designing sustainable dietary habits. Although this proposed model is not perfect it points in the direction of a practical approach for now and the future that could allow food production to be properly organised based on its nutritional value for genome maintenance and metabolic health as well as its environmental impact.

Dietary recommendations for optimal health need further refinement. The most recent

WHO/FAO report recommends a minimum of 400g of fruit and vegetables per day for the prevention of chronic diseases such as heart disease, cancer, diabetes and obesity, as well as for the prevention and alleviation of several micronutrient deficiencies, especially in less developed countries (Nishida et al., 2004). This recommendation could be misleading as shown in Table 12-1, using folate as an example of a key micronutrient required for genome integrity and normal foetal development (Stover, 2009; Fenech, 2011). There are essentially four different types of vegetables some of which are actually fruits. Which vegetables one chooses or prefers can make a great difference to their folate intake or the amount consumed to achieve the daily requirement of folate. For high folate vegetables (i.e. pulses and/or leafy or cruciferous vegetables) it is sufficient to consume 400g per day to meet the recommended dietary allowance of 400μg folate per day but if one prefers root/tuber vegetables or "fruit vegetables" then it is necessary to consume 2.5 kg per day which is impractical and could be prohibitively expensive. Furthermore, the folate level in fruit vegetables is even less than half that of roots and tubers. This example alone indicates the evident inadequacy of current recommendations with respect to achievement of optimal health as well as maximising the efficiency of obtaining the required nutrient intakes. We urgently need more precise recommendations based on nutrient dense foods and their appropriate combinations which can be identified based on their nutritional fitness score (Kim et al., 2015).

Table 12-1　Folate content of vegetables (DFE in μg per 100g) *

High Folate (HF) Vegetables		Low Folate (LF) Vegetables	
Pulses	Leafy　or cruciferous vegetables	Roots or Tubers	"Fruit" Vegetables
Red Kidney beans (130)	Broccoli (93)	Onions (16)	Tomato (15)
Mung beans　(60)	Brussel sprouts (60)	Potato (22)	Pumpkin (9)
Chickpeas (171)	Cabbage (43)	Turnip (9)	Cucumber (6)
Lentils (180)	Endive (142)	Parsnip (57)	Capsicum (11)
Peas (59)	Spinach (146)	Swede (21)	Eggplant (14)
Lima beans (50)	Lettuce (73)	Carrot (14)	Olives (0)
Mean (108)	Mean (93)	Mean (23)	Mean (10)
Mean (100)		Mean (16)	

*Data from USDA Nutrient data base (http://www.nal.usda.gov/fnic/foodcomp/search/)

DFE = dietary folate equivalent, DFE values are shown in brackets.

Public Health Genomics, Nutrigenetics and Nutrigenomics

The nutritional needs of a population are also determined by their genetic profile with regards to uptake and metabolism of macro-nutrients and micronutrients. Knowledge of the genetic structure of populations is increasingly rapidly and it is therefore important to start considering the use of public health genomics principles as it relates to nutrition, life-style and environment (Voy, 2011; Burke et al., 2006; Wilkinson et al., 2011). The key principle of public health genomics is the responsible and effective translation of genome-based knowledge for the benefit of population health.

Genetic testing should have its greatest public health value when it identifies genetic sub-groups and individuals who would benefit from specific interventions based on their inherited disease risk assuming that the intervention is acceptable, inexpensive and practical. This paradigm is the basis for screening of inherited metabolic disorders that can be efficiently treated such as phenylketonuria and celiac disease (Mitchell et al., 2011; Hrdlickova et al., 2011). Other genetic tests such as BRCA testing, for identifying women at a high risk for breast cancer have become a part of clinical practice however the specific nutritional and life-style requirements to mitigate against the risk of this cancer remain unclear (Beetstra et al., 2008; Papoutsis et al., 2010). Similarly, the public health value of APOE genotyping would increase if a specific diet and life-style regimen was identified to reduce mild cognitive impairment and eventually Alzheimer's disease risk in people with the APOEε4 allele (Brown et al., 2011; Minihane et al., 2007). There is now increasing evidence showing that APOEε4 carriers may benefit more from higher vitamin B_{12} and omega-3 fatty acid intake as compared to non-carriers with respect to prevention of cognitive decline (Feng et al., 2009; Vogiatzoglou et al., 2013).

The utility of the widespread availability of genetic information could have a stronger impact on disease prevention if apart from prioritisation for early disease detection the information itself could become a motivator for preventative behavioural change (Yassine, 2017; McBride, 2009). The limited available data offer mixed results. Genetic tests identifying an increased risk for lung cancer do not appear to result in increased smoking cessation (Fenech et al., 2011). However, genetic risk information may motivate participation in preventive screening; for example studies have shown that the likelihood of participating in colorectal cancer screening is positively associated with having a family history of the disease (Smerecnik, et al., 2011; Rees et al., 2008). There are also ethical issue to consider because not everyone wants to know their genetic inheritance or is capable of understanding its significance. Furthermore epigenetic changes that modify gene expression may modify the risk predictions based on genetic information alone and recommendations should only be made if their validity can be tested using biomarkers that are strongly correlated with the health risk trajectory.

Dietary recommendations at the population and genetic sub-group level also need refinement by using modern tools of biological investigation. While our understanding of the genetic basis of nutrition and its impact is increasing rapidly, the modifying effect of epigenetic adjustments of gene expression and how this may impact dietary recommendations is poorly understood. Approaches using traditional metabolic profiling have proven to be efficacious in understanding the degree to which dietary factors impact health and disease but metabolites per se may only be a symptom of disease and better understanding of pathologies at the fundamental genome level are needed to assess the extent to which an individual, genetic sub-group or population have drifted from optimal health. Efficient use of the nutrigenomic tool box (genomics, epigenomics, transcriptomics and proteomics) is required to achieve such outcomes in a manner that is practical, accurate and inexpensive. The use of genetics to understand predisposition and epigenetics to understand programming (Ruthotto et al., 2007) is fundamental to be able to make more refined public health recommendations. Recommend-ations targeted to genetic sub-groups or individuals will inevitably need to be linked with inexpensive biomarkers of efficacy and safety to ensure that the recommendations made are validated and that at least no harm has been done.

Recently, important international efforts to harmonise the implementation and proper use of nutrigenomic and nutrigenetic data is underway. The Micronutrients Genomics Project founded in 2008 is an initiative aimed at creating the knowledge base for micronutrient research in the nutrigenomics era (McBride, 2009; Kussmann et al., 2010). Micronutrient expert groups have been established with the task of identifying functional genetic variants that affect uptake and metabolism of micronutrients and together with a bioinformatics team consolidating this information to create biological networks that can be interrogated by researchers and health practitioners. These data bases and networks are facilitating the selection of relevant genetic variations that are likely to affect nutritional requirements and identify appropriate metabolites, proteins and genomic biomarkers that can optimally determine the nutritional status of individuals and populations in terms of bioavailability and bioefficacy and safety of a micronutrient depending on cell type, dosage and life-stage. These novel approaches will help to define comprehensively and efficiently the hallmarks of optimal health with respect to single or multiple micronutrient interventions. For example, a recent study comparing gene expression in brains of Alzheimer's disease (AD) cases versus controls identified five key metabolic pathways that are down-regulated in AD; this knowledge, informs the design of targeted micronutrient intervention, enables tune-up of metabolism in a more precise manner, and increases the odds of reversing progression of this devastating disease (Van Ommen et al., 2010).

The Micronutrient Genomics Project strategies and initiatives (Figure 12-1) coincided with other related international initiatives such as the EURRECA project (Stempler et al., 2014; Casgrain et al., 2010) which has completed comprehensive reviews to identify common single nucleotide polymorphisms for each known gene affecting the uptake and metabolism of key vitamins and minerals and the BOND project (Fairweather-Tait, 2011) which is aimed at using current "OMIC" technology knowledge that could be used to redefine and identify novel approaches to improve and validate biomarkers of adequacy and optimal health for each micronutrient relevant to the first 1000 days of human life starting from conception. These developments are crucial for the realisation of cost-effective biomarkers for validation of efficacy of personalised nutrition advice and nutrient-based interventions in specific genetic sub-groups and populations.

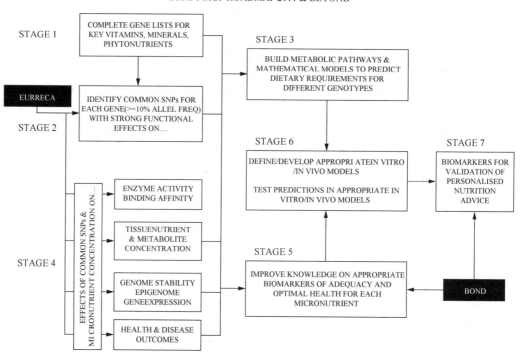

Figure 12-1　The Micronutrients Genomics Project strategy and its relationship with EURRECA and BOND project initiatives.

Recent discoveries suggest that the challenges for understanding nutrient-gene interaction are perhaps wider than anticipated because of the emerging evidence that apart from the conventional concepts of inherited and epigenetic modification of the genome other paradigms are emerging. For example, it has been reported that both the RNA and DNA ingested from common foods can modify gene expression in humans and the genome of the microbiome inhabiting the gut respectively. Studies in Japan provide evidence that ingestion of marine bacteria in algae has resulted in the transfer of genes that code for agarases and prophyranases from the marine bacteria *Zobellia* in Nori（commonly consumed marine alga）to *Bacteroides* bacteria in the human gut.（Raiten et al., 2011）. Furthermore, ingestion of rice has been shown to result in the transfer of rice microRNA, specifically MIR168a, into the blood stream of mammals causing reduced expression of the LDL receptor adapter protein 1（LDLRAP1）（Hehemann et al., 2010）with the result of causing an increase in LDL cholesterol which may have unwanted consequences with respect to cardiovascular health. These remarkable observations clearly raise the question that perhaps the notion that we are what we eat may be more profound than previously imagined. Furthermore, the impact of the microbiome on health is becoming increasingly evident and important in predicting more precisely how individuals may respond to different dietary interventions as was shown recently in a glycemic response study of 800 subjects（Zhang et al., 2011）.

Defining Nutrient Reference Values for DNA Damage Prevention

A nucleocentric view of healthy development and ageing is emerging in which damage to the genome and the associated epigenetic changes are increasingly evident as the most fundamental risk factors for preventable health disorders(Zeevi et al., 2015; Sinclair and Oberdoerffer, 2009; Fenech, 2010). Increased levels of chromosomal DNA damage biomarkers and DNA hypomethylation are consistently shown to be predictive of infertility, pregnancy complications, developmental defects, cardiovascular disease, neurodegenerative diseases and cancer(Ames, 2006; Zeevi et al., 2015; Sinclair and Oberdoerffer, 2009; Fenech, 2010). A better effort is needed in caring for our genetic inheritance by appreciating the need to prevent harm to the genome and taking the necessary steps to do so effectively.

We now have robust technologies to diagnose and quantify DNA damage in epithelial and haematopoietic tissues at the base, gene sequence and chromosomal level that were originally developed to study the effects of environmental mutagens and now increasingly used to study the impact of life-style factors including nutrition as well as gene-environment interactions. Most notable amongst these are chromosome aberration, micronucleus, DNA strand break, DNA base adduct and DNA sequence deletion assays the validation status of which with respect to nutritional status and disease association has been recently reviewed(Sinclair and Oberdoerffer, 2009).

Results with one of the best validated DNA damage biomarkers, micronuclei in peripheral blood lymphocytes measured using the cytokinesis-block micronucleus(CBMN)assay (Jackson and Bartek, 2009), clearly show that genome damage increases significantly with age, in fact starting at a very low frequency at birth and then increasingly steadily with every decade of age thereafter(Figure 12-2)particularly from the teenage years onwards. These observations raise the following questions:

1. Is it inevitable that DNA damage increases with age?

2. Are the observed increases in DNA damage with age caused by poor choices in nutrition, adverse life-styles, genotoxic physical/chemical environmental exposure, stressful psycho/social environments?

3. What is the DNA damage threshold we should not exceed to minimise the risk of DNA damage-driven diseases?

4. Given that risk of developmental and degenerative diseases increases with DNA damage can we design better environments or "exposomes" that enable us to stay below the threshold of DNA damage that significantly increases risk of diseases caused by loss of genome integrity?

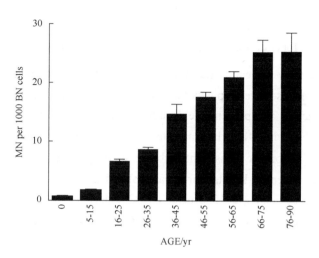

Figure 12-2　DNA damage in lymphocytes of healthy South Australian males measured using the cytokinesis-block micronucleus（CBMN）assay. Results in each column represent the Mean +/- 1 SE for at least 15 individuals in each age group. MN = micronuclei（a biomarker of chromosome breakage or loss）; BN = binucleated cells. In the CBMN assay micronuclei are scored specifically in once-divided cells which are identified by their binucleated appearance after blocking cytokinesis with cytochalasin-B.

Over the past decade our knowledge of dietary factors that are essential for genome maintenance has increased remarkably. This knowledge has been published in several recent reviews（Sinclair and Oberdoerffer, 2009; Fenech, 2007; Ferguson et al., 2004; Jacob, 1999）and is summarised in Table 12-2. With respect to the micronucleus assay in lymphocytes it is known that inadequate dietary intake of vitamin C, vitamin E, folate, vitamin B$_{12}$, retinol, beta-carotene, nicotinic acid, calcium, selenium and zinc are associated with increased chromosome damage（Ames and Wakimoto, 2002; Fenech et al., 2005; Fenech and Bonassi, 2011）. More recently attention has focussed on the impact of dietary factors on telomere length. The studies, so far, suggest that longer telomeres are associated with increased dietary intake of folate, vitamin D, omega-3 fatty acids, cereal fibre and multivitamin use, however, on the other hand, increased consumption of polyunsaturated fat and processed meat as well as high plasma homocysteine and obesity are associated with shorter telomeres （Thomas et al., 2011; Bull et al., 2009; Xu et al., 2009; Richards et al., 2007; Farzaneh-Far et al., 2010; Cassidy et al., 2010; Nettleton et al., 2008; Dhillon et al., 2016; Bull and Fenech, 2008; Buxton et al., 2011）. While there is little doubt that excessively short telomeres increase genomic instability and increase the rate of senescence in tissues it is becoming evident that acquisition of longer telomeres is not necessarily benign（Njajou et al., 2011; Shammas, 2011）. Although some studies report an association of longer telomeres with reduced cardiovascular disease risk and certain cancers（Njajou et al., 2011; Shammas, 2011）more recent studies are indicating that increased telomere length in peripheral blood leucocytes are associated with increased risk of certain cancers such as lymphoma, and lung cancer（Oeseburg et al., 2010;

Shen et al., 2011). This paradox is due to the emerging evidence that telomeres may be lengthened in response to hypomethylation of the subtelomere or as a result of base damage in telomere repeat sequence that reduces the binding of TRF1 and TRF2 proteins that regulate telomere length maintenance (Dhillon et al., 2016; Lan et al., 2009). Thus it is becoming on its own is an inadequate indicator of genomic stability and that information on telomere base damage, breaks in telomeric DNA and telomere end fusions is also required to properly diagnose dysfunctional telomeres (Moores et al., 2011; Rai and Chang, 2011).

Table 12-2　Examples of the role and the effect of deficiency of specific micronutrients on genomic stability [32, 35-37]

Micronutrient/s	Role in genomic stability	Consequence of deficiency
Vitamin C, Vitamin E, antioxidant polyphenols (e.g. caffeic acid)	Prevention of oxidation to DNA and lipid oxidation.	Increased base-line level of DNA strand breaks, chromosome breaks and oxidative DNA lesions and lipid peroxide adducts on DNA.
Folate and Vitamins B_2, B_6 and B_{12}	Maintenance methylation of DNA; synthesis of dTMP from dUMP and efficient recycling of folate.	Uracil misincorporation in DNA, increased chromosome breaks and DNA hypomethylation.
Niacin	Required as substrate for poly (ADP-ribose) polymerase (PARP) which is involved in cleavage and rejoining of DNA and telomere length maintenance.	Increased level of unrepaired nicks in DNA, increased chromosome breaks and rearrangements, and sensitivity to mutagens.
Zinc	Required as a co-factor for Cu/Zn superoxide dismutase, endonuclease IV, function of p53, Fapy glycosylase and in Zn finger proteins such as PARP.	Increased DNA oxidation , DNA breaks and elevated chromosome damage rate.
Iron	Required as component of ribonucleotide reductase and mitochondrial cytochromes.	Reduced DNA repair capacity and increased propensity for oxidative damage to mitochondrial DNA.
Magnesium	Required as co-factor for a variety of DNA polymerases, in nucleotide excision repair, base excision repair and mismatch repair. Essential for microtubule polymerization and chromosome segregation.	Reduced fidelity of DNA replication. Reduced DNA repair capacity. Chromosome segregation errors.
Manganese	Required as a component of mitochondrial Mn superoxide dismutase.	Increase susceptibility to superoxide damage to mitochondrial DNA and reduced resistance to radiation-induced damage to nuclear DNA.
Calcium	Required as cofactor for regulation of the mitotic process and chromosome segregation.	Mitotic dysfunction and chromosome segregation errors.
Selenium	Selenoproteins involved in methionine metabolism and antioxidant metabolism (e.g. selenomethionine, glutathione peroxidase I).	Increase in DNA strand breaks, DNA oxidation and telomere shortening.

Another important genome that deserves better attention in the next decade is the mitochondrial genome given that deletions and point mutations in this important maternally inherited genetic blueprint causes a wide range of debilitating diseases and is an important cause of accelerated ageing (Bodrarsdottir et al., 2011). Although large mitochondrial deletions have been shown to be increased with ageing (Park and Larsson, 2011) and folate deficiency (Wallace, 2010) it was shown that replication stress may be the major cause of the myriad base sequence mutations that result in defects in proteins involved in the mitochondrial electron transport chain and ultimately reduced ATP generation (Chou and Huang, 2009). The recent developments of improved qPCR, array comparative genomic hybridisation (array CGH) and deep sequencing methods are already providing much improved diagnostics for studying the impact of nutrition and ageing on this essential component of our genetic make-up (Wallace, 2010; Larsson, 2010; Ameur et al., 2011).

It has been sixteen years ago that that the concept of recommended dietary allowances based on DNA damage was first proposed (Douglas et al., 2011). Over this period the evidence that change in genome stability is exquisitely sensitive to nutrient supply, particularly those nutrients that play a more direct role in DNA synthesis and repair, has increased greatly. A more refined approach is to determine Dietary Reference Values for DNA damage prevention by identifying not only the minimal requirements for achieving optimal genome integrity but also to establish the safe upper limits because excessive intake of certain micronutrients can also be genotoxic. A road map on how to determine DRVs for DNA damage prevention is summarised in Figure 12-3.

PROPOSED ROAD-MAP TO DETERMINE DRVs FOR GENOME STABILITY

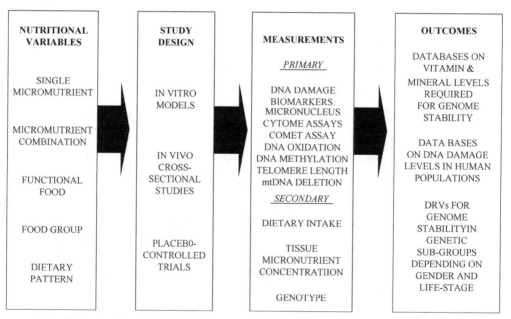

Figure 12-3　Road-map for determining dietary reference values for DNA damage prevention.

Ideally DRVs based on achieving optimal genome integrity are also developed for genetic sub-groups with defects in micronutrient uptake and metabolism or defects in genes involved in DNA metabolism particularly those with altered affinities for the cofactor or substrate (e.g. MTHFR C677T). However, our knowledge of nutrient-gene interaction as it relates to genome maintenance is still in its infancy and there is uncertainty whether all the genetic and epigenetic information can be properly modelled to make reliable predictions even though some successes, at least with respect to the folate-methionine pathway, have been achieved(Fenech, 2001). An alternative approach is to use a nutrient array system to interrogate the genome integrity status and regenerative capacity of cells incubated in different combinations of micronutrients that might represent a dietary pattern or supplement (Neuhouser et al., 2011) (Figure 12-4). In such a system it would not be necessary to know the genetic background of an individual to identify the optimal combination for genome integrity or cell function and growth. While such a system has yet to be validated for extrapolation to in vivo recommendations it already has immediate relevance to the new era that is emerging in which cells taken from the body (e.g. bone marrow progenitor cells, stem cells, or induced pluripotential stem cells) are cultured in vitro and then returned to the body for therapeutic purpose (e.g. bone marrow transplantation, treatment of neurological disorders, correction of insulin insufficiency etc...).

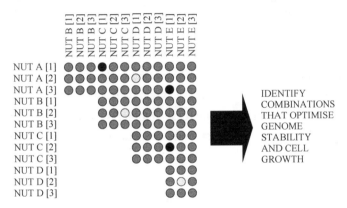

Figure 12-4   Nutrient arrays – The Rosetta Stone for unlocking personalised nutrition for genome maintenance. Theoretical example of a simple Nutrient Array microculture system. NUT = single nutrient or multiple nutrient combination; A-E = different types of nutrients or nutrient combinations; 1-3 = increasing dose levels. The different grey level colouring is simply an indication of the potential variability in cell growth, viability and genome stability that may be observed depending on the combinations used. The challenge is to identify the best combination or combinations for each individual.

A More Holistic Approach That Integrates Nutrition and Life-Style with Genomic Effects from Ambient Physical-Chemical and Psycho-Social Environments

Success in creating environments that prevent harm to the genome requires a more comprehensive approach than simply focussing on nutrient-genome interaction. This is because it is now evident that (i) susceptibility to the DNA damaging effects of environmental genotoxins is increased when micronutrients required for genome maintenance are deficient(Fenech, 2010; McDorman et al., 2002) and (ii) life-style and psychological factors are also important variables that affect genome integrity (Fenech et al., 2005; Teo and Fenech, 2008; Gidron et al., 2006). For example a recent study investigating the impact of life-style factors on DNA damage measured using the CBMN assay showed that micronucleus frequency in lymphocytes declined with healthier life-style habits measured using the Health Promotion Index and amongst these sleeping more than 7h per day, working less than 9h per day, exercising at least 2 days per week were statistically significant and with an effect size of a magnitude similar to that of the beneficial effect of good or moderate nutritional balance (Inoue et al., 2009). Another important factor that may affect genome integrity is the experience of life-stress. Recent cross sectional studies in people who care for a relative with severe disability or who had adverse childhood experiences have a significant reduction in the length of telomeres in leucocytes (Huang et al., 2009; Entringer et al., 2011; O'Donovan et al., 2011). Whether psychological stress causes these effects by adversely influencing nutrition and life-style choices or as a direct result of changes in stress hormone metabolism is an important question and remains unanswered.

It has recently been shown in rodents that reactivating telomerase in aging mice reverses tissue degeneration (Epel et al., 2004) and therefore it might be important to explore whether improving life-style and environmental factors might produce similar effects in humans (Kroenke et al., 2011; Jaskelioff et al., 2011). Comprehensive dietary and life-style changes in prostate cancer cases were shown to increase telomerase activity and telomere length in leucocytes (Cox and Mason, 2010). Lifestyle modifications in the latter intervention included a low fat (10% of calories from fat), whole foods, plant-based diet high in fruits, vegetables, unrefined grains, legumes and low in refined carbohydrates; supplementation with soy (one daily serving of tofu plus 58 g of a fortified soy protein powdered beverage), fish oil (3 g daily), vitamin E (100 IU daily), selenium (200 μg daily), and vitamin C (2 g daily); moderate aerobic exercise (walking 30 min/day, 6 days/week); stress management (gentle yoga-based stretching, breathing, meditation, imagery, and progressive relaxation techniques 60 min/day, 6 days/week), and a 1-h group support session once per week. Similar effects were obtained for those in an intensive retreat program of concentrative meditation techniques and complementary practices used to cultivate benevolent states of mind (Gladych et al., 2011). Telomerase activity was significantly greater in retreat participants than in controls at the end of the retreat ($p<0.05$). Increases in perceived control, decreases in neuroticism, and increases in both mindfulness and purpose in life were greater in the retreat group ($p<0.01$). Our own studies in obese men showed an increase in telomere length in rectal tissue following 12 weeks of weight loss and 52 weeks of weight loss maintenance, however telomerase expression was not increased, suggesting that metabolic changes associated with decreased adiposity either reduce mechanisms such as oxidation that cause telomere attrition or that telomere maintenance mechanisms are improved (Ornish et al., 2013). These interventions suggest the significant potential of different modes of intervention to modify genome integrity maintenance mechanisms in humans but also highlight the need for better diagnostics to obtain a more comprehensive understanding of mechanisms.

Conclusions

These observations indicate that a more holistic approach to improving health and well-being is required to maximise success in prevention of developmental and degenerative diseases at the genome level. It is essential that in the next few decades we shift our paradigms to a higher order in which greater recognition that humans are 3 dimensional beings such that nurturing the body alone, important as it is, may be insufficient and that creation of environments that minimise excessive exposure to environmental genotoxins and that also nurture the mind and soul should be incorporated into preventative models. Some of the key health–promoting strategies for the body are already well established (e.g. nutrition, exercise and sleep); but anticipated strategies for the mind and soul (e.g. creativity, purpose, free will, love, psychological well-being) will be more challenging to test as they fall in the realm of neurology and psychology sciences which are still maturing and for which the reliable culturally-appropriate metrics are still evolving (Jacobs et al., 2011; O'Callaghan et al., 2009; Thomas et al., 2010).

Therefore, further advances in public health strategies to improve well-being at the genomic level will require an integrated approach of the diverse fields of toxicogenomics, nutrigenomics, life-style genomics and psychogenomics but the objectives have to be well-defined to meet the economic imperatives of our era. The current models of increasing survival during the morbidity phase of disease using expensive pharmaceuticals may no longer be sustainable even in well-run economies particularly with an ever increasing older population structure (Schultz-Larsen et al., 2007; Matarazzo, 1990). The alternative is to design nutritional, life-style and environmental strategies that are expected to maintain individuals in a state of good physical and mental health for as long as possible whilst compressing the morbidity phase (Stuart, 2008; Ademi et al., 2010). Evidence is emerging in favour of this possibility, for example, by improving life-style factors such as physical exercise (Ademi et al., 2010; Fries, 2003). Whether improving other factors in the exposome such as psychological and nutritional well-being and minimisation of genotoxin exposure provides further morbidity compression requires interrogation. At least in the case of nutrition the concepts and strategies for improving health outcomes are becoming clearer and testable strategies for interventions are possible even taking into account differences in genetic susceptibility (McBride, 2009; Fries et al., 2011; Wang et al., 2002).

Finally for the proposed comprehensive preventative strategies to come to fruition it is essential that we start to educate and train a new type of health professional or doctor to deliver optimal health outcomes at the individual and community level using the integrated knowledge of nutritional, environmental, life-style and psycho-social genomics.

References

Ademi Z, Liew D, Hollingsworth B, et al. 2010. The economic implications of treating atherothrombotic disease in Australia, from the government perspective. Clin Ther, 32(1): 119-132.

Ames BN, Wakimoto P. 2002. Are vitamin and mineral deficiencies a major cancer risk? Nat Rev Cancer, 2(9):694-704.

Ames BN. 2006. Low micronutrient intake may accelerate the degenerative diseases of aging through allocation of scarce micronutrients by triage. Proc Natl Acad Sci USA, Nov 21, 103(47):17589-17594.

Ameur A, Stewart JB, Freyer C, et al.2011. Ultra-deep sequencing of mouse mitochondrial DNA: mutational patterns and their origins. PLoS Genet, 7(3):e1002028.

Beetstra S, Suthers G, Dhillon V, et al. 2008. Methionine-dependence phenotype in the de novo pathway in BRCA1 and BRCA2 mutation carriers with and without breast cancer. Cancer Epidemiol Biomarkers Prev, 17(10):2565-2571.

Bodvarsdottir SK, Steinarsdottir M, Bjarnason H, et al. 2012. Dysfunctional telomeres in human BRCA2 mutated breast tumors and cell lines. Mutat Res, 729(1-2): 90-99.

Brown B, Huang MH, Karlamangla A, et al. 2011. Do the effects of APOE-ε4 on cognitive function and decline depend upon vitamin status? MacArthur Studies of Successful Aging. J Nutr Health Aging, 15(3):196-201.

Bull C, Fenech M. 2008. Genome-health nutrigenomics and nutrigenetics: nutritional requirements or 'nutriomes' for chromosomal stability and telomere maintenance at the individual level. Proc Nutr Soc, 67(2):146-156.

Bull CF, O'Callaghan NJ, Mayrhofer G, et al. 2009. Telomere length in lymphocytes of older South Australian men may be inversely associated with plasma homocysteine. Rejuvenation Res, 12(5):341-349.

Burke W, Khoury MJ, Stewart A, et al. 2006. The path from genome-based research to population health: development of an international public health genomics network. Genet Med, 8(7):451-458.

Buxton JL, Walters RG, Visvikis-Siest S,et al. 2011. Childhood obesity is associated with shorter leukocyte telomere length. J Clin Endocrinol Metab, 96(5):1500-1505.

Casgrain A, Collings R, Harvey LJ, et al. 2010. Micronutrient bioavailability research priorities. Am J Clin Nutr, 91(5):1423S-1429S.

Cassidy A, De Vivo I, Liu Y, et al. 2010. Associations between diet, lifestyle factors, and telomere length in women. Am J Clin Nutr, 91(5):1273-1280.

Chou YF, Huang RF. 2009. Mitochondrial DNA deletions of blood lymphocytes as genetic markers of low folate-related mitochondrial genotoxicity in peripheral tissues. Eur J Nutr, 48(7):429-436.

Cox LS, Mason PA. 2010. Prospects for rejuvenation of aged tissue by telomerase reactivation. Rejuvenation Res, 13(6):749-754.

Dhillon V, Bull C, Fenech M. 2016. Telomeres, Ageing and Nutrition. Molecular Basis of Nutrition and Aging. A Volume in the Molecular Nutrition Series. London: Academic Press: 129-140.

Douglas GV, Wiszniewska J, Lipson MH, et al. 2011. Detection of uniparental isodisomy in autosomal recessive mitochondrial DNA depletion syndrome by high-density SNP array analysis. J Hum Genet, 56(12): 834.

Entringer S, Epel ES, Kumsta R, et al. 2011. Stress exposure in intrauterine life is associated with shorter telomere length in young adulthood. Proc Natl Acad Sci USA, 108(33):E513-518.

Epel ES, Blackburn EH, Lin J, et al. 2004. Accelerated telomere shortening in response to life stress. Proc Natl Acad Sci USA, 101(49):17312-17315.

Fairweather-Tait SJ. 2011. Contribution made by biomarkers of status to an FP6 network of excellence, EURopean micronutrient RECommendations Aligned (EURRECA). Am J Clin Nutr, 94(2):651S-4S.

Farzaneh-Far R, Lin J, Epel ES, et al. 2010. Association of marine omega-3 fatty acid levels with telomeric aging in patients with coronary heart disease. JAMA, 20; 303(3): 250-257.

Fenech M, Baghurst P, Luderer W, et al. 2005. Low intake of calcium, folate, nicotinic acid, vitamin E, retinol, beta-carotene and high intake of pantothenic acid, biotin and riboflavin are significantly associated with increased genome instability-results from a dietary intake and micronucleus index survey in South Australia. Carcinogenesis, 26(5):991-999.

Fenech M, Bonassi S. 2011. The effect of age, gender, diet and lifestyle on DNA damage measured using micronucleus frequency in human peripheral blood lymphocytes. Mutagenesis, 26(1):43-49.

Fenech M, El-Sohemy A, Cahill L, et al. 2011. Nutrigenetics and nutrigenomics: viewpoints on the current status and applications in nutrition research and practice. J Nutrigenet Nutrigenomics, 4(2):69-89.

Fenech M. 2001. Recommended dietary allowances (RDAs) for genomic stability. Mutat Res, 480-481:51-54.

Fenech M. 2007. Cytokinesis-block micronucleus cytome assay. Nat Protoc, 2(5): 1084-1104.

Fenech M. 2011. Folate (vitamin B9) and vitamin B12 and their function in the maintenance of nuclear and mitochondrial genome integrity. Mutat Res, 733(2012): 21-33.

Fenech MF. 2010. Dietary reference values of individual micronutrients and nutriomes for genome damage prevention: current status and a road map to the future. Am J Clin Nutr, 91(5):1438S-1454S.

Fenech MF. 2010. Nutriomes and nutrient arrays-the key to personalised nutrition for DNA damage prevention and cancer growth control. Genome Integr, 1(1):11.

Feng L, Li J, Yap KB, et al. 2009. Vitamin B-12, apolipoprotein E genotype, and cognitive performance in community-living older adults: evidence of a gene-micronutrient interaction. Am J Clin Nutr, 89(4):1263-1268.

Ferguson LR, Philpott M, Karunasinghe N. 2004. Dietary cancer and prevention using antimutagens. Toxicology, 198(1-3):147-159.

Fries JF, Bruce B, Chakravarty E. 2011.Compression of morbidity 1980-2011: a focused review of paradigms and progress. J Aging Res, 2011:261702.

Fries JF. 2003. Measuring and monitoring success in compressing morbidity. Ann Intern Med, 139(5 Pt 2):455-459.

Gidron Y, Russ K, Tissarchondou H, et al. 2006. The relation between psychological factors and DNA-damage: a critical review. Biol Psychol, 72(3): 291-304.

Gladych M, Wojtyla A, Rubis B. 2011. Human telomerase expression regulation. Biochem Cell Biol, 89(4):359-376.

Godfray HC, Beddington JR, Crute IR, et al. 2010. Food security: the challenge of feeding 9 billion people. Science, 327(5967): 812-818.

Hehemann JH, Correc G, Barbeyron T, et al. 2010. Transfer of carbohydrate-active enzymes from marine bacteria to Japanese gut microbiota. Nature, 464(7290):908-912.

Hrdlickova B, Westra HJ, Franke L, et al. 2011. Celiac disease: moving from genetic associations to causal variants. Clin Genet, 80(3):203-313.

Huang P, Huang B, Weng H, et al. 2009. Effects of lifestyle on micronuclei frequency in human lymphocytes in Japanese hard-metal workers. Prev Med, 48(4):383-388.

Inoue A, Kawakami N, Ishizaki M, et al. 2009. Three job stress models/concepts and oxidative DNA damage in a sample of workers in Japan. J Psychosom Res, 66(4):329-334.

Jackson SP, Bartek J. 2009. The DNA-damage response in human biology and disease. Nature, 461(7267):1071-1078.

Jacob RA. 1999. The role of micronutrients in DNA synthesis and maintenance. Adv Exp Med Biol, 472-101-113.

Jacobs TL, Epel ES, Lin J, et al. 2011. Intensive meditation training, immune cell telomerase activity, and psychological mediators. Psychoneuroendocrinology, 36(5):664-681.

Jaskelioff M, Muller FL, Paik JH, et al. 2011. Telomerase reactivation reverses tissue degeneration in aged telomerase-deficient mice. Nature, 469(7328):102-106.

Kaput J, Ordovas JM, Ferguson L, et al. 2005. The case for strategic international alliances to harness nutritional genomics for public and personal health. Br J Nutr, 94(5):623-632.

Kim S, Sung J, Foo M, et al. 2015. Uncovering the nutritional landscape of food. PLoS One. 10 (3) : e0110697.

Kroenke CH, Epel E, Adler N, et al. 2011. Autonomic and adrenocortical reactivity and buccal cell telomere length in kindergarten children. Psychosom Med, 73 (7) :533-540.

Kussmann M, Krause L, Siffert W. 2010. Nutrigenomics: where are we with genetic and epigenetic markers for disposition and susceptibility? Nutr Rev, 68 (Suppl) 1:S38-47.

Laland KN, Odling-Smee J, Myles S. 2010. How culture shaped the human genome: bringing genetics and the human sciences together. Nat Rev Genet, Feb11 (2) :137-148.

Lan Q, Cawthon R, Shen M, et al. 2009. A prospective study of telomere length measured by monochrome multiplex quantitative PCR and risk of non-Hodgkin lymphoma. Clin Cancer Res, 15 (23) :7429-7433.

Larsson NG. 2010. Somatic mitochondrial DNA mutations in mammalian aging. Annu Rev Biochem, 79:683-706.

Matarazzo JD. 1990. Psychological assessment versus psychological testing. Validation from Binet to the school, clinic, and courtroom. Am Psychol, 45 (9) :999-1017.

McBride CM, Alford SH, Reid RJ, et al. 2009. Characteristics of users of online personalized genomic risk assessments: implications for physician-patient interactions. Genet Med, 11 (8) :582-587.

McDorman EW, Collins BW, Allen JW. 2002. Dietary folate deficiency enhances induction of micronuclei by arsenic in mice. Environ Mol Mutagen, 40 (1) :71-77.

Minihane AM, Jofre-Monseny L, Olano-Martin E, et al. 2007 ApoE genotype, cardiovascular risk and responsiveness to dietary fat manipulation. Proc Nutr Soc, 66 (2) :183-197.

Mitchell JJ, Trakadis YJ, Scriver CR. 2011. Phenylalanine hydroxylase deficiency. Genet Med, 13 (8) :697-707.

Moores CJ, Fenech M, O'Callaghan NJ. 2011. Telomere dynamics: the influence of folate and DNA methylation. Ann N Y Acad Sci, 1229:76-88.

Nettleton JA, Diez-Roux A, Jenny NS, et al. 2008. Dietary patterns, food groups, and telomere length in the Multi-Ethnic Study of Atherosclerosis (MESA). Am J Clin Nutr, 88 (5) :1405-1412.

Neuhouser ML, Nijhout HF, Gregory JF 3rd, et al. 2011. Mathematical modeling predicts the effect of folate deficiency and excess on cancer-related biomarkers. Cancer Epidemiol Biomarkers Prev, 20 (9) :1912-1917.

Nishida C, Uauy R, Kumanyika S, et al. 2004. The joint WHO/FAO expert consultation on diet, nutrition and the prevention of chronic diseases: process, product and policy implications. Public Health Nutr, Feb; 7 (1A) : 245-250.

Njajou OT, Cawthon RM, Blackburn EH, et al. 2012. Shorter telomeres are associated with obesity and weight gain in the elderly. Int J Obes (Lond), 36 (9) : 1176.

O'Callaghan NJ, Clifton PM, Noakes M, et al. 2009. Weight loss in obese men is associated with increased telomere length and decreased abasic sites in rectal mucosa. Rejuvenation Res, 12 (3) :169-176.

O'Donovan A, Epel E, Lin J, et al. 2011. Childhood trauma associated with short leukocyte telomere length in posttraumatic stress disorder. Biol Psychiatry, 70 (5) :465-471.

Oeseburg H, de Boer RA, van Gilst WH, et al. 2010. Telomere biology in healthy aging and disease. Pflugers Arch, 459 (2) :259-268.

Ordovás JM, Robertson R, Cléirigh EN. 2011 Gene-gene and gene-environment interactions defining lipid-related traits. Curr Opin Lipidol, 22 (2) :129-136.

Ornish D, Lin J, Chan JM, et al. 2013. Effect of comprehensive lifestyle changes on telomerase activity and telomere length in men with biopsy-proven low-risk prostate cancer: 5-year follow-up of a descriptive pilot study. Lancet Oncol, 14 (11) :1112-1120.

Papoutsis AJ, Lamore SD, Wondrak GT, et al. 2010. Resveratrol prevents epigenetic silencing of BRCA-1 by the aromatic hydrocarbon receptor in human breast cancer cells. J Nutr, 140 (9) :1607-1614.

Park CB, Larsson NG. 2011. Mitochondrial DNA mutations in disease and aging. J Cell Biol, 193 (5) :809-818.

Rai R, Chang S. 2011. Probing the telomere damage response. Methods Mol Biol, 735:145-150.

Raiten DJ, Namasté S, Brabin B, et al. 2011. Executive summary-biomarkers of nutrition for development: building a consensus. Am J Clin Nutr, 94(2):633S-50S.

Rees G, Martin PR, Macrae FA. 2008. Screening participation in individuals with a family history of colorectal cancer: a review. Eur J Cancer Care (Engl), 17(3):221-232.

Richards JB, Valdes AM, Gardner JP, et al. 2007. Higher serum vitamin D concentrations are associated with longer leukocyte telomere length in women. Am J Clin Nutr, 86(5):1420-1425.

Rosenberg IH. 2008. Translating nutrition science into policy as witness and actor. Annu Rev Nutr, 28: 1-12.

Ruthotto F, Papendorf F, Wegener G, et al. 2007. Participation in screening colonoscopy in first-degree relatives from patients with colorectal cancer. Ann Oncol, 18(9):1518-1522.

Schultz-Larsen K, Lomholt RK, Kreiner S. 2007. Mini-Mental Status Examination: a short form of MMSE was as accurate as the original MMSE in predicting dementia. J Clin Epidemiol, 60(3):260-267.

Shammas MA. 2011. Telomeres, lifestyle, cancer, and aging. Curr Opin Clin Nutr Metab Care, 14(1):28-34.

Shen M, Cawthon R, Rothman N, et al. 2011. A prospective study of telomere length measured by monochrome multiplex quantitative PCR and risk of lung cancer. Lung Cancer, 73(2):133-137.

Sinclair DA, Oberdoerffer P. 2009. The ageing epigenome: damaged beyond repair? Ageing Res Rev, 8(3):189-198.

Smedman A, Lindmark-Månsson H, Drewnowski A, et al. 2010. Nutrient density of beverages in relation to climate impact. Food & Nutrition Research, 54: 5170.

Smerecnik C, Grispen JE, Quaak M. 2012. Effectiveness of testing for genetic susceptibility to smoking-related diseases on smoking cessation outcomes: a systematic review and meta-analysis. Tob Control, 21(3): 347-354.

Stempler S, Yizhak K, Ruppin E. 2014. Integrating transcriptomics with metabolic modeling predicts biomarkers and drug targets for Alzheimer's disease. PLoS One, 9(8): e105383.

Stover PJ.2009. One-carbon metabolism-genome interactions in folate-associated pathologies. J Nutr, 139(12):2402-2405.

Stuart BC. 2008. How disease burden influences medication patterns for medicare beneficiaries: implications for policy. Issue Brief (Commonw Fund), 30:1-12.

Teo T, Fenech M. 2008. The interactive effect of alcohol and folic acid on genome stability in human WIL2-NS cells measured using the cytokinesis-block micronucleus cytome assay. Mutat Res, 657(1): 32-38.

Thomas A, Cairney S, Gunthorpe W, et al. 2010. Strong Souls: development and validation of a culturally appropriate tool for assessment of social and emotional well-being in indigenous youth. Aust N Z J Psychiatry, 44(1):40-48.

Thomas P, Wu J, Dhillon V, et al. 2011. Effect of dietary intervention on human micronucleus frequency in lymphocytes and buccal cells. Mutagenesis, 26(1):69-76.

van Ommen B, El-Sohemy A, Hesketh J, et al. 2010, Micronutrient Genomics Project Working Group. The Micronutrient Genomics Project: a community-driven knowledge base for micronutrient research. Genes Nutr, 5(4):285-296.

Vogiatzoglou A, Smith AD, Nurk E, et al. 2013. Cognitive function in an elderly population: interaction between vitamin B12 status, depression, and apolipoprotein E ε4: the Hordaland Homocysteine Study. Psychosom Med, 75(1):20-29.

Voy BH. 2011. Systems genetics: a powerful approach for gene-environment interactions. J Nutr. Mar, 141(3):515-519.

Wallace DC. 2010. Mitochondrial DNA mutations in disease and aging. Environ Mol Mutagen, 51(5):440-450.

Wang BW, Ramey DR, Schettler JD, et al. 2002. Postponed development of disability in elderly runners: a 13-year longitudinal study. Arch Intern Med, 162(20):2285-2294.

Wilkinson JR, Ells LJ, Pencheon D, et al. 2011. Public health genomics: the interface with public health intelligence and the role of public health observatories. Public Health Genomics, 14(1):35-42.

Williams CM, Ordovas JM, Lairon D, et al. 2008. The challenges for molecular nutrition research 1: linking genotype to healthy nutrition. Genes Nutr, 3(2):41-49.

Xu Q, Parks CG, DeRoo LA, et al. 2009. Multivitamin use and telomere length in women. Am J Clin Nutr, 89(6):1857-1863.

Yassine HN, Braskie MN, Mack WJ, et al. 2017. Association of docosahexaenoic acid supplementation with Alzheimer disease tages in apolipoprotein E ε4 carriers: A review. JAMA Neurol, 74(3):339-347.

Zeevi D, Korem T, Zmora N, et al. 2015. Personalized nutrition by prediction of glycemic responses. Cell, 163(5):1079-1094.

Zhang L, Hou D, Chen X, et al. 2012. Exogenous plant MIR168a specifically targets mammalian LDLRAP1: evidence of cross-kingdom regulation bymicroRNA. Cell Res, 22(1): 107-126.

第十三章

遗传药理学与药物基因组学

第一节 遗传药理学

药物是指能影响机体生理、生化和病理过程，用于诊断、治疗、缓解症状、预防疾病，或用于改善机体功能或结构的物质。现代的药物包括来自于自然界的天然产物、化学合成药物，以及应用生物工程技术制备的蛋白质或多肽等大分子。广义的药物还包括生物制品如疫苗、类毒素和抗毒素等。在长期的临床实践中，人们发现不同个体对同一药物的反应存在很大的差异，即个体对药物的特应性(idiosyncracy)。引起这种差异的因素很多，如患者性别、年龄、环境因素、疾病性质及药物相互作用等，但遗传因素是其中的决定性因素。

遗传药理学(pharmacogenetics)又称药物遗传学，是药理学与遗传学相结合的边缘学科。它主要研究遗传因素对药物代谢和药物效应的影响，特别是由于遗传因素引起的异常药物反应。通过对遗传药理学的研究，可揭示药物特应性产生的遗传背景，发现药物异常反应的遗传基础和生化本质，同时利用现代科技手段，预测可能的用药结果，对于临床用药的个体化原则，防止各种与遗传有关的药物不良反应具有重要的指导意义。

一、遗传药理学的发展历史

遗传药理学的产生起源于对药物不良反应(adverse drug reaction, ADR)的研究。早在公元前 510 年，希腊数学家 Pythagoras 就发现有些人在食用一种特定的豆类后会发生溶血性贫血。19 世纪末至 20 世纪初，英国学者 Garrod AE 发现服用镇静催眠药索佛拿的个别患者会患上卟啉病和尿黑酸症，并认定这种代谢障碍所致的疾病是单基因遗传的异常药物反应。1909 年，Garrod 提出缺陷基因的遗传可引起特异性酶缺陷，从而导致白化病、胱氨酸尿和戊糖尿等"先天性代谢缺陷"，进而于 1931 年指出个体对药物反应的差异是因遗传结构的差异所致。

20 世纪 50 年代是遗传药理学的重要发展时期。DNA 双螺旋结构理论于 1953 年确立，从而奠定了遗传的分子基础。1957 年，Motulsky 认为某些异常的药物反应与遗传缺陷有关；其后 Vogel 于 1959 年提出了"遗传药理学"的概念。在此期间，三个著名的药物应用实例代表了遗传药理学发展的里程碑：伯氨喹敏感、琥珀酰胆碱敏感和异烟肼引起的神经病变。伯氨喹在第二次世界大战期间曾用于给士兵治疗疟疾，对绝大部分白人士兵安全有效的药物剂量却在多至 10% 的黑人士兵中引起了急性溶血，后来发现原因是发生溶血的士兵体内缺乏葡萄糖-6-磷酸-脱氢酶 (glucose-6-phosphate dehydrogenase，G6PD)，影响了红细胞的变形能力，且这种因 G6PD 缺乏引起的溶血性贫血属于 X-连锁不完全显性遗传。G6PD 的缺乏也是"蚕豆病"的原因，患者服用蚕豆后会产生急性溶血。琥珀酰胆碱在临床上作为肌松药合并用于手术麻醉，一般患者只能维持几分钟的肌肉麻痹，但在个别人身上可延长到 1h 甚至导致呼吸暂停。Kalow 和 Genest 于 1957 年证实琥珀酰胆碱肌松作用的延长是由常染色体隐性遗传引起的血清胆碱酯酶低亲和力所致。1960 年 Evans 等发现异烟肼用于治疗结核病时可将患者明显区分为慢、快两种代谢型，多年后的研究发现其机制是由位于 8 号染色体的 N-乙酰转移酶 2 基因突变所致。该项研究已成为遗传药理学史上研究药代动力学遗传性状的经典范例。

1960～1990 年间，药物代谢酶多态性研究逐渐成为遗传药理学发展的主体，其中尤以对异喹胍氧化代谢酶 (CYP2D6) 多态性的研究最为广泛和深入。由于药物代谢酶的表型和性状在不同种族中的发生率显著不同，药物反应的种族差异也逐渐成为遗传药理学的一个重要研究领域。1985 年美国科学家率先提出人类基因组计划 (Human Genome Project，HGP) 并于 1990 年正式启动。随着分子遗传学和相关基础学科的迅速发展，以及人类基因组密码的逐渐破译，药物反应基因及其蛋白质的结构和功能解析更为精确和深入，基于药物靶点的新药研究技术与手段也日趋成熟。遗传药理学的研究内容和方法都获得了长足的发展：人们不仅对多种药物代谢酶的基因多态性现象和机制有了更加深入的了解，也对各种药物转运体、药物靶点的遗传药理学性质特征进行了广泛研究；与此同时，在更加完整的基因组范围内的遗传特性与药物反应间的关系也逐渐得以完善，药物基因组学随之产生。随着个体化医疗和精准医疗等概念的提出及在实践中的不断发展，将遗传药理学和药物基因组学的研究成果转化到临床个体化药物治疗的实践正在得以实现。

二、遗传药理学的研究目的和研究内容

(一)遗传药理学的研究目的

遗传药理学旨在发现决定个体药物反应差异的遗传因素，确定其分子基础，以实现根据患者特定的药物代谢、消除和反应等遗传药理学信息选择合适的药物及剂量，实现真正的个体化治疗甚至疾病预防。

作为一门研究因机体遗传变异引起对外源性物质反应异常的学科，遗传药理学的任务主要为阐明遗传变异在机体对药物或外源性物质反应(治疗效应和不良反应)个体变异中的作用，在基因和蛋白两个层面上阐明决定药物反应个体差异的发生机制。

(二)药物反应的遗传基础

药物进入机体后的效应分为两类：一类是机体对药物的作用，即药物代谢动力学 (pharmacokinetics)，简称药动学，包括药物的吸收、分布、生物转化(代谢)和排泄；另一类则是药物对机体产生的生物效应，即药物效应动力学 (pharmacodynamics)，简称药

效学，包括治疗作用及不良反应。遗传因素引起的药物药动学和药效学过程中蛋白表达或功能的变异均会影响药物的疗效或不良反应的产生。

1. 遗传因素对药动学的影响

不同个体对药物在体内的吸收、分布、代谢和排泄均存在差异，遗传因素通过影响药物药动学相关基因的表达和蛋白功能，造成药物吸收、分布、代谢及排泄的变化，从而产生药效学上的变异。

有些药物的吸收需要借助于膜蛋白的转运。药物的分布通常借助于血浆蛋白的运输，血浆蛋白的缺乏也会影响药物在体内的分布。这其中受遗传因素影响最大的是药物代谢过程。药物代谢主要在肝脏中进行，一般通过两个步骤完成：第一步包括氧化、还原和水解过程，通过引入羟基、氨基和羧基等极性基团到原型药物中，形成极性更大、更易排泄的代谢物；第二步为结合过程，包括药物的某些代谢物与内源性小分子如葡萄糖醛酸、谷胱甘肽结合，或者与甘氨酸、硫酸、甲基等基团结合，或被乙酰化，最终随尿液和胆汁排出体外。药物代谢的各个过程与代谢酶的活性密切相关，如代谢酶的基因发生变异，就会影响蛋白质的结构和表达量，从而影响酶的活性和数量，导致药物代谢异常。如果酶的数量或活性降低，则药物代谢速率减慢，药物或其中间代谢产物积累，就会损害机体正常生理功能；反之，药物转化速率过快，机体达不到有效浓度，药效就会降低。

2. 遗传因素对药效学的影响

药效学主要研究药物对机体的作用、作用规律及作用机制。大多数药物通过与靶蛋白的结合实现对靶细胞的功能调节，发挥药理作用。这些药物靶点系指具有重要生理功能或病理效应，在体内能够与药物相结合并产生药理作用的生物大分子及其特定的结构位点。常见的靶蛋白包括酶、受体、离子通道、转运蛋白及核受体。药物靶蛋白基因的遗传变异会导致靶点数目改变、功能缺陷或受体和效应器偶联反应异常，从而使靶细胞和靶器官不能发生正常的药物反应。这些因素在不影响药动学的情况下，影响药效的强度和性质，进而影响机体对药物的敏感性，甚至改变药物的作用性质。

(三)遗传药理学的研究内容

研究和鉴定引起药物异常反应的遗传学依据，确定对这些异常反应的正确应对措施，是遗传药理学的主要研究范畴。其具体的研究内容包括以下几个方面。

(1)阐明对个体或群体中药物反应差异具重要作用的功能蛋白质及其相关基因和基因家族，如药物生物转化酶家族、细胞膜转运蛋白家族、靶酶和靶受体家族、信号传递复合物家族及上述系统的调节因子家族等。

(2)对家系、患者和人群进行遗传学和分子生物学方面的流行病学研究，发现和阐明与药物反应变异相关的候选基因，如系谱连锁分析、同胞配对研究、相关等位基因或全基因组研究及人群的流行病学研究等。

(3)阐明药物反应蛋白质和相关基因在疾病发生、药物疗效及不良反应等方面的作用。

(4)创建相关的离体、在体研究模型和计算机模拟模型，用于研究药物反应基因的遗传变异和相关蛋白的功能异常，包括转基因动物模型、有相似遗传机制的其他有机体生物模型、可用于分析功能效应的计算机模型及可用于确定表型的工具药等。

三、遗传药理学的研究方法

(一)临床观察

临床观察是早期遗传药理学研究的主要方法，有很多典型的实例，如别嘌呤醇诱发痛风性关节炎、琥珀胆碱引起长时间的呼吸停止等。很多情况下，这种药物异常反应是等位基因在单一基因座上的变异引起。对于涉及多因素变异的药物反应，临床观察的应用有很大的局限性。

(二)家系或双生子法研究

药物个体反应的变异同时受遗传因素和环境因素的影响。基于患者-对照-家系(pedigree)的研究设计，包括双生子法(twin method)，可以排除部分环境因素的影响。但因遗传药理学的研究对象需要服用同样的药物，研究对象的来源有限。双生子法较普通的家系研究更为经典。单卵双生子(monozygotic twin)具有相同的基因组，同一对单卵双生子之间的差异程度可作为环境因素对表型变异影响的量度。异卵双生子(dizygotic twin)之间的遗传特征不尽相同，但生长环境比非双生子有更多的相似性。双生子法研究可用于区别遗传因素与后天环境因素对个体及种族的药物反应和药物代谢差异的影响。

早在 1968 年，Vesell 和 Page 通过对正常人群的药物代谢研究发现，个体间对药物安替比林(Antipyrin)和双香豆素清除速率的差异在同卵双生子间几乎消失了，而在部分异卵双生子中还存在，以此说明遗传因素在多数药物的代谢差异中起重要作用。此外，异卵双生子中有 1/3 的药物代谢差异很小，和同卵双生子类似，表明与个体间药物消除速率差异相关的基因位点数量有限。后续的研究发现这种药物代谢的差异主要是由细胞色素 P450(cytochrome P450)蛋白家族的遗传多态性决定的。

(三)基因组 DNA 多态性研究

传统的候选基因研究方法有其局限性：事先对疾病及其药理学表型的分子机制需要有足够的了解，这限制了其在所知有限或多基因影响的复杂药物反应中的应用。而基于更广泛范围的基因多态性分析，包括全基因组关联研究(genome-wide association study，GWAS)、全基因组测序等，可对靶点生物学背景了解不多或多基因影响的药物反应提供解决方案。

DNA 多态性包括 DNA 序列的插入、缺失、重复和核苷酸的突变等，研究较多的有序列多态性和序列长度多态性两类。序列多态性是指两条同源 DNA 序列长度相等，但个别核苷酸存在差别，表现为限制性片段长度多态性等(restriction fragment length polymorphism，RFLP)、单链构象多态(single-strand conformation polymorphism，SSCP)及变性梯度凝胶电泳(denaturing gradient electrophoresis，DGGE)多态性。单一核苷酸的取代、插入或缺失所造成的多态性则称为单核苷酸多态性(single nucleotide polymorphism，

SNP)等。DNA 重复序列以各自的核心序列首尾相连形成多次重复，从而造成重复单元拷贝数不同的多态性称为重复序列长度多态性，如小卫星 DNA 和微卫星 DNA 的多态性。近年来表观遗传学(epigenetics)的研究也开始受到人们关注，虽然表观遗传修饰的 DNA 序列保持不变，但 DNA 修饰所致基因表达的改变也可能带来表型的变异。

DNA 测序是基因组多态性检测的最直接方法，目前已从焦磷酸测序、一代测序发展到了二代测序和三代测序。不过昂贵的测序费用限制了其广泛应用。除直接测序外，有多种方法可用于检测 DNA 序列的变异情况：短串联重复序列可由 PCR 检出；PCR-RFLP 目前已用于鉴别多种药物代谢相关的基因变异，如 CYP2B6 15582C＞T 对抗反转录病毒药物依法韦仑(Efavirenz)的影响、代谢酶 G6PD 等位基因的变异等。

SNP 是人类可遗传的变异中最常见的一种，占所有已知多态性的 90%以上。人类基因组中已发现了多于 1400 万个 SNP 位点，其中 6 万多个在基因编码区。很多 SNP 被发现与药效和药物代谢显著相关。原则上任何用于检测单核苷酸突变或多态的技术均可用于单核苷酸多态性的识别和检出，如限制酶消化、Southern 杂交、等位基因特异的寡核苷酸杂交、等位基因特异的 PCR 和 DNA 测序等。目前在人类基因组中搜寻 SNP 普遍采用的策略是将已定位的序列标志位点和表达序列标签进行测序。已有多种批量和自动化检出 SNP 位点的方法，如 DNA 微阵列法、基于单核苷酸引物延伸的微测序法、变性高效液相色谱法及特殊的质谱法等。药物反应相关基因的单核苷酸多态性目前已成为遗传药理学研究的主要内容。SNP 是一种双等位基因形式的多态，由于其在人类基因组中广泛存在，平均每 500～1000 个碱基对中就有 1 个，部分 SNP 还直接或间接地与个体间的表型差异、疾病易感性和药物反应性相关，因而是遗传药理学研究的主要遗传多态类型。

(四)动物模型

动物模型是连接体外分子、细胞水平的研究和人体研究的桥梁，对体外实验结果的验证、临床试验的数据支持至关重要。常用转基因、基因敲除或遗传筛选等方式获得一些药理学重要的遗传模型，用于模拟遗传药理学相关疾病的基本状态、研究药物的代谢动力学和药效学特征等。这其中包括：①基因敲除小鼠，通过敲除单个或多个基因，明确该基因或相关通路在药物代谢或药效反应中所起的作用；②人源化转基因小鼠，将小鼠的某个基因敲除后置换成人源性的同源基因，从而让小鼠表达人源性的药物代谢酶、转运体或药物靶点，减少因种属差异而产生的动物和人体中药物效应或毒性反应的不一致；③模型动物，筛选自然产生或药物诱发的模型动物用于疾病研究和药物反应的评估，如华法林耐药性大鼠、乙酰化多型性家兔等。

四、遗传药理学的多态性

遗传多态性可表现于不同的检测水平，包括表型的多态性、染色体多态性、酶和蛋白质多态性及 DNA 多态性等。遗传药理学的多态性是一种孟德尔或单基因性状，由同一基因位点的多个等位基因的突变引起，并由此导致药物和机体的相互反应，出现多种表型，因而其定义同时包括基因型和表型。与药物代谢或药物效应相关的功能蛋白主要分为三类：药动学相关蛋白、药物靶点及疾病调节相关蛋白。遗传多态性在药物代谢或药物效应相关蛋白质中普遍存在，是遗传药理学领域中的重要研究内容。

（一）药动学相关蛋白的遗传多态性

1. 药物代谢相关蛋白的遗传多态性

药物在体内的代谢主要由肝微粒体的药物代谢酶完成。其中 I 相代谢酶以细胞色素 P450 超家族为代表，影响药物的代谢和排除，导致患者对药物反应出现多样性。II 相代谢酶大部分都是转移酶，包括 UDP-葡糖醛酸基转移酶(UGT)、磺基转移酶类(SULT)、N-乙酰基转移酶类(NAT)、谷胱甘肽 S-转移酶(GST)及各种甲基转移酶类，如硫嘌呤甲基转移酶(TPMT)和儿茶酚氧位甲基转移酶(COMT)。转移酶的多态性也会影响药动学特征。编码某些转运蛋白的基因对药物的吸收、分布、转运和排泄等方面发挥着重要的作用，其变异会影响药物的代谢，也归于此类。

在整个药物代谢酶系中，P450 占据首要位置。P450 在还原状态下可与 CO 结合，并在波长为 450nm 处有一最大吸收峰，因而得名。P450 的活性高低决定着药物的失活速度。P450 基因超家族由基因多样性控制，许多 P450 具有遗传多态性，这是引起个体间及种族间对同样的药物代谢能力产生差异的主要原因。不同的 P450 酶按其在基因超家族内的进化关系统一命名：凡表达 P450 酶系氨基酸同源性大于 40% 的视为同一家族(family)，以 CYP 后标一阿拉伯数字表示，如 CYP2；氨基酸同源性大于 55% 者为同一亚族(subfamily)，在表示家族的数字后加一大写字母，如 CYP2D；每一亚族中的单个 P450 酶则在表达式后再加上一个阿拉伯数字，如 CYP2D6。人体内主要的 P450 酶包括 CYP1A2、CYP2C9、CYP2C19，CYP2D6、CYP2El、CYP3A4 和 CYP3A5 等，临床上所使用药物的 75% 是由这些酶代谢的，其中约 40% 由高度多态性的酶 CYP2C9、CYP2C19 和 CYP2D6 代谢。由于代谢底物种类繁多，编码药物代谢酶的 CYP450 基因多态性可能会增加个体对药物或其他化学物质毒副作用的敏感性。例如，催眠药氟西泮(Flurazepam)在 P450 酶活性正常的人体内的药效可持续 18 小时，在酶活性低的人体内则延迟至 3 天之久。P450 的多态性与药物的毒性和疗效有很大关联，它造成人群对药物反应的显著个体差异，尤其是对治疗安全范围较窄的药物更易产生毒副反应的异化。其中最为典型的为 CYP2D6，它有 40 多种等位基因，其突变造成不同代谢表型的差别，可分为超快代谢型(ultraextensive metabolizer，UEM)、强代谢型(extensive metabolizer，EM)、中间代谢型(intermediate metabolizer，IM)和弱代谢型(poor metabolizer，PM)。弱代谢型个体对药物的代谢速率相对较慢，因而容易引起高药物浓度中毒；而强代谢型和超快代谢型对药物治疗可能会产生耐受。代谢酶中的 CYP2C9、CYP2C19、N-乙酰基转移酶(N-acetyltransferase，NAT)，以及硫嘌呤甲基转移酶(TPMT)等也有类似的情况。

异烟肼慢灭活是药物代谢酶 NAT 异常的一个经典例子。异烟肼(isoniazid)是常用的抗结核药，在人体内主要通过 NAT 的催化作用将异烟肼转变为乙酰化异烟肼后失去活性并经肾脏排泄。按照对异烟肼在体内的清除速率，人群中的不同个体可分为快灭活者(rapid inactivator)和慢灭活者(slow inactivator)两种类型，前者血液中异烟肼的半衰期为 45～110min；而后者由于肝细胞内缺乏 NAT，口服异烟肼后血液中药物的半衰期可长达

$2 \sim 4.5h$。异烟肼慢灭活属于常染色体隐性遗传。人类 *NAT* 基因簇位于 8p21.1-p23.1，包含 *NAT1*、*NAT2* 两个功能基因和假基因 *NATP*。异烟肼主要由 *NAT2* 灭活。NAT2 的野生型等位基因为 *NAT2*4*，为快灭活型；目前已发现至少存在 7 个等位基因点突变，共构成 10 多种不同的 *NAT2* 突变体。慢灭活者基因型为各种突变型等位基因的纯合子或复合杂合子。

异烟肼乙酰化速率的个体差异对结核病疗效和不良反应均有一定影响。在疗效方面，快灭活者由于血药浓度低，疗效差且易出现耐药菌株；在不良反应方面，慢灭活者由于血液中药物保持时间长，反复给予异烟肼后容易引起蓄积中毒，有 80% 发生多发性神经炎 (polyneuritis)，而快灭活者仅 20% 有此副作用。这是由于异烟肼在体内可与维生素 B_6 反应，使后者失活，从而导致维生素 B_6 缺乏性神经损害，故一般服异烟肼需同时服用维生素 B_6 以消除此副作用。此外，服用异烟肼后有个别人可发生肝炎，甚至肝坏死。发生肝损害者中 86% 是快灭活者，因为乙酰化异烟肼在肝中可水解为异烟酸和乙酰肼，后者对肝有毒性作用。

药物转运蛋白的遗传多态性也会影响不同个体之间的药效学差异。P-糖蛋白是一种将外源性药物从细胞内排出的外排型转运体，由多药耐药基因 1 (multi-drug resistance gene 1，*MDR1*) 编码。口服单剂量地高辛后，*MDR1* 基因的突变型纯合子血药浓度比野生型高出 4 倍，极易出现不良反应。

2. 血浆药物结合蛋白

血浆蛋白与药物的结合是影响药物在体内分布的主要因素。药物可不同程度地和血浆蛋白结合，只有未经结合的游离型药物才能通过血管壁分布到作用部位。对于血浆蛋白结合率高的药物，个体间未结合的游离型药物的比例差异很大；这些血浆结合蛋白的遗传多态性可改变药物的血浆蛋白结合率，影响药物分布和作用时间及强度。α_1 酸性球蛋白 (orosomucoid，ORM) 是血浆中的一组具有遗传多态性的 α_1 球蛋白，可与许多药物，尤其是碱性药物结合。ORM 受控于两个基因座 ORM1 和 ORM2。ORM1 位点常见的 3 个共显性复等位基因分别称为 ORM1*F1、ORM1*F2、ORM1*S，三者共同作用可产生 5 种表型。ORM1 的多态性使一些药物在不同基因型的个体中血浆结合蛋白率不同，如口服奎尼丁后，ORM1*F_1 表型个体的血浆游离奎尼丁浓度比 ORM1*S 和 ORM1*F1S 个体高，因而应用奎尼丁时，监测 ORM1 表型对血浆蛋白结合率的影响有利于该药安全、有效剂量的确定和不良反应的预防。

(二)药效学相关蛋白的遗传多态性

大多数药物通过与靶蛋白作用发挥药理作用。药物靶点系指具有重要生理功能或病理效应，在体内能够与药物相结合并产生药理作用的生物大分子及其特定的结构位点。已经成功上市的药物所作用的靶点中，比例最高的依次为：酶 (50%)、受体 (23%)、离子通道、转运蛋白 (12%) 以及核受体 (6%)，其他如核酸、抗原和结合蛋白，以及结构蛋白等都只有大约 2% 的比例。

广义上说，所有药物或外源性物质作用的靶点都可当成受体，编码靶蛋白的基因也被称为靶标基因或受体基因，其遗传多态性特征很可能引起药物与相应靶蛋白结合状态的微妙改变，从而对药物的疗效和不良反应产生影响(表 13-1)。

表 13-1　遗传多态性影响药物反应的靶点

靶点	类型	影响的药物种类
β₂ 肾上腺素受体	细胞膜表面受体	β₂ 受体激动剂
β₁ 肾上腺素受体第二信使	细胞膜表面受体	β₁ 受体激动剂和拮抗剂
趋化因子受体 5(CCR5)	细胞膜表面受体	CCR5 抑制剂
Mu 阿片受体	细胞膜表面受体	阿片类药物
5-羟色胺受体	细胞膜表面受体	选择性 5-羟色胺再吸收抑制剂
雌激素受体	核受体	雌激素/他莫昔芬
血管紧张素转换酶(ACE)	酶	ACE 抑制剂
维生素 K 环氧化物还原酶复合体亚单位 1(VKORC1)	酶	华法林
环加氧酶 2(COX-2)	酶	非甾体类抗炎药物

受体遗传多态性可从以下几个方面影响个体间药物效应的差异：①影响受体与药物的亲和力；②改变受体的稳定性和受体的状态，包括脱敏/增敏以及受体数量的调节；③影响受体的信号转导，如膜受体与信号转导系统的耦合或核受体与其下游靶基因的结合；④影响受体之间的相互调节，如一些细胞内激素受体的基因作为药物靶基因时，激素受体的遗传变异将会影响后者的表达。

1. 酶靶点的遗传多态性

血管紧张素转换酶抑制剂(angiotensin converting enzyme inhibitor，ACEI)作为临床一线降压药物，可通过抑制血管紧张素转换酶的作用，减少血管紧张素 II 的生成，降低血压水平，但在治疗时仍有 30%～40% 的患者无应答或降压效果不明显。研究证实，血管紧张素转换酶(angiotensin converting enzyme，ACE)的基因多态性可影响 ACEI 的临床降压疗效。编码 ACE 的基因位于 17 号染色体 23 区，其第 16 号内含子由于存在或缺失一个 287bp 的 DNA 片段而呈现一个插入(insertion，I)/缺失(deletion，D)多态性。ACE D/D 型高血压患者服用贝那普利或福辛普利进行治疗时降压效果优于 ACE I/I 基因型。

2. 受体靶点的遗传多态性

许多受体靶点存在基因多态性并影响患者对药物的反应。(β 肾上腺素受体拮抗剂能选择性地与 β 肾上腺素受体结合，从而拮抗神经递质和儿茶酚胺对 β 肾上腺素受体的激动作用。β 肾上腺素受体包括了 β₁、β₂ 和 β₃ 三种亚型，其中 β₁ 占 75～80%，主要在心脏中表达，与心脏收缩和房室传导有关；β₂ 广泛分布于肺、肝、肾、子宫和外周血管等，与支气管、胃肠道、血管平滑肌的松弛有关；β₃ 主要分布于脂肪组织，调节脂肪酸代谢。作为药物靶受体，β₁、β₂ 的基因多态性均会影响相关药物的药效)。

支气管扩张药沙丁醇胺(Salbutamol)是 β₂ 受体的激动剂。针对 269 位哮喘儿童的药物基因组学研究表明，β₂ 受体上第 16 位氨基酸为甘氨酸纯合子(Gly16)的个体对沙丁醇胺的反应强度是精氨酸纯合子(Arg16)的 5 倍。

β 肾上腺素受体阻滞药(如美托洛尔、卡维地洛等)在临床上用作抗高血压药物。研究发现 β 受体拮抗剂的药动学和药效学都存在巨大的个体差异。影响 β_1 受体拮抗剂的遗传因素中,体内 β_1 受体的数量和受体对药物敏感性的变化是造成个体对这类药物反应差异的主要原因。目前已知 β_1 受体存在两种突变:一种位于受体蛋白 N 端 49 位,由甘氨酸取代丝氨酸(Ser49Gly),该突变使受体对激动剂导致的受体下调明显减弱;另一种位于 C 端 389 位,由甘氨酸取代精氨酸(Arg389Gly),该多态性可明显改变 G 蛋白与受体的偶联进而影响受体的信号传导。研究发现,突变型纯合子(Ser49Gly 及 Arg389Gly)对 β 受体阻断药的敏感性下降,其反应性均不如野生型。

磺脲类药物(sulfonylureas,SU)是临床应用最早也最广泛的口服降糖药,通过与胰岛 β 细胞膜上磺脲类受体(sulfonylurea receptor1,SUR1)结合阻断胰岛 β 细胞膜上的 ATP 敏感性钾离子通道(KATP channel),从而促进胰岛素分泌而发挥降糖作用。KATP 通道是调控胰岛素分泌的物质基础,由钾离子内向整流器(inwardly rectifying potassium channel,Kir6.2)和 SUR1 两种亚单位构成。Kir6.2 是离子通透孔道,负责维持细胞的静息电位,该孔道的关闭使细胞去极化促进电压依赖性 Ca^{2+} 通道开放,进而增加细胞内 Ca^{2+} 浓度,刺激胰岛素分泌。磺脲类药物对 SUR1 具有高亲和力。临床上该类药物对 2 型糖尿病患者的降糖作用存在个体差异,SUR1 遗传多态性是重要的影响因素。人 SUR1 由基因 *ABCC8*(ATP-binding cassette,subfamily C,member 8)编码。该基因位于染色体 11p15.1,包含 39 个外显子,并有多个多态性位点。有研究显示外显子 33 上的 Ser1369Ala 错义突变(TCC→GCC)可影响磺脲类药物在糖尿病患者中的疗效。A 等位基因携带者对药物格列齐特(gliclazide)更为敏感,服用格列齐特后,HbA1c 的下降程度比 S/S 基因型的患者更为显著。

3. 非特异性作用基因的遗传多态性

在对单因素疾病发病机制的研究中观察到有些非特异性基因的遗传学改变使个体对药物的反应发生变化,这些基因编码的蛋白并不是药物的靶点,不与药物发生直接作用也不是药动学和药效学相关蛋白。但其多态性可影响患者对特定药物治疗的疗效或耐受性。G6PD 缺乏会引起患者对氧化压力的耐受性降低,如患者接受的药物为伯氨喹、磺胺类、氯霉素、阿司匹林、维生素 K 类似物等药物时,会因氧化状态改变而增加溶血的风险。他克林(Tacrine)是用于治疗阿尔茨海默病的胆碱酯酶抑制剂,APOE(Apolipoprotein E)基因是阿尔茨海默病的疾病相关基因。临床研究显示,带有同源等位基因 APOE ε4 的患者对他克林的药物反应性较差。非特异性作用基因的遗传多态性也有可能提高患者对药物的敏感性或耐受性。甲基鸟嘌呤甲基转移酶(methylguanin methyltransferase,MGMT)是 DNA 损伤修复酶,可修复烷基化的 DNA 损伤。该酶活性高的患者对 DNA 烷化剂的反应性相对较差,但在 MGMT 启动子存在甲基化的脑胶质瘤患者中,该酶的活性降低,患者对烷化剂替莫唑胺(Temozolomide)的敏感性反而增加了。

另一类非特异性基因的作用主要与药物的脱靶效应和药物不良反应有关。如 ACE 抑制剂的一个不良反应为持续性的干咳,研究表明该不良反应与 ACE 抑制剂对缓激肽(bradykinin)的作用相关。带有两个拷贝的-58T 等位基因的患者缓激肽 B2 受体表达量高于基因型为-58CC 的患者，与之相应，其发生干咳的频率也提高了。

五、药物反应的种族差异

在不同种族患者中较为广泛地存在药物代谢、药效及安全性方面的差异，从而在不同种族患者中需要不同的药物剂量甚至选择不同的药物。种族间药物反应性的差异主要与药物反应基因多态性状的分布差异有关，包括药物代谢酶、转运体和受体基因多态性等。对药物反应种族差异机制的了解，有助于提高对药物反应个体差异发生机制的认识，提高药物治疗个体化的水平。

代谢酶的遗传多态性在不同人种中存在显著差异。CYP2D6 的弱代谢型在白种人中的频率为 6%～10%，而在中国和日本的亚洲人种中不足 1%。美国黑种人中的 CYP2D6 的弱代谢型比例显著高于白种人。不同种族人群中代谢酶突变型的分布频率或其代谢底物都会存在种族差异。

不同人种对同一药物的剂量选择也会因对药物敏感性的不同而产生差异。普萘洛尔为非选择性 β_1 与 β_2 肾上腺素受体阻滞剂，用于治疗心律失常。静脉注射普萘洛尔后，运动心律在白种人中的降低水平比黑种人明显，以阿托品阻断自主神经对心脏的支配后，药物在两个人种中的反应性不再有差异。而在华人正常男性中，使心率降低 20% 所需普萘洛尔的血浆浓度比白种人低 2 倍以上，华人对普萘洛尔的降压作用敏感性增高，且这种高敏感性与神经支配功能无关。中国人对吗啡的敏感性低于白种人，无论是应用吗啡还是可待因，所引起的呼吸抑制都比白种人弱。作用于中枢神经系统的很多药物的代谢和反应存在显著的种族差异，如三环类抗抑郁药丙米嗪和阿米替林在东亚人群中的代谢比白种人慢，不良反应也比白种人严重，其原因可能与 CYP2D6 在不同人种中的多态性影响三环类药物的代谢有关。

2005 年 6 月，FDA 批准了一种名为拜迪尔(BiDil)的药物用于非洲裔美国籍心力衰竭患者的二线治疗，这是第一个被批准上市的专门针对某一种族病人的药物。BiDil 是一种由肼苯哒嗪(hydralazine)和硝酸异山梨酯(isosorbide)组成的复方制剂，其中硝酸异山梨酯是一氧化氮的供体，用于治疗心绞痛；而肼苯哒嗪则是一种抗氧化剂和血管扩张剂。美国黑人中的心脏病死亡率高于白种人，其体内的一氧化氮生物利用度较低是原因之一。在名为"非洲裔美国人心力衰竭试验(African American Heart Failure Trial，A-HeFT)"的 III 期临床试验中，与安慰剂组相比，BiDil 可使非洲裔美国籍患者死亡率下降 43%，因发生心力衰竭而导致的住院率下降 39%，而且患者心力衰竭症状也相对较轻。也有人认为 Bidil 适用人群的遴选应采用更为严谨的遗传分子标记而非单纯的人种区分。因人种的区分有社会和地理因素，控制肤色和影响药物反应的基因也不一致。多项研究表明，G 蛋白 β 亚单位 3 基因(G protein subunit beta 3，GNβ3)第 10 外显子中的单核苷酸突变 *C825T* 可导致剪接异常，从而产生更强的 G_β 信号转导。GNβ3 基因 *825T* 等位基因与高血压和心脏病发病率相关。在 A-HeFT 临床试验中，825T 纯合子在接受 Bidil 治疗后的死亡率下降和症状缓解均优于 825C 携带者。GNβ3 的遗传多态性很可能是 Bidil 遗传药理学的主要候选基因。

第二节 药物基因组学

一、药物基因组学的基本概念

随着"人类基因组计划"的完成，基因组学的研究由结构基因组学转向了功能基因组学，大量的人类基因组信息有待解析和利用。而在新药研究领域，各种高通量筛选方法和组合化学技术的应用使筛选海量化合物成为可能，越来越多的新化学实体进入临床前或临床研究阶段。在既往的新药研发过程中，约有80%的新化学实体因毒副作用不能通过Ⅰ、Ⅱ或Ⅲ期临床试验。在此情况下，1997年7月28日，Genset和Abbott实验室宣布成立世界上第一个基因制药公司，主要研究因基因变异所致患者对药物的反应性差异，并在此基础上研制和开发新的药物及个体化安全用药方法。这就是药物基因组学(pharmacogenomics)概念的最初来源。美国药学科学家协会将药物基因组学定义为"全基因组水平分析药物效应和毒性的遗传标记"。

作为一门研究开发新药和探索合理用药方法的新兴学科，药物基因组学是基因功能学与分子药理学的有机结合。它应用基因组信息和方法在整体基因组水平分析 DNA 的遗传变异及监测基因表达谱，揭示药物代谢和药效反应差异的遗传学本质。显然，药物基因组学区别于一般意义上的基因组学。基因组学以发现和解析基因为主要目的，而药物基因组学则以药物疗效和安全性为主要目标，研究药物在体内效应和代谢差异的基因学特性，以及各种基因突变对个体药物反应性的影响。人类基因组具有广泛的多态性，药物基因组学也强调个体化，通过研究个体的遗传背景，预测其药物代谢特点和反应，实施"个体化"合理用药，用以改善患者的治疗效果，因而属于药物治疗学的范畴。药物基因组学还可以根据不同人群及不同个体的遗传特点设计、开发和研制新药。

二、药物基因组学的研究内容

作为一门近几年在遗传学、基因组学和分子药理学基础上发展起来的新兴交叉学科，药物基因组学脱胎于遗传药理学，但与后者在研究目的和内容上各有侧重。

遗传药理学侧重于对染色体上单个或少量基因的研究，从药物代谢动力学和药物效应动力学两个方面研究 DNA 序列的变异在药物反应个体差异中的作用，其主要目的是根据药物反应相关基因的遗传突变和多态性，确定针对某个患者的药物合理选择和使用剂量，以期得到最佳的治疗效果，避免严重的毒副反应。而药物基因组学是在基因组整体水平上阐明人类遗传变异与药物反应关系的学科，立足于整个基因组，以向临床治疗药物的高效和安全应用提供遗传学指导作为最终目标，具体表现为运用基因组学信息：①指导新药创制；②指导临床研究，以期减少纳入病例数、试验费用、耗时及失败率；③指导药物的合理使用，实现个体化用药。

药物基因组学的研究内容主要包括两个方面：①研究不同个体的细胞、组织、器官在外源性物质(主要是药物)作用下基因表达谱的变化及其与表型特征的可能关联，用以阐明外来物质体内生物效应的变化情况；②研究不同遗传变异对个体药物反应和药物效应的作用，这部分过去一直是遗传药理学的研究内容之一。

由于一个药物的体内效应和代谢涉及多个基因的相互作用，基因的多态性会导致药物反应的多样性。因此，在药物基因组学的研究中需要鉴定重要序列的多态性，重点分析对药物反应表型相关的基因型，并建立决定个体药物反应的蛋白质多样性数据库。这其中，药物反应基因的多态性是药物基因组学的基础和主要研究内容。

从治疗意义上而言，药物基因组学所研究的多态性不是基于完整基因的世代结构图，而是基于基因组的 SNP 等遗传标志。SNP 作为基因组的标志之一，与疾病表型和药效异化相关联。在很多情况下，靶点蛋白(酶或受体)编码基因的 SNP 可能造成其功能缺损或完全丧失，少数情况下也可能通过不同的机制引起功能增强，进而引起的药物反应性状的变异。基因组多态性研究将建立以 SNP 为代表的 DNA 序列变异目录，用于制订与基因类型相关的个体治疗方案，并根据疗效预测和安全指数对患者进行分类治疗。药物基因组学的整个研究过程一般分以下几个步骤：

(1)确定与疾病发生或药物疗效相关的候选基因或基因群；

(2)鉴定该基因或基因群中的所有 SNP 位点；

(3)在临床前和临床研究中考察药物反应与该基因或基因群多态性的关系；

(4)评估该基因或基因群遗传多态性对蛋白表达的影响；

(5)综合药动学和药效学的结果，完成人群中该基因或基因群多态性分布的统计学分析，作为未来药物治疗的指南。

三、药物基因组学研究中的药物反应基因

药物基因组学研究为人们提供了丰富的药物反应基因(drug-response gene)信息。药物反应基因是药物基因组学研究的关键所在，是确定药物如何产生疗效、疾病亚型分类和药物毒副作用的依据，主要包括：药物代谢酶、药物转运体和药物靶点。确定对药物反应起关键作用的基因多态性及其作用效果，是临床针对不同人群进行药物和剂量选择的重要依据。

1. 华法林的药物基因组学研究

华法林是临床上广泛应用的一种香豆素类抗凝药，其结构与维生素 K 相似，在肝脏与维生素 K 环氧化物还原酶结合，抑制维生素 K 的循环，从而抑制凝血因子在肝脏合成。华法林的有效治疗范围较窄，而且不同个体间的差异较大，抗凝不足易致血栓形成，剂量过大又会增加出血风险。20 世纪 90 年代应用候选基因法研究发现，代谢酶 CYP2C9 的基因多态性对华法林的疗效差异性有显著影响。华法林有 R 和 S 两种对映异构体，其中 S 对映体的抗凝活性是 R 对映体的 5 倍，而 S 对映体 85%以上经 CYP2C9 代谢为无活性的6-和 7-羟基化产物。CYP2C9 较常见的基因多态性有 *CYP2C9*2* 和 *CYP2C9*3*，与野生型相比，其编码的酶活性分别下降了 30%和 80%。*CYP2C9*2* 突变在白种人中的发生频率大于 10%，在亚洲人中几乎不存在；*CYP2C9*3* 突变的发生频率在白种人为 7.5%～10%，在亚洲人中约为 3%。*CYP2C9* 基因多态性可解释约 12%的华法林剂量差异。

维生素 K 环氧化物还原酶复合体亚单位 1(vitamin K epoxide reductase complex subunit 1，VKORC1)是华法林的作用靶点，其活性被华法林抑制后，阻断了维生素 K 由氧

化型生成还原型，从而抑制维生素 K 依赖性凝血因子的活化。*VKORC1* 基因的多态性位点包括–1639G＞A、497T＞G、1173C＞T 和 3730G＞A，其中位于启动子区的–1639G＞A等位基因增强了启动子活性，因此 *GG* 基因型的个体 *VKORC1* 启动子活性增高，较携带 *A* 等位基因的患者需要更高剂量的华法林才能达到抗凝效果。另有研究发现 *VKORC1* 是影响华法林需求剂量种族差异和个体差异的主要因素。中国人中 *AA* 纯合子基因型占绝大多数(约 82.1%)，而高加索人 *AA* 纯合子基因型频率却很低(约 14%)，这两个人种中 *AA* 基因型频率的差异与临床上发现的中国人华法林维持剂量低于高加索人相一致。

2. 抗表皮生长因子受体单克隆抗体的药物基因组学研究

表皮生长因子受体(epidermal growth factor receptor, EGFR)是肿瘤靶向药物开发的一个重要靶点。EGFR 靶向药物的疗效取决于 EGFR 信号通路活化是否是肿瘤细胞的主要生长信号。如患者带有 *EGFR* 基因过表达或自身活化突变，则 EGFR 靶向治疗效果好；而如果是 EGFR 低表达、发生自身耐药性突变或下游信号通路活化突变，则靶向治疗效果不佳或发生耐药。因此，EGFR 及其下游信号通路的突变均是 EGFR 靶向治疗的分子标志物。

西妥昔单抗是人-鼠嵌合型抗 EGFR 单抗，通过与 EGFR 胞外区结合拮抗内源性配体与受体的作用，从而阻断 EGFR 的信号转导通路，抑制肿瘤细胞生长。同时，西妥昔单抗还可通过抗体依赖的细胞毒效应杀死肿瘤细胞。与 EGFR 单克隆抗体耐药有关的最常见突变为受体下游信号分子 KRAS/BRAF 的活化突变。在随机、开放、大样本的对照临床研究中，接受 *KARS* 基因突变检测的患者肿瘤组织样本中 *KARS* 基因突变发生率为 42.3%，主要为 *KARS* 基因 2 号外显子中至少一个突变，以 *G12D*、*G12V*、*G13D*、*G12S*、*G12A* 和 *G12C* 较为常见。研究表明，西妥昔疗效与 KARS 基因多态性密切相关：在 KARS 野生型患者中，与单纯支持治疗组相比，西妥昔单抗治疗组可改善总生存期和无进展生存期；而在 *KARS* 突变型患者中，单抗治疗组和对照组的总生存期和无进展生存期没有显著差异。*KARS* 基因的多态性检测有助于确定西妥昔单抗的疗效。

四、药物基因组学与个体化治疗

个体化的治疗的重点是根据患者生物标志物分层特征制订正确的治疗策略。2015 年 1 月，美国总统奥巴马宣布启动"精准医学计划"(Precision Medicine Initiative)，其中就涵盖了个体化治疗的概念。药物基因组学在个体化治疗临床转化中的主要应用包括：根据基因多态性对药物效应和不良反应的影响，确定合适的分子标记，选择适宜的药物和剂量，量体裁衣，因人施药，真正实现个体化的精准治疗。

(一)针对患者基因型选择合适的药物

1. 根据基因多态性对药物效应的影响选择合适的药物

药物代谢酶、药物靶点基因及影响药效的其他功能基因的多态性均可影响患者用药的选择。有些前体药物在体内需经代谢酶反应才能转化成活性药物，当此代谢酶基因突变或其多态性使酶活性降低或无功能时，前体药物的效应就会降低或无效。例如，可待因在体内需经 CYP2D6 代谢转化成吗啡才能发挥镇痛等药理作用，在 CYP2D6 弱代谢人群中，体内的 CYP2D6 酶产量不足，可待因在体内不能有效转换成吗啡，因而这些患者不能使用可待因镇痛。然而在 CYP2D6 超强代谢人群中，由于体内 CYP2D6 酶过量，少量的可待因会很快转化成过量的吗啡而造成药物过量甚至生命危险。

在分子靶向药物的临床应用中，针对疾病靶点的分子分型可用于预测药物的疗效。例如，曲妥珠单抗对 HER2 扩增阳性的乳腺癌患者有效，而对 HER2 扩增阴性的患者疗效并不显著。

2. 根据基因多态性对药物不良反应的影响选择合适的药物

药物不良反应按其与药理作用有无关联可分为两类：A 型为剂量相关的不良反应，主要由药物的药理作用过程所致，特点是可以预测，与剂量有关，发生率高，死亡率低；B 型是与正常药理作用无关的一种异常反应，难以预测，发生率很低，但死亡率高。A 型不良反应可通过调整剂量避免；而 B 型不良反应需要换另外的药物。例如，因红细胞 G6PD 缺乏引起的伯氨喹所致的急性溶血性贫血、线粒体 DNA 的 12S rRNA 遗传多态性引起的氨基糖苷类抗生素所致的耳毒性等。

(二)针对患者基因型选择合适的药物剂量

药物治疗的有效剂量和产生不良反应的剂量之间会有一个治疗窗，药物剂量的选择原则就是在确定药效的同时，尽量避免药物不良反应。药物代谢酶、药物转运体的基因多态性可引起蛋白活性的改变，进而影响血药浓度的高低，最终可能导致药物疗效和毒性反应的差异。药物作用靶点的变异可直接影响药物效应，因此需根据患者的基因多态性调整给药剂量。例如，华法林的治疗窗很窄，个体差异大，且药物作用效果还受年龄、体重等因素的影响，其初始给药剂量需综合各因素进行精确计算。

精准医学的倡导和发展促进了药物基因组学研究和个体化治疗在临床上的应用，但个体化治疗的实施过程中还依然存在诸多困境：①药物基因组学研究中的种族差异限制了其研究成果在不同人种间的应用；②临床药物基因组学研究还需要深化，目前尚缺乏前瞻性、大样本、多中心、随机对照试验，并且很多研究结果常出现不一致的情况，因此难以向临床转化；③药物反应基因检测的费用限制了其在临床的推广和普及；④药物基因检测的技术和数据分析还需要统一及规范。为促进药物基因组学的研究成果应用于临床的个体化治疗，目前国际上已成立了多个综合药物基因组学研究的数据和信息的多学科组织，代表性的如欧洲药物基因组学和个体化治疗协会(European Society for Pharmacogenomics and Personalized Therapy，ESPT)、伊美遗传药理学网络(Ibero-American Network of Pharmacogenetics，RIBEF)等。

第三节　药物基因组学与新药创制

一、新药研究的历史

新药研究起初主要是经验性科学，其每一个发展阶段的突破都依赖于医学或药学基础理论的发展和实验技术的进步。现代新药研究已经逐渐演变成为基于合理化设计的系统研究过程。

最早的新药研究源于人们的生存所需，药物多取材于天然植物和动物，通过人体尝试和经验积累获得。我国的《神农本草经》及埃及的《埃伯斯医药籍》(*Ebers Papyrus*)都是这种民间医药实践经验的记载和反映。欧洲文艺复兴同时也促进了医学和药学的发展。1628 年英国解剖学家 Harvey 发现了血液循环，开创了实验药理学的新纪元。1803年，德国药师 Serturnes 从阿片中提取到纯吗啡，这是首个从天然产物中通过分离和结晶得到的有效药物。药物的化学本质逐渐得以阐明。到 19 世纪后期，以德国染料工业为龙头的研发机构开始合成大量新的化学结构，并对现有的药物分子进行改造，应用传染病实验动物模型进行临床前研究。1910 年，当时的诺贝尔奖获得者 Paul Ehrlich 和 Sahachiro Hata 发现了可以选择性杀死宿主所携带的梅毒螺旋体病菌的含砷化合物 606，药物化学从此作为一门学科得以面世。在此期间，实验药理学方法开始系统地用于药物筛选，以病理模型动物为对象的实验治疗学也开始形成和发展。这一时期的新药研究，已从"神农尝百草"式的原始模式演化为沿袭至今的经典药物发现模式：通过分离药用植物和微生物中的单一化学成分或经人工合成获得化合物，应用各种体内外筛选模型对化合物开展药理活性检测。

20 世纪上半叶，尤其是第二次世界大战前后，新药研究迎来了黄金时期，现在临床上常用的药物大部分都是这个时期问世的，如以磺胺和青霉素为代表的抗生素、抗癌药、抗精神病药、抗高血压药、抗组胺药和抗肾上腺素药等。药物结构与生物活性关系的研究也随之展开，为创制新药和发现先导物提供了重要依据。其后的几十年是新药研究的又一次高峰，药物在体内的作用机制和代谢变化逐步得到阐明，病因及相关的生理生化改变逐渐取代单纯的药物基本结构，成为寻找新药的依据。前药理论、受体概念以及对酶抑制剂的认识都发生在这个时期。构效关系研究由定性转向定量，为药物设计和先导结构改造奠定了理论基础。同时，药物筛选技术也有了长足的进步，如天然产物活性跟踪分离、小分子化合物库随机或定向筛选等方法的发明与应用。这些新药研究的理论和手段的不断发展在实践中结出了累累硕果。从 70 年代到 90 年代，每 10 年美国药品监督管理局(Food and Drug Administration，FDA)批准的新分子实体数分别为 170 个、217 个和 301 个，达到了当时新药上市数量的顶峰。

进入 21 世纪后，新药研究进入了一个相对的缓慢成长期。医疗器械和诊断试剂的高速发展促进了疾病的早期诊断和及时治疗，很多常见病(如高血压、高血脂和细菌感染等)已经得到了很好的控制。近年来，生命科学的各个领域和各个学科(包括结构生物学、分子生物学、分子遗传学、基因组学及生物技术等)发展迅猛，极大地丰富了新药研究所依赖的科学基础，也使基因组序列信息分析、疾病发病机制研究、药物作用靶点确认、化合物样品库构建、计算机辅助药物设计及虚拟筛选等新药研究活动更为便捷和高效。此外，制药企业为了争夺国际市场，充实竞争力，在新药研究和开发中的投入持续增加。这些都预示着新一轮药物创新高潮的到来。

二、新药研究的过程

新药研究是一个耗时耗资的漫长过程，往往历时十多年，耗资十多亿美元。开发全新药物的失败概率极高，以创新程度最高的新化学实体(new chemical entity, NCE)为例，临床前研究的每 10 000 个化合物中才有可能开发出一个新药。不同类型和不同创新程度药物的研究开发过程有所差异。一般而言，该过程可以分为新药的发现、临床前研究和临床研究三个阶段。由于临床前研究通常延伸至Ⅰ期临床试验，而临床阶段也起始于临床前的发现工作，这两个阶段之间存在一定的交叉和重叠。

(一)活性物质的发现与筛选

活性物质的发现是整个新药研究中最具创新性的一个环节，通常通过筛选来寻找和确认具有特定生物效应的合成化合物或天然产物。

经典的药物发现方式应用体内外各种方法测试已分离或合成的化合物活性，产生了目前临床上广泛应用的绝大多数药物分子实体。但其局限性在于高度依赖化合物资源和用于活性检测的实验动物，对药物作用的靶点知之不多。从 20 世纪后期开始，从特定的基因及靶标大分子出发，通过随机或定向筛选，获得可供继续开发的活性化合物的研究模式逐渐占据上风并成为各大制药公司药物发现的主流(图 13-1)。

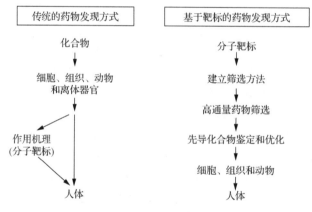

图 13-1　两种不同的药物发现方式

人们对吗啡的研究历程就是这种转变的一个很好例子。早在 5000 年前，人们就通过咀嚼或烧煮罂粟花的荚果获取鸦片用于止泻和镇痛。之后，人们从鸦片中分离得到了吗啡，但对其作用机制了解不多。20 世纪中后期，人们逐渐认识到吗啡是通过一种靶点来发挥作用的，并于 1975 年发现了人体内源性的吗啡——脑啡肽。1976 年吗啡拮抗剂纳洛酮开发成功，应用于治疗吗啡成瘾。1992 年，第一个阿片受体基因被克隆出来，后来又确定了 μ、κ、σ 和 δ 四种受体亚型。随着人们逐渐开始区分镇痛、镇静及成瘾性所对应的不同的阿片受体，定向配体(特别是针对 μ 亚型)识别和筛选技术应运而生，目的在于寻找优于吗啡的新药。

正如开发阿片受体选择性调节剂那样，当代药物发现往往从发病机制入手，应用多种相关的体内外实验模型筛选和确证活性化合物，并依据药效和毒性数据对其进行结构修饰、改造及优化，以期找到活性强、毒性低的候选药物进入临床前评价和临床研究。

(二)临床前研究

这一阶段的研究内容涵盖药学、药理学和毒理学三个方面。药学研究是从化学方面对候选药物进行研究和考察，以确保药品的质量，并达到标准化和规范化的要求。药理学研究主要涉及药效学、一般药理学、药代动力学和药理作用机制等。药效学研究药物对机体的作用及其机制，确定新药是否对疾病有效(有效性、优效性)，药理作用的强弱和范围(量效关系、时效关系和构效关系)，以及与现有药物相比有何特色等。一般药理学研究是指在主要药效以外所开展的常规观察。药代动力学研究机体对药物的吸收、分布、代谢、排泄等，确定药物达峰时间、达峰浓度、作用持续时间、半衰期和生物利用度等参数。临床前药理学研究是申报新药临床试验的基础。毒理学研究的内容包括急性毒性、长期毒性、特殊毒性和其他相关毒性试验，其目的是确保临床用药安全。临床前毒理学研究需要找出药物的毒性剂量和安全剂量范围，发现毒性反应特征，寻找毒性靶器官。如果出现毒性反应，还要考察其能否恢复、如何解救。临床前毒理学研究结果是候选药物能否过渡到临床研究的主要依据。

(三)临床研究

临床研究系指任何在人体(患者或健康志愿者)进行的系统性试验，旨在证实或揭示被试药物的作用、不良反应及其吸收、分布、代谢和排泄，确定疗效与安全性。一般临床试验分为四个阶段。①Ⅰ期：药物安全性试验阶段，主要观察人体对于药物的耐受程度和药代动力学，为制定给药方案提供依据。②Ⅱ期：药物有效性试验阶段，旨在评价药物对适应证患者的治疗作用和安全性。③Ⅲ期：药物安全性和有效性的大规模试验阶段，将进一步验证药物的疗效和安全性，评价患者受益与承担风险之程度，为新药能否注册上市提供充分的依据。④Ⅳ期：新药上市后为深入了解其疗效和副反应或拓展新适应证而开展的研究，非必需。临床研究是决定候选药物能否成为新药上市销售的关键阶段，只有成功通过这一过程的新药才有可能被药事管理机构批准生产和上市销售。

三、新药研究的现状和发展趋势

新药研究是技术密集、学科渗透、周期长、风险大、高投入、低产出的原创活动和系统工程。但开发成功的药物市盈率之高远非其他行业所能企及，因而吸引了大量的资金投入。在医药产业竞争日益激烈的今天，药物创新能力、候选新药储备、上市新药数量及其市场覆盖面已经成为衡量制药企业竞争实力的重要指标。

随着生命科学和相关基础学科的迅速发展，新药研究开发的技术与手段日趋成熟，创新药物的研究与开发，集中体现了生命科学和医药研究领域前沿的新成就与新突破。与此同时，跨国医药巨头和一些科研机构在新药发现上的投入也不断增加。目前的新药研发呈现出以下特点。

(1)研发投入持续高涨，投入产出比持续降低。从1999年后的总体发展趋势来看，新药研究开发的成本与日俱增，2004年整个制药业的研发投入为879亿美元，到2018年将上升至1494亿美元；而全球药品销售额增长率却逐渐趋缓，获批上市的新药数量一直维持在较低水平。对 12 家大型制药企业的追踪调查显示，制药巨头的研发效率持续低迷，研发一个新药需耗时 14 年，平均成本从不到 12 亿美元增长至 15.4 亿美元，而投资回报率已从 2010 年的 10.1%下降至 2016 年的 3.7%。

(2)药物开发风险增加。由于对药物有效性和安全性的关注度提高，新药审批机构对上市许可的要求和规范也更加严格。近年来，新药Ⅲ期临床实验和新药申报的平均成功率已经降至 50%左右。对新开发项目的药物而言，Ⅱ期临床实验成功率也已经从 28%(2006～2007 年)下降到 18%(2008～2009 年)。安全性和有效性是研发失败的主要问题。

(3)药物研发重心随着世界疾病谱发生变化。20 世纪七八十年代主要研发重心为感染性疾病、消化系统疾病、高血压，90 年代后主要集中在高血压、糖尿病、抑郁症，而目前因为环境的恶化及人口老龄化问题，药物研发的重心主要集中在肿瘤、慢性病和老年疾病等领域。

减少风险、提高效率、降低费用是创新药物研究开发的必然趋势。应用生物医学的最新进展，克服目前研发途径中的瓶颈，提高药物发现和开发的成功率，是医药产业界的共同追求。

目前新药研究的主要瓶颈如下。①药物的研发和临床应用针对的是统计意义上可治疗疾病的药物，不能因人而异进行治疗。大多数药物对患同样疾病的不同患者，有效率只占 30%～60%，对部分患者还可能有严重的副作用。②对候选药物的早期综合性评估。临床试验是整个新药研发过程中药研发中最耗时间、费用也最高的环节，提高临床试验的成功率对提高新药研发的速度和效率具有非常重要的意义。常规新药研究的方法是化合物经药效学筛选确定后，才进行药代动力学和安全性的评价，目前仅有千分之一不到的化合物通过初步的药效学筛选进入临床前研究，其中不到 2%的化合物成为上市药物用于临床。如能在研发早期对靶点的作用机制及可能达到的治疗效果有深入的了解、依据药物靶点的特性建立了敏感有效的体内外药效评估方法，并将药代动力学和毒理学评价放在药物筛选阶段进行综合分析，可望能进一步减少临床开发阶段的损耗，提高药物研发的效率。药物基因组学作为全新的现代药物研究方法，由于从一个全新的角度来评价药物的有效性和安全性，已逐步成为发现新的药物作用靶点，优化先导化合物，论证药物药理作用，研究药物代谢规律及毒副作用的有效方法。

四、药物基因组学在新药研究中的应用

新药的研究开发与疾病的发病率、流行性和预期市场价值密切相关。患病人群的遗传学特征，以及涉及当前和未来治疗方法的药理学研究是药物研发中需要考虑的主要因素。药物基因组学在整体基因组水平上研究遗传因素对药物功效和毒性的影响，从而改变了"一种药物适宜于所有人"的传统观念和开发模式，也使"个性化医学"越来越受到关注。药物基因组学适用于药物设计、临床试验、批准上市、临床使用等药物开发的整个周期，已经成为制药企业研发决策和项目选择的重要组成部分。

1. 发现新靶点和生物标记

药物基因组学以快速增长的人类基因组中所有基因信息来指导新药开发，这种大规

模的系统研究可以加速发现机体对药物产生反应的生物标记，包括与药效学、药动学或病程相关的靶点。这在一些靶点相对缺乏，又没有理想的动物模型的复杂疾病中尤其突出。人们希望基因组学的研究为诠释病因、揭示发病机制提供全新的视角，并为新靶点的发现和验证带来突破。为此，许多生物技术公司与大型医药企业建立联盟，如 DeCode、Celera、CuraGen 和 Avonex 等，旨在寻找针对肥胖症、风湿性关节炎和精神分裂症等大指证的新靶点和新药物。DeCode 公司曾声明通过对冰岛全人口的检测，在 20 多种疾病中发现了致病基因。神经营养因子 Neuregulin-1 与躁狂症的遗传相关性就是在冰岛人群中发现并在苏格兰人群中得到证实的。尽管当时 Neuregulin-1 或其受体还无法作为药物靶点，但这已在业界引起了对 Neuregulin-1 信号转导通路研究的热潮。

无论是与病因相关还是和药物反应相关，多态性表现出来的后果大多与蛋白质的改变有关，其中典型的蛋白质标记可以成为某种疾病新的诊断标准甚至被 FDA 所采用。这些调整后的标准使新药的药效更易在试验的早期判定，或者使评价量度更为客观。显然，改进后的分子诊断标准将提高药物开发的效率。

2. 加速新药发现的进程

在新药研究过程中，候选药物的早期确定是一个瓶颈。药物基因组学综合生物信息学、高通量基因表达分析和高通量蛋白功能筛选等技术优势，可快速、高效地获得新型药物靶点。药物基因组学根据不同的药物反应基因进行分型，并在此基础上优化药物设计，进行临床前药效学和安全性评价，增强了活性化合物对疾病和药靶的针对性，提高了工作效率，缩短了研究周期。此外，在药物发现的早期，同步建立高通量活性筛选模型、基于 P450 基因多态性的体外药物代谢检测模型及早期体外毒性评价模型，从而获得药效学、药代学和毒理学的多种数据进行综合评估，尽早淘汰低效高毒化合物，避免时间和财力的损耗。

3. 提高临床试验成功率

药物基因组学的研究以基因水平解释的个体差异来选择适合于特定药物的受试对象，使药物不良反应或抗药倾向降到最低；或将不同基因类型的受试对象分别处理，从而更客观地评价药物的临床疗效，获得指导临床用药的科学信息，提高临床试验的效率和成功率。此外，将传统的"单一标准适用于所有人"的药品开发模式转变为"目标治疗模式"，可大大降低新药的研发费用。

目前应用药物基因组学的研究结果指导临床试验已经取得了比较理想的效果。在 I 期临床试验期间运用药物代谢基因多态性分析，可发现与药物代谢和不良反应相关的基因型而采取"个体化治疗"；在 II 期和 III 期临床试验中运用基因组学技术对患者进行分选，可以使试验规模缩小、速度加快、效果更加显著。市售药物一半以上都通过 P450 酶系代谢，Affymetrix 公司已有 *CYP2D6* 和 *CYP2C19* 基因芯片上市，可根据检测人群的基因多态性及其相应的代谢速率快慢决定给药类型和剂量。基因分型对于治疗效果的肯定，在赫赛汀(Herceptin)上有很好的体现。赫赛汀的靶蛋白为原癌基因人类表皮生长因子受体 2(human epidermal growth factor receptor-2，HER2)，由 *ERBB2*(Erb-B2 receptor tyrosine kinase 2)基因编码。在乳腺癌患者服用此药之前，首先要检查患者体内是否存在该基因的编码异常。如果病症不是由该基因突变所造成的,那么服用此药将没有任何作用。这种患者基因分型与药物疗效的差异化在原发性高血压患者而言中也有体现。原发性高血压是多因素诱发的疾病,对于许多患者,高血压药物的不同药效和耐受性与其药物反应基因的遗传变异有关。Ferrari 发现,一种细胞骨骼蛋白(cytoskeletalprotein)——内收蛋白(adducin)的基因多态性与高血压的发病、对钠敏感性和对利尿剂的疗效相关。因此在抗高血压治疗需要用利尿剂时,可以对患者预先进行基因检测,以确定选择是否适当。应用基因组学方法分析特定族群的基因型表达差异与疾病的相关性后,还可以开发针对特定族群的药物,目前已成功的如专治黑人心脏疾病的药物"BiDil"就是一个范例。

根据治疗前的诊断和基因型分类结果选择用药,还有利于改进那些疗效或副作用个体差异较大的"问题"药物。例如,第一个非典型性抗精神病药氯氮平,使用过程中发现部分患者服用后会出现严重的粒细胞缺乏症,但在粒细胞缺乏症的药物效应基因被确定后,除极少数敏感患者不能服用外,氯氮平已经成为大部分非典型性精神病患者的一线治疗药物。与疾病相关的等位基因,即便不是药物作用的靶基因,也可以作为患者分选的指标。如前面提到的他克林,对所有阿尔茨海默病患者的临床试验在统计学上是无效的,但按照 ApoE 亚型筛选试验对象后却获得了明显的临床效果。

综上所述,药物基因组学的研究成果使得人们可以在基因水平按照个体差异来选择适合于特定候选药物的受试对象,大大减少不良反应或抗药风险。同时,将从不同基因类型受试对象身上获得的数据分别处理,有望更为客观地评价药物的疗效,提出合理用药指导意见,提高临床试验的成功率。这种理念也可拓展至针对患者群体筛选适合特定基因类型的最佳(上市)药品,从而避免服用低效、无效、甚至是有毒的药物,增强首剂处方的有效性。在新药开发的早期,应用药物基因组学的研究成果评价活性化合物在分子靶标水平对不同基因类型的反应特点,将在特异性、有效性和成药性等方面深化认识,有助于合理设计各期临床试验和预测成药后的潜在市场份额。

五、个体化药物研发和应用的伦理学问题

药物基因组学经过十几年的发展,在病因解析、病理研究、药物代谢和转运、药效及作用机制的遗传多态性之研究上取得了很大的进展。以基因为导向、"量体裁衣"式的个体化用药治疗模式,使临床用药更具针对性、高效性和安全性,也是公众、临床医生和药物研究人员所共同追求的目标。在这种情况下,FDA 于 2005 年 3 月 22 日公布了《药物基因组学资料提呈指南》(Pharmacogenomic Data Submissions),敦促医药企业在提交新药申请时依据具体情况,必须或自愿提供该药物的药物基因组学资料,其目的是推进更有效的新型"个体化用药"进程,使者在获得最大疗效的同时,只面临最小的不良反应危险。基于药物基因组学的靶向治疗药物和个体化药物研究已是大势所趋,而其将产生的伦理学问题,以及对社会、政治和经济带来的后果,我们还没有足够的讨论和准备。

对于制药界而言,FDA 的这些明确规定将有利于药物基因组学研究的标准化和规范化,同时也增加了制药公司上市靶向治疗药物的可信度。但问题也是不可避免的:药物基因组学资料是否会增加新药上市申请的难度?对大量人群的基因组检测及信息收集除了经济上的花费,还需要政策、管理、受检人群等多方面的参与。此外,按患者基因型

进行分选也会限制药物的适应证和适用人群，减少其预期获利。医药企业可能会以提高药价的方式弥补这部分损失。更为不利的是，聚焦于一个特殊患者人群的药物开发可能不会引起制药公司的经济兴趣。为了鼓励医药企业研发针对少数患者的罕见病药物，美国国会于 1983 年通过了《罕见病药品法》(The Orphan Drug Act)，对罕见病药品研制的主体提供 50%的税收减免、补助金，以及 7 年市场专营权等优惠政策。但是和罕见病不同的是，如果某一特定基因型的群体不能获得社会和政治上的支持，很可能不会获得为其开发足够安全和足够有效药物的机会。所有人群能否平等获得"健康权利"还有赖于医药产业和政府监管机构的共同努力。

对于受试的个体而言，初看起来，基因组学的诊断和分析是为了获得更好的药物和更好的治疗，但当检测的范围扩大到对心血管、代谢和精神神经系统等主要疾病的庞大患者人群时，对整个社会带来的影响是无法估量的。现在已建立的保护人体研究的政策法规及伦理准则已为遗传学的研究和临床实践提供了很好的理论框架，其中最主要的三个伦理准则是：知情同意、隐私和保密。目前在伦理学上的争论主要集中在遗传信息的使用和储存上。欧洲和美国的咨询机构已经拟订了相关的政策方针并为研究人员提供了法律指导，其所涉及的伦理学问题有很多种，但可总结为：样本使用的同意、研究数据的保密、研究结果对患者的反馈、研究的商业开发特别是家族成员临床信息的保密，以及保险公司、雇主与法律执行机构对个体遗传信息的使用等。疾病本质上是一种非正常的表型特征，是基因组与环境相互作用引起的。按基因型诊断结果对患者进行分层，有可能使携带疾病易感基因的患者受到歧视，或因患者对某种药物存在抵抗、缺乏疗效而被排除在治疗范围之外。药物基因组学的持续而快速的发展将会促进其在药物研究中的应用并最终进入临床实践，这其中，如果受检人群的权益没有很好的保障，他们很可能会拒绝接受基因分型，医药产业将无法利用这些数据创制靶向基因型的药物。

与个人的基因分型相比，对特定种群或民族的大规模基因分型涉及种族差异和社会安全，应尤为慎重。不同人种、族群或群体之间的基因组会存在一定差异，这种差异是否会被种族主义者视为种族歧视的依据？再者，人类基因组是自然进化的结果，个体间的基因组差异对人类整体的生存都是必要的。但如果人们有意识地对某些目前被认为是"好"的基因进行改进，或对携带某些"不好"的基因的个体或族群进行区别对待甚至种族灭绝(如第二次世界大战中的犹太人所遭受的悲剧)，是否会影响人类遗传的平等性和基因多样性？如果一个种族群体(某些情况下是一个孤立的国家)对一种微生物或化学试剂的损害非常敏感，极端情况下其基因型信息可被利用以研发特异的种族灭绝武器。而当一个国家的精锐部队甚至是整个国家军事力量的大部分都来源于这个族群时，这种政治风险就更致命了。因此，拓展人群中个体基因分型的趋势必须在社会的政治层面上加以认真的监督。

（周彩红）

韩骅, 舒青, 张萍. 2009. 分子医学遗传学. 西安: 第四军医大学出版社.

姜远英. 药物基因组学. 北京: 人民卫生出版社.

李永芳. 2016. 医学遗传学. 北京: 中国医药科技出版社.

王明伟等译. Bartfai T, Lees G V. 药物发现: 从病床到华尔街. 北京: 科学出版社.

阳国平, 郭成贤. 2016. 药物基因组学与个体化治疗用药决策. 北京: 人民卫生出版社.

钟武, 肖军海, 赵饮虹, 等. 2010. 药物信息学在新药发现中的应用和研究进展. 中国医药生物技术, 5(4): 241-245.

周宏灏, 张伟. 2011. 新编遗传药理学. 北京: 人民军医出版社.

Bernard S, Neville KA, Nguyen AT, et al. 2006. Interethnic differences in genetic polymorphisms of CYP2D6 in the U. S. population: clinical implications. Oncologist, 11: 126-135.

Bhasker CR , Hardiman G. 2010. Advances in pharmacogenomics technologies. Pharmacogenomics, 11(4): 481-485.

Bohm R, Cascorbi I. 2016. Pharmacogenetics and predictive testing of drug hypersensitivity Reactions. Front Pharmacol, 7: 396.

Brain W. Metcalf and Dillon S. 2007. 药物发现中的靶标确认. 北京: 科学出版社.

Campbell S J, Gaulton A, Marshall J, et al. 2010. Visualizing the drug target landscape. Drug Discov Today, 15(1-2): 3-15.

Daly AK. 2004. Pharmacogenetics of the cytochromes P450. Curr Top Med Chem , 4(16): 1733-1744.

Debouck C. 2009. Integrating genomics across drug discovery and development. Toxicol Lett, 186(1): 9-12.

Evans J, Swart M, Soko N, et al. 2015. A global health diagnostic for personalized medicine in resource-constrained world settings: A simple PCR-RFLP method for genotyping CYP2B6g. 15582C>T and science and policy relevance for Optimal Use of Antiretroviral Drug. Efavirenz Omics, 19(6): 332-338.

Ingelman-Sundberg M. 2004. Pharmacogenetics of cytochrome P450 and its applications in drug therapy: the past, present and future. Trends Pharmacol Sci, 25: 193-200.

Lonetti A, Fontana MC, Martinelli G, et al. 2005. Single nucleotide polymorphisms as genomic markers for high-throughput pharmacogenomic studies. Methods Mol Biol, 1368: 143-159.

Maroñasa O, Latorrea A, Dopazo J, et al. 2016. Progress in pharmacogenetics: consortiumsand new strategies. Drug Metabol Pers Ther, 31(1): 17-23.

Prakash S, Agrawal S. 2016. Significance of pharmacogenetics and pharmacogenomics research in current medical practice. Curr Drug Metab, 17: 862-876.

Rahmioglu N, Ahmadi KR. 2010. Classical twin design in modern pharmacogenomics studies. Pharmacogenomics, 11(2): 215-226.

Relling MV, Evans WE. 2015. Pharmacogenomics in the clinic. Nature, 526(7573): 343-350.

Ribeiro C, Martins P, Grazina M. 2017. Genotyping CYP2D6 by three different methods: advantages and disadvantages. Drug Metab Pers Ther, 32: 33-37.

Schuck RN, Grillo JA. 2016. Pharmacogenomic biomarkers: an FDA perspective on utilization in biological product labeling. AAPS J, 18(3): 573-577.

Zheng CJ, Han LY, Yap CW, et al. 2006. Therapeutic targets: progress of their exploration and investigation of their characteristics. Pharmacol Rev, 58(2): 259-279.

第十四章

基因治疗概论

第一节　基因治疗的一般概念

基因治疗一般是指通过将遗传物质导入患者的细胞，从而达到预防与治疗疾病的目的。1993 年美国食品药品监督管理局给出的基因治疗的定义为"基于修饰活细胞遗传物质而进行的医学干预"。2003 年国家食品药品监督管理局颁布的《人基因治疗研究和制剂质量控制技术指导原则》中将基因治疗定义为"以改变细胞遗传物质为基础的医学治疗"。两个定义含义相同，即细胞可以体外修饰，随后再注入患者体内；或将基因治疗产品直接注入患者体内，使细胞内发生遗传学改变。因此，基因治疗实质上就是一种以预防和治疗疾病为目的的人类基因转移技术，是以改变人的遗传物质为基础的生物医学治疗。

在生物科学知识普及到大部分人都对生物学中心法则有所了解的今天，理解基因治疗的基本原理不再是在一件困难的事。基因治疗是一个时髦的谈资，被寄予极大的希望而在艰难前行。由于基因治疗显而易见的原理，现在没有人试图否定基因治疗的科学定位。尤其是在农作物和养殖业在基因修饰取得巨大成功后，人们对基因治疗的必然性更加确信无疑。然而，在基因治疗领域出现了一个罕见的现象：初入该领域的研究人员似乎比长期从事相关研究的科学家更具有乐观的看法。这是因为基因治疗的基本原理如此简单，但是在技术层面上，尤其对于人类这样一种大型且长寿的生物体却依然是一个异常困难的问题。尽管对基因治疗的需求是如此急切，其依然是一条艰难的长路。截止到 2016 年，世界范围内共有超过 2300 个基因治疗临床试验，其中大多数都是小规模的 I / II 期临床试验。真正能在不久的将来进入大型 II/III 期临床试验的候选者寥寥无几。欧盟于 2012 年批准了用于治疗脂蛋白脂酶缺乏症的 Glybera。然而，Glybera 并不被认为是成功的上市药物，在上市后的 5 年时间内 Glybera 仅被用于治疗了 1 名患者。诚如美国国立卫生研究院(NIH)在定义"基因治疗"时所说："这项技术仍旧充满了不确定性，正处在安全性与疗效研究当中"。现阶段，临床上使用基因治疗仅限于在没有其他有效的治疗手段的情况下。尽管困难重重，令人振奋的是，随着在遗传性眼科疾病、血友病，以及肿瘤免疫 CAR-T 细胞治疗临床试验中的喜人数据被公布，基因治疗再一次开始被人们广泛关注。例如，美国 FDA 专家评审小组于 2017 年 10 月全票通过了由 Spark Therapeutics 公司开发的治疗罹患遗传性视网膜病变的产品 Luxturna，该产品有望在 2018 年于美国已于 12 月在美国获批上市。

作为基因治疗的物质基础，核酸的分子组织原则和基本规律是如此简单，以至于在核酸和遗传密码被认识的同时就有人提出了基因治疗的可能性，尽管当时大部分学者依然认为遗传物质可能不具备操作性，基因治疗因而也缺乏可行性。但是在 20 世纪 70 年代成功的基因操作后，基因治疗几乎被认定为必然的成功案例，大量的人力投到了基因治疗学科。一开始，大家关心最多的是如何把基因转到其应该去的地方，认为其余的事细胞会自然而然的完成。基因载体在基因治疗过程中的重要性就是在这种认识下确立的。这样的认识尽管不完善，至少没有原则性错误，因为如果基因没有被放在适当的地方是毫无疑问没有用处的，甚至有害的。因此，与基因载体同时产生的另一个问题就是靶细胞。

从根治遗传病的角度来看，操作生殖细胞应该是最好的方法。因为生殖细胞的基因治疗可以完全修正个体的遗传缺陷，疾病基因不会向下一代传递。事实上，转基因动植物也正是生殖细胞操作的产物。但是人类自有人类的问题，人类只有非常少可供操作的生殖细胞，并且有漫长的孕育期。更重要的是，人类有严格的伦理与复杂的宗教背景，操作生殖细胞在主流文化中并不被认同。尽管把这些限制因素看得过于消极是极端的，但可能大部分人都还没有准备好接受一个源于基因操作的人类怪胎，而所有的基因操作现在还完全没有避免这一事件的预期能力，依据对模式生物的研究结果，这种技术可能的风险难于被接受。所以现在尽管从理论到技术上都有生殖细胞基因治疗的可能，但是目前基因治疗一般都在体细胞内完成，并且把外源基因不会进入生殖细胞基因组作为一条必须恪守的界限。

第二节　基因治疗的历史事件和基本原则

一、基因治疗重要的历史事件

读史而明是非，明是非是为了更好地面向未来。基因治疗不长的历史也给我们留下了一些可以修正我们事业方向的重大参考事件，当然，要从中获益需要通过年历表看到它们所代表的价值。

基因治疗最初的实践有人认为是 20 世纪 70 年代 Stanfield Rogers 用乳头状病毒治疗精氨酸血症，因为有报道该病毒感染往往伴随有血液精氨酸水平降低。尽管当时对这一现象的机制尚不明确，且临床试验最终没有获得疗效，但是该试验的原理以及用病毒感染来治疗遗传疾病的手段，用今天的观点来看这也可以认为是一种基因治疗的尝试。第一次真正的基因治疗临床试验是由 Martin Cline 进行的基因治疗地中海贫血治疗。可叹的是，Martin Cline 先是将原来批准使用的野生型基因换成重组基因，又在伦理委员会反对的情况下依然进行临床试验。他的违章与失败直接导致基因治疗被禁止到 1989 年。如果追溯这一尝试的积极意义，一是促进了"人体细胞基因治疗方案的设计和提请批准的注意要点"的制定。在此基础上美国 FDA 于 1998 年 3 月制定了更为详尽的人体细胞治疗和基因治疗指导原则——*Guidance for Industry：Guidance for Human Somatic Cell Therapy and Gene Therapy*，如今，这些指导原则仍在不断更新（详见 https://www.fda.gov/BiologicsBloodVaccines/guidance ComplianceRegulatoryInformation/Guidances/Cellularand

GeneTherapy/)；二是通过这一尝试发现重组基因具有一定安全性，虽然治疗没有预期效果，但是也没发现有副作用。

如果说 20 世纪 70 年代的基因操作从理论上说明了基因治疗的可行性、90 年代前的实验做了一些基本探索的话，那么 French Anderson 在 ADA 缺乏症的基因治疗实践说明这一种可能性具有现实的可行性。同时我国薛京伦教授在血友病 B 基因治疗的工作则提示对于一些有药物可以治疗的疾病，基因治疗可能是更好的选择。这两件 90 年代初期完成的工作，无可辩驳地奠定了基因治疗的合理范围。这是基因治疗历经风波而生生不息，直到今日进入 21 世纪 10 年代开始大放异彩的生命力来源。

另一方面，基因治疗失败的事件却总能引起更大的注意力。无论正面还是反面，这些案例往往都被最好的学术期刊第一时间报道。1999 年 9 月 17 日，18 岁的 Jesse Gelsinger 因基因治疗临床试验的失败而死亡，成为世界上首位由基因治疗导致丧生的患者。他患先天性鸟氨酸甲酰氨基转移酶病症，该 X 连锁隐性遗传病往往引起新生男婴患者的死亡。FDA 和 NIH 对此事件调查认为：①重症患者可能不适宜做基因治疗；②Gelsinger 采用了门静脉注射最大剂量的重组腺病毒（10^{14} 病毒颗粒）激发了机体致命的免疫反应，导致病人多器官衰竭而死亡。FDA 和 NIH 的重组 DNA 顾问委员会负责人认为，绝大多数基因治疗临床试验没有明显的和不可预见的风险，具有十分广阔前景的领域，应坚持而不是放弃。2000 年 3 月，为进一步加强临床试验监察力度，FDA 和 NIH 公布了两项新措施：制订了基因治疗临床试验监察计划；定期开办基因治疗安全性专题研讨会。NIH 否决了一项"停止基因治疗临床试验"的提案，认为尽快完善基因治疗临床试验法则，加大监察力度，可以使基因治疗沿着更为安全的轨道开展。尽管如此，基因治疗研究因此在世界范围内受到了巨大的打击而第一次陷入低谷。

另一次挑战基因治疗的事故是在 X 性染色体连锁严重联合免疫缺陷（SCID-X1）基因治疗患者中出现白血病病例。SCID-X1 患者接受反转录病毒介导的基因治疗之后，5 例出现了淋巴细胞增殖性疾病，即白血病。临床试验因此停止，同时导致了其他以反转录病毒为载体的多项研究都被迫终止。进一步研究发现患者 T 细胞中反转录病毒载体插入的位点在原癌基因 *LMO2* 启动子附近。在事件发生后，对该临床试验所涉及的病例，以及动物模型和多种人类细胞上进行了有关反转录病毒整合位点与危险性的研究。该事件提示需要对现有的基因载体转运系统进行改进，以及更好地理解疾病的生物学本质。同时对利用不同载体的危险性进行分级，并对每一项临床治疗的危险因素进行评估是必要的。值得一提的是，经过全面和冷静的分析，科学家与医生们持续追踪当初接受基因治疗的孩子超过 10 年。其中 5 名罹患白血病的孩子，有 1 名不幸去世，其他 4 名在接受化疗后痊愈。而所有这些孩子，在 10 年后仍然健康如故。可以说，对骨髓干细胞进行基因治疗成功的治愈了他们的严重免疫缺陷。尤其值得一提的是，科学家们从此事件中吸取教训，开发了新一代反转录病毒载体。从最新的 2014 年临床试验结果来看，无论是有效性还是安全性都得到了极大的提高。

2007 年 8 月 *Science* 报道了"安全的"AAV 载体携带的抗 *TNF* 基因在类风湿治疗的"安全的"关节腔使用中引起了新的基因治疗相关的死亡事件。AAV 病毒载体一直被认为是目前使用的病毒载体中最安全的典范。大部分人都感染过 AAV 但是没有报道该病毒与任何人类疾病相关，而在关节腔这样一个高度限制的局部使用一般也认为不会造成全身性影响。尽管随后的调查认为该事件与基因治疗的过程没有关系，毫无疑问的是事件本身以及之后的反思修补了基因治疗系统在管理上的又一个被忽略的漏洞。

相比于失败的案例，成功虽然不能引起公众的轰动，却鼓舞着学者的信心。例如，2014年反转录病毒载体显著改善 XSCID 儿童免疫功能；AAV 载体（即上文 Luxturna 的前身）继2008年成功治疗了先天性黑朦病患者之后，又于2011年圣诞节给圣诞病患者（又称乙型血友病）带来好消息，基因治疗有望从根本上解决他们所面临的问题。此后，基因治疗在脂蛋白脂酶缺失症、芳香族 L-氨基酸脱羧酶缺乏症、无脉络膜症等一系列遗传疾病治疗的战场上捷报频频。

基因治疗目前的主要目标依然是医学领域最艰难的疾病课题，民意调查显示即便有继发性肿瘤风险，SCID 患者与家属依然认为选择基因治疗是合适的。基因治疗任重道远，需要不懈的努力才可能最后成功。正在参与或准备参与该领域的研究人员必需有这样的心理准备。无论是好是坏，以下事件将注定成为基因治疗的里程碑，为所有从事该领域的科学家所铭记（表 14-1）。

表 14-1　基因治疗的主要历史事件

年份（代）	事件
1970s	Stanfield Rogers，乳头状病毒治疗精氨酸酸血症，失败
1980s	Martin Cline，基因治疗地中海贫血，违章并失败，导致基因治疗被禁止到 1989 年
1985	"人体细胞基因治疗方案的设计和提请批准的注意要点"制定
1990	French Anderson，基因治疗 ADA 获得成功
1991	薛京伦，基因治疗血友病 B 获得成功
1999	Gelsinger 事件
2003	继发于基因治疗的白血病事件
2003	《人基因治疗研究和制剂质量控制技术指导原则》
2007	AAV2 基因治疗类风湿相关的死亡事件
2008	LCA 基因治疗临床试验获得进展
2008	AAV 治疗脂蛋白脂酶缺失症获得进展
2011	肿瘤免疫 CAR-T 细胞治疗获得进展
2012	AAV 治疗血友病 B 获得进展
2012	欧洲首个遗传疾病基因治疗药物 Glyberal 获得欧盟委员会（EC）批准上市
2014	AAV 治疗无脉络膜症获得进展
2015	美国 FDA 批准了 Imlygic（T-VEC）溶瘤病毒用于治疗黑色素瘤
2016	欧洲批准了葛兰素史克公司（GSK）的基因疗法 Strimvelis 上市，用于治疗 ADA-SCID（腺苷脱氨酶缺陷导致的重症联合免疫缺陷）。
2017	美国先后批准两项 CAR-T 细胞疗法，诺华公司的 Kymriah 和 Kiite 公司的 yescarta
2017	美国 FDA 批准 Spark Therapeutics 公司治疗罹难遗传性视网膜病变的基因治疗药物 Luxturna

二、基因治疗的基本原则问题

1975 年，美国国立卫生研究院（NIH）召集和组织了一个重组 DNA 顾问委员会

（Recombinant DNA Advisory Committee，RAC），制定了一系列有关进行重组 DNA 研究的法规，接着，RAC 又任命了一个人体基因治疗分委员会（Human Gene Therapy Subcommittee），并于 1985 年颁布了权威性文件——"人体细胞基因治疗方案的设计和提请批准的注意要点"，需要考量的问题如下：①被治疗的疾病是否严重到必须要用这种全新的和从未尝试过的疗法？②该病目前是否有其他治疗方法？③根据已有的实验室和临床研究，基因治疗对于患者及其子女和接触者的安全性如何估计？④根据已有的实验室和临床研究，基因治疗的疗效预计将如何？⑤如何公正的选择受试患者？⑥需要保证患者的知情同意权。⑦保护接受基因治疗的患者的隐私权。

即使进入 21 世纪，基因治疗的科学研究以及临床试验仍旧需要充分回答上述问题后才能深入开展。在 20 世纪，科学界为基因治疗设定了严格的禁区：①严禁对患者进行生殖细胞的基因治疗临床试验；②禁止增强性基因治疗用于增强或改善某些特性。然而，随着科学技术日新月异，尤其是以重组型腺相关病毒载体为代表的新一代转基因病毒载体，以及以 CRISPR/Cas9 为代表的新一代基因编辑系统的诞生，这些过去的"禁区"也在被谨慎地突破。2015 年 4 月，来自中国中山大学的研究者发表了对已不能正常发育的三核胚胎进行基因编辑的实验结果。作为公开报道的对人类胚胎进行的基因编辑，该论文因触碰当时的伦理红线，最终发表于影响因子较小的科技杂志《蛋白质与细胞》。然而，该论文的影响却非常大。由该研究所延伸出的伦理争论，先后在顶级学术期刊《Nature》、《Science》等不断发酵，最终直接促成了当年 12 月份召开的全球基因编辑峰会。之后，美国科学院、美国医学科学院成立了由 20 多位专家学者组成的人类基因编辑研究委员会，就人类基因编辑的科学技术、伦理与监管开展全面研究，并在一年后的 2017 年 2 月发表了名为《人类基因组编辑：科学、伦理与管理》（*Human Genome Editing：Science，Ethics，and Governance*）的报告。该报告虽然认为可以对人类卵子、精子或胚胎进行基因治疗、编辑，但是此类实验或者临床试验必须在严格的监管和风险评估下，需要至少满足报告中所列举的 10 项条件：①没有可替代疗法；②仅限于防止严重疾病；③仅限于已被无可争议地表明该基因是导致疾病的原因；④仅限于将基因改变为已知在人群中占多数的、与正常生理状态有关的、没有明显副作用的基因型；⑤有充足的临床前实验和临床试验数据表明潜在危险性和对健康的有益性；⑥临床试验中保证对受试者安全及健康的影响有持续的、严格的监管；⑦在尊重人权的基础上，有完善的长期跟踪乃至几代后代的计划；⑧在保证隐私的基础上，提供临床试验的最大透明度；⑨不断评估对受试者及公众的健康影响和社会影响；⑩在上述情况受到侵犯时，有足以阻止该临床试验的有效监督机制。相较而言，该报告对于增强性基因治疗、编辑仍旧持否定态度。报告委员会建议在现阶段，凡是不出于治疗疾病目的的生殖细胞基因治疗、编辑都不应该获得批准。虽然该报告主要针对基因编辑，但是显然也同时为基因治疗提出了基本的原则问题。

第三节　基因治疗的理论与技术基础

基因组学，包括人们所熟知的中心法则是基因治疗的基本理论基础，按照该法则修改生物的脱氧核糖核酸将改变生物对应的性状，也就是说通过改变与疾病相关的基因可以达到治疗疾病的目的。中心法则提出的早期，科学家们对遗传物质的可操作性尚持怀疑态度。在 20 世纪 70 年代基因操作技术获得成功后，基因治疗随即被提上议事日程，并于 90 年代确定了其可行性。此后 20 年，随着对靶向载体技术的深入研究，基因治疗呈现挫折、改进、再挫折、再改进的螺旋式上升趋势，并最终于 21 世纪初在临床试验中大放异彩。所以说，基因操作技术和靶向载体技术就是基因治疗的两条腿，在基因组学的领导下共同带领着基因治疗向前进。

基因组学主要研究生物基因的结构、功能与调节，疾病的基因基础、诊断标记和治疗基因等。其研究结果提供遗传疾病的标准以及基因治疗的策略原则。而基因操作技术则为基因治疗提供实现的具体方法。在目前基因治疗的操作可以分为基因组操作与基因组外操作。一般获得基因组外短期有效表达较为常见，而获得基因组内长期安全有效表达依然困难。这不仅仅源于基因组、细胞及免疫系统的复杂性，也源于操作体系本身的特性并没有被完全阐明。不过，随着基因编辑技术日新月异地发展，后者的成功指日可待。另一方面，载体靶向技术，亦称载体系统，也在不停地完善，从早期的脂质载体，到纳米载体，再到各种重组病毒类载体，科学家们始终积极地寻找、改造高效靶向特定组织细胞的方法。基因组学、基因操作技术及载体靶向技术一起构成了基因治疗发展的基本理论与技术基础(图 14-1)。

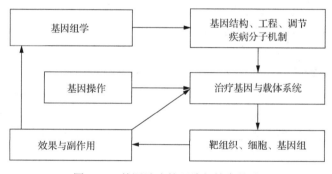

图 14-1　基因治疗的理论与技术基础

一、基因治疗的理论基础

依据生物学中心法则，在信息流的每一个位点都可以成为干预最后性状的靶标。现代医学干预的位点也广泛分布于各个水平，但是大部分位点在蛋白质及蛋白质以下水平。这些位点同样是基因治疗可以干预的位点。与其他药物不同，基因治疗试图提供一种类似剂型而内容各异的干预方法。目前基因治疗的主要集中在 DNA 水平，即生物学中心法则的第一阶段。这是由 DNA 的稳定性与易操作性决定的。而其理想的预期靶标则是基因组。所以基因组的研究就成为基因操作最主要的信息依据，提供需要修饰的基因、需要的调节方法，以及靶细胞组织和预期结果。

基因组即生物完整的 DNA 序列，其代表生物的基本特性，为决定性因素。人类基因组计划已于 2005 年完成。在对每一个 DNA 碱基了如指掌之后，基因组的差异性与调控机制为目前基因组研究的关键问题。基因组的差异性对基因治疗因人而异的疗效提供了解释及可能的解决方法，而有关基因表达的调控研究则可能从根本上改变目前基因治疗有关操作的体系。

断裂基因为高等生物基因的根本特性之一。早期的基因治疗大部分使用 cDNA 作为目的基因，这一方面是由于载体系统的限制，另一方面则源于对 cDNA 表达效率与基因相同的预期。确实有一部分使用 cDNA 的操作也取得了预期效果，但是随后出现的表达效率或表达不稳定情况揭示真核生物基因可能是需要内含子的，基于该认识使用含有部分内含子序列的 mini 基因在某些情况下也确实取得了更好的表达。

早在原核生物的操纵子发现时人们就普遍相信在高等生物基因组也含有类似但更加复杂精确的基因调控系统。启动子就是不可或缺的基本元件之一。早期的基因治疗的目的基因一般通过附加 LTR 启动子或 CMV 启动子。在多个使用重组病毒类载体的案例中，基因表现为瞬时性表达。这与几乎没有病毒可以与细胞基因共同长期表达是一致的，尽管具体的机制还没有完全阐明，病毒本身的生物学特性和细胞基因组的防御机制可能决定了这些基因难于长期表达。使用细胞的管家基因启动子和组织细胞特异性基因启动子（如泛素蛋白酶启动子、白蛋白启动子及 EF 启动子等）可以获得比病毒启动子体系较长的表达时间。除启动子元件外，增强子是一类见于真核生物的重要元件，其不仅决定启动的效率，同时也决定表达的组织特异性。在基因治疗体系中使用增强子目前也是一种常规的策略。基因组学的研究发现在大多数基因，调控元件往往要占据比编码序列多得多的基因序列，多种的调控元件可以接受细胞内环境的复杂因素从而指导基因正确的表达。这些元件的鉴定与研究都将有望完善基因治疗体系。举例而言，在治疗镰状细胞贫血症及地中海贫血症时，需要在患者的造血干细胞中表达正常的 β 球蛋白。经过多年的研究，现阶段的基因治疗策略不仅使用了 β 球蛋白的启动子，还同时使用其在基因组上的调控序列 HS（hypersensitive site），亦称增强子。毫无疑问，这样的组合将使得 β 球蛋白的表达最大化。

转基因失活是基因操作中一种常见的现象。对于来源于同一细胞系的转基因表达情况的差异难于用异源性元件失活来解释。染色质结构的研究发现基因组被分为许多功能水平差异的区域，即所谓染色质区室。处于细胞失活染色质区室的转基因往往没有转录活性。有鉴于此，在转基因单位两侧附加隔离元件成为一种提高转基因表达效率的方法。另一方面，多项临床试验结果表明转基因如果插入到癌基因附近有可能诱发肿瘤发生。如果插入单位有隔离子有望避免这种情况发生。当然，如果插入含有隔离元件的转基因单位到抗癌基因也可能导致这些基因的失活，但是考虑到丢失突变一般表现为隐性遗传特点，预期该副作用比激活癌基因要小一些。

基因组学为目前最活跃的学科之一，基因组学的研究结果也将继续影响基因治疗的实践。例如，新发现的广泛存在的 microRNA 调节就可能对治疗基因体系的设计提出新的要求，避免产生异常 microRNA 以及避免被细胞 microRNA 影响。再如，近年来非常热门的表观遗传学（epigenetics）也为基因治疗带来了新的挑战与机遇。尽可能把治疗基因体系设计得与原来的基因相似并且送到相似的区域可能是目前基因治疗的基本原则要求。

二、基因治疗的技术基础

(一)基因治疗的技术方法

常规分子生物学技术当然是基因治疗的技术基础，由于其通用性与普及性，这里不再赘述。需要讨论的是基因治疗所特别面临的技术问题，也就是安全性与有效性的权衡问题。

在疾病的遗传分子基础确定后，从理论上讲，在原位修复应该是最为可靠的方法。这里涉及两个问题：一是效率，二是安全性。对于第一点，早期科学家们利用同源重组和寡核苷酸介导原位修复。虽然在一定情况下获得基因的原位修正，但是这两种方法的效率都非常低。在动物模型验证尚有可以检测到的结果，对于人类这种大型生物要达到治疗意义几乎没有可能。事实上同源重组目前主要限于模式生物生殖细胞的 knock-out 和 knock-in 操作，而寡核苷酸介导的原位修复还限于细胞系的操作。近年来快速发展的基因编辑技术为突变基因原位修复带来了新的希望。随着基因编辑技术的更新换代，从 ZFN，到 TALENT，再到 CRISPR/Cas9，原位修复的效率越来越高。于是，安全性的问题逐步进入科学家的视野，科学家认为需要非常谨慎地研究 Cas9 蛋白质等外源蛋白质在动物细胞中长期表达所带来的副作用。

目前主要的基因治疗操作可以分为两种形式：目的基因整合到染色体和目的基因游离于基因组。从基因治疗效果的角度来看，整合毫无疑问可以更好地稳定表达，因为含有修饰基因的细胞及其子代均可以表达转基因。游离于基因组则可能在细胞内被清除或在细胞分裂中丢失。但是整合具有一定插入突变的危险性，尤其是在发生由基因治疗引起的白血病后这种安全考量更加引人关注。在目的基因上附加病毒 LTR 和 ITR 序列、人类染色体着丝粒序列等方法都可以延长目的基因的表达时间。夏家辉院士实验室使用天然的人类细小染色体构建的基因载体还获得了与人类正常染色体类似的分配特性。但总体来看，稳定性上升总是伴随效率的下降。现在还没有载体可以达到与反转录病毒整合转基因相同的效率。另一方面，游离于基因组的基因治疗操作主要针对骨骼肌细胞、心肌细胞、肝细胞等终端分化细胞，并取得了较好的疗效。

考虑到整合的风险在于影响基因组其他基因的表达而产生风险，而同源重组等原位修复技术的效率又过度低下难以满足治疗要求。引导基因定点整合到染色体的安全的区域成为一种中庸的选择。定点整合广泛见于低等生物的基因组交换事件，并且这些机制也被用于体外的基因操作。例如，Cre-LoxP 系统就被广泛应用于体外操作体系，但是因为其缺乏人类基因组内在位点，所以没有实际用于基因治疗的价值。噬菌体 C31 整合酶可以介导大片段的基因插入人类基因组相对安全的位点，并且没有严重的副作用报道。利用该系统在小鼠成功地使表达 *hFIX* 等基因达到治疗效果。30 年前，腺相关病毒载体第一次进入科学家的视野正是因为其野生型病毒基因组具有在人 19 号染色体定点整合的能力。这一发现加速了此后一系列对腺相关病毒的研究。可惜的是，深入研究表明该病毒定点整合的能力取决于其所表达的 Rep 蛋白质。而用于基因治疗的重组型腺相关病毒载体由于剔除了该基因序列，从而失去了定点整合的能力。30 年后，人们发现了重组型腺相关病毒载体基因组的另一个特殊能力，即以游离体形式长期稳定存在于非分裂细胞的特点。基于此项特点，科学家们成功地将其应用于肝细胞、肌细胞、神经细胞等终端分裂细胞的基因治疗上。然而，如何使重组型腺相关病毒载体基因组定点整合到人细胞基因组，长久以来一直是研究者们的梦想及努力的方向。

　　理想状况下基因治疗提供的服务应该与药物和手术一样方便才可能扩展其应用范围。早期基因治疗技术一般采用体外修饰自体细胞然后回输治疗疾病。其优势是安全性和有效性方便控制。但是其要进行两次住院过程，并且其中需要一个漫长复杂的基因操作、有效性与安全性试验，所以时间、设备、人力和技术成本都非常高，也非常不方便。多个医药公司都试图将早期成功的基因治疗方案产业化，但是由于成本高及预期患者太少而最终放弃。不过对于罕见的遗传病，目前该方案依然是最好的解决方法。如果把基因治疗看成一个复杂的外科手术，这种方案的可接受程度就大大增加了。当然，这里市场预期可能不够大。值得一提的是，新型病毒载体的开发往往有望解决这一类问题。例如，早期使用重组型腺相关病毒载体治疗眼科疾病需要采用视网膜下注射。这是一种复杂、严密的手术。近年来，新开发的酪氨酸突变载体则可以通过玻璃体内注射达到相同的效果，而玻璃体内注射是一种可以在眼科大夫办公室花 15min 完成的简单操作。系列研究成果自 2014 年起陆续发表于前沿基因治疗科技杂志 *Molecular Therapy*、*Gene Therapy* 等。

　　非整合性病毒载体基因治疗更像一种常规药物的方案，这种方法至少在小型模式生物中获得了成功。但是当其应用到大型动物时，简单的加大剂量似乎并不能产生预期的效果，这种情况在人类尤其明显。一般认为这是由于人类漫长的生命周期中建立了对这些病毒深刻的免疫记忆与强大的清除能力，所以他们才是对人类安全的病毒，这种现象在短生命周期的小动物上无法体现出来。与之相符合的是病毒载体的有效性一般表现为一次性，说明免疫可能是重要的影响因素。提供克服免疫影响的方法可能是类似方案最关键的技术条件。

　　作为药物，在特定部位发生作用也是必需的特点之一。在动物实验中，基因治疗药物往往通过机械的方法达到在特定部位的聚集，这种方法当然也能用于部分人类基因治疗的情况。但是作为药物最理想的情况还是常规用药（口服、静脉注射等），通过常规方法在特定部位聚集发生作用，而在其他部位无不良影响。病毒一般有一定的组织细胞感染谱，这在基因治疗药物的开发中相当重要。另外，通过分子修饰（如配体-受体修饰、抗原-抗体修饰等）和对病毒载体外壳蛋白氨基酸序列的改造都可以提高病毒载体药物靶向特异性组织细胞的能力。此外，使用组织细胞特异性启动子和转录后调控元件（如 microRNA 靶向元件等）也是使治疗基因发挥靶向性表达的基本策略。不过，这种靶向性不是在核苷酸给药层面上的靶向，而是在 DNA 转录及蛋白质翻译层面上的靶向，即 DNA 通过非靶向性载体给药至全身细胞，但是转录或者翻译仅发生在特定靶细胞。故而，在使用这些策略时要非常小心 DNA 在全身细胞中的非特异性插入问题。综上，靶向性技术研究目前是基因治疗技术研究的核心课题之一。

（二）基因载体

把治疗基因转移到治疗部位是基因治疗的核心问题之一，也就是基因载体问题。广义而言，基因治疗载体可以分为两大类：病毒载体与非病毒载体，它们各有千秋。迄今为止，病毒是相对比较成功的基因载体，科学家们对病毒载体的研究与改造总体而言是希望获得与病毒一样的效率及靶向性，同时可以避免病毒可能带来的危害。

1. 反转录病毒载体

反转录病毒是 RNA 病毒。病毒进入细胞后，病毒 RNA 即反转录为双链 DNA 分子，此 DNA 在宿主细胞的细胞核内能够整合到细胞基因组中。在转基因操作中，反转录病毒载体依然是使用最广泛的载体，其高效的整合表达体系为其他载体所望尘莫及。

反转录病毒载体基因转移系统包括两部分：一部分是含有病毒结构基因的产病毒辅助细胞，能够产生病毒结构蛋白。而由于缺乏包装信号及其他顺式元件，因而辅助细胞本身不能产生病毒颗粒；另一部分是用外源目的基因替换病毒结构基因的重组型反转录病毒载体，载体含有包装信号等一些顺式元件。后者转移到产病毒细胞中，由前者提供包装病毒所必需的结构蛋白，包装带有包装信号及目的基因的病毒载体 RNA，形成有感染能力的缺陷型反转录病毒，用于进一步的生物学操作。

2. 腺病毒载体

人类腺病毒(adenovirus, Ad)是一群分布广泛的呼吸道病毒，其基因组为双链 DNA，大约 36kb。腺病毒作为基因治疗的载体具有以下特点：①感染的宿主范围大，它能感染分裂和不分裂的细胞，拓宽了基因治疗靶细胞的选择范围；②感染效率高，有时甚至可达 100%；③治疗的安全性高，病毒基因组 DNA 缺少整合到染色体上，降低了插入突变激活癌基因的危险。这在短期表达即可满足需要的肿瘤基因治疗中具有明显的优势；④制备方便，病毒滴度高，浓缩后滴度可达 10^{11}PFU/mL；⑤腺病毒可以介导较大片段的基因转移，并在呼吸道及消化道途径的基因治疗中具有很好的应用潜力，可以将重组 AdV 制备成胶囊或喷雾剂等形式，通过肠道或呼吸道进行基因转移；⑥限制腺病毒载体在临床上更广泛引用的是其免疫原性。高剂量腺病毒载体在体内容易引起免疫风暴，甚至会出现器官衰竭等危及生命的现象。

到目前为止，腺病毒载体已发展到第三代。第一代腺病毒载体包括 E1 区缺失的、E3 区缺失的、联合缺失的 AdV 表达载体和由此衍生的改进型载体。这类载体无野生型病毒污染，而且病毒为复制缺陷型，较为安全，所以成为有临床应用价值的基因转移载体。但是，由于腺病毒载体可诱导机体的细胞免疫和体液免疫反应，可使外源基因的表达水平在短期内降低，重复注射也会因为机体产生的中和抗体而失效。第一代腺病毒载体因其低水平表达的病毒蛋白对宿主细胞毒性大，免疫原性强，限制了其在基因治疗上的应用。第二代腺病毒载体带有 E2 区缺陷，或者在 E2 区发生了温度敏感型突变(temperature-sensitive mutation)，又或者有三个区联合缺陷。第三代腺病毒载体又称微小腺病毒载体(mini-adenovirus, mini-Ad)或辅助病毒依赖型腺病毒载体(helper-dependent adenovirus, HDAd)或腺病毒微型染色体(adenovirus minichromosome)。考虑到腺病毒载体的弊病主要源于遗留在载体中的腺病毒结构基因，这一代载体已把它们全部去除，只保留了腺病毒复制包装所必需的顺式作用元件，即基因组两端的反向末端重复序列（inverted terminal repeat，ITR）和包装信号，总长不到 1kb，空白区却有约 36kb。腺病毒载体系统的完善还在进一步研究中。

3. 腺相关病毒载体

腺相关病毒（adeno-associated virus，AAV）是迄今为止所发现的人类病毒中，唯一一种与人类疾病没有任何相关性的病毒，它能将其基因组定点整合到人 19 号染色体的特定区域。AAV 在病毒分类学上属细小病毒科，是复制缺陷型病毒，其复制必须依赖于辅助病毒（如腺病毒、疱疹病毒等）。

重组型腺相关病毒载体（rAAV）具有许多优点。①它基于非病原性的人类病毒，理论上来讲不会对接受基因治疗的患者造成危害。②重组型载体虽然丢失了野生型病毒基因组定点整合的能力，但是在转染非分裂细胞的时候，载体基因组将以游离体的形式独立于人类基因组而长期存在，大大降低了基因组随机插入所导致肿瘤发生的可能。③体内转导频率高，能感染分裂与非分裂细胞，可以用于多种疾病的治疗。④rAAV 载体删除了所有和野生型病毒相关的基因序列，以及 5′和 3′非编码区域，仅保留末端 145 个碱基的重复序列，称为 ITR，进一步提高了载体的安全性。ITR 是一段病毒载体包装所必需的 DNA 序列，一般认为 ITR 序列是转录中性的。虽然有报道提出 ITR 有一定的启动子作用，但是其调控外源基因表达的能力可以忽略不计。⑤在细胞层面上，AAV 对超感染没有免疫性，可以向同一细胞引入多种不同基因或对同一细胞反复感染。⑥外壳蛋白小，易于改造。由于历史原因，血清型 2 型 rAAV（rAAV2）是当今构建病毒载体最多的原始毒株。近 20 年来，科学家们发现并改造获得了 13 种血清型（serotype）及近百种外壳蛋白突变体（variant）。每一种外壳蛋白都有可能对一类特殊细胞有一定的靶向性。当然，AAV 也有局限性，如包装容量有限，不能超过 5.2kb；缺乏大量制备的简便有效的方法等；由于是一种人类病毒，因此在人体层面上存在免疫原性、抗体反应等。

过去的 20 年，科学家们对 rAAV 载体外壳蛋白的研究与改造可以总结为以下过程。20 世纪 90 年代，人们测序鉴定了多种野生血清型的 AAV 基因组，其中外壳蛋白序列往往被成功应用于 rAAV 载体的构建。在这一阶段，科学家们发现 rAAV 载体外壳蛋白的改变，有时可能仅仅是几个氨基酸的改变（如 AAV1 与 AAV6 仅相差 6 个氨基酸），就可以赋予 rAAV 载体全新的靶向性。进入 21 世纪，科学家们对 rAAV 载体外壳蛋白进行了人为突变，从最初由佛罗里达大学 Nicholas Muzyczka 教授所提出的随机突变，到 Arun Srivastava 教授的定点突变，再到 Jude Samulski 教授的替换突变（即将一种血清型的部分外壳蛋白序列替换为另一种血清型外壳蛋白在相近位置上的序列），以及小片段插入等，科学家们获得了一系列靶向性迥异的 rAAV 载体。尤其值得一提的是，2008 年在 David Schaffer 教授课题组诞生了一种全新的技术，即 rAAV 外壳蛋白文库。每一种文库均含有不低于 100 万种不同的 AAV 外壳蛋白。科学家们利用这些文库以及各自感兴趣的靶细胞就能筛选出有独特靶向性的 AAV 外壳蛋白。

4. 单纯疱疹病毒介导的基因转移

单纯疱疹病毒(herpes simplex virus，HSV)属于双链 DNA 有包膜的疱疹病毒，基因组长度为 152kb。HSV 载体的优点在于宿主范围广，可感染非分裂细胞，尤其是能高效感染神经系统细胞，这在很多神经系统疾病的基因治疗研究中具有很大的应用潜力。此外，HSV 载体的制备容易，外源基因容量大，可达 30kb，可以携带较大的外源基因或者多个外源基因。HSV 的缺陷在于病毒对细胞的毒性，HSV 是天然的致病病毒，有很高的危险性。早期的 HSV 载体制备是通过野生型的 HSV 感染细胞后，将带外源基因的载体转染该细胞，细胞可包装产生带外源基因的重组 HSV 病毒颗粒。但这样制备的重组 HSV 病毒会带有野生型病毒的污染，这给治疗的安全性带来隐患。为了解决这个问题，许多科学家陆续提出了各种改良措施，如用一种温度敏感的 HSV 代替野生型 HSV，温度敏感型 HSV 在 31℃可以正常存在，在 37℃温度敏感型病毒则失去了感染繁殖能力。这样就可以将制备的病毒混合物用温度来选择得到纯化的重组 HSV 病毒。另外一种改进的 HSV 载体系统与腺病毒载体系统类似，先将 HSV 病毒的基因组部分片段转染细胞用于提供反式互补，之后将带目的基因的载体转染包装细胞，在细胞内发生同源重组，产生重组 HSV 颗粒。目前人们已经应用 HSV 基因转移系统，将 *lacZ*、*neo*、*HPRT*、*NGF* 等基因转移到中枢神经系统并获得表达，动物试验也取得阶段性结果。但限制其在临床上的应用主要是由于病毒的细胞毒性、免疫原性及同源重组产生野生型 HSV 的可能性，故用 HSV 作为基因治疗载体进行临床试验的例子不多。

(三)基因治疗的特异靶向转移

自 1990 年基因治疗诞生以来，其在遗传病、肿瘤、心血管病等疾病的研究上取得了较快发展。然而它的疗效并不像当初人们预计的那样理想，治疗的安全性和有效性离疾病的治疗目标还有一定的差距。而安全性和有效性都离不开靶向性。基因治疗的靶向性是指将基因的治疗作用限定在特定的靶细胞、组织或器官内，而不影响其他细胞、组织或器官的功能。实现靶向性治疗的主要途径如下：①基因转移的靶向性，即将目的基因导入特定的靶细胞；②基因表达的靶向性，即通过调控使目的基因在特定的组织器官中表达；③基因表达的时相性，即调控目的基因的表达时间和表达的水平。现分别综述如下。

1. 基因转移的靶向性

(1)受体-配体或抗原-抗体介导的靶向基因转移。例如，用抗表皮生长因子受体(epidermal growth factor receptor，EGFR)的单克隆抗体的 Fab 段通过多聚赖氨酸与目的基因 HSV-tk 形成亲和复合物，通过 EGFR 介导的内吞作用将目的基因特异性地导入靶细胞。

(2)病毒介导的靶向基因转移。某些病毒能特异性地感染人体的某些组织细胞，利用这一特点就可将目的基因特异地导入到靶细胞中。例如，HSV 具有嗜神经性，可用于构建神经系统疾病的基因载体。反转录病毒只能感染分裂细胞，可用于治疗神经系统肿瘤，这是因为神经系统中分裂的细胞都是肿瘤细胞和为肿瘤供血的血管细胞。再如上文所介绍的从 AAV 文库中筛选对特定靶细胞有靶向性的 AAV 载体。

(3)物理、化学方法介导的靶向性。事实上，最简单的靶向性就是局部注射。目前而言，肿瘤基因治疗的大部分研究及临床试验采取的都是肿瘤内注射，从而使基因表达局限在肿瘤内。最前沿的技术及研究热点包括了纳米颗粒的磁介导靶向、光敏颗粒等。

2. 基因表达的靶向性

如果基因的靶向性转移较难实现。还可利用组织特异性的调控序列，如基因启动子限制目的基因只在靶细胞内表达。外源性治疗基因在导入细胞后，由于靶细胞内有特异的转录激活因子作用于其组织特异性的启动子，从而激活治疗基因的表达，而其他非靶细胞内由于缺乏特异的转录激活因子，因而外源基因即使导入也不表达。目前使用的组织特异性基因启动子可分为两类：正常组织中的特异性启动子和疾病组织中的特异性启动子。后者常见的如甲胎蛋白(AFP)启动子、癌胚抗原(CEA)启动子等。Hou 等将氯霉素乙酰基转移酶(CAT)基因置于骨钙素基因启动子的控制之下，转染黏着性骨髓细胞，静脉输注经转染的骨髓细胞后，证实尽管骨髓细胞分布于各种组织内，但 CAT 基因仅在骨组织中表达。除了启动子调控外，现在比较流行的还有 microRNA 调控，如 AAV3、AAV8 通过静脉注射可以靶向正常肝脏和肝癌细胞。已知正常肝细胞种高表达 microRNA122，而肝癌细胞中往往 microRNA122 的表达被沉默。因此，可以在转基因的 3′非翻译区放入 microRNA122 的靶向序列。如此，转基因在正常肝细胞中被 microRNA122 沉默，但是在肝癌细胞中不被沉默，最终使得转基因表达局限于肝癌细胞。

三、基因治疗的靶细胞

基因治疗的核心问题是外源基因在靶细胞中的高效导入、长期表达、特异性表达，而适合不同基因转移需要的靶细胞则是基因治疗研究的重要内容。遗传病基因治疗中应用较多的靶细胞是造血干细胞、皮肤成纤维细胞、肌肉细胞和肝细胞，而肿瘤基因治疗中最常采用的是肿瘤细胞本身，其次是淋巴细胞和造血干细胞。

(一)造血干细胞

造血干细胞(hematopoietic stem cell，HSC)具有自我更新和分化为血液及免疫系统中各种成熟细胞的能力。目的基因转移 HSC 后，随 HSC 的自我更新和分化在体内长期表达。CD34 抗原是人 HSC/HPC 分离纯化的主要标志；而 c-kit 又称干细胞因子受体(SCF-R)或 CD117，是小鼠主要的造血干细胞表面标志。依据上述的细胞表面标志而采用的抗体介导的细胞分选技术包括流式细胞仪细胞分选法、平面黏附分离法、免疫磁珠分离法等。

慢病毒载体可以介导外源基因在人 HSC 中的植入，并在多谱系的造血细胞中实现目的基因的长期表达。同时，慢病毒载体转导后的造血干细胞在体内保持自我更新能力并表现正常的分化谱系特征。早期研究显示，慢病毒载体可以转导静息的非分裂造血祖细胞和在 G_0 期的 $CD34^+CD38^-$细胞。但另有报道显示，VSV-G 假型的慢病毒载体和 MLV 在没有细胞因子的培养基中转导小鼠造血干细胞的效率都较低，而在含有 IL-3、IL-6、

SCF 的条件下转导 HSC 可以获得高的效率。慢病毒载体可以转导生长抑制的细胞系，但造血干细胞的细胞周期状态使它们抵制慢病毒介导的基因转移，因此，推测慢病毒载体的转导尽管不需要细胞分裂，但仍依赖于细胞周期。尽管细胞因子的刺激可以提高转导率，但随后细胞快速分裂可能导致在子代细胞中转导的基因丢失。因此，理想的转导需要在载体整合之后再启动细胞的快速增殖。除了慢病毒外，早期的研究对 2 型 rAAV 能否高效转导造血干细胞有较大的争议。2013 年，美国佛罗里达大学的 Srivastava 和 Ling 教授提出 6 型 rAAV 对造血干细胞有较好的靶向性，定点突变其外壳蛋白后能更进一步提高转导效率。自 2015 年以来，使用 rAVV6 载体对造血干细胞的基因改造研究陆续发表于 *Science Translational Medicine*、*Nature Biotechnology* 等顶级科技杂志。

（二）皮肤成纤维细胞

对皮肤细胞进行基因转移及表达的研究起步较早。皮肤成纤维细胞容易获取和体外培养，也容易植回体内，有不良反应可以观察到，并能及时去除异常细胞。皮肤细胞属于已分化的细胞，影响外源基因表达的因素较少，很多基因均能够得到良好的表达，其合成和分泌的蛋白质可以通过血液供各种类型细胞使用。反转录病毒载体在原代皮肤成纤维细胞具有很高的转移效率，均超过 50%，将带有 *neo* 基因和 ADA cDNA 的病毒载体转入患者皮肤成纤维细胞，用 G418 选择，得到了能产生具有生物活性的 ADA 蛋白的细胞。通过反转录病毒为载体的基因转移，已使人成纤维细胞能够产生具有生物活性的 ADA、葡糖脑苷脂酶、嘌呤核苷磷酸化酶、低密度脂蛋白和人凝血因子Ⅷ、人凝血因子Ⅸ、神经生长因子，以及用于制备肿瘤疫苗的各种细胞因子基因等。Selen 等将人生长激素基因转移到体外培养的小鼠 LTK-成纤维细胞，然后将这些细胞移植到小鼠体内，能在小鼠血液中测到分泌的人生长激素，植入的细胞最长可存活 3 个月以上。薛京伦等运用反转录病毒载体将 FIX cDNA 基因转移到 2 例血友病 B 患者皮肤成纤维细胞中，人 FIX 不仅在患者皮肤成纤维细胞中高效表达，而且将患者细胞自体移植回体内后，持续高水平表达 2 年以上，两名患者出血症状均有不同程度减轻，取得了安全有效的结果。

（三）肝细胞

成年哺乳类动物肝脏细胞基本上是不分裂的高度分化细胞，对反转录病毒感染不敏感，可以运用腺病毒感染。当肝脏受到损伤或部分切除时，肝细胞则能再生，肝细胞重新进入细胞分裂，这样就可以进行反转录病毒的高效感染。1987 年，Ledley 等用无血清培养液成功地培养了新生小鼠肝细胞，并证明肝细胞能够被带有 *neo* 基因的反转录病毒载体感染而显示出 G418 抗性。Wolff 等证明反转录病毒载体能有效地感染原代培养的大鼠肝细胞，并表达外源人的基因 *HPRT* 和 *neo*。Wilson 等将一个带有 β-gal 及 *neo* 基因的反转录病毒载体转入原代培养的成年大鼠肝细胞，25% 的肝细胞能够有效地表达 β-半乳糖苷酶。他们还把人低密度脂蛋白（LDL）受体 cDNA 基因转移到有遗传性高脂血症的 watanaba 兔肝细胞中，被转导细胞的 LDL 受体活性最高可达正常兔肝细胞的 4 倍。Ponder 等运用脂质体将基因 *CAT* 及 *lacZ* 高效转移到肝细胞中，发现 CMV、β-肌动蛋白基因启动子在肝细胞中有较强的调控基因表达的能力。

Smith 等使用腺病毒载体通过小鼠尾静脉或肝实质注射直接将人 FIX cDNA 基因转移小鼠肝脏，小鼠体内人 FIX 最高达 912ng/mL，持续表达 8～9 周。Kay 等将含狗 FIX cDNA 的重组腺病毒直接注射到血友病 B 狗门静脉中，狗的血友病 B 症状完全消失，凝血功能正常，有治疗水平的 FIX 持续表达 1～2 个月。Herz 等将含有 LDL 受体基因的重组腺病毒直接通过静脉注射到正常小鼠体内，90%的肝实质细胞表达 LDL 受体，血液中胆固醇水平显著降低。重组腺病毒的缺陷在于基因的瞬时表达水平较高而持续性差，而且易引起免疫反应。2002 年，宾夕法尼亚大学 Wilson 教授在寻找新型 AAV 外壳蛋白的过程中意外发现重组型 8 型腺相关病毒载体(rAAV8)通过静脉注射能高效靶向转导小鼠肝细胞。有意思的是，在离体培养的肝细胞中，rAAV8 的转导效率极低，具体原因至今不明确。虽然近年来对于 rAAV8 是否在体内高效转导人肝细胞有争议，无论如何，rAAV8 现已成为小鼠肝细胞基因治疗研究的黄金标准。

(四)肌细胞

肌细胞是基因治疗的理想靶细胞之一，虽然其研究较晚，但进展较快，已经成为非常有前景的靶细胞。肌肉是药物注射的常用组织，有一定的耐受性，肌肉组织数量大、易获取；成肌细胞(肌肉前体细胞)容易分离培养，并易于病毒基因转移；基因转移成肌细胞容易移植回肌肉，并且易与原位肌纤维融合，而且已经有杜氏肌营养不良症患者成肌细胞移植的安全经验；移植处有丰富的血管可以将基因产物运输到全身。值得一提的是，欧洲批准的第一个基因治疗上市药物 Glybera 就是通过肌肉注射转导肌细胞。

(五)肿瘤细胞

肿瘤细胞是肿瘤基因治疗研究中最常用的靶细胞。无论采用免疫增强基因、药敏自杀基因还是肿瘤抑制基因，肿瘤细胞总是首选的靶细胞。在增强免疫系统功能的基因治疗方面，人们首先采用细胞因子类基因转移 TIL 淋巴细胞，期望增强淋巴细胞对肿瘤的特异杀伤作用。由于在人体内 TIL 的靶向性不强等因素，人们把研究重点转到了肿瘤细胞上，希望能够通过细胞因子基因的转移增强肿瘤细胞的免疫原性。IL-2、IL-4、rIFN、G-CSF、TNF 等细胞因子基因转移到肿瘤细胞中不同程度地增强了肿瘤的免疫原性，使机体的抗肿瘤能力增强。除了细胞因子以外，MHC 抗原基因、共刺激因子、癌抗原基因甚至一些抑癌基因、异种基因转移肿瘤细胞均能够引起免疫增强和保护作用；又如，药敏自杀基因 *HSK-tk*、*CD* 等基因转移到肿瘤细胞中，加入前药核苷酸类似物 GCV、ACV 或 5-FC，显著提高了肿瘤细胞对这些药物的敏感性而死亡。

(六)T 淋巴细胞

T 淋巴细胞来源于骨髓的多能干细胞。在人体胚胎期和初生期，骨髓中的一部分多能干细胞或前 T 细胞迁移到胸腺内，在胸腺激素的诱导下分化成熟，成为具有免疫活性的 T 细胞。目前以 T 淋巴细胞为靶细胞的基因治疗主要集中在艾滋病和血液系统癌症两个领域。Sangamo 公司利用锌指蛋白(ZFN)介导基因编辑敲除 T 细胞基因组中的 CCR5 基因，从而使 T 细胞对 HIV 具有抗感染的特性，该临床试验目前已取得阶段性进展。在肿瘤免疫治疗领域，目前以反转录病毒、慢病毒或者睡美人转座子介导针对特定肿瘤抗原的嵌合抗原受体（CAR）基因在 T 细胞表达的基因疗法取得了重大的成功。目前，使用最广泛的是添加了共刺激域的第二代 CAR，比较成功的肿瘤抗原靶点包括 CD19 和 BCMA，CART 技术在血液系统癌症基因治疗中达到了 90%以上完全应答的治疗效果。如何降低 CART 治疗中的细胞因子风暴毒副作用，以及如何使 CART 技术成功应用于实体瘤，是当前 CART 肿瘤免疫治疗领域两个重要的发展方向。

第四节　基因治疗的现状与范例

基因治疗在经历了 20 世纪初期的低谷后，正在以崭新的面貌成为科学研究与临床试验的新热点。然而要定义基因治疗的现状是困难的，没有人能预期基因治疗的下一个实践是重大的突破还是一个不幸的事件。基因治疗的疗效和安全性需要长期的观察，也许是 10 年，也许是 20 年，也许是更长的时间才能盖棺定论。无论如何，现在的科学家们，即使认为基因治疗目前还不是主流，也万万不能否认它成为主流的潜力。

基因治疗从开始到现在，其主要的研究靶标依然是目前医学难于解决的困难问题。截止到 2016 年 9 月，全世界共有 2300 余个基因治疗临床试验。虽然大多数都是小规模学术界的探索性研究，尚未达到大型临床试验以及上市的规模，但是它们的未来不可估量。目前，这些基因治疗研究所针对的疾病大多是现代医学数十年攻而未克、鲜有进展的顽疾。基因治疗已经在这些领域表现出了一些明确的进展。如果说学术界的态度代表了基因治疗的现状，那么工业界以及市场的态度往往代表了一个方向的未来。自 2010 年以来，工业界迅速占领了基因治疗的各个方向。尤其是在欧美，数十个初创公司在大公司以及风险投资的资助下成立。其中的佼佼者，美国华盛顿州西雅图市的 Juno Therapeutics，更是在成立 2 年后就达到了 40 亿美元的市值。当重温'If a man does away with his own tradition, he must first be certain that he has something of value to replace them' 这句格言的时候，基因治疗研究不必觉得有所偏差。

基因治疗目前依然是大部分遗传病唯一或最好的治疗方法。因此，即使在发生继发于基因治疗的白血病之后，民众的期盼依然没有受到影响，大多数受访者表示即便发生肿瘤也比原来的疾病状态要好。而最近基因治疗与细胞治疗完美结合，如 CAR-T 细胞等技术也为基因治疗在肿瘤治疗中的前途投下一缕阳光。由于现有 2300 余种基因治疗的临床试验，限于篇幅无法一一介绍。因次在这里试举几例以供读者思考。

（一）ADA 缺乏症

人体中腺苷脱氨酶（ADA）的缺乏可使 T 淋巴细胞因代谢产物的累积而死亡，从而导致严重的联合性免疫缺陷症（SCID）。大约 25%的 SCID 患者是由于 ADA 缺乏症引起的。多年以来，ADA 缺乏症一直是遗传病基因治疗的首选模式疾病，这是因为该病是由单个基因的缺陷导致的，基因治疗成功的可能性高，此外，ADA 基因调控简单，总处于开启的状态，尤其是 ADA 表达的量无需精确调控，很少的含量就有疗效，表达过大也没有大的副作用。ADA 基因治疗的探索具有很高的科学价值和示范作用，其成功会大大加速基因治疗的发展。

该病的基因治疗主要集中在利用反转录病毒载体将 ADA 基因转移到骨髓造血细胞、淋巴细胞，也有转移到人皮肤成纤维细胞，在离体细胞试验中外源 ADA 基因均能获得较好的表达效果，而且 ADA 基因也可在小鼠体内实现长期的表达，达到治疗水平。1990年9月美国 Blease 小组对一位 4 岁 ADA 缺乏症女孩进行了世界首次基因治疗临床试验，患者体内输注遗传修饰的 T 细胞约 1×10^{10}，每 1～2 个月一次，连续输注 1 年，间断半年，再输注 3 次，一共输注 11 次，2 年后停止基因治疗，治疗的同时辅以 PEG-ADA 治疗，患者接受基因治疗 5 年中，体内 ADA 浓度由低于正常值的 1%上升到正常值的近 20%，淋巴细胞数量正常，细胞和免疫功能正常，病情好转，尤其是在基因治疗停止后外源的 ADA 基因仍然能够表达。1991 年 1 月，一位 9 岁的 ADA 缺乏症患者也接受了 12 次类似的遗传修饰细胞输注，T 淋巴细胞上升至正常范围的高值，在基因治疗停止后 T 细胞含量持续在正常范围 1 年多，其细胞和免疫功能上升，但是，由于基因转移效率低，其 ADA 水平没有明显上升。这 2 名小女孩都在辅助药物的帮助下，已由隔离病房走向正常生活。该项基因治疗临床试验表明：外源 ADA 基因能够在患者体内整合并表达，患者的免疫功能得到改善，取得了安全有效的结果。其后，他们又进行了骨髓细胞途径的 ADA 基因治疗，但治疗效果没有前两例明显。1992 年 3 月和 1993 年 7 月意大利的 Bordignon 等先后对 2 名 ADA 缺乏症患者进行了基因治疗临床试验，采用转染 ADA 基因的淋巴细胞和造血干细胞进行输注，基因治疗结束 2 年后，能够表达基因 ADA 的淋巴细胞和骨髓细胞长期存活。遗传修饰的造血干细胞能够分化为表达基因 ADA 的 T 淋巴细胞，患者细胞和体液免疫功能恢复正常，也取得了安全有效的结果。荷兰、日本等国家也开展了类似研究，取得了安全有效的结果。1999 年法国科学家采用反转录病毒途径，以 CD34$^+$ 骨髓造血干细胞为靶细胞，对 2 例 SCID 婴儿成功实施基因治疗，患儿不再服用任何药物就从隔离病房走向正常生活，机体免疫功能完全恢复，能够抵抗外界的各种病毒、细菌等病原体的感染。科学家称这是基因治疗取得完全成功的第一个报道，极大地鼓舞了基因治疗研究者的信心，促进了相关研究的发展。

(二)血友病 B

血友病(hemophilia) B 是基因治疗的模式病种之一，它是由于凝血因子Ⅸ的缺乏而引起的 X 染色体连锁隐性遗传性疾病，患者往往由于凝血功能障碍而导致流血不止或自发性出血，患者的关节淤血会引起瘫痪，症状严重的会有生命危险。常规的血友病 B 的治疗以输血和血制品为主，既可引起严重输血反应，还容易感染肝炎病毒和艾滋病毒等，此外还因凝血因子在血液中半衰期短，需要经常性的输入，不仅不方便，而且治疗费用昂贵。因而迫切需要找到一种安全、方便、廉价的治疗手段，基因治疗为血友病 B 的治疗开辟了一条新的途径。血友病 B 是基因治疗的理想病种，这是因为其发病的生化和遗传机制已经被阐明，而且 hFⅨ 是分泌型蛋白，能在多种组织中被表达、加工和分泌，基因治疗的靶组织选择范围广。另外，血友病 B 的基因治疗对靶基因表达量的要求不高，只要达到正常人 hFⅨ 血浆浓度的 10%(约 500ng/mL)左右，就能完全治愈患者凝血功能的缺陷，同时血友病 B 有基因剔除的动物模型，有成熟的 hFⅨ 表达量和凝血活性的测定方法，便于进行基因治疗的疗效评价。1987 年，Anson 等首次提出经皮肤细胞基因治疗血友病 B 设想。由于凝血因子最终分泌到血液中，因而基因治疗的靶细胞非常广泛。从 1989 年起，St Louis、Palmer 等相继对小鼠进行了血友病 B 基因治疗的小鼠动物实验；其后 Kay 等以血友病 B 狗进行动物试验，能够准确评价凝血因子 IX 治疗效果。无论在离体研究还是在动物试验中，人或狗的 FIX cDNA 均能够高效表达。复旦大学遗传所薛京伦等自 1987 年起，以血友病 B 为基因治疗研究对象，进行了人 hFIX 的离体试验、动物试验、安全性检测，并于 1991 年成功地开展了世界首次血友病 B 基因治疗的临床 I 期试验，目前，共有 4 名血友病 B 患者接受了基因治疗。患者经治疗后体内 hFIX 浓度上升，出血症状不同程度减轻，均取得了安全有效的结果。该研究仅仅晚于美国的 ADA 缺乏症的基因治疗临床试验，已成为我国基因治疗研究领域的一个标志。此后，相关的基因治疗的临床试验研究在国内外广泛开展起来。为了进一步提高血友病 B 基因治疗的效果，腺病毒、腺相关病毒、慢病毒及非病毒载体都被用于基因治疗的研究。1999 年 High 等在 AAV 基因治疗血友病 B 动物实验获得显著效果的基础上和 Avigen 公司合作，开展了血友病 B 基因治疗的临床试验，通过肌肉注射 rAAV2 载体介导 hFIX 表达。I 期临床试验表明患者的凝血活性由 <1% 上升到 1.4%，基因治疗临床试验取得了安全的结果。2003 年，同一课题组开展了通过静脉注射靶向肝脏的血友病 B 基因治疗临床试验，同样适用 rAAV2 载体。试验结果于 2006 年报道在著名生物医学期刊 *Nature Medicine* 上。短期内，注射高剂量基因治疗载体的患者能达到 >10% 的第 9 凝血因子活性。然而，由于人体的免疫反应，在不到 3 个月之内，肝细胞丢失了转基因表达。从以上一系列可以说失败的经验中，科学家们发现虽然在动物模型中虽然得了成功治愈性的进展，但血友病 B 的基因治疗在人体中试验的结果很不理想，尤其是人体的免疫反应极为强大。例如，rAAA 载体在各种动物模型（小鼠、大鼠乃至狗、猴子）中均会引起 T 细胞免疫应答，但是在临床试验中却由于免疫应答而失败。此后，大量人力物力投入到了对携带有第 9 凝血因子的 rAAV 载体的改造中，试图提高基因治疗的有效性和安全性。尤其是 2014 年后开展的几项新临床试验均有不俗的表现，但是最终疗效尚有待时间的检验。

遗传病的基因治疗目前还只局限在少数隐性遗传病方面，对缺陷的蛋白质表达量的要求不高。主要采用替代疗法，将有功能的基因导入人体，表达出功能蛋白质，纠正患者的临床症状。但是，对于显性有害突变导致的遗传病，转入正常的功能基因对治疗没有作用，这就要求在基因治疗的策略上进行调整。例如，通过反义技术或基因调控将有害突变的基因关闭，或者采用同源重组的方法进行定点纠错，使突变基因回复为野生型基因，但目前同源重组的效率较低，虽然代表了基因治疗的方向，但在实际应用中还有待深入的基础研究。反义技术的特异性抑制现在还不能完全确保，所以遗传病基因治疗的路还很长，需要不断的探索和积累。

第五节　基因编辑技术

随着人类基因组计划(Human Genome Project, HGP)的实施，人类对严重危害人类健康的疾病有了更加全面和深入的认识。基因治疗这一概念自问世以来，正在逐渐改变人类疾病的治疗方式，尤其给单基因遗传性疾病的患者带来了福音。传统的基因治疗是利用野生型基因去补偿突变基因的功能，但是仍然存在转基因沉默和随机插入等问题。利用传统的方法去改变或者修饰基因组是个漫长而复杂的过程，各种高效、安全的基因组编辑技术的研发为基因的原位修复提供了可能。基因组编辑技术是指通过定点改变基因组 DNA 序列来改变基因组，从根本上改变物种的遗传信息。经典的基因组编辑技术基于同源重组完成靶基因定向改造，其中基因敲除和敲入技术应用较为广泛，研究者可以将外源基因定点整合到基因组，达到改造基因组靶序列的目的。然而，这些传统的技术存在编辑效率低、应用范围较局限、技术周期冗长及花费高等缺点。新型基因组编辑技术的发现极大地提高了基因组编辑的效率。

一、基因编辑技术原理及应用

基因组编辑技术目前主要包括锌指核酸酶(zinc-finger nuclease，ZFN)、转录激活子样效应因子核酸酶(transcription activator-like effector nuclease，TALEN)和最新发现的规律成簇间隔短回文重复、Cas 蛋白的 DNA 核酸内切酶系统[clustered regulatory interspaced short palindromic repeat(CRISPR)/Cas-based RNA-guided DNA endonuclease]。目前最常用的是 CRISPR 系统，首先在细菌被发现，为其适应性免疫反应系统，通过将外源的 DNA 整合到自身基因组中以识别外源 DNA 的再次入侵，从而有效抵抗噬菌体等对细菌造成的危害。利用这些基因编辑工具可以使基因组的特定位置产生双链断裂(double-strand break, DSB)，在有同源序列的修复片段存在时发生同源重组修复(homology-directed recombination, HDR)或在无修复模板时发生非同源末端连接(non-homologous end joining, NHEJ)，从而达到基因编辑(敲除、敲入和敲低)的目的。

(一)锌指核酸酶(ZFN)

1. 作用原理

锌指结构早在 1983 年首次于研究非洲爪蟾转录因子中被发现，它是由多个半胱氨酸和(或)组氨酸与锌离子螯合组成的四面体结构，而锌指核酸酶是一种人工设计的包含锌指结构的 DNA 限制性酶，为第一代应用于基因编辑的核酸酶，由结合 DNA 的锌指蛋白结构域和非特异性的核酸内切酶 *Fok* I 结构域融合而成。锌指核酸酶的 N 端为锌指蛋白DNA 结合域，由一系列 Cys2-His2 锌指蛋白串联组成，其基本组成序列为(Tyr，Phe)-Xaa-Cys-Xaa2-4-Cys-Xaa3-Phe-Xaa5-Leu-Xaa2-His-Xaa3-5-His(其中 Xaa 代表未知氨基酸)，每个锌指蛋白识别并结合一个特异的三联体碱基，根据不同 Xaa 的组合可以识别不同的三联体碱基，从而在一定程度上决定了识别的特异性；C 端为非特异性核酸酶 *Fok* I 剪切结构域，*Fok* I 是海床黄杆菌(*Flavobacterium okeanokoites*)表达的一种限制性内切核酸酶，为 Ⅱ 型内切酶，只有当两个单体形成二聚体时才具有活性，因此，锌指核酸酶在进行基因编辑时以二聚体形式发挥作用。通过在靶序列两侧设计特定的锌指蛋白来特异性结合靶 DNA，引导 *Fok* I 二聚体在两结合位点之间进行剪切，通过产生双链断裂实现同源重组修复或非同源末端连接，从而实现基因组特定位点的基因编辑(图 14-2)。

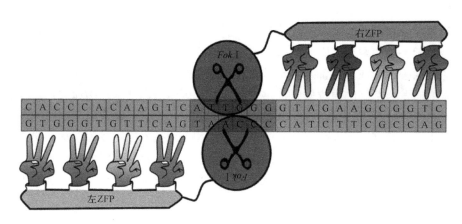

图 14-2　ZFN 编辑的示意图(Young-Il Jo et al.，2015)

2. ZFN 应用

锌指核酸酶已经在线虫、黑腹果蝇、斑马鱼、非洲爪蟾蜍、小鼠、大鼠、植物和人类细胞(包括原始体细胞、胚胎干细胞和诱导性干细胞)中成功应用，且通过美国食品药品监督管理局(FDA)批准进入临床疾病基因治疗。

1)ZFN 与动物

作为第一代基因编辑技术，ZFN 成功为囊性纤维化、糖尿病、肿瘤和神经系统疾病等研究提供了疾病模型，且由 ZFN 编辑的转基因动物为异体器官和组织移植提供了更多的来源。例如，通过显微注射 ZFN 编码的 mRNA 到猪胚胎中，敲除了内源性过氧化物酶体增生激活性受体 γ (endogenous peroxisome proliferator-activated receptor-γ, PPAR-γ)，且成功繁育带有一个相应等位基因敲除的小猪。有研究者将半乳糖转移酶 α1 (α1, 3-galactosyltransferase, GGTA1, Gal)基因在猪中进行敲除，得到纯合子和杂合子。另外，利用 ZFN 介导的对牛中的 β-乳球蛋白(β-lactoglobulin, BLG)基因进行敲除得到转基因动物，因 β-乳球蛋白是牛奶中主要的过敏原成分。除了将基因进行敲除外，也可进行基因敲入，有研究者将人溶菌酶基因或溶葡球菌酶基因敲入牛中，得到的转基因牛可以分泌溶菌酶或溶葡球菌酶，使其对葡萄球菌具有免疫性。

2)ZFN 与临床治疗

ZFN 是第一个也是目前唯一应用于临床治疗的基因编辑工具，尽管 TALEN 和 CRISPR 比 ZFN 有着更大的潜在应用前景。第一个利用 ZFN 治疗的疾病为获得性免疫缺陷综合征(HIV)，针对 CD4⁻ T 细胞的 *CCR5* 基因进行靶向编辑，由于 *CCR5* 基因是 HIV-1 病毒的主要受体，其破坏能抑制 HIV-1 病毒的感染和减轻疾病的症状。其过程为从 HIV 患者体内提取 T 细胞，在体外通过 ZFN 进行编辑，再将编辑后的 T 细胞输回患者体内。该治疗方案已经通过 FDA 批准(www.clinicaltrials.gov；编号：NCT00842634、NCT01044654、NCT01252641)。而 HIV-1 的另外一个主要受体为 *CXCR4*，有研究者开发出能同时将 *CXCR4* 和 *CCR5* 基因进行敲除的方法，将 ZFN 与 3 个限制因子(TRIM5A、APOBEC3G 和 D128K 或 Rev M10)共同作用。

重症联合免疫缺陷疾病(SCID)是一种体液免疫、细胞免疫同时有严重缺陷的遗传性疾病，分为常染色体遗传和 X 染色体遗传两类。有研究者针对 X 连锁重症联合免疫缺陷（SCID-X1）的 *IL2RG* 基因，通过 ZFN 编辑将 IL2RG 的表达量上调，发现细胞的生长状态相对于疾病细胞较好。这为该疾病临床治疗的开展提供了方法和依据。利用 ZFN 对人诱导性干细胞（iPSC）进行基因编辑是另一种可行的治疗方法，在牛痘治疗中，可利用 ZFN 对 iPSC 的 *TAP2* 基因进行编辑，产生大量的抗原提呈细胞；在 iPSC 的 *AAVS1* 基因位点插入其他基因有望纠正地中海性贫血等疾病，因该基因位点为安全性整合编辑位点。ZFN 介导的基因治疗还可应用于血友病、镰状细胞贫血症、α-抗胰蛋白酶缺陷等疾病，大量的研究显示 ZFN 在各种各样的基因疾病治疗中具有卓越的发展空间。

（二）转录激活子样效应因子核酸酶（TALEN）

1. TALEN 的作用原理

转录激活子样效应因子核酸酶为第二代基因编辑技术，其结构域组成和作用模式与锌指核酸酶相似，通过转录激活子样效应因子（TALE）识别和结合 DNA，引导 *Fok* I 在靶位点产生 DSB，同样通过同源重组或非同源末端连接方式完成基因编辑。TALE 蛋白家族来自于一类特殊的植物病原体，即植物致病菌黄单胞杆菌（*Xanthomonas*），是一种天然的蛋白质，它是由黄单胞杆菌通过Ⅲ型分泌系统注入宿主细胞内的一类蛋白效应因子。在 1989 年，有研究者就从辣椒斑点病细菌 *Xanthomonas campestris* pv. *vesicatoria*（xcv）中发现了 TALE 蛋白家族的第一个成员 AvrBs3。

TALE 蛋白包括三个组成部分，其中 N 端含有Ⅲ型分泌系统所需的分泌信号和易位信号，即易位结构域；第二部分是 DNA 结合结构域，是一段由 1.5～33.5 个不等的 TALE 单元组成重复氨基酸序列，每个单元又由 33～35 个氨基酸组成，其中大部分氨基酸是高度保守的，只有第 12 和 13 位氨基酸是可变的，能够特异性结合一个碱基，因此这两个氨基酸又被称为重复变异双残基（repeat variant diresidue, RVD）；第三部分位于天然 TALE 蛋白的 C 端，含有一个核定位信号（nuclear localization signal, NLS）和转录激活结构域（transcriptional activate domain），该部分能帮助 TALE 蛋白进入细胞核且同时发挥转录激活作用。TALE 蛋白核酸结合域的氨基酸序列与其靶位点的核酸序列有恒定的对应关系，因此，利用 TALE 的序列模块，可组装成特异结合任意 DNA 序列的模块化蛋白，仿照 ZFN 的模式，把 TALE 中的转录激活结构域替换成核酸内切酶的切割结构域，构建成 TALE 核酸酶，对基因组的特定靶位点进行定向切割，从而达到靶向编辑内源性基因的目的。

2. TALEN 的应用

TALEN 目前已成功编辑了酵母、果蝇、斑马鱼、线虫、小鼠、大鼠、蟋蟀、家蚕、非洲爪蟾蜍、猪、牛、拟南芥、水稻、人类体细胞和胚胎干细胞等多个微生物、动物和植物中的内源性基因，并且成功用于制造疾病细胞模型和动物模型。

1）TALEN 与模式生物

自 2011 年起，TALEN 在多个物种的基因编辑中成功应用，最先在芽殖酵母中利用 TALEN 通过 NHEJ 和 HDR 两种方式突变了多个基因（图 14-3），在多细胞生物中首先突

变了线虫的 *ben-1* 基因，实现了 TALEN 介导的基因打靶。此后，研究者通过对斑马鱼的 *tnikb* 和 *dip2a* 基因成功编辑，获得稳定遗传的斑马鱼突变体；利用 TALEN 成功获得可以种系遗传的果蝇 *yellow* 基因突变，并且效率要比 ZFN 高。除了使靶基因产生突变外，也可进行基因的敲除，如敲除大鼠的 *BMPR2* 基因来研究肺动脉高压等相关疾病；敲除水稻的 *Os11N3* 基因，该基因为白叶枯病菌的易感基因，通过敲除使水稻获得相应的抗性；敲除爪蟾相关基因的效率最高可达 95.7%。总之，在多个模式生物中，TALEN 能有效地进行基因修饰和改造，为揭示发育遗传的生物规律和相关疾病的研究提供了更加便捷的平台。

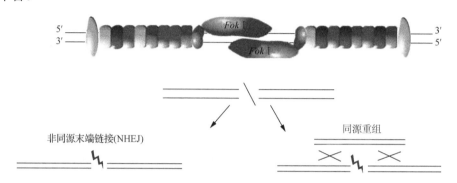

图 14-3　TALEN 编辑的示意图（引自杨发誉等，2014）

2）TALEN 与临床应用

目前 TALEN 还未投入临床治疗，但是在多种疾病的临床应用研究中也取得了较多的成果，TALEN 介导的基因编辑技术引起基因编码区域的插入缺失能使该基因失活，因此可用于制造疾病细胞或动物模型，在同源重组路径的供体片段中融合荧光蛋白或者标签来定位蛋白的表达和相互作用等，以研究临床疾病的发病机制和治疗手段。例如，在人类体细胞或胚胎干细胞中利用 TALEN 进行基因编辑，获得高脂血症、胰岛素抵抗、低血糖症、脂肪代谢障碍、运动神经死亡和乙肝等相应的疾病细胞模型；通过失活猪的 LDL 受体基因来制造家族性高胆固醇血症的动物模型；在中国仓鼠卵巢细胞中由 TALEN 介导成功敲除了 *TUB8* 基因，该基因表达岩藻糖转移酶，与血型有密切关系。另外，利用 TALEN 介导的基因编辑技术可导入外源基因，应用于药物的生产，例如，在牛的 β-乳球蛋白（BLG）基因位点导入人血清白蛋白（HSA）基因，可以使牛乳腺细胞中表达 HSA，制造的转基因动物可很大程度上提高药物的产量和效率，用于临床疾病的治疗。同样针对 SCID-X1，有研究者利用 TALEN 对 iPSC 的 *IL2RG*（SCID-X1 主要致病基因）突变位点进行纠正，使其产生更多的 T 细胞前体和成熟的 NK 细胞，若是将编辑后 iPSC 细胞导入患者体内，理论上将有效提高患者的免疫力，相较于 ZFN 直接对细胞的 IL2RG 进行编辑，则需要从患者身上获取大量的疾病细胞，而利用患者体细胞诱导的 iPSC 细胞进行编辑，提高了操作效率，编辑的 iPSC 细胞理论上可持续表达。

（三）规律成簇间隔短回文重复（CRISPR）/Cas 核酸酶

CRISPR 系统是一种后天免疫防御系统，用以保护细菌或古细菌免受外来质粒或噬菌体的侵入。这类细菌或古细菌基因组的 CRISPR 序列能表达与入侵者基因组序列相识别的 RNA。当噬菌体等入侵时，该防御系统的 CRISPR 序列会表达这类 RNA 并通过互补序列结合识别入侵者的基因组序列，然后 CRISPR 相关酶(Cas)在序列识别处切割外源基因组 DNA，达到抵制入侵的目的。目前最常用于基因编辑的为 CRISPR/Cas9 和 CRISPR/Cpf1 系统，分别属于 CRISPR2 类系统中的 II 型和 V 型。

1. CRISPR 系统作用原理

1) CRISPR/Cas9

CRISPR/Cas9 系统(图 14-4)由 Cas9 蛋白(包含 HNH 和 RuvC 两个结构域)、crRNA 和 tracrRNA(trans-activating crRNA)组成，经改造，两个 RNA 可设计为一个单链向导 RNA(single guide RNA，sgRNA)引导 Cas9 蛋白靶向切割 DNA 产生 DSB，并由 HDR 或 NHEJ 方式介导修复，识别靶位点主要由互补的 sgRNA 和 3′端的 PAM(protospacer adjacent motif)序列决定，不同来源的 CRISPR 系统的 PAM 序列不尽相同。最先用于哺乳动物细胞编辑的是来源于化脓性链球菌(*Streptococcus pyogenes*)的 CRISPR/SpCas9 系统，研究者采用 20nt(nucleotide)的 sgRNA 靶向带有 NGG 的 PAM 序列，成功对内源性基因进行了编辑。后来发现的来源于金黄色葡萄球菌(*Staphylococcus aureus*)的 CRISPR/SaCas9、脑膜炎奈瑟菌(*Neisseria meningitides*)的 CRISPR/NmCas9、嗜热链球菌(*Streptococcus thermophilus*)的 CRISPR/StCas9 和最新发现来源于空肠弯曲菌(*Campylobacter jejuni*)的 CRISPR/CjCas9 都可成功用于哺乳动物细胞的基因编辑。

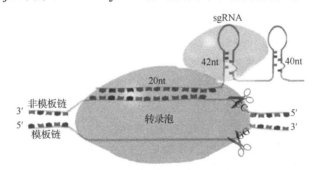

图 14-4　CRISPR/Cas9 编辑的示意图(引自杨发誉等，2014)

2) CRISPR/Cpf1

CRISPR/Cpf1 系统(图 14-5)是近年新发现的基因编辑系统，其只需要一个类似 RuvC 的 Cpf1 结构域和单个 crRNA 即可进行基因编辑，目前发现的有来源于氨基酸球菌属(*Acidaminococcus* sp. Cpf1，AsCpf1)、毛螺科菌(*Lachnospiraceae bacterium* Cpf1，LbCpf1)和弗朗西斯菌属(*Francisella tularensis* Cpf1，FnCpf1)等多种 Cpf1。与 Cas9 不同，Cpf1 具有以下几个特征：①Cpf1 只需要与成熟的 crRNA 结合，不需要额外的 tracrRNA；②Cpf1-crRNA 复合物能够有效地靶向富含 T 的 PAM 序列，而不是富含 G 的 PAM 序列，相对 Cas9 而言，且 PAM 序列在 5′端；③Cpf1 在靶序列 5′端上游的 4~5 个碱基处进行切割，产生双链断裂；④Cpf1 蛋白要比 Cas9 小，若应用于基因治疗，其小型和便捷的特点更具有优势。

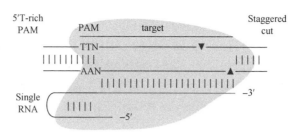

图 14-5　CRISPR/Cpf1 编辑的示意图(引自 Bernd Zetsche et al., 2015)

2. CRISPR 应用

研究者们利用 CRISPR 系统已在微生物学、动植物学和医学等领域进行了许多应用,作为新型的基因编辑技术,CRISPR 具有诸多优势,与 ZFN、TALEN 相比有着更为广阔的应用前景和价值,以下重点介绍其在医学领域发挥的应用价值。

1) CRISPR 与遗传病

遗传病是指由遗传物质发生改变而引起的疾病,包括在染色体病(如 21 三体综合征、慢性粒细胞性白血病等)、单基因病(如多指、白化病、地中海贫血、血友病等)、多基因病(如糖尿病、原发性高血压、唇裂等)。目前人类只能对极少量的遗传病进行临床干预,例如,利用手术治疗多指、唇裂等;通过低苯丙氨酸饮食来控制苯丙酮尿症;利用促进铜代谢的药物来治疗肝豆状核变性。而大部分的遗传病几乎没有有效的治疗方法,CRISPR/Cas9 基因组编辑技术作为新一代的基因疗法在多个遗传病治疗的研究上崭露头角,为遗传病患者带来了希望。

酪氨酸血症(hereditary tyrosinaemia,HT)是一种严重的遗传性疾病,该疾病是由于肝脏中延胡索酰乙酰乙酸水解酶(*FAH* 基因编码)的缺乏,导致酪氨酸分解代谢受阻,无法生成延胡索酸、乙酰乙酸和琥珀酸盐,而酪氨酸的长期积累会损害肝脏和肾脏。利用 CRISPR/Cas9 编辑技术制造小鼠疾病模型(*Fah*$^{-/-}$),且将与 FAH 相关的另外一个基因(HPD 基因)进行敲除,能重新建立酪氨酸的代谢途径,从而达到治疗酪氨酸血症疾病小鼠模型的目的。本研究成功演绎了"围魏救赵"的基因组编辑治疗策略。

B 型血友病是最常见的性染色体连锁遗传病之一,其疾病发生的分子机制是由于 *F9* 基因(编码凝血因子 9)发生突变导致凝血功能障碍。目前临床治疗该类患者需要不断补充凝血因子 9 从而达到控制和缓解病情的效果,但是该方法不但费用高昂,而且与大多数遗传疾病一样无法根治。有研究通过尾静脉注射将 CRISPR/Cas9 及对应的修复模板导入成年血友病模型小鼠体内,成功地在部分肝细胞中修复了 *F9* 基因突变,提高了疾病小鼠模型的凝血时间。

PRKAG2 心脏综合征是由 *PRKAG2* 基因突变造成的常染色体显性遗传疾病,该类患者往往会出现进程性心力衰竭,目前最好的治疗方式是心脏移植。但是,心脏的供体来源和免疫排斥都是该类疾病治疗的瓶颈。研究者将 CRISPR/Cas9 与 AAV 病毒载体结合起来进行活体基因编辑,该系统能够选择性破坏突变的等位基因,同时不影响正常等位基因的表达,活体基因编辑介导的生物治疗可以显著恢复小鼠心脏的形态和功能。这些提示,活体 CRISPR/Cas9 基因编辑可能是一种有效的 PRKAG2 心脏综合征治疗的方法。

2）CRISPR 与肿瘤

肿瘤是人类全球发病和死亡的主要原因，通过物理放射疗法、化学疗法、手术疗法及免疫疗法对其治疗都十分有限。CRISPR/Cas9 对于肿瘤的阐明发生机制和探索新型治疗方面均有重要意义。将 CRISPR/Cas9 技术和肿瘤免疫治疗整合起来，可能对肿瘤的治疗产生深远的影响。利用 CRISPR/Cas9 技术剔除 T 细胞中的两个基因——*PD1* 和 *TCR*。前者是人体免疫反应的一种关键性关闭开关，抑制 T 细胞攻击肿瘤的能力，因此若没有这个基因，T 细胞可能重新激活细胞免疫系统去攻击肿瘤细胞（肿瘤细胞一般逃避机体的免疫系统）；后者能够调动人体的天然防御进行自我保护。有报道基因修饰的 T 细胞可以作为一种癌症治疗方法，该方法被称为嵌合抗原受体 T 细胞免疫疗法（CAR-T）。利用传统的基因改造方法可以实现 T 细胞靶向肿瘤细胞表面的特异性分子，但是效率低，同时靶向精确性经常比较差。所以，利用 CRISPR/Cas9 可以实现建立大容量的 CAR-T 库，为肿瘤的免疫治疗提供更多的"战士"。

蛋白酶体的磷酸化与肿瘤发生可能密切相关，利用 CRISPR/Cas9 技术进行相关基因的敲除，发现蛋白酶体特定位点去磷酸化后可以显著抑制肿瘤的发生，这为癌症的发生与治疗提供了新的思路。利用 CRISPR/Cas9 可以研究肿瘤细胞侵袭的相关基因，通过对大量候选基因（67 405 个 sgRNA）进行分析，发现 7 个基因（*NF2*、*PTEN*、*CDKN2A*、*TRIM72*、*FGA*、*miR-345* 及 *miR-152*）均能促进非小细胞肺癌细胞侵袭。在抗肿瘤药物研究方面，利用 CRISPR/Cas9 确认了 Nutlin 化合物会抑制 p53 蛋白与 Mdm2（主要抑制 p53 蛋白）的结合；相反，药物 RITA 能抑制 Mdm2 与 p53 蛋白（主要抑制 Mdm2）的结合。所以，利用 CRISPR/Cas9 可以清晰地阐明药物的作用机制，从而为研发新型抗肿瘤药物提供思路。

因此，随着 CRISPR/Cas9 逐步在临床上的研究，未来很有可能针对肿瘤实现基因治疗，对癌症细胞的基因组进行修复，如突变（特别是 *BRCA1*/*BRCA2* 相关的突变）、染色体变异、拷贝数变异、调控肿瘤细胞基因的表达等，从而最终实现癌症的基因治疗。

3）CRISPR 与传染病

传染病是一类能在群体中通过接触传播、体液传播、空气传播等不同的传播途径进行传播的疾病，相较于其他类型的疾病有更大的危险性，死亡率高、传播迅速。目前传染病重在预防，大多数无有效的治疗方法。

艾滋病即获得性免疫缺陷综合征，是由人类免疫缺陷病毒（HIV）感染所引起，一旦感染确诊则无有效方法治疗。HIV 是一种反转录病毒，当感染人细胞（主要是 $CD4^+T$ 细胞）时，它会将自身的 RNA 反转录为 DNA 整合到宿主基因组中从而完成病毒的复制，同时在需要时从宿主基因组上转录，与合成的蛋白质外壳组装成为新的病毒颗粒。利用 CRISPR/Cas9 把人类细胞对应的 CCR5 受体（HIV 感染细胞需借助该受体进入细胞）编码基因进行去除，可减少 HIV 的感染。

慢性乙型肝炎病毒感染者全球大约有 3.5 亿~4 亿人，他们面临着肝硬化甚至肝癌的高风险。虽然现有的抗病毒药物可以部分控制乙型肝炎病毒，但却不能完全清除它。这是因为乙型肝炎病毒基因组"匿藏"在人类肝细胞核中。这些基因组可以重新翻译为蛋白质，并组装为病毒，重新去感染肝细胞。利用基因组编辑技术对乙型肝炎病毒基因组进行切割，可以实现病毒基因表达和复制的显著降低，这为乙型肝炎的治疗提供了新的思路。

4）CRISPR 与其他疾病

年龄相关性黄斑变性（age-related macular degeneration，AMD）是老年群体中常见的眼科疾病之一，以脉络膜新生血管为主要特征。*VEGF-A* 基因在新生血管的生成中起着重要作用，研究者通过利用 CRISPR/Cas9 以核糖体蛋白复合物（RNP）的形式注射到小鼠眼内，结果显示有一定的疗效，新生血管的面积明显减少，该方法为非遗传性疾病的治疗提供了可供借鉴的方案。

二、基因编辑技术的脱靶问题

锌指核酸酶（ZFN）、转录激活子样效应核酸酶（TALEN）和 CRISPR 系统在有效进行基因编辑的同时，都存在一定的脱靶（off-target），即对非靶位点的基因也有一定的作用频率，从而使其他基因受到损伤，引起相应的毒性作用。以下针对三种基因编辑技术的脱靶情况、检测方法和解决方案进行简单的介绍。

（一）基因编辑技术的脱靶现状及解决方案

1. 锌指核酸酶（ZFN）

锌指核酸酶编辑的靶向特异性与锌指蛋白的 DNA 识别特异性、靶位点序列和锌指核酸酶的转运方式等有关，但大部分取决于负责识别和结合 DNA 的锌指蛋白。一般每个锌指模块识别 3 个碱基，而其识别长度的限制性，降低了锌指核酸酶靶向编辑的特异性，通常需要通过设计多个模块来提高识别的特异性，但仍存在脱靶问题。该基因在对果蝇 *yellow* 基因的编辑时首次被发现，随后又在编辑斑马鱼 *kdra* 和 *kdrl* 基因、人 *CCR5* 和 *VEGF-A* 基因中被检测到。

针对影响锌指核酸酶脱靶的相关因素，可采取多种策略和方法来提高其特异性。在靶序列设计方面，可以运用在线的生物信息设计工具如 PROGNOS（predicted report of genome-wide nuclease off-target site），通过预测的脱靶情况来选择最佳的靶序列以最大限度减少脱靶。在锌指蛋白设计方面，锌指模块设计的个数越多，识别的序列就越长，相应序列在基因组中的唯一性也越强；另外，可通过设计异源的锌指蛋白二聚体来降低脱靶的发生率，相较于同源锌指蛋白二聚体，异源二聚体的相互作用会减弱，而与靶 DNA 位点的结合能力就相对增强，且只有当形成异源二聚体时才能发挥作用，减少了脱靶的可能性。对于负责切割的非特异性 *Fok* I 内切酶，经改造使其只切割一条链，在增加 HDR 效率的同时降低了脱靶效应。在锌指核酸酶的转运方式方面，将锌指核酸酶以蛋白质的形式转入细胞，显示了高效的编辑效率和较小的脱靶率，尽管作用时间短暂。

2. 转录激活子样效应核酸酶（TALEN）

TALEN 通过转录激活子样效应因子（TALE）识别和结合 DNA，引导 *Fok* I 在靶位点产生 DSB，同样通过 HDR 或 NHEJ 方式完成基因编辑。相较于 ZFN，TALEN 编辑效率与之相当，但是脱靶率较低，很大部分原因在于其每个串联重复序列只识别 1 个碱基，而 ZFN 的一个锌指模块识别 3 个碱基，在精确度上 TALEN 更胜一筹。

尽管脱靶率较低，但是若应用于临床疾病的基因治疗，理论上需做到无脱靶，以期减少对人体的毒性作用。因此，为进一步提高 TALEN 编辑基因的特异性，研究者们也使用了各种手段，采取了各种策略。第一，运用生物信息学专业在线工具设计和选择脱靶率低的靶序列，如 CHOPCHOP、PROGNOS 和 TALE-NT 2.0 等。第二，TALEN 的重复长度会影响特异性，这与结合 DNA 所需要的能量有关，较短的 TALEN 结合 DNA 所需的能量较少，对应识别每个碱基所分布到的能量就多，特异性也就越强，反之则越低；此外 TALEN 的作用浓度过高使靶位点饱和，也会降低特异性，因此设计合适的长度、采用合适的浓度是降低脱靶率的关键。第三，通过获得 TALE 的变体筛选高特异性的 TALE，结果显示，改变 C 端的结构域可减少阳离子电荷量，能提高特异性至野生型的 10 倍；缩短 C 端残基的数目，可显著地降低脱靶率。第四，将 TALE 与其他特异性核酸内切酶如 I-SceI 和 I-OnuI 嵌合，可提高识别的特异性。

3. CRISPR/Cas 核酸酶

1) 脱靶的影响因素及解决策略

影响 CRISPR/Cas9 系统特异性的几个因素包括靶位点的选择、Cas9 蛋白、sgRNA 的长度、转运方式及小分子化合物等。选择脱靶率低的靶位点是基因编辑的第一步，可采用一系列在线工具对靶位点进行脱靶评估和筛选。在 sgRNA 的设计方面，就 SpCas9 而言，17nt 或 18nt 的截短 sgRNA 能减少脱靶，这与 TALEN 长度设计的原理相似，且与 Cas9n(Cas9 nikase)组合可进一步提高特异性。在转运方式上，将 Cas9 蛋白和 sgRNA 与核糖核蛋白复合物融合导入细胞，而非将质粒导入细胞，能提高基因编辑的特异性。由于是将 Cas9 蛋白导入细胞，其作用时间受到了限制，不会像质粒持续表达使靶位点的编辑效率达到饱和，进而作用于其他脱靶位点。对于 Cas9 蛋白，采用双切口的 Cas9n 对哺乳动物细胞和小鼠受精卵进行编辑，与野生型 Cas9 相比具有更高的特异性，而利用单个的 Cas9n 对牛受精卵进行基因敲入发现，脱靶率与野生型 Cas9 相比较低。对 Cas9 本身的结构也能进行改造来提高特异性，例如，内含肽灭活的 Cas9 系统，Cas9 突变体带有雌激素受体结合域，只有当 4-羟基他莫昔芬(4-hydroxytamoxifen，4-HT)与雌激素受体结合后，Cas9 才能被激活进行基因编辑；类似的系统还有光激活的 Cas9 系统、分离的 Cas9 突变体系统、小分子诱导的 Cas9 系统和变构调节的 Cas9 系统，都能不同程度地降低脱靶率。最直接的是获得高保真 Cas9 突变体 eSpCas9 和 SpCas9-HF1，通过抵消 Cas9 蛋白与 DNA 糖磷酸骨架的非特异性静电相互作用，从而降低脱靶率。此外，还可将失活的 Cas9(dead Cas9，dCas9)与 Fok I 融合，形成 dCas9-Fok I 系统以二聚体形式作用靶位点来提高特异性，dCas9 虽然失去了活性，但是还保留与 DNA 结合的能力。以上降低脱靶的策略理论上可以相互联合，协同作用增加 CRISPR/Cas9 系统的靶向特异性。

2) 单碱基编辑减少脱靶

CRISPR 系统以往一直针对基因片段进行编辑，而目前有研究者们将 CRISPR/Cas9 与激活诱导的胞苷脱氨酶(activation induced-cytidine deaminase，AID)或相应的同源基因(*APOBEC1* 和 *PmCDA1* 等)联合用于编辑单个碱基，希望应用于单碱基突变致病性疾病的基因治疗。将之与 nCas9 或 dCas9 联合，可用于靶向单碱基的编辑(cytosine→thymine，C→T)，其脱靶率相较于 Cas9 较低。采用 nCas9-APOBEC1、dCas9-APOBEC1、nCas9-AID

或 dCas9-AID 介导的单碱基编辑相比于野生型 CRISPR 系统的编辑显示较小的脱靶率甚至在某些位点未发现脱靶。有研究将 nCas9-rAPOBEC1 用于编辑小鼠胚胎，成功制造杜氏综合征和白化病的小鼠疾病模型，且未在该模型中检测到其他突变位点，即脱靶位点。目前从以上研究结果来看，针对单碱基编辑的脱靶率要比单用 Cas9 低很多甚至没有，这对于单碱基突变致病性疾病的基因治疗、部分疾病模型的制造和育种无疑是极具应用前景的手段。

3) CRISPR/Cpf1 具有较低的脱靶率

CRISPR/Cpf1 系统是近年最新发现的基因编辑系统，最先在小鼠上采用 AsCpf1 和 LbCpf1 对其受精卵进行基因敲除，靶向深度测序(targeted deep sequencing)结果显示在 2～4bp 的 sgRNA 错配序列中未发现脱靶现象，但在 1bp 错配时存在约 1/6 的脱靶率，将 Cpf1 与 RNP 组装同样编辑小鼠受精卵，采用全基因组测序(whole genome sequencing，WGS)检测发现在 7bp 及以上的错配中未发现脱靶现象。随后在植物上进行了基因编辑，在编辑大豆和烟草时，通过靶向深度测序在 4bp 及以上的错配中未检测到脱靶。有研究运用 Digenome-seq、GUIDE-seq 和靶向深度测序比较了 Cas9 与 Cpf1 的脱靶率，结果显示 Cpf1 在人类细胞编辑的特异性高于 Cas9，因此有望设计高效率的 Cpf1 突变体或复合物应用于基因治疗。

(二)脱靶的检测手段

脱靶的检测手段目前包括预测性检测和非预测性检测两大类。预测性检测即通过生物信息学软件或在线网站预测脱靶可能性较大的位点，再利用 T7E1、Survayor 或测序进行检测，该方法具有偏倚性，只能检测预测位点的脱靶情况，而对其他可能发生脱靶的位点不能进行检测。非预测性检测方法则是对整个基因组的脱靶情况进行检测，又分为体内和体外检测两类，目前的方法有全基因组测序(WGS)、染色体免疫共沉淀联合二代测序(ChIP-seq)、整合缺陷的慢病毒载体(IDLV)捕获联合二代测序、在体标记与链亲和素富集联合二代测序(BLESS)、全基因组非偏倚 DSB 检测联合二代测序(Guide-seq)、线性扩增介导的全基因组重排联合二代测序(LAM-HTGTS)、体外 Cas9 切割联合二代测序(Digenome-seq)、体外环化切割联合二代测序(CIRCLE-seq)和选择性富集标记联合二代测序(SITE-Seq)。以上检测方法各有利弊，在选用时应综合性考虑实验需求，如检测敏感性、覆盖范围、耗费的时间和成本等，选择合适的检测方法。

第六节　基因治疗展望

传统的基因治疗为导入外源正常基因或正常的表达产物，使其表达正常的基因产物以补偿本身的表达缺陷。该方法具有时间和空间表达的限制性、转基因沉默等缺点，外源导入的基因或表达产物在体内由于自身免疫反应会逐渐被"吸收"，通常需反复多次治疗，而不能永久性治疗疾病，在一定程度上也会给患者带来不便和痛苦。而新型基因编辑技术的开发为基因治疗提供了极具前景的治疗方案，能针对致病基因或其他相关基因进行原位修复或改造，从而起到永久性的治疗作用，其中如何提高基因编辑效率和如何降低细胞毒性(即脱靶问题)是需要进一步研究和解决的问题。

　　基因治疗为临床上无有效治疗手段或疗效不佳的遗传或非遗传性疾病给予了希望,虽然基因治疗还存在着社会伦理问题,如安全问题、滥用问题、人的尊严问题及专利问题等,尤其是增强性的基因治疗目前还是有争议的研究领域。但是从目前来看,基因治疗的相关研究成果在不断积累和优化中,总体呈现较好的发展趋势,显示的应用前景广阔,相信会是今后遗传病治疗中的一个重要手段,若能取得阶段性的成功,无疑是医学领域的革命性进步。

(凌　晨　谷　峰)

参 考 文 献

陈金中, 薛京伦. 2007. 载体学与基因操作. 北京: 科学出版社.

彭朝晖, 薛京伦, 徐铃, 等. 1994. 基因治疗——基础与临床. 北京: 中国科学技术出版社.

沈延, 肖安, 黄鹏, 等. 2013. 类转录激活因子效应物核酸酶(TALEN)介导的基因组定点修饰技术, 遗传, 35(4): 395-409.

杨发誉, 葛香连, 谷峰. 2014. 新型靶向基因组编辑技术研究进展, 中国生物工程杂志, 34(2): 98-103.

郑武, 谷峰. 2015. CRISPR/Cas9 的应用及脱靶效应研究进展. 遗传, 37(10): 1003-1010.

Akira E, Masafumi M, Hidetaka K, et al. 2016. Efficient targeted mutagenesis of rice and tobacco genomes using Cpf1 from Francisella novicida. Sci Rep, 6: 38169.

Anonymou S. 1990. The revised "Points to Consider" document. Hum Gene Ther, 1: 93-103.

Anonymou S. 1991. Draft of FDA's points to consider in human somatic cell therapy and gene therapy. Hum Gene Ther, 2: 251-256.

Cameron P, Fuller CK, Donohoue P D, et al. 2017. Mapping the genomic landscape of CRISPR–Cas9 cleavage. Nat Methods, doi: 10. 1038/nMeth. 4284.

Carlson DF, Tana WF, Lillico SG, et al. 2012. Efficient TALEN-mediated gene knockout in livestock. Proc Natl Acad Sci, 109(43): 17382-17387.

Chen GX, Zheng LH, Liu SY, et al. 2011. rAd-p53 enhances the sensitivity of human gastric cancer cells to chemotherapy. World J Gastroenterol. Oct 14; 17(38): 4289-4297.

Cheong TC, Compagno M, Chiarle R. 2016. Editing of mouse and human immunoglobulin genes by CRISPR-Cas9 system. Nat Commun, 7: 10934.

Daesik K, Jungeun K, Junho KH, et al. 2016. Genome-wide analysis reveals specificities of Cpf1 endonucleases in human cells. Nat Biotechnol, 34(8): 863-869.

Davey MG, Flake AW. 2011. Genetic therapy for the fetus: a once in a lifetime opportunity. Hum Gene Ther, Apr; 22(4): 383-385.

Ding QR, Lee YK, Esperance AK, et al. 2013. A TALEN genome editing system to generate human stem cell based disease models. Cell Stem Cell, 12(2): 238-251.

Francisco M, Sabina Sánchez-Hernández, Alejandra Gutiérrez-Guerrero, et al. 2016. Biased and Unbiased Methods for the Detection of Off-Target Cleavage by CRISPR/Cas9: An Overview. Int J Mol Sci, 17: 1507.

Friedmant N , roblin r. 1972. Gene therapy for human genetic disease? Science, 175: 949-955.

Friedmant N. 1989. Progress toward human gene therapy. Science , 244: 1275-1281.

Friedmant N. 1991. Therapy for Genetic Disease. Oxford: England Oxford University Press.

Friedmant N. 1992. A brief history of gene therapy. Nature Genet, 2: 93-98.

Gaelen T H, Frésard L, Han K, et al. 2016. Directed evolution using dcas9-targeted somatic hypermutation in mammalian cells. Nat Methods, 13(12): 1036-1042.

Guan YT, Ma YL, Li Q, et al. 2016. CRISPR/Cas9-mediated somatic correction of a novel coagulator factor IX gene mutation ameliorates hemophilia in mouse. EMBO Mol Med, 8 (5): 477-488.

Hyeran K, Sang-Tae K, Jahee R, et al. 2017. CRISPR/Cpf1-mediated DNA-free plant genome editing. Nat Commun, 8: 14406.

Jo YI, Hyongbum K, Ramakrishna S, et al. 2015. Recent developments and clinical studies utilizing engineered zinc finger nuclease technology. Cell. Mol. Life Sci, 72 (20): 3819-3830.

Joung JK, Sander JD. 2013. TALENs: a widely applicable technology for targeted genome editing. Nat Rev Mol Cell Biol, 14 (1): 49-55.

Juengset T. 1990. The NIH "Points to Consider" and the limits of human gene therapy. Hum Gene Ther, 1: 425-433.

Junho KH, Kyoungmi K, Kyung WB, et al. 2016. Targeted mutagenesis in mice by electroporation of Cpf1 ribonucleoproteins. Nat Biotechnol, 34 (8): 807-808.

KAISER J. 2007. Death prompts a review of gene therapy vector, Science, 3 August Vol, 317: 580.

Kaiser J. 2011. Clinical research. Gene therapists celebrate a decade of progress. Science, Oct 7; 334 (6052): 29-30.

Kantoff PW, Freema SW, Anderson WF. 1988. Prospects for gene therapy for immunodeficiency diseases. Annu Rev Immunol, 6: 581-594.

Keiji N, Takayuki A, Nozomu Y, et al. 2016. Targeted nucleotide editing using hybrid prokaryotic and vertebrate adaptive immune systems. Science, 353 (6305): 8729.

Kim YB, Komor AC, Levy J M, et al. 2017. Increasing the genome-targeting scope and precision of base editing with engineered Cas9-cytidine deaminase fusions. Nat Biotechnol, 35 (4): 371-376.

Kim YG, Jooyeun C, Srinivasan C. 1996. Hybrid restriction enzymes zinc finger fusions to Fok I cleavage domain. Proc Natl Acad Sci, 93: 1156-1160.

Kleinstiver BP, Shengdar QT, Prew MS, et al. 2016. Genome-wide specificities of CRISPR-Cas Cpf1 nucleases in human cells. Nat Biotechnol, 34 (8): 869-874.

Komor AC, Badran AH, Liu DR. 2017. CRISPR-Based Technologies for the Manipulation of Eukaryotic Genomes. Cell, 169 (3): 559.

Komor AC, Yongjoo BK, Packer MS, et al. 2016. Programmable editing of a target base in genomic DNA without double-stranded DNA cleavage. Nature, 533 (7603): 420-424.

Kyoungmi K, Seuk-Min R, Sang-Tae K, et al. 2017. Highly efficient RNA-guided base editing in mouse embryos. Nat Biotechnol, 35 (5): 435-437.

Kyoungmi K, Sung WP, Jin HK, et al. 2016. Genome surgery using Cas9 ribonucleoproteins for the treatment of age-related macular degeneration. Genome Res, 27: 419-426.

Lei Y, Guo XG, Liu Y, et al. 2012. Efficient targeted gene disruption in Xenopus embryos using engineered transcription activator-like effector nucleases (TALENs). Proc Natl Acad Sci, 109 (43): 17484-17489.

Luo Y, Wang YS, Liu J, et al. 2016. Generation of TALE nickase mediated gene-targeted cows expressing human serum albumin in mammary glands. Sci Rep, 6: 20657.

Lusky M. 2005. Good manufacturing practice production of adenoviral vectors for clinical trials. Hum Gene Ther, Mar; 16 (3): 281-291.

Nathwani AC, Tuddenham EG, Rangarajan S, et al. 2011. Adenovirus-associated virus vector-mediated gene transfer in hemophilia B. N Engl J Med, Dec 22; 365 (25): 2357-2365.

National Institutes of Health (United States), Recombinant DNA Advisory Committee, Human Gene Therapy Subcommittee. 1985 Points to consider in the design and submission of human somatic cell gene therapy protocols. Recomb DNA Tech Bull, Dec; 8 (4): 181-186.

Pankowicz FP, Mercedes B, Xavier L, et al. 2016. Reprogramming metabolic pathways in vivo with CRISPR/Cas9 genome editing to treat hereditary tyrosinaemia. Nat Commun, 7: 12642.

Ponder KP. 2011. Merry christmas for patients with hemophilia B. N Engl J Med, 365 (25): 2424-2425.

Sauer AV, Brigida I, Carriglio N, et al. 2012. Alterations in the adenosine metabolism and CD39/CD73 adenosinergic machinery cause loss of Treg cell function and autoimmunity in ADA-deficient SCID. Blood, Feb 9; 119(6): 1428-1439.

Schaffer DV, Zhou WC. 2005. Gene therapy and gene delivery system. Advances in Biochemical Engineering, 100(3): 520.

Shengdar Q T, Nhu T N, Malagon-Lopez J, et al. 2017. Circle-seq: a highly sensitive in vitro screen for genome-wide CRISPR-Cas9 nuclease off-targets. Nat Methods, doi: 10. 1038/nmeth. 4278.

Splicing Lge. 1982. President's Commission for the Study of Ethical Problems in Medicine and Biomedical and Behavioral Research. Washington DC: Government Printing Office: 1-115.

Trobridge GD. 2011. Genotoxicity of retroviral hematopoietic stem cell gene therapy. Expert Opin Biol Ther. May; 11(5): 581-593.

Xie C, Zhang YP, Song L, et al. 2016. Genome editing with CRISPR/Cas9 in postnatal mice corrects PRKAG2 cardiac syndrome. Cell Res, 26(10): 1099-1111.

Xu RF, Qin RY, Li H, et al. 2017. Generation of targeted mutant rice using a CRISPR-Cpf1 system. Plant Biotechnol J, 15(6): 713-717.

Yongsub K, Cheong SA, Lee JG, et al. 2016. Generation of knockout mice by Cpf1-mediated gene targeting. Nat Biotechnol, 34(8): 808-810.

Zetsche B, Gootenberg JS, Abudayyeh OO, et al. 2015. Cpf1 is a single RNA-guided endonuclease of a Class 2 CRISPR/Cas system. Cell, 163(3): 759-771.

Zhang XZ, Lin H, Yang XY, et al. 2004. Quality control of clinical-grade recombinant adenovirus used in gene therapy. Zhonghua Yi Xue Za Zhi, May 17; 84(10): 849-852.

Zischewski J, Fischer R, Bortesi L, et al. 2017. Detection of on-target and off-target mutations generated by CRISPR/Cas9 and other sequence-specific nucleases. Biotechnol Adv, 35: 95-104.

Zong Y, Wang YP, Li, et al. 2017. Precise base editing in rice, wheat and maize with a Cas9-cytidine deaminase fusion. Nat Biotechnol, 35(5): 438-440.